手把手教你做专利导航

国家知识产权局专利局专利审查协作河南中心 ◎ 组织编写

PATENT

知识产权出版社
全国百佳图书出版单位
—北京—

图书在版编目（CIP）数据

手把手教你做专利导航/国家知识产权局专利局专利审查协作河南中心组织编写. —北京：知识产权出版社，2023.9
ISBN 978-7-5130-8921-0

Ⅰ.①手⋯　Ⅱ.①国⋯　Ⅲ.①专利—国家标准—中国　Ⅳ.①G306.72-65

中国国家版本馆CIP数据核字（2023）第179060号

内容提要

本书根据专利导航的具体应用场景，从产业规划制定、招商引智、区域知识产权管理、技术研发、高价值专利培育、专利风险规避、企业"走出去"等多个维度，分章节阐述专利导航与具体应用场景之间的关系、不同应用场景专利导航的实施步骤和相关典型案例，并将《专利导航指南》系列国家标准的工作要求贯穿于全书章节和具体案例，引导读者能够按照相关要求开展专利导航工作。本书可为企业、高校、科研机构等创新主体和知识产权工作从业者提供专利导航工作的实务参考。

责任编辑：卢海鹰　王祝兰	责任校对：潘凤越
封面设计：杨杨工作室·张　冀	责任印制：刘译文

手把手教你做专利导航

国家知识产权局专利局专利审查协作河南中心◎组织编写

出版发行：知识产权出版社有限责任公司	网　　址：http://www.ipph.cn
社　　址：北京市海淀区气象路50号院	邮　　编：100081
责编电话：010-82000860转8555	责编邮箱：wzl_ipph@163.com
发行电话：010-82000860转8101/8102	发行传真：010-82000893/82005070/82000270
印　　刷：天津嘉恒印务有限公司	经　　销：新华书店、各大网上书店及相关专业书店
开　　本：787mm×1092mm　1/16	印　　张：23.75
版　　次：2023年9月第1版	印　　次：2023年9月第1次印刷
字　　数：545千字	定　　价：139.00元
ISBN 978-7-5130-8921-0	

出版权专有　侵权必究
如有印装质量问题，本社负责调换。

编委会

主　　任：高胜华
副 主 任：石晓东　秦　奋　汤海珠
编　　委：马桂丽　吴军芳　张　谦　董　鑫　朱芳芳
　　　　　陈志伟　李广辉　崔志鹏　赵　强

编写组

组　　长：赵　强
撰写人员：李明娟　刘　艳　谷　琳　李　莎　孔令通
　　　　　宋春雷　陈　晓　陈红奎　樊江波　赵艳辉
　　　　　张彩云　叶　勇　方　磊　王亚辉　程维高

前 言

党的二十大指出：要建设现代化产业体系。2021年9月，中共中央、国务院印发《知识产权强国建设纲要（2021—2035年）》，要求"积极发挥专利导航在区域发展、政府投资的重大经济科技项目中的作用，大力推动专利导航在传统优势产业、战略性新兴产业、未来产业发展中的应用"。2021年10月，国务院印发的《"十四五"国家知识产权保护和运用规划》专门设立"专利导航工程"专栏，指出要"引导企业、高校、科研机构、行业协会等推广实施专利导航指南国家标准"，"加强专利导航理论研究、实务指导、技术支撑"。国家知识产权局高度重视专利导航工作，每年都将专利导航作为局党组重点工作予以推进，在建设专利导航服务支撑体系、推广专利导航系列国家标准、支持创新主体更好运用专利导航工具和方法等方面制定了一系列工作举措。2022年9月，国家知识产权局专利局专利审查协作河南中心（以下简称"审协河南中心"）入选首批国家级专利导航工程支撑服务机构，将充分发挥树标杆、强支撑、带全局的排头兵作用，推动建设高水平的专利导航产业创新发展服务体系。

为充分发挥审协河南中心作为国家级专利导航工程支撑服务机构的积极作用，总结和分享专利导航的项目经验和典型案例，审协河南中心组织专业人员开展了本书的撰写，力图为企业、高校、科研机构等创新主体和知识产权工作从业者提供专利导航工作的实务参考。本书主要根据专利导航的具体应用场景，从产业规划制定、招商引智、区域知识产权管理、技术研发、高价值专利培育、专利风险规避、企业"走出去"等多个维度，分章节阐述专利导航与具体应用场景之间的关系、不同应用场景专利导航的实施步骤和相关典型案例，同时在各章引言中增加了本章内容提示、适合的读者类型、不同需求的读者应该关注的内容等章节说明，力图用简洁易读的语言方便读者开展阅读。同时，本书将《专利导航指南》系列国家标准的工作要求贯穿于全书章节和具体案例，引导读者能够按照相关要求开展专利导航工作，从而促进《专利导航指南》系列国家标准的推广应用。

本书由编委会统筹，编写组具体负责。编委会主任高胜华主持书稿编写，负责确定书籍编写框架及书稿审定；编委会副主任石晓东、秦奋、汤海珠负责提出撰写方案和内容建议；编委会编委马桂丽、吴军芳、张谦、董鑫、朱芳芳、陈志伟、李广辉、崔志鹏、赵强在本书的立项评审、文稿写作以及审核等阶段给予了工作指导。

赵强负责组建编写组、确定编写分工、组织书稿编写及全书统稿，方磊执笔撰写第 1 章，孔令通、王亚辉执笔撰写第 2 章，陈晓、张彩云执笔撰写第 3 章，刘艳、叶勇执笔撰写第 4 章，宋春雷执笔撰写第 5 章，赵艳辉执笔撰写第 6 章，李明娟、李莎执笔撰写第 7 章，陈红奎、程维高执笔撰写第 8 章，谷琳负责选题的立项评审、书稿审核等组织和协调工作，樊江波负责起草书稿写作框架、组织和协调书稿编写、协助完成全书统稿。国家知识产权局知识产权运用促进司为本书的编写提供了专业指导，审协河南中心郝桂亮、刘清泉、南杰、黄利、周生凯、李小童、孟栋、崔海洋、张健苹、王小峰、梅亚庆、景浩、程龙等多位同志为本书的编写提供了有益建议，在此一并表示衷心的感谢。

希望本书的出版能够有助于创新主体和知识产权工作从业者对专利导航工作的深入理解和灵活运用，促进专利导航在政府决策和产业创新发展等各方面的广泛应用，充分发挥专利导航在地方经济社会高质量发展中的重要作用。

编委会
2023 年 5 月

目 录

第1章 专利导航概述 1
  1.1 引 言 1
    1.1.1 这是一本什么样的书 1
    1.1.2 怎样阅读本书 2
  1.2 什么是专利导航 2
    1.2.1 专利导航的定义 2
    1.2.2 专利数据是专利导航的基础 3
    1.2.3 专利导航的发展历程 6
    1.2.4 专利导航的分类 7
  1.3 专利导航的准备工作 8
    1.3.1 专利导航需求分析 8
    1.3.2 专利导航团队组建 10
    1.3.3 专利导航数据采集 11
    1.3.4 专利导航数据处理 18
  1.4 专利导航的一般分析思路 20
    1.4.1 现状分析 20
    1.4.2 问题梳理 23
    1.4.3 产业链划分 24
    1.4.4 专利态势分析 25
    1.4.5 技术分析 29
    1.4.6 创新评价 34
  1.5 专利导航的应用场景 37
    1.5.1 产业规划制定 38
    1.5.2 招商引智 40
    1.5.3 区域知识产权管理 41
    1.5.4 技术研发 42
    1.5.5 高价值专利培育 44
    1.5.6 专利风险规避 45
    1.5.7 企业"走出去" 46

1.6 本章小结 ··········· 47
第2章 专利导航与产业规划制定 ··········· 48
  2.1 引　言 ··········· 48
    2.1.1 本章的内容是什么 ··········· 48
    2.1.2 谁会用到本章 ··········· 48
    2.1.3 不同需求的读者应该关注什么内容 ··········· 49
  2.2 什么是产业规划 ··········· 50
    2.2.1 什么是传统的产业规划 ··········· 50
    2.2.2 什么是基于专利导航的产业规划 ··········· 52
    2.2.3 基于专利导航的产业规划有何优点 ··········· 53
    2.2.4 如何通过专利导航来实现产业规划 ··········· 55
    2.2.5 产业规划类专利导航的应用案例
        ——郑州超硬材料产业专利导航 ··········· 60
  2.3 从具体案例来阐述产业规划类专利导航如何实施 ··········· 60
    2.3.1 开展产业规划类专利导航前需要做哪些准备 ··········· 61
    2.3.2 如何基于"方向—定位—路径"三个模块来实施
        产业规划类专利导航分析 ··········· 69
    2.3.3 导航成果产出及运用 ··········· 90
  2.4 实施过程中的注意事项 ··········· 92
  2.5 本章小结 ··········· 94
第3章 专利导航与招商引智 ··········· 95
  3.1 引　言 ··········· 95
    3.1.1 本章的内容是什么 ··········· 95
    3.1.2 谁会用到本章 ··········· 95
    3.1.3 不同需求的读者应该关注什么内容 ··········· 96
  3.2 专利导航与招商引智的关系 ··········· 96
    3.2.1 什么是招商引智 ··········· 96
    3.2.2 传统的招商引智存在的不足 ··········· 99
    3.2.3 为何专利导航可用于招商引智 ··········· 100
  3.3 专利导航在招商引智中的应用 ··········· 109
    3.3.1 以产业园区的招商引智为目标的专利导航 ··········· 109
    3.3.2 以对"商"进行评估为目标的专利导航 ··········· 139
    3.3.3 以对"智"进行评估为目标的专利导航 ··········· 148
  3.4 本章小结 ··········· 152
第4章 专利导航与区域知识产权管理 ··········· 153
  4.1 引　言 ··········· 153
    4.1.1 本章的内容是什么 ··········· 153

4.1.2 谁会用到本章 ……………………………………………………… 153
4.1.3 不同需求的读者应该关注什么内容 ……………………………… 155
4.2 专利导航与区域知识产权管理的关系 ……………………………………… 155
4.2.1 专利导航与区域创新发展的关系 ………………………………… 155
4.2.2 专利导航与区域经济发展的关系 ………………………………… 156
4.3 什么是区域规划类专利导航 ………………………………………………… 156
4.3.1 区域规划类导航的目标和定位 …………………………………… 156
4.3.2 区域规划类导航的类型和内容 …………………………………… 157
4.3.3 区域规划类导航与其他类别导航之间的联系和区别 …………… 157
4.4 以区域创新质量评价为目标的专利导航项目如何实施 …………………… 158
4.4.1 第一步：了解区域创新质量评价的指标体系 …………………… 159
4.4.2 第二步：摸排分析对象区域及其对比区域的基本情况 ………… 166
4.4.3 第三步：分析区域创新竞争力 …………………………………… 168
4.4.4 第四步：分析区域创新匹配度 …………………………………… 171
4.4.5 第五步：综合分析评价区域创新质量 …………………………… 175
4.5 怎样运用专利导航支撑区域创新发展决策 ………………………………… 186
4.5.1 描绘区域创新质量画像 …………………………………………… 186
4.5.2 提出区域创新发展提升路径 ……………………………………… 188
4.6 本章小结 ……………………………………………………………………… 189

第5章 专利导航与技术研发 …………………………………………………………… 191
5.1 引　言 ………………………………………………………………………… 191
5.1.1 本章的内容是什么 ………………………………………………… 191
5.1.2 如何阅读本章 ……………………………………………………… 192
5.1.3 谁会用到本章 ……………………………………………………… 193
5.1.4 不同需求的读者应该关注什么内容 ……………………………… 193
5.2 什么是技术研发 ……………………………………………………………… 193
5.2.1 研发的定义 ………………………………………………………… 193
5.2.2 技术创新中哪些阶段需要研发 …………………………………… 194
5.3 专利导航适用哪些技术研发场景 …………………………………………… 195
5.3.1 技术路线选择 ……………………………………………………… 196
5.3.2 技术路线优化 ……………………………………………………… 197
5.3.3 突破技术障碍 ……………………………………………………… 197
5.3.4 寻找合作伙伴 ……………………………………………………… 198
5.3.5 其他适用场景 ……………………………………………………… 200
5.4 如何开展技术研发类专利导航 ……………………………………………… 201
5.4.1 需求合理性分析 …………………………………………………… 202
5.4.2 信息采集 …………………………………………………………… 204

5.4.3　数据处理 ··· 205
　　5.4.4　专利导航分析 ··· 207
5.5　专利导航助力确定研发方向典型案例 ·· 210
　　5.5.1　技术研发项目需求合理性分析 ······································· 211
　　5.5.2　信息采集 ·· 211
　　5.5.3　数据处理 ·· 212
　　5.5.4　专利导航分析 ··· 214
5.6　本章小结 ·· 238

第6章　专利导航与高价值专利培育 ·· 240
6.1　引　言 ··· 240
　　6.1.1　本章的内容是什么 ·· 240
　　6.1.2　谁会用到本章 ·· 241
　　6.1.3　不同需求的读者应关注什么内容 ···································· 241
6.2　高价值专利及其培育路径方法 ··· 242
　　6.2.1　什么是高价值专利 ·· 242
　　6.2.2　高价值专利的价值表现形式 ·· 244
　　6.2.3　高价值专利培育的受约因素 ·· 246
　　6.2.4　现行高价值专利培育工作实践存在的问题与挑战 ·············· 247
6.3　为什么在高价值专利培育中引入专利导航 ································· 249
　　6.3.1　专利导航与高价值专利培育的关系 ································· 249
　　6.3.2　专利导航在高价值专利培育中的突出作用 ······················· 252
6.4　运用专利导航实现高价值专利培育 ·· 255
　　6.4.1　通过专利导航获取高价值专利的市场需求和技术需求 ········ 255
　　6.4.2　高价值专利技术研发中引入专利微导航 ·························· 260
　　6.4.3　专利导航指导高价值专利布局 ······································· 266
　　6.4.4　专利导航指导高价值专利申请前评估 ····························· 269
　　6.4.5　专利导航指导高价值专利申请管理 ································ 273
　　6.4.6　专利导航指导高价值专利授权后运维 ····························· 274
6.5　本章小结 ·· 278

第7章　专利导航与专利风险规避 ··· 279
7.1　引　言 ··· 279
　　7.1.1　本章的内容是什么 ·· 279
　　7.1.2　谁会用到本章 ·· 279
　　7.1.3　不同需求的读者应该关注什么内容 ································· 280
7.2　什么是专利风险 ··· 280
　　7.2.1　专利风险的内涵 ··· 280
　　7.2.2　专利风险的类型 ··· 282

7.3 专利导航为何可导专利风险规避 284
7.3.1 专利导航与专利风险的关联 284
7.3.2 专利导航在专利风险规避中的作用 285
7.4 专利导航如何导专利风险规避 285
7.4.1 不同类型专利风险分析和规避要点 286
7.4.2 系统分析方法 287
7.4.3 局部分析方法 288
7.4.4 交叉分析方法 289
7.5 专利导航导专利风险规避典型案例 289
7.5.1 产业专利风险分析与规避典型案例 289
7.5.2 专利侵权风险分析典型案例 311
7.6 本章小结 319

第8章 专利导航与企业"走出去" 320
8.1 引 言 320
8.1.1 本章的内容是什么 320
8.1.2 谁会用到本章 321
8.1.3 不同需求的读者应该关注什么内容 321
8.2 当前海外知识产权形势 321
8.3 企业"走出去"的方式 324
8.3.1 产品出口 324
8.3.2 技术出口 324
8.3.3 技术引进 325
8.4 "走出去"面临的知识产权风险 326
8.4.1 知识产权诉讼 327
8.4.2 地域贸易纠纷 327
8.4.3 地域政策限制 328
8.4.4 标准必要专利纠纷 329
8.4.5 保护意识及维权能力不足 329
8.5 专利导航如何助力企业"走出去" 330
8.5.1 专利导航的作用 330
8.5.2 专利导航分析内容 332
8.5.3 其他应该注意的事项 338
8.6 专利导航助力企业"走出去"典型案例 339
8.6.1 专利导航助力企业产品出口典型案例 339
8.6.2 专利导航助力企业技术出口典型案例 351
8.6.3 专利导航助力企业技术引进典型案例 360
8.7 本章小结 364

第 1 章　专利导航概述

1.1　引　言

写这本书我们讨论了很久：到底要写一本什么样的书，读者在读完这本书的时候能有哪些收获？经过反复的讨论，我们决定写一本通俗易懂的书，适于不同类型、不同需求的读者阅读，让读者通过阅读本书能够了解什么是专利导航，专利导航应该怎么做，对生产生活、经济发展、个人能力提升能有什么样的实际指导意义——这是写这本书最根本的目的。

1.1.1　这是一本什么样的书

这是一本通俗易懂的书。专利导航在知识产权领域是一个比较热的词，无论从政策文件还是在实际工作中，总是能够听到这个词，市面上也有很多关于专利导航的书籍。"专利导航"这个词一听就知道跟专利有密切的关系。"专利"对于大多数人来说是既熟悉又陌生的词语，"专利导航"听起来就更有距离感。其实，"专利导航"并不像听起来那么难懂，还是非常接地气的。专利导航虽说专业性很强，但是实用性也很强，适用范围很广。本书通过理论和实际案例相结合，使用通俗易懂的语言阐述专利导航的内容，希望广大读者能够通过阅读本书，轻松了解和学习专利导航，能够尝试着去做专利导航，学会运用专利导航的思维模式和方法去解决一些实际问题。

这是一本能满足不同需求的书。作为本书读者的您，可能来自不同行业，从事不同领域的工作。您可能是一名律师，可能是一名政策制定者，可能是一名单位里的决策者，可能是一名从事专利相关服务的专利工程师，可能是专利管理人员，可能是一名发明家，可能是一名学生，也可能是对知识产权工作有着浓厚兴趣或者仅是一时兴起，随手翻阅的读者。无论您从事什么样的职业，带着什么样的需求来阅读本书，如果您能认真读完，一定会受益匪浅。本书是作者根据专利导航项目实践经验，结合专利导航在实践中发挥的实际作用，按照分级分类的方法，对专利导航的实施、案例、作用进行的深入浅出的剖析。读者可以根据自己的需求选择不同的角度去了解专利导航，通过做专利导航来满足自己的需求。就好比您想吃什么样的美食，需要到超市里根据自己的需求去选择食材一样，本书的各个章节就是您需要的"食材"，广大读者朋友可以到里面尽情"选购",做出丰盛的"美食"。

这是一本可以跟着做导航的书。对于尝试做专利导航或者希望成为专利导航行家里手的读者来说,这本书能够手把手地教您做专利导航。本书紧扣《专利导航指南》(GB/T 39551—2020)的要求,由浅入深,逐步深入地展开。如果您能够跟着本书各个章节一步一步去做专利导航,加入自己的思考,灵活掌握专利导航的思路和方法,最终您将得到一种全新的工作方法和工作模式,能够通过专利导航指导实际工作。

1.1.2 怎样阅读本书

本书根据不同类型读者的不同需求,将读者分为决策管理人员、科研人员、专利管理人员、专利工程师、法律工作者、一般读者六种类型,不同类型的读者可以根据自身需求结合不同的专利导航应用场景阅读相应的章节。本书的第1章为专利导航概述,主要对专利导航的概念、专利导航需要准备的工作、专利导航一般思路以及应用场景进行阐述,让读者能对专利导航有基本的认识。后续章节将专利导航应用场景分为专利导航与产业规划制定、专利导航与招商引智、专利导航与区域知识产权管理、专利导航与技术研发、专利导航与高价值专利培育、专利导航与专利风险规避、专利导航与企业"走出去"七个类型,具体阐述如何开展不同类型的专利导航。各章节的引言部分都会有该章内容提示、适于什么类型的读者等内容的说明。您在阅读时可以先阅读对应章节的引言部分,以便快速了解您感兴趣的专利导航应用场景。您也可以按照自己的计划进行阅读,如果进行全书阅读,当然更好。

1.2 什么是专利导航

顾名思义,专利导航就是利用专利进行导航的一项工作。读者可能对专利都有一个基本的了解。那么导航呢?在平时生活中我们接触较多的是卫星导航,像"GPS""北斗"等都是我们耳熟能详的,我们的手机和汽车里也大都安装了导航软件。导航软件让我们不再迷路,少走弯路,给我们的生产和生活带来了极大方便。专利导航可以看成卫星导航的一种类比,都是指引方向、规划路线的,只是专利导航的对象不是现实中的路,而是与我们经济社会发展息息相关的创新、技术、规划等工作。下面就让我们一起了解一下专利导航。

1.2.1 专利导航的定义

专利导航理念是随着形势的不断变化而不断深化发展的,在不同的阶段专利导航的表述也有所不同。2013年国家知识产权局启动专利导航试点工程并印发《关于实施专利导航试点工程的通知》,专利导航的概念第一次进入公众视野。《关于实施专利导航试点工程的通知》中对试点工程的定义是：以专利信息资源利用和专利分析为基础，把专利运用嵌入产业技术创新、产品创新、组织创新和商业模式创新，引导和支撑产业科学发展的探索性工作。其目的是探索建立专利信息分析与产业运行决策深度融合、专利创造与产业创新能力高度匹配、专利布局对产业竞争地位保障有力、专利价值实现对产业运行效益支撑有效的工作机制，推动重点产业的专利协同运用，培育形成专利导航产业发展新模式。2016年国家知识产权局组织编制、国家标准化管理委员会批准的国家标准《科研组织知识产权管理规范》（GB/T 33250—2016）中对专利导航的定义是：在科技研发、产业规划和专利运营等活动中，通过利用专利信息等数据资源，分析产业发展格局和技术创新方向，明晰产业发展和技术研发路径，提高决策科学性的一种模式。随着时代的发展，形势的变化，为了不断适应新的需求，专利导航的内涵和外延也在不断丰富。2021年实施的《专利导航指南》（GB/T 39551—2020）中对专利导航的定义是：在宏观决策、产业规划、企业经营和创新活动中，以专利数据为核心深度融合各类数据资源，全景式分析区域发展定位、产业竞争格局、企业经营决策和技术创新方向，服务创新资源有效配置，提高决策精准度和科学性的新型专利信息应用模式。

  以上专利导航的定义，对于不太了解专利导航工作的读者来说，理解起来可能有些困难。下面以产业规划类专利导航为例进行简要说明，帮助大家理解。在产业规划类专利导航实施中，我们首先需要对产业环境进行评估，判断专利技术对产业的影响力，了解该产业创新环境是否优良；其次，通过专利检索获取某个产业大量的专利数据；再次，通过专利数据分析获取该产业的专利申请、专利布局、专利技术转移等信息；最后，利用这些信息找出专利雷区、专利风险点位，提示发展中可能遇到的问题，从而规划出一条安全有效的产业发展最优路径，提高产业规划的精准度和科学性，引导产业健康发展。例如，产业发展从A点到B点进行迭代升级，有三条路径，分别是路径1、路径2和路径3，通过专利导航我们可以找到最优路径——路径2（参见图1-2-1）。这其实与我们上文中提到的卫星导航的思路是类似的。

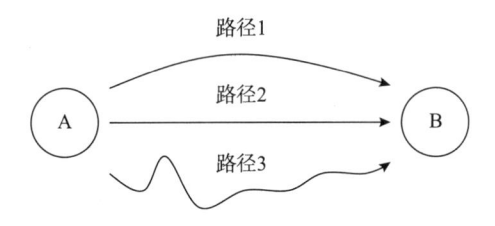

图1-2-1 产业规划类专利导航最优路径

1.2.2 专利数据是专利导航的基础

  为什么专利数据可以用来做导航呢？专利数据具备什么样的特征呢？如图1-2-2所

示,专利数据包含技术信息、法律信息以及经济信息。

图 1-2-2 专利数据的属性

从技术信息来看,专利数据作为承载技术创新的载体,其所包含的创新信息密度远高于普通数据。[1] 发明专利或实用新型专利通常包括为解决技术问题而采用的技术方案,具有可实施性。通过专利数据分析,可以梳理出清晰的技术迭代路线,找到技术发展的方向。可见,专利数据具备了技术基础特性。

从法律信息来看,专利申请需要依法审查,通过审查后授予专利权的发明创造受到法律的保护。《中华人民共和国专利法》(以下简称《专利法》)是为了保护专利权人的合法权益,鼓励发明创造,也就是说专利权是一种合法权益,在专利权有效期限内,如果这种权益受到侵犯,就可以依法发起诉讼,保护我们的合法权益。我国的专利分为发明专利、实用新型专利、外观设计专利三大类;发明专利权的期限为20年,实用新型专利权的期限为10年,外观设计专利权的期限为15年,均自申请日起计算。可见,专利数据具备了法律基础特性。

从经济信息来看,专利本身是一种无形资产,又和产品以及技术密切相关,很多企业在市场竞争中,为了取得先机,实施所谓"粮草未动,专利先行"的策略,也就是在产品未上市之前就在目标市场进行专利布局,保证产品上市后能够得到充分而有效的保护。尤其是近年推出的科创板,将发明专利作为上市的基本要素之一,更是将形成核心技术和应用于主营业务的发明专利(含国防专利)合计50项以上作为例外指标之一。[2] 所以通过专利信息可以及时地了解技术、产品、市场、人员情况,更好地了解市场竞争对手,下好"先手棋"。可见,专利数据具备了经济基础特性。

如图1-2-3所示,专利数据能够作为专利导航的基础除了上述三个属性之外,还具备以下四个特点。

一是数量巨大,内容丰富。据世界知识产权组织(WIPO)发布的《世界知识产权指标2022》报告显示,2021年全球有效专利数量为1650万件,2021年全球共提交专利申请340万件。智慧芽数据库公布的专利数据总量已超过1亿条。专利数据基本涵盖了国民经济分类的各个领域,也可以说我们所能接触到的各个行业基本都有专利存在,

---

[1] 国家知识产权局知识产权运用促进司. GB/T 39551《专利导航指南》系列标准解读 [M]. 北京:中国标准出版社,2022:4.

[2] 参见中国证券监督管理委员会公布的《科创属性评价指引(试行)》[2020年3月20日公布,根据2021年4月16日中国证券监督管理委员会《关于修改〈科创属性评价指引(试行)〉的决定》第一次修正,根据2022年12月30日中国证券监督管理委员会《关于修改〈科创属性评价指引(试行)〉的决定》第二次修正]。

其内容非常丰富。巨大的数据量以及丰富的内容，使专利数据具备了为专利导航提供大数据分析的基本条件。

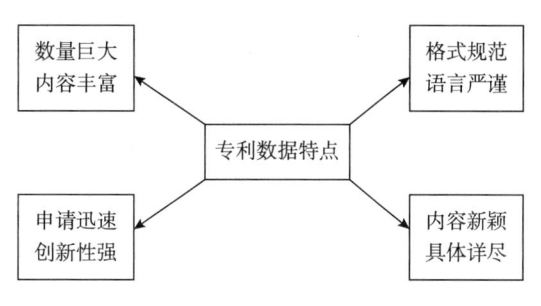

图1-2-3 专利数据特点

二是申请迅速，创新性强。专利在很多国家都是先申请制，也就是同样的发明创造谁先申请专利，授权后，专利权就属于谁。所以有很多技术在预研期间已经开始申请专利，有的甚至更早一些，申请非常迅速。有的时候创新主体为了保持技术的先进性，需要不断创新，也就会不断产生新的专利。这也使得专利所承载的技术能够不断更新迭代，紧跟创新发展的步伐。因此，专利数据还具有很强的创新性。

三是格式规范，语言严谨。专利文本（本段所指的专利文本是发明专利和实用新型专利文本）具有规范的格式，如图1-2-4所示，其主要包括著录项目、发明名称、摘要、权利要求、说明书、附图部分。其中著录项目包含申请人、发明人、地址、申请日、公开日（公告日）、优先权日、分类号等。说明书又包括技术领域、背景技术、发明内容、附图说明、具体实施方式等。由于专利文本的格式规范，记载的又是技术相关的信息，因此在语言表达上的要求也非常严谨。

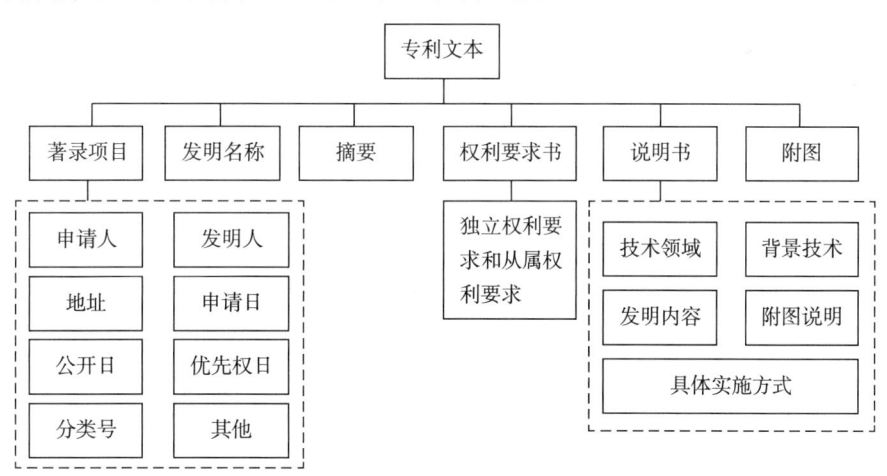

图1-2-4 专利文本结构

四是内容新颖，具体详尽。授予专利权的发明和实用新型专利，应当具备新颖性、创造性和实用性，如图1-2-5所示。其中，新颖性要求授予专利权的发明或者实用新型专利不属于现有技术，换句话说就是在申请日或优先权日之前在国内外不能是公众所知的技术，这就保证了内容的新颖。发明和实用新型专利的说明书中包含完整的、具体的、可以实施的技术方案，内容非常详尽，具有很高的信息收集价值。

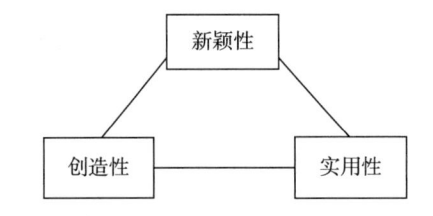

图1-2-5 发明和实用新型专利的"三性"

1.2.3 专利导航的发展历程

2012年9月，国家知识产权局党组以立足全局的战略眼光和锐意开拓的创新精神，敏锐洞察创新发展大势，提出专利导航理念并通过专题研究决定开展专利导航探索试点工作。❶ 2013年4月，国家知识产权局印发《关于实施专利导航试点工程的通知》，正式提出专利导航的实施方法和实现路径，随后在全国首批确定8个专利导航试点单位，开展专利导航产业发展实验区建设工作，实验区以支撑产业创新规划为主要目标。在总结实验区建设经验的基础上，2015年7月，国家知识产权局印发了《产业规划类专利导航项目实施导则（暂行）》，从理论到实践逐步完善，形成专利导航的基本框架。自2015年起国家知识产权局陆续在苏州工业园区、杭州国家高新技术产业开发区等8个专利导航发展实验区以及35个企业中，试点探索开展数十项企业专利导航研究工作，后对企业专利导航成果进行经验总结，并于2016年12月发布了《企业运营类专利导航项目实施导则（暂行）》。从此，企业运营类专利导航在全国范围内推开并逐渐被企业认可，取得了显著成效，关注度逐年升高。众多政府、园区、企业、高校加入其中，对推动创新主体科技创新发展起到了至关重要的作用。在此期间，国家知识产权局不断凝练专利导航的理念和方法，将专利导航融入知识产权示范城市的创新发展质量评价指标等多项工作中，逐步形成了区域创新发展质量评价的指标体系，被归纳总结为区域规划类专利导航。2018年国家知识产权局重组，专利导航相关工作由知识产权运用促进司负责。2020年国家知识产权局组织起草编制，国家市场监督管理总局和国家标准化管理委员会发布《专利导航指南》（GB/T 39551—2020），专利导航有了国家标准，实现了专利导航实施的标准化。2022年12月，国家知识产权局确定104家首批国家级专利导航服务基地，原"国家专利导航产业发展实验区"和原"国家专利导航试点工程研究基地"等称号不再保留。❷ 专利导航的简明发展链条如图1-2-6所示。

---

❶ 国家专利导航试点工程研究组. 专利导航典型案例汇编［M］. 北京：知识产权出版社，2020：1.
❷ 参见《国家知识产权局办公室关于确定首批国家级专利导航服务基地的通知》（国知办函运字〔2022〕1079号）。

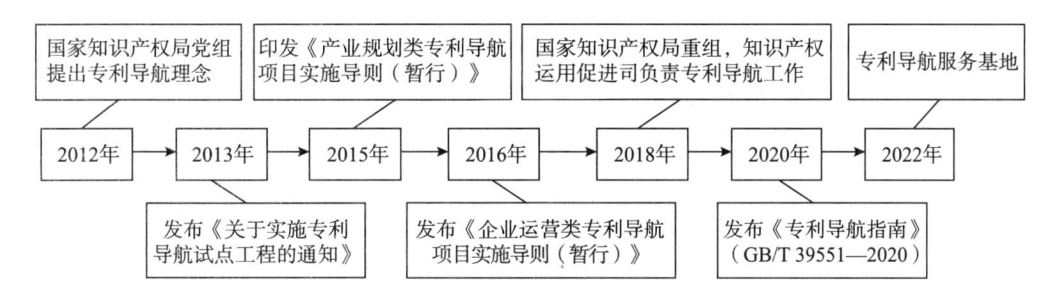

图 1-2-6 专利导航的发展历程

1.2.4 专利导航的分类

专利导航分为区域规划类专利导航、产业规划类专利导航、企业经营类专利导航、研发活动类专利导航、人才管理类专利导航五个类型。[1] 这五类导航在专利数据分析的基础上，根据不同需求，划定不同数据分析范围，采用不同数据分析方法，应用于不同使用场景。区域规划类专利导航主要是支撑区域规划决策的专利导航。产业规划类专利导航主要是支撑产业创新发展规划决策的专利导航。企业经营类专利导航主要是支撑企业投资并购、上市、技术创新、产品开发等经营活动决策的专利导航。研发活动类专利导航主要是支撑研发立项评价、辅助研发过程决策的专利导航。人才管理类专利导航主要是支撑人才遴选、人才评价等人才管理决策的专利导航。

如图 1-2-7 所示，把区域创新比作一棵树，那区域规划类专利导航就是对这棵树进行分析，产业规划类专利导航就是对树干进行分析，而企业经营类专利导航、研发活动类专利导航、人才管理类专利导航，就是对树叶、花朵、果实的具体分析。区域规划类专利导航突出的是在一定的区域范围内，一定的区域范围内又包括多个产业，所以这一类专利导航是范围最大的专利导航。而产业规划类专利导航突出的是产业，聚焦某一个产业进行分析和导航。如果说区域规划类和产业规划类专利导航是在"面"上的专利导航，那么其他三类专利导航则是在"点"上的专利导航。

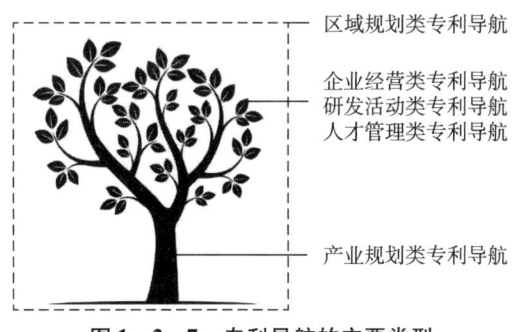

图 1-2-7 专利导航的主要类型

---

[1] 参见《专利导航指南 第1部分：总则》（GB/T 39551.1—2020）第 3.1~3.7 条。

1.3 专利导航的准备工作

专利导航通常采用项目管理的方式组织开展，如图1-3-1所示，需要用到信息资源、人力资源两大资源。首先，信息资源包括世界知识产权组织规定的《专利合作条约》（PCT）最低文献量的专利数据资源以及相应的检索工具，与专利导航需求密切相关的产业、科技、教育、经济、法律、政策、标准等信息资源，与专利导航需求密切相关的企业、高校和科研组织等相关的信息资源。从信息资源的角度来讲，需要结合专利导航需求方以及专利导航实施方的资源，包括需求方的人员信息、规章制度、与之相关的政策文件，实施方的专利数据等，为专利导航分析工作获取足够多的信息。人力资源主要是团队组建，需要有项目管理、信息采集、数据处理、导航分析和质量控制人员——这仅仅是项目实施方的人员。[1] 在长期的专利导航工作实践中，笔者认为项目需求方的科研人员、研发管理人员、知识产权负责人、第三方行业专家等加入项目团队，能够更加有效地开展专利导航工作。

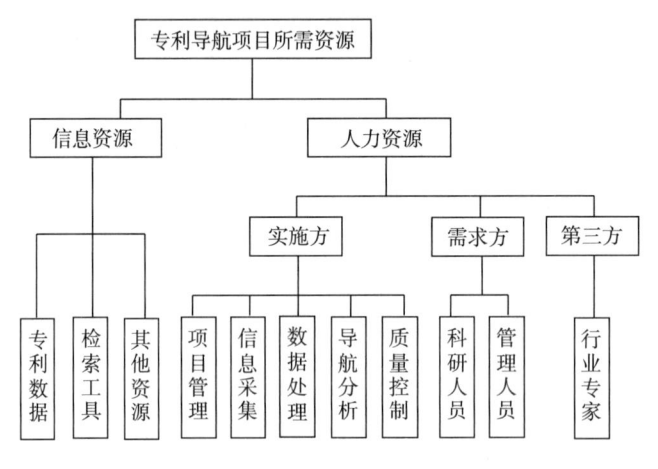

图1-3-1 专利导航项目所需资源

1.3.1 专利导航需求分析

本书按照需求方人员担任角色不同，将人员类型分为管理决策人员、科研人员、专利管理人员、专利工程师、法律工作者、一般读者六种主要人员类型，对应六种需求类型，如图1-3-2所示。管理决策人员主要指决策者或政策制定者，包括政府、企事业单位的管理者和政策制定者，具体可以分为与区域创新相关的人员、与产业规划相关的人员、与招商引智相关的管理人员、与企业管理相关的人员四种主要类型。

---

[1] 参见《专利导航指南 第1部分：总则》（GB/T 39551.1—2020）第4.2.1条。

科研人员包括科研单位、高校、企业研发部门研发人员。专利管理人员包括政府及企事业单位专利管理人员。专利工程师包括企业专利工程师、服务机构专利工程师等。法律工作者包括行政执法人员、司法审判人员、律师等。

```
                        ┌── 区域创新相关人员
              ┌ 管理决策人员 ├── 产业规划相关人员
              │         ├── 招商引智相关人员
              │         └── 企业管理相关人员
              │         ┌── 科研单位研发人员
              ├ 科研人员 ├── 高校研发人员
              │         └── 企业研发部门研发人员
需求人员类型 ─┤
              ├ 专利管理人员 ┌── 政府专利管理人员
              │           └── 企事业单位专利管理人员
              │         ┌── 企业专利工程师
              ├ 专利工程师 └── 服务机构专利工程师
              │         ┌── 行政执法人员
              ├ 法律工作者├── 司法审判人员
              │         └── 律师
              └ 一般读者
```

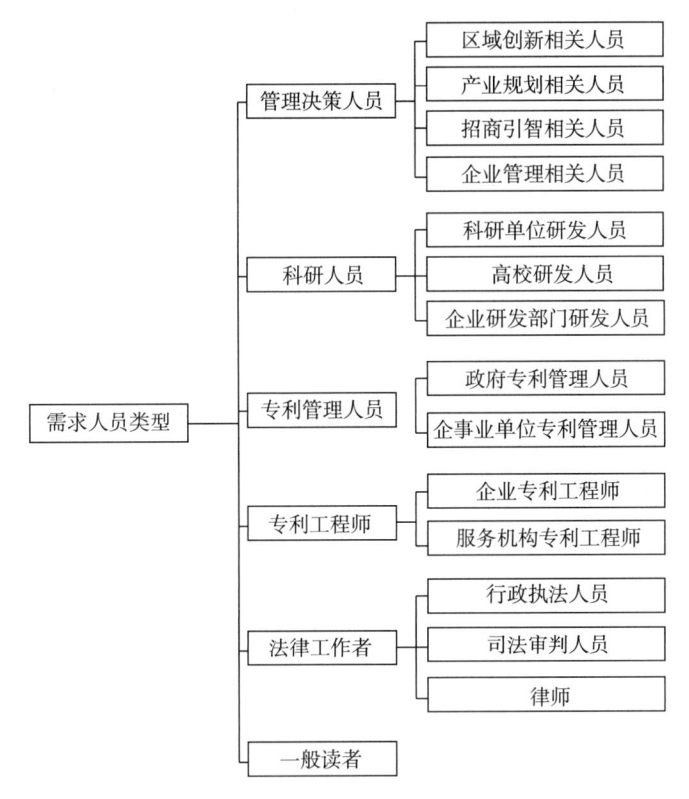

图 1 - 3 - 2　需求人员类型

管理决策人员通常较为重视宏观层面的分析。其中，区域创新相关人员关注的范围为整个区域，对区域内各个产业发展现状、区域创新能力如何、横向和纵向对比存在哪些问题、后期应该出台哪些创新政策等问题较为关注。产业规划相关的人员对专利导航梳理出来的产业链情况，产业链上专利布局情况，产业链布局存在哪些不足、如何定位、后期如何规划、应该对应出台哪些产业政策等方面的问题较为关注。招商引智相关人员比较关注招商引智对象的相关信息以及产业链、创新链、供应链关键环节信息，通过这些信息精准锁定招商引智的目标对象。企业管理相关人员更加注重企业本身的发展，关注企业分析的研发情况、专利价值、专利风险以及企业"走出去"的问题。

科研人员更加关注技术细节，无论是科研单位、高校还是企业研发部门通常比较关注自己研发的项目别人是否已经研发过，别人开展的研发项目与自身相比有哪些不同，或者是自己研发的项目遇到了研发瓶颈，更严重的是遭遇"卡脖子"技术难题的时候如何寻找技术突破点。或者在研发决策的时候面对同一技术有着不同的实现路径，哪一个对企业来说更有利。这时候就需要关注技术不同的演进路线，然后对比找到最节省成本且稳定、高效的技术路线，从而在市场上采购或者研发相应的技术及设备等。

专利管理人员更加关注专利的布局和分布情况。政府专利管理人员对管理区域内的专利各项指标较为关注，例如三类专利的数量占比、有效专利数量占比、法律状态、每万人口高价值发明专利拥有量、专利诉讼情况等。企业专利管理人员则更加关注本企业的专利状况以及竞争对手的专利状况，如何能够加强专利布局、更好地保护本企业的创新技术，采用什么样的专利策略能够最大程度上扩大保护范围等。

专利工程师，无论是服务机构还是企事业单位的专利工程师，都需要自己亲自做专利导航报告。他们更加关注专利导航本身是如何做的、如何分析的、如何组建团队的、人员工作如何分配的、专利数据如何检索的、用什么样的图表和文字来分析等细节。

法律工作者中行政执法和司法审判人员更关注专利是否侵权、侵权的范围有多大、有哪些可以作为证据等，通过专利导航能够找到很多相似或者相近案例，为审理、审判工作提供帮助。而律师则更加关注证据的收集，通过专利导航了解技术演进方向，从而找到证据收集的方向，更加有针对性地进行证据收集。

一般读者可以从专利导航中得到启发，激发从事相关工作的兴趣；或者学习和掌握专利导航的思路和方法，将这种思路和方法用于自身所从事的工作中，做好信息收集工作，做到知己知彼，百战不殆。

1.3.2 专利导航团队组建

这里的团队人员指的是专利导航项目实施所需的团队人员，不仅包括实施专利导航项目的团队人员，同时也包括项目需求方人员、专家支持团队人员以及其他保障人员等，如图1-3-3所示。在项目实施过程中，项目实施方人员与需求方人员需保持沟通，充分交换意见；需求方人员负责对项目阶段性成果进行验收，把握项目实施方向，及时矫正项目实施偏差。实施方人员则负责项目的实施以及进度、质量把控；专家支持团队对项目成果进行评估并提供政策、技术方面的支撑；其他保障团队保障各种工具和设备的正常使用等。

专利导航项目的实施方式一般分为两种：一种是自行开展，也就是说需求方和项目实施方均隶属于同一家单位；另一种是委托开展，也就是说项目需求方委托另外一家专业机构开展专利导航项目。第一种方式的沟通反馈机制较为顺畅。第二种方式中双方的沟通交流显得尤为重要，只有通过充分沟通才能保证信息对称。在第一种方式中，相同的人员可以负责不同的工作，管理决策者既可以负责项目管理也可以负责项目实施，科研人员也可以成为项目实施团队成员或者专家支持团队成员。第二种方式通常由不同的人员负责不同的工作。项目需求方团队的管理决策者负责人员工作的分配和项目进度把控；科研人员负责技术支持，审核阶段性成果，并为项目实施方提供技术支持。

```
                    ┌─ 项目需求方团队 ─┬─ 管理决策者
                    │                  └─ 科研人员
                    │                  ┌─ 项目管理者
                    │                  ├─ 数据采集人员
          团队人员 ─┼─ 项目实施方团队 ─┼─ 数据处理人员
                    │                  ├─ 导航分析人员
                    │                  └─ 质量控制人员
                    ├─ 专家支持团队 ───┬─ 技术专家
                    │                  └─ 行业专家
                    └─ 其他保障人员 ───┬─ 数据及工具保障人员
                                       └─ 其他保障人员
```

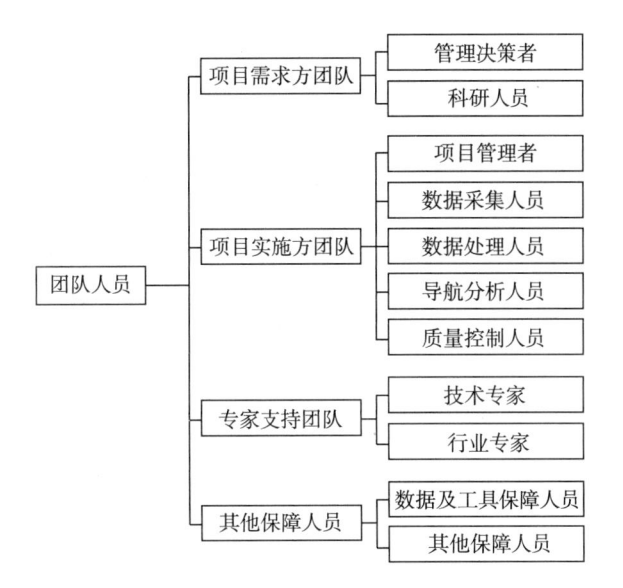

图 1-3-3 团队人员构成

项目实施方团队的项目管理者负责进行项目对接、需求分析、任务分解、情况汇总等工作；数据采集人员需要具备相关领域专业技术背景，熟知该领域相关技术，并具有较强的检索能力和较好的外语能力，能够检索并解读国内外专利信息内容，全面而准确地找到并汇总相关专利数据；数据处理人员对相关数据进行清洗和标引，去除不相关数据，找回遗漏数据，并统一数据格式，按照不同的技术分支或者技术分类进行数据标引，为后续导航分析做好数据准备；导航分析人员利用已经处理过的数据进行图表制作，根据需求分析出有效信息，并形成项目报告和结论性建议等；质量控制人员的质量控制工作贯穿整个项目实施过程，对每个阶段性成果进行质量检查，保证检索和分析质量能够满足项目需求。

专家支持团队主要负责为项目的开展提供专家咨询意见、专家评审意见等。

其他保障人员保障库数据及检索工具的正常使用以及其他条件的保障等。

在项目实施过程中这些人员需要相互配合，不断完善项目内容，直到满足项目需求为止。

1.3.3 专利导航数据采集

数据是专利导航工作开展的基础，所有的分析都源自数据。数据包括专利数据以及政策类、经济类等非专利数据，其正确性直接影响到最终结果的准确性。数据采集是项目实施过程中的重要步骤，一个项目往往需要经过多轮的数据采集才能得到较为满意的结果。数据采集包括技术分解、数据检索、查全率与查准率计算三个主要步骤，如图 1-3-4 所示。

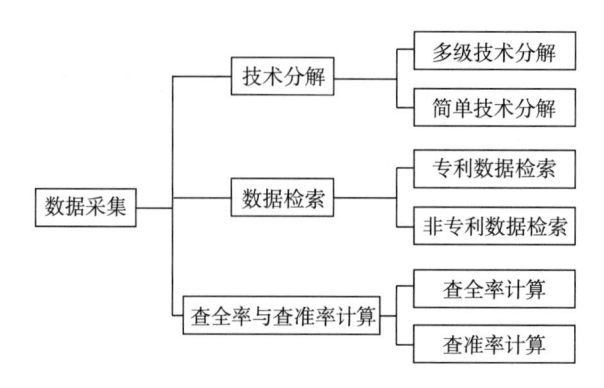

图 1-3-4　专利导航数据采集

1.3.3.1　技术分解

对较为复杂的技术通常采用多级技术分解，通过多级技术分解可以将一项复杂的技术分解成不同的分支和等级，划清技术边界，方便多人同时开展检索，降低检索难度，提高检索效率。对于较为简单的技术，技术分解等级不需要太多。表 1-3-1 所示为金属镁相关技术分解表。该技术涵盖范围广，包括金属镁的制备、金属镁加工以及金属镁产品应用等多个领域，技术较为复杂，因此，将技术分解为多级，以降低数据检索难度（由于篇幅限制，仅列出三级技术分支）。技术分解不限于一种，根据不同的需求，可以选择不同的划分方式，例如围绕产业链进行分解、围绕具体技术进行分解、围绕产品进行分解等，当然也可以根据实际需求自定义技术分解表。技术分解表在后续数据检索和数据处理过程中，根据实际情况可能还需调整，以适应项目分析需求。

表 1-3-1　金属镁相关技术分解表

一级分支	二级分支	三级分支
原镁制备	硅热还原法	皮江法
		巴尔扎诺法
		马格尼法
	熔盐电解法	陶氏法
		法本法
		诺斯克·海德鲁法
		光卤石法
		Mageorp 法

续表

一级分支	二级分支	三级分支
成分体系	Mg–Al	Mg–Al–Zn
		Mg–Al–Mn
		Mg–Al–Si
		Mg–Al–Ca
		Mg–Al–Sr
		Mg–Al–Zn–Mn
	Mg–Cd	
	Mg–RE	Mg–Y
		Mg–Gd
		Mg–Sc
		Mg–Dy
		Mg–Ce
		Mg–Nd
		Mg–RE–Ca
	Mg–Li	
	Mg–Mn	
	Mg–Zr	
	Mg–Th	
	Mg–Ag	
	复合材料	
	多孔材料	
加工技术	熔炼	
	铸造	重力铸造
		压力铸造
		挤压铸造
	塑性加工	轧制
		锻造
		挤压
		冲压
	热处理	退火
		固溶、时效
		形变热处理

续表

一级分支	二级分支	三级分支
加工技术	表面处理	
	半固态加工	
	连接	
	制粉、制粒	
应用	工业原料	还原剂
		合金元素
		铸铁球化剂
		钢铁脱硫剂
	机械构件	型材、管材
		航空航天
		地面交通
		军工兵器
	生物医疗	
	居家日用	电子类产品
		办公、家用、体育用品
	能源	核工业
		储氢材料
	牺牲阳极	

1.3.3.2 数据检索

数据检索通常可分为专利数据检索和非专利数据检索。顾名思义，专利导航主要是以专利数据检索为主，以非专利数据检索为辅。专利数据库有很多，有商业数据库，也有专题数据库等，例如国际上比较知名的德温特数据库（Derwent Innovations Index，DII）。中国也有很多免费中文数据库，例如国家知识产权局专利检索数据库（http://pss-system.cponline.cnipa.gov.cn/conventionalSearch）。这些数据库都可以用来完成数据检索工作，但是，数据库之间也存在一定差异，同一个检索内容需要在不同数据库检索才能保障检索的精确性和全面性。非专利数据库类型也比较多，比较知名的期刊论文类的数据库如中国知网、万方等，还有各类非专利商业数据库。还可以从网站，甚至是股票交易软件上获取非专利数据。

1）专利数据检索

上面已经阐述了技术分解方法，技术分解之后就要进行数据检索。专利数据检索首先要确定检索要素。所谓检索要素也就是构成检索式的基本单位，通常可以理解为检索的要点，例如在使用百度检索时输入的关键词就是一种检索要素。检索要素确定后，就可以将检索要素通过不同的算符组合成检索式。检索式关系到最终检索数据的质量，因此，构建检索式并不是一蹴而就的，后期需要根据检索结果不断调整检索式，直至得到符合要求的检索结果为止。检索式的构建是一种思维方式，就像编程的思维一样，不在乎你掌握哪种编程语言，关键是逻辑关系和思路要梳理清楚，稍加学习不同的语法就可以使用不同的语言进行编程。同样，检索式类似一种计算机执行程序，虽然不同数据库的算符有所差异，但是功能基本相同，熟练掌握一种数据库检索式的构建逻辑，稍加学习不同数据库的算符，就可以在不同数据库中进行检索。

专利数据检索跟我们平常在搜索引擎网站中输入单个词去检索有所不同，需要使用到上面所说的检索式，在数据库软件中通常被称为高级检索。检索所涉及的知识较多，市面上有许多专门讲解专利检索的书籍，各位读者可以参阅，只要大家跟着相关著作一步步操作，很快就可以上手开始检索了，本书就不再详细讲述检索的相关知识，仅简要阐述检索的基本过程。

我们在检索过程中最常用的是关键词检索和分类号检索，当然也有以申请人、发明人作为要素进行追踪检索的——这些检索方式通常作为常用检索的补充，但是有时单独使用会达到意想不到的效果。这里仅对关键词检索和分类号检索进行阐述，对其他的检索方式不再赘述。关键词检索更加符合大众的习惯——我们在搜索引擎网站上检索时通常采用关键词检索。这种检索方式直观、快捷、易学、易懂，但有一定的局限性。由于专利文献在对同一事物进行描述时可能会出现不同的名称，描述同一事物的角度可能会有所不同，因此，需要作关键词扩展，充分考虑同义词、近义词、反义词、上下位概念（可以简单理解为包含与被包含的关系）、等同特征等，还可以从技术问题、技术方案、达到的技术效果等多个角度选择关键词。

分类号检索的效率就高很多。所谓分类号就是把专利技术分门别类，不同的技术归为不同的类，然后标一个分类号，可以通过查找分类号准确地找到该大类或者小类等类型下面的专利文献。在专利文献中都标有分类号。分类号一般是采用国际上比较通用的 IPC 分类号以及 CPC 分类号，当然各个国家和地区也有自己的分类体系，比如日本有自己的 FI/FT 分类号，欧洲专利局有 EC 分类号等。这些分类号都制作了相应的分类表，有兴趣的读者或者致力于提高自己检索能力的读者可以自行参阅和学习各种类型的分类体系。

2）非专利数据检索

非专利数据检索的途径就比较多了，可以是通过实地调研获取政策和企业的相关数据，也可以通过网站检索相关数据，或者是通过期刊、论文、工程技术等非专利数据库检索。总之，跟专利导航项目所涉及产业相关的、准确的数据都可以被检索，作为非专利数据使用。

本章不对非专利检索的具体方法、步骤、数据处理等进行阐述，下文中所述数据非特别说明均指专利数据。下面以金属镁产业专利分析为例，按照如图 1-3-5 所示专利数据检索流程说明专利检索的过程。第一步，对产业链进行技术分解，确定技术分支。例如，金属镁相关技术可分为原镁制备、成分体系、加工技术、应用领域等，如表 1-3-1 所示，相关技术按这几种类型进行分解，分解后形成技术分支，并根据技术分支划定技术边界。第二步，依照技术分解表，按照技术分支确定适当的分类号和关键词等检索要素。第三步，根据检索要素对每个技术分支构建检索式。第四步，根据各分支的检索式，开展多人协同检索。

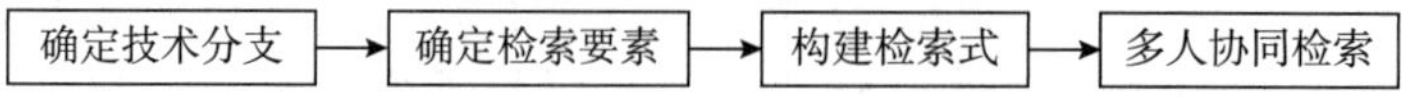

确定技术分支 → 确定检索要素 → 构建检索式 → 多人协同检索

图 1-3-5 专利数据检索流程

1.3.3.3 查全率与查准率

检索出来的专利数据是否符合要求，需要一个指标进行评价，通常使用的评价指标为查全率（recall）和查准率（precision）。上述评价指标本来是统计学中的概念，在这里被引入专利数据检索中，用来检测检索的数据是否符合要求。专利数据需要全面和准确，不全面和不准确都会影响最终的分析结果。既然是检索，也就是要从浩瀚的数据中找到所需的数据。由于数据量巨大，无论采用什么样的检索方式，都不可能在一定时间内对数据进行穷举，保证将所有需要的数据都检出来，因此查全率和查准率可以无限接近100%，但达到100%是不现实的，实际操作中能够达到一定的值即可，可根据专利导航项目需要确定查全率和查准率的具体数值。当然查全率和查准率越高越好，就看项目需求如何了。如果是对趋势进行分析，可能个别数据误差不会影响总体趋势，但如果精准查找一项技术，当然是误差越小越好。这些导致误差的不相关数据，我们通常称之为"噪声"。

所谓查全率就是检查数据是不是有遗漏，遗漏的比例大概是多少。在很多书上都有对查全率的定义。

设 S 为待评估查全专利文献集合，P 为查全样本专利文献集合（P 中的每一篇都是与主题相关的有效文献），则查全率 r 可以定义为：

$$r = num（P \cap S）/num（P）$$

其中，P∩S 表示 P 与 S 的交集，num（·）表示集合中专利文献的数量。

设 S 为待评估查准专利文献集合，S' 为 S 中与分析主题相关的专利文献集合，则验证集合的查准率 p 可定义为：

$$p = num（S'）/num（S）$$

其中，num（·）表示集合中专利文献的数量。

这个定义乍一看很难懂，其实并不复杂。通常我们在实际检索中，文献量可能比较大，这里为了平衡查全率和查准率以及工作复杂度之间的关系，对检索出来的文献作了一个划分：被检验的专利文献数量在5000篇以下的，取样样本不低于10%，假设被检验专利文献正好5000篇，那么样本至少需要500篇；被检验的专利文献数量在

5000 篇以上的，取样样本不低于 5%，❶ 假设被检验专利文献为 5100 篇，那么样本至少需要 255 篇。大家是不是感觉这里矛盾了？按道理来说被检验的专利文献数量越大，取样的样本数量就越大。其实这只是一个通常的划分方式，在实际操作中，大于 5000 篇以上的，通常采用大于 500 篇、总量不低于 5% 的做法。

我们再回到公式本身，"设 S 为待评估查全专利文献集合"怎么理解？所谓待评估查全专利文献集合，也就是您完成专利检索得到的文献总量。构建查全样本集合 P，目的是检查一下检索出来的专利文献是否符合要求。但是这里需要注意一点：在构建查全样本的时候，不能使用检索过的检索要素。例如，在检索数据的时候我们使用过"铰链"这个词语，那么在构建查全样本的时候就不能再使用"铰链"这个词语，需要通过其他词语来构建查全检验样本，也就是通过另外一些检索要素构建检索式重新检索出来一个小的样本，然后去检查是否与主题相关；如果不相关则去除掉，形成一个全部与主题相关的专利文献集合，也就是公式中的 P。如果我们再使用"铰链"构建查全样本的话，在做 P∩S 也就是"与"逻辑运算的时候，就会出现用自己检验自己的逻辑错误，检验出来的查全率必然是 100%。

查准率就比较好理解了。查准率是采用抽样检测的方法，从已经完成的检索文献集合 S 中，按照一定顺序或者规律去抽取样本构成 S'。可以采取随机抽取的方案，例如每隔 3 个或者 5 个文献抽取一个，或者按照年代分布，每个年代抽取几个，或者按照技术分支，每个技术分支抽取几个，或者按照国别，每个国家的抽取几个，总量满足要求即可。但是这里要注意一点：要采取多种抽样方式，最大可能地提高抽取的随机性，然后再一篇篇去看，去除与主题不相关的文献后得到 S'，然后按照公式运算即可。

查全率和查准率是我们检验检索数据质量的重要方法。也许您检索完第一遍数据的时候，查全率和查准率并未达到要求，那么就需要继续进行检索，重新构建检索式，或者检查检索要素和检索式中存在的问题，加以修正，重新检索，反复检验，直到查全率和查准率达到要求，这个时候才可以中止检索；在后面分析过程中如果发现数据问题，还需要进行补充检索等操作。整体流程如图 1-3-6 所示。

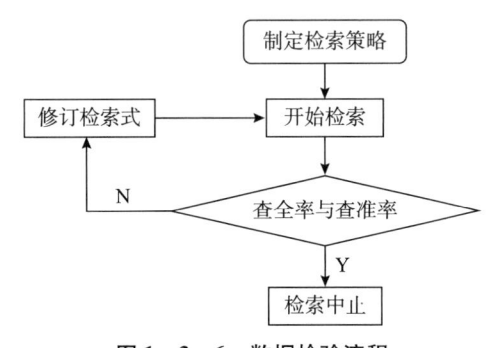

图 1-3-6 数据检验流程

---

❶ 国家知识产权局学术委员会. 专利分析实务手册 [M]. 2 版. 北京：知识产权出版社，2021：120-122.

作为项目需求方可能不关注检索过程，但是需要关注检索结果，因为检索结果影响专利导航结果。在专利导航报告中通常会标明查全率和查准率，您只需要向项目承担方问清楚数据检验的过程，知道如何检验的，就能大概判断出报告数据的可信程度。

1.3.4 专利导航数据处理

专利导航数据处理包括数据清理和数据标引两个部分，如图1-3-7所示。完成数据检索之后，我们检索出来的数据可能来自不同数据库，有中文的，也有外文的，有过去的，也有现在的。这些数据可能存在格式不一致、信息缺失、不准确的问题，在后期分析数据时会带来不必要的麻烦，所以，我们必须对数据本身进行清理，然后再进行分类标引，为后续的分析工作提供格式统一的数据。

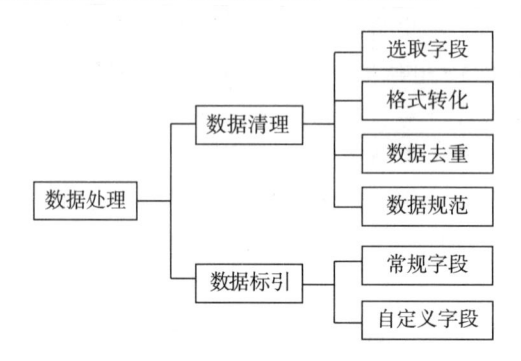

图1-3-7 专利导航数据处理

1.3.4.1 数据清理

数据清理主要是对数据格式进行规范和统一并去除重复数据。

具体步骤如下：第一步，针对已经检索出来的数据进行字段选取，选取所需要的字段。所谓字段是指检索数据中包含的公开日、申请日、标题摘要等（见表1-3-2）。字段选取过程中，会发现不同数据库中的数据格式可能不同，不同时代的数据的格式也有差别。第二步，进行格式转化，将不同格式的数据进行格式统一。这一步可以在检索生成的数据表格中直接进行批量转化，也可以采用输入公式或者VBA编程的方式进行格式自动转化，这样效率会更高。第三步，在我们检索的数据中可能存在基于同一优先权文献，在不同国家和地区以及地区间专利组织多次申请、多次公布或者批准的内容相同或者基本相同的专利文献，而这些专利文献语言不同，都被检索出来了，就需要去除内容重复的专利文献。或者是不同检索式检索出来的数据存在重复，还有实用新型和发明专利内容完全一致也存在重复，可选择一个保留。这个步骤称为去重。第四步，对去重后的数据还需要进行数据规范。在数据清理过程中会发现一项专利有多个发明人，或者不同专利的申请人之间有关联，例如一个公司有很多子公司，那么子公司和母公司都有可能作为申请人去申请专利，这种情况下就需要将子公司与母公司的专利归为一个申请人；还有的专利日期格式不同，需要统一日期格式等。总之，需要将每一类型的数据统一成相同的格式，方便后期标引。

表1-3-2 数据字段

申请号	专利名称	专利类型	申请日	主分类号
CN202111513764.7	一种包装用聚乳酸复合材料及其制备方法	发明专利	2021-12-13	C08L 67/04
CN202130813825.6	显示屏幕面板的药品标签打印图形用户界面	外观设计专利	2021-12-09	
CN202123022011.4	一种薄壁塑料管体裁切装置	实用新型专利	2021-12-04	B26D 1/30

1.3.4.2 数据标引

数据标引是将数据进行分类的一个过程，可以按照申请人、发明人等常规字段标引，也可以根据分析需要进行自定义字段标引。常见的自定义标引有技术标引、功效标引等。在技术标引时需要依据技术分解表进行标引。技术分解表在数据检索前已经形成，但随着数据检索和数据处理工作的开始，最初确定的技术分解表可能存在某些不适合标引的分支，所以在正式标引之前需要对技术分解表进行调整，以适应技术标引的需求。例如，我们可以将手机类型分为"滑盖""翻盖""平板"三类，那么就可以将相关专利按照这三类进行数据标引，然后再进行数据分析。再如，我们可以从功能效果上对手机进行分类，分为"达到信号增强效果""达到防滑效果""达到防误触效果"等。当然，自定义标引的方法还有很多，可以根据实际需要进行标引，如表1-3-3所示，对某便携式设备，可以按照技术分支标引，也可以按照技术功效或用途标引，具体选择哪种方法标引，以方便分析为准。

表1-3-3 自定义数据标引示意

序号	一级技术分支	二级技术分支	三级技术分支	技术功效	用途	申请号
1	验证签名	采集数据	手写设备	提高可靠性	安全检查	CN201120333570.4
2	验证签名	采集数据	手写设备	提高可靠性	安全检查	CN201120056989.X
3	验证签名	采集数据	手写设备	提高可靠性	安全检查	CN201110003656.5
4	验证签名	算法匹配	模式匹配	提高可靠性	安全检查	CN201310392827.7
5	验证签名	算法匹配	模式匹配	提高可靠性	安全检查	CN201110338715.4
6	验证签名	算法匹配	模式匹配	提高可靠性	安全检查	CN201110114070.6
7	验证签名	算法匹配	统计算法	提高可靠性	安全检查	CN201110114070.6
8	验证签名	算法匹配	统计算法	提高可靠性	安全检查	CN201220376997.7
9	验证签名	提取特征	基于参数	提高可靠性	安全检查	CN200910105182.8
10	验证签名	采集数据	触摸设备	提高可靠性	安全检查	CN201120119102.8
11	验证签名	采集数据	触摸设备	提高可靠性	安全检查	CN200910105182.8
12	验证签名	采集数据	触摸设备	提高可靠性	安全检查	CN201020221271.7

1.4 专利导航的一般分析思路

本节主要阐述专利导航的一般分析思路，主要是专利导航常用的、共性的一些分析思路。当然，专利导航需求不同，分析思路会有所差异，也会出现一些比较特殊的分析思路，但无论是一般分析思路还是比较特殊的分析思路，在后续的章节中都会有详细的讲解和案例。大家在理解专利导航一般分析思路的基础上，参考后续章节的内容，会对专利导航有更加深入的理解和认识。

1.4.1 现状分析

专利导航需要紧扣实际需求，能够解决实际问题，这就需要了解和分析实际情况，所以通常情况下专利导航是从现状分析开始的，而现状分析主要分为政策、区位、产业、企业分析，如图1-4-1所示。现状分析是从调研开始的。我们常说"没有调查，就没有发言权"。调研是每个专利导航的开端，通过调研能够获得第一手的资料，了解实际情况，梳理清楚存在的问题，有利于后期有针对性地开展专利导航工作。调研的范围也很广，包括政策环境、区域发展情况、创新研发情况、产业发展情况、企业基本情况等多个方面。调研的对象也是多个层次的，主要包括管理部门、协会、企业、员工等层面。管理部门和协会对宏观政策有较为深刻的理解，并对产业规划和发展动向等具有整体的认识，从对管理部门和协会的调研中可以获得政策环境、区位发展情况、整体研发情况、产业发展情况等宏观信息，其中政策环境、区位发展定位和优势、整体研发情况对产业发展有着深远的影响，这些内容是我们在做专利导航时必须了解的。而企业不仅是经济发展的助推者，也是经济政策的受益者，对企业的调研也是必不可少的，尤其是通过对头部企业的调研，能够从企业的角度了解政策效果、区位情况和研发的基本情况等信息，并且可以对企业发展情况有更加直观和深入的了解。而员工是企业发展的根本，尤其是技术人员对企业创新发展起着非常重要的作用，通过与员工交流能够真正了解企业所面临的具体现实问题。

通过调研获取的信息以及从其他途径获取的信息共同构成了现状分析的基础。本章将现状分析分为政策分析、区位分析、产业分析、企业分析四个主要方面。对于不同类型的专利导航，这四个方面的分析侧重点也有所不同。例如，企业经营类专利导航更侧重于企业本身的分析，对应的政策分析、区位分析、产业分析需要紧扣企业发展以及现实情况开展，而不像产业规划类专利导航那样侧重于对整个产业链条的政策分析、区位分析、产业分析和企业分析。

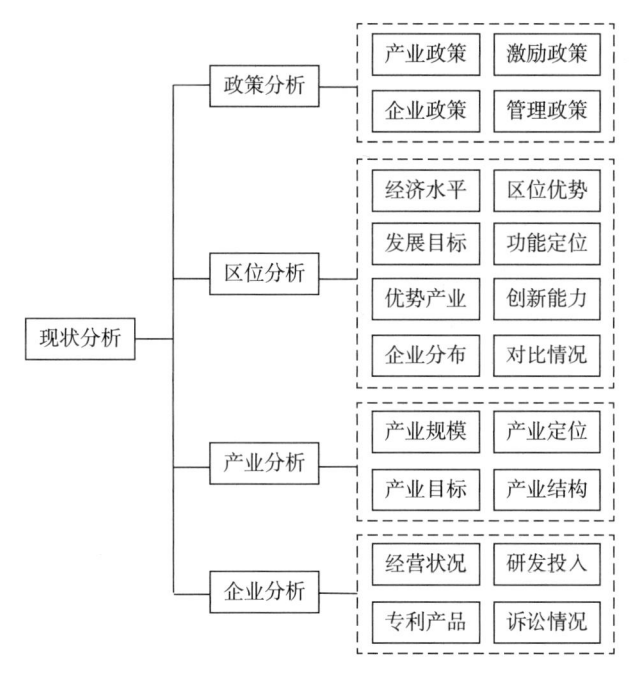

图 1-4-1 现状分析

1.4.1.1 政策分析

政策通常会影响经济社会发展的大方向，通过对政策文件的解读和分析可以了解区域、产业、企业发展的方向。例如，在做某地塑料加工产业专利导航时，通过政策分析发现国家为了保护环境，在不断收紧对非降解塑料的使用限制，早在 2008 年国务院就出台了《国务院办公厅关于限制生产销售使用塑料购物袋的通知》，这一通知又被称为"限塑令"。随后多年，很多地方一直都在不断出台地方"限塑令"，一次比一次严格，一次比一次详细，这也是一个明确的信号。在做相关专利导航的时候需要考虑该政策的影响和执行情况，从而找准专利导航工作的方向。再如各地的政府工作报告、规划、产业发展等相关政策文件都提出某些重点产业应该如何发展，使用"打造千亿、百亿级产业集群"这类文字进行表述。政策文件列出的产业，一般会在未来享受各方面的政策优惠，那么，开展专利导航的产业或企业是否位列其中，这个因素也是要重点考虑的。另外，政策出台往往不是出台单个政策，一般是成体系的，把这些政策收集起来就能够对区域、产业、企业未来发展作出初步判断。例如，《中华人民共和国国民经济和社会发展第十四个五年规划和 2035 年远景目标纲要》中就提到了七大战略性新兴产业、加快数字化发展、推进乡村振兴等，这些相关的产业也会结合各地实际出现在各地的"十四五"规划中，还会出现在其他政策文件中。这些都能成为判断产业发展前景的政策依据。做不同类型专利导航时，分析的政策文件有所侧重。例如，做产业规划类专利导航更加侧重产业政策、激励政策、科技创新政策；做企业经营类专利导航更加侧重企业激励政策、创新发展政策、人才政策等；做区域规划类和产业规划类专利导航时，政策分析尤为重要。当然，根据实际需求，如果仅仅是做技术类分析，可能仅对政策作一定了解即可，可不将政策作为分析的重点，甚至在报告中不体现政策类内容都可以。

1.4.1.2 区位分析

做专利导航时离不开对大环境的分析，更离不开对区域小环境的分析。在进行区位分析时，首先会对资源优势、交通优势、人文环境优势、区域经济优势等区位优势进行系统分析，从而提出明确的区位发展目标、功能定位等。因此，通过分析了解功能区、园区、产业的发展规划等相关文件材料，就能对区域情况进行初步了解。但是，有的园区已经运行多年，最初的规划发生了较大的变化，已经形成新的区位优势或者产业格局，此时就需将文件材料分析与实际调研相结合，调整分析结果，使分析结果更加符合区域实际情况。例如，在开展某地金属镁产业分析时，了解到原规划中的园区和产业是包括镁矿的开采和冶炼的，但是随着大环境的变化，加上本地镁矿资源品质较差、开采冶炼成本高、环境污染严重等因素，当地逐步淘汰了镁矿的开采和冶炼相关产业，而只保留了镁金属产业链中的中游加工部分加工产业链条，下游应用部分也在重新规划和布局当中，整个区位的定位和优势都发生了较大的变化，资源优势消失了。未来，该区域金属镁产业在发展中就需要转型，不再追求向产业链上游延伸，而是采用"壮大中游，布局下游"的方式进行产业布局。通过对当地镁产业现状的分析，进一步明确专利导航的方向应该集中在中、下游这两个方向，一是通过专利导航助力攻克技术难题，提升中游金属镁精深加工能力，二是通过专利导航帮助规划下游应用层面的产业布局，这才是真正符合实际的发展方向。另外，自然条件也对产业布局起着重要的作用。例如，在贵州山区有大量的溶洞，这些溶洞能够成为天然的机柜，满足大数据中心的散热要求，节省大量布局散热设备的资金，这个地方就非常适合发展大数据产业，国内外很多数据中心都布局在这里。围绕着大数据中心，相关的配套、技术研发成为支撑大数据产业发展的重要因素，做专利导航时，也需要考虑这些因素。在进行区域分析、产业分析时，还要注重区域之间的对比，以国内外比较成熟的区域、产业作为对比目标，找出发展的优势和不足，通过强化优势，克服不足，以便奋起直追甚至超越前者。因此，区位分析在分析整个产业定位以及发展方向中起着重要的作用，如果忽略这些发展的客观因素，就会使专利导航偏离方向，成为空中楼阁，甚至最后南辕北辙。

1.4.1.3 产业分析

经济发展离不开产业，产业是支撑区域经济发展的核心组成部分。在专利导航中对产业的分析尤为重要，产业规模、产业结构、产业目标、产业定位是我们分析的主要内容。产业规模是判断产业发展情况的重要指标，但是并不代表着产业规模大就好，产业规模小就不好，产业发展的好坏还需要考虑产业结构是否合理——有的产业"摊大饼"式的发展一味追求规模效应，结果产业结构出现了很大问题，最终陷入产业低端同质化的尴尬境地。例如，某装备制造产业提出的产业目标和产业定位都很好，就是要走向高端，成为高端零部件配套基地，然而在实际发展中却全部集中在低端铸造、低端轴承加工等领域，并且整个产业内基本都是该类型企业，最终形成了恶性竞争，企业通过打价格战维持生存。这种产业"摊大饼"式的发展，规模是有了，但结构却是十分不合理的，并不能促进产业的高质量发展。专利导航就需要根据产业定位、产业目标重新梳理产业链，合理规划产业，将产业链上的企业重新布局，避免无序竞争，节省资源，让每个企业都能够成为产业链上不可或缺的一环。

1.4.1.4 企业分析

企业是市场经济的细胞，也是产业的基本组成单元，尤其是龙头企业对整个产业发展和技术进步往往起到引领的作用。只有充分了解企业分布情况、经营状况、研发状况、专利产品情况、专利诉讼情况等，对企业形成全面深入的认识，后期的专利导航工作才能做到有的放矢。

企业分布情况可以从管理部门、协会等相关单位获取。企业经营状况包括销售情况、市场前景、营收情况、成本控制等经营数据，可以在企业调研或企业财务报表中获取。研发投入、研发人员数量、专利产品情况等通过调研也比较容易获得。然而，核心技术往往是一些创新型企业生存的根本，很多处于保密状态。因此通过简单的调研是无法深入了解核心技术的，可能需要在开展专利导航项目委托时与企业签订保密协议才能够获悉企业核心技术，了解到技术面临的具体问题等。无论采取哪种方式，主要目的都是充分掌握企业情况，为后期开展专利导航充分收集信息。例如，我们在调研一家食品加工企业的时候，发现其经营情况、研发情况、专利产品等方面的数据非常不错，但是企业只是简单描述他们面临的问题，对具体的技术细节却不告知，直到签订合同和保密协议之后企业才悉数告知其中的技术细节，我们才能有针对性地开展专利导航；该技术问题解决之后，企业产品品质有了质的提升，经营和销售状况又上新的台阶。专利诉讼情况一般通过调研都能够了解得比较清楚，也可以通过数据库或者网站查询到。

在区域规划类和产业规划类专利导航中，企业分析可不作为重点，仅从企业分析中获取一些"面"上的了解即可，但是在企业经营类、研发活动类、人才管理类等微观层面专利导航中，企业分析就需要作为重点，在"点"上进行深入分析。

1.4.2 问题梳理

专利导航的主要目的是解决实际问题。问题即方向，找准了问题，找出了问题关键所在，就可以有的放矢地去进行问题分析，为整个区域高质量发展、产业升级、企业创新、人才引进等提出针对性的意见和建议。

通过采用调研以及信息分析等现状分析方法，我们可以初步找到存在的一些问题，但是问题的梳理和凝练并不是一蹴而就的，在后续的专利数据分析中也可能随时发现问题，随时归纳和总结问题，最终形成需要解决的主要问题。但是，并非所有问题都是专利导航能够解决的，这就需要对问题进行区分，找出哪些是能够通过专利导航解决的问题，哪些不能够通过专利导航解决。例如，最直接的资金问题、土地问题等就不是专利导航能够解决的。专利导航能够解决的问题包括寻找区域发展、产业发展方向，企业技术攻关、专利布局、人才引进、招商引资中存在的问题等，以及为决策提供依据、为研发提供参考、为创新指引方向等。例如，在某地金属镁产业规划类专利导航中，综合各方面因素，结合当地产业发展实际，从国际、国内、区域三个层面梳理出当前该产业在发展中面临的主要问题。一是国际层面的产业问题：①贸易"剪刀差"不断拉大；②镁高端应用技术垄断；③全球镁市场需求量较小；④技术难题限制了镁金属应用范围。二是国内层面的产业问题：①原镁冶炼逐渐收缩；②原镁冶炼去产能力度加大；③国内高端消费产品需求强烈；④产业政策对市场具有明显影响。三是园区发展面临的突出问题：①产业链上游缺失，技术相对落后；②产品线单一，镁产品应用市场狭窄；③初级产品比重大，精深加工能力薄弱；④企业规模小而散，缺乏龙头企业；⑤企业研发实力弱，缺乏资金和人才支撑。

总结和梳理以上问题，我们可以得出专利导航能够解决的实际问题：①产业发展方向的问题；②市场需求弱的问题；③高端产品技术突破方向的问题；④缺乏技术和人才的问题；⑤专利布局严重不足的问题。

读者可以采取调研和收集资料的方式，辅以简单的专利数据分析，得出需要解决的问题。问题的呈现方式不限，可以是集中呈现，也可以是分散在各个章节中，还可以采用不断提出问题、不断分析问题的方式呈现。

1.4.3 产业链划分

对于产业规划类专利导航来说，产业链划分是基础的环节，也是必要的环节。只有弄清楚了产业链的情况，然后通过专利数据分析找出产业链的薄弱环节，才能有针对性地开展强链补链工作。任何一项技术、任何一家企业都是产业链上的一环，抛开产业去单纯分析技术和企业无异于"空中楼阁"。产业链划分并不局限于产业规划类专利导航中，其他类型专利导航也可以有选择性地进行产业链划分。即使在报告中不呈现产业链情况，也需要对产业整体情况有所了解。产业链分析是在前期现状分析的基础上对产业上、中、下游进行初步划分（参见图1-4-2），然后找出产业的重要技术分支，对技术分支进行态势分析、技术分析等，通过专利数据分析调整产业链划分，最终形成以专利数据为基础的产业链划分。只有开展了产业链分析，才能对依附于产业链条存在的技术链条、创新链条、人才链条进行分析，分析产业链条中的问题原因，有针对性地提出解决方案。

将产业链的上、中、下游进行划分，明确上、中、下游关系，找到上、中、下游的起点和终点，形成清晰的边界。清晰的产业链划分可以帮助找准区域范围内的产业在每一部分产业链中的位置，结合现状分析找出产业链上的核心企业、重要分支、人才分布等相关信息，再针对相关信息进行专利态势、专利技术、人才等的分析。通过分析，梳理出产业技术链、创新链、人才链，为后续专利导航的实施打下基础。

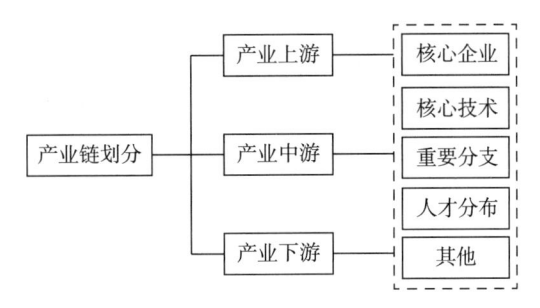

图 1-4-2 产业链划分

1.4.4 专利态势分析

专利态势分析通常以技术分支为分析单位，根据不同需求，可以选择任意一级技术分支进行分析，也可以选择产业链上的某个环节的相关技术进行分析，还可以根据实际需求，组合不同的专利数据，进行态势分析。这里主要从全球、国内、区域、企业、竞争五个维度阐述专利态势分析的方法，如图 1-4-3 所示。当然，专利态势分析的方法还有很多，也有很多专业图书可供读者参考，另外，后续各章节也会列举大量具体的实例，通过阅读后续章节，结合案例能够帮助读者更好领会专利态势分析的不同方法。

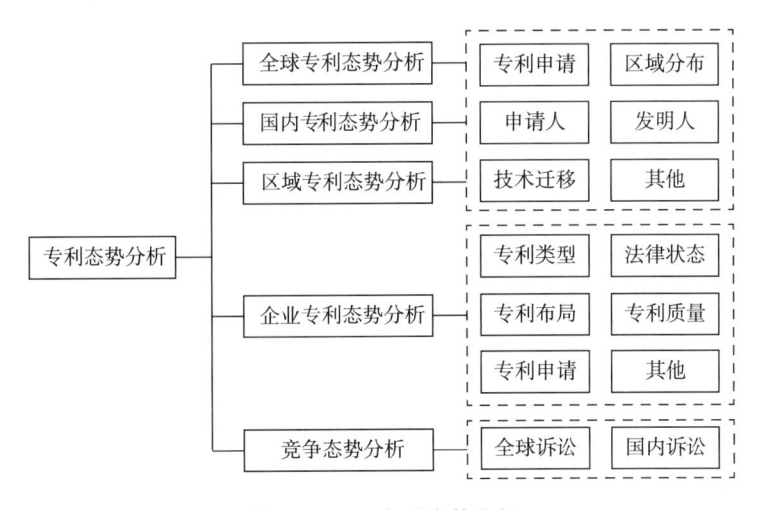

图 1-4-3 专利态势分析

1.4.4.1 全球专利态势分析

当前国际经贸往来中，技术输出和输入仍然占据一定比例。全球经历了多轮技术转移大潮，全球化的合作也愈加紧密，高新技术发展的全球化趋势愈加明显，全球技术交流也越加频繁。很多复杂的技术，需要多国协助完成，反映到专利层面，全球专利的数量也在急剧增加。然而，合作的同时，不同贸易阵营，不同国家之间竞争也愈加激烈。全球专利技术壁垒也在形成与瓦解之中此消彼长。因此，专利导航需要具备全球视野，对全球专利态势进行全面而深入的分析，梳理技术发展的脉络，把握相关技术的发展方向。

如果我们对某项技术在全球范围内的专利数据进行分析，就可以得到该技术历年申请趋势、技术产出格局、产业技术生命周期、主要技术产出地申请趋势及活跃程度、目标市场分布、技术主题分布及发展趋势等相关信息，从而呈现出该项技术的全球专利态势。例如，在锂离子电池关键材料全球专利态势分析中，如图1-4-4所示，选择1967～2011年时间段为横坐标（作为示例，此处仅选择其中部分年份），专利申请量为纵坐标，就可以得到一个折线图，该图直观反映出锂离子电池关键材料全球申请量的变化趋势，通过对变化趋势分析，结合当时的各种重要影响因素，例如相关政策、技术发展情况等，站在分析的时间点上，可以推测未来该项技术的发展趋势。

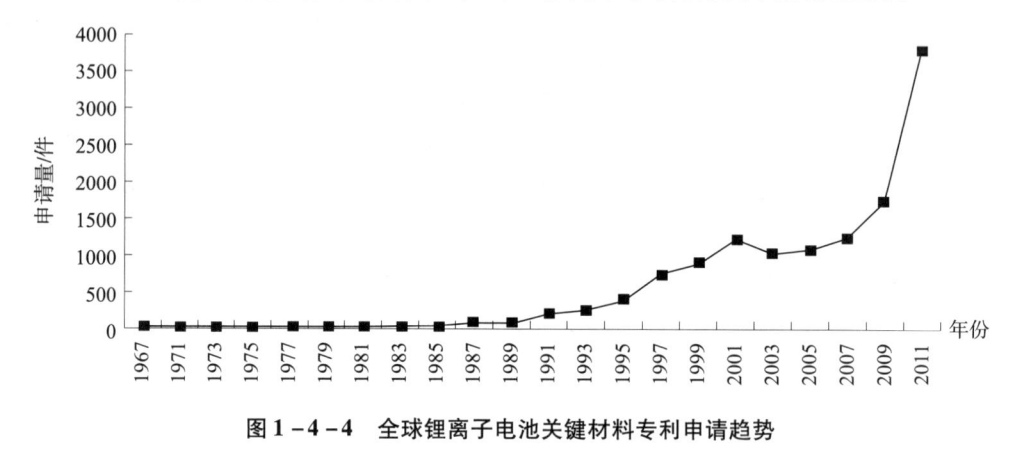

图1-4-4 全球锂离子电池关键材料专利申请趋势

1.4.4.2 国内专利态势分析

国内专利态势分析和全球专利态势分析的方法和内容基本相似，只是分析专利数据的范围发生了变化，不再是对全球范围内专利数据进行分析，而是对国内专利数据进行分析，分析的方法不变。国内专利态势分析的结果可以用来与全球专利态势的分析结果进行对比，找出国内当前相关产业与全球相关产业的关联情况，同时找出国内产业的优势和劣势，从而才能顺应产业发展大趋势，强化优势，弥补劣势，顺势而为，乘势而上。例如，在锂离子电池硅基负极技术国内专利态势分析中，如图1-4-5所示，选择不同技术分支的国内外专利申请为分析对象。将硅基负极材料专利数据按照预锂化技术、Si-聚合物技术、Si-金属氧化物技术、Si-金属盐、Si-硼磷氮杂原子、Si-SiO$_x$、SiO$_x$-C、SiO$_x$、Si-C、Si进行分类，对每类专利申请进行分析，得到国内外锂离子电池硅基负极技术的技术构成图，通过技术构成图可以清晰地看出，国内外哪项技术是该领域的主流技术，再分析国内外主流技术的差别以及各主流技术的异同，从而找出更具发展潜力的主流技术，帮助选定技术方向和技术发展重点。

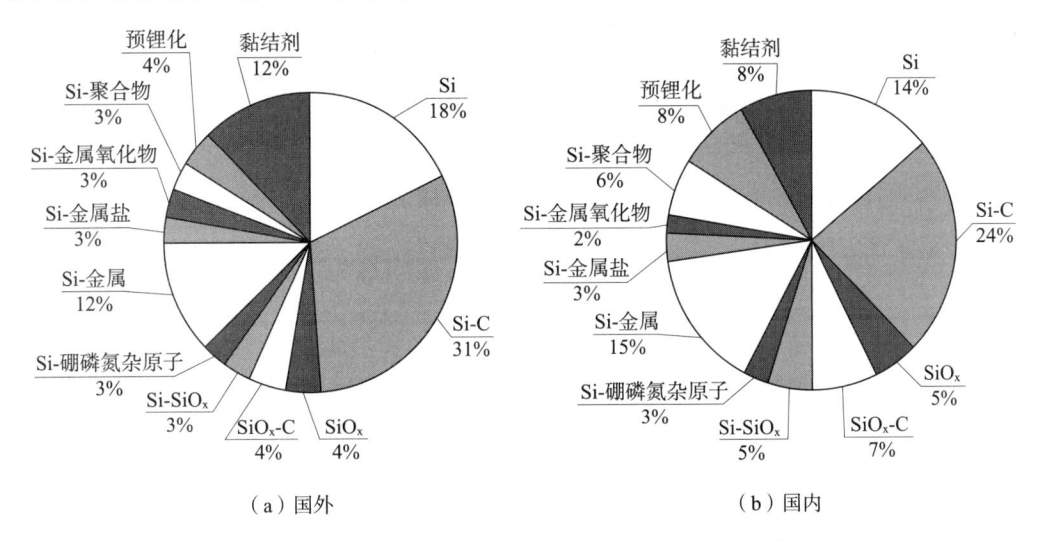

（a）国外

（b）国内

图1-4-5　国内外锂离子电池硅负极专利申请技术构成对比

1.4.4.3　区域专利态势分析

区域专利态势分析的范围更加聚焦，集中在区域的范围内，所谓区域可以根据实际需求，选择几个省、一个省、一个地区或者一个园区等，区域专利态势分析的方法和内容与前述两种专利态势分析相同。例如，对某园区纺织服装产业分析，选择专利申请法律状态、专利申请量作为分析对象，法律状态可以分为授权且有效、失效、审查中三种状态，失效又可以细分为未缴年费、撤回、驳回等，根据实际需求，可以选择其中的几种进行分析。授权占比越大，表明该区域创新质量越好，未缴年费比例越大，可能是技术更新越快，也可能是维持意愿不强，且有效的专利数量需要具体问题具体分析。

然而有的时候，一张图并不能完全反映真实情况。如图1-4-6所示，该园区纺织服装产业的发明专利申请授权且有效的比例为74%，比例还是比较高的，是不是感觉还行，技术实力还可以？但是如果您换个维度，以法律状态和时间作为分析对象，分析一下专利维持年限，您就会发现，事实并不是这样的。

专利维持年限是专利价值评价的重要指标之一，维持年限越长，证明该专利可能的价值越大，因为维持年限越长花费的维持费用越高，是值得专利权人花大价钱维持的专利，我们有理由相信它具有更高的价值。从

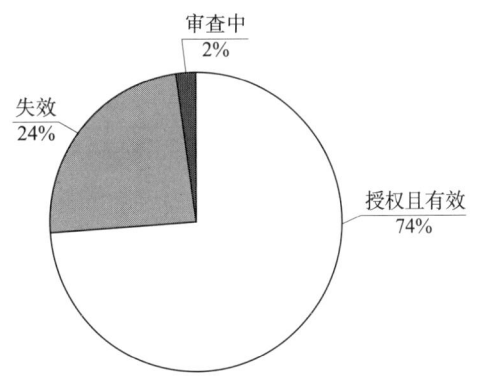

图1-4-6　某园区纺织服装产业专利申请法律状态

图1-4-7中可以看出维持超过6年的专利数量较少,主要集中在前6年。为什么是前6年呢?这和国家的相关政策有关,专利维持年限过了6年,维持成本就会大大增加,所以6年过后专利放弃的比较多。当然,这也不能说是技术实力不强造成的,专利维持年限还和领域有关,如果是快消产品或者技术更新迭代较快的领域,专利维持年限较短。上述纺织服装领域的外观和技术就属于更新比较快的,也是专利维持年限短的重要因素,总之,还是需要结合实际调研情况,再分析三种专利占比、具体技术分布等情况,将多种角度分析结果综合起来,才能得出较为客观的结论。

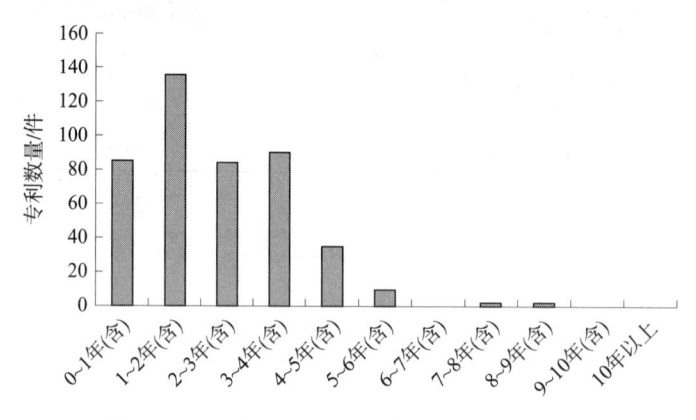

图1-4-7 某园区纺织服装产业专利维持年限

1.4.4.4 企业专利态势分析

企业专利态势分析的分析范围进一步缩小,通常在企业经营类专利导航中应用较多,当然在其他类型的专利导航中,有时也需要对一些企业专利态势进行分析,具体可以是重点企业的专利情况,也可以是对企业自身的专利情况做一个系统的梳理分析,还可以是对竞争对手企业的专利进行分析,做到知己知彼。例如,在沥青基碳纤维技术领域分析中,如表1-4-1所示,选择申请量为分析对象,按照技术分支对某个企业专利进行分析,我们可以得到该企业专利布局的情况,然后和全球以及国内的专利布局进行比较,并结合企业研发实际,对专利布局情况作出基本判断。

表1-4-1 某企业沥青基碳纤维技术领域中专利布局　　　　单位:件

申请总量	装置申请总量	制备方法申请总量	装置				制备方法				测试方法	辅助试剂
			纺丝装置	预氧化炉	碳化炉/石墨化炉	其他	各向同性沥青	中间相沥青	预氧化	表面处理		
42	11	25	5	1	1	4	8	8	2	7	2	4

从表1-4-1中可以看出该企业在沥青基碳纤维技术领域,从装备、制备方法到测试方法、辅助试剂方面都有研究,涵盖范围较广,专利分布主要集中在制备方法上,

对制备方法的研究较多。假如，我们是这家企业的管理人员或者专利工程师等相关人员，根据企业的定位以及研发技术方向，再对比全球、国内、区域的相关技术的专利布局情况，就可以对今后的研发方向有个初步的判断。反之，如果这家企业是我们的竞争对手，我们是不是也可以看出该企业的专利布局情况，判断出研发方向，进而采取"避实就虚"的布局策略或者采取围堵的方式进行专利布局？当然还需要分析出哪些是比较重要的专利，去真正地了解对手的专利情况。

1.4.4.5 竞争态势分析

竞争态势分析主要是从法律诉讼的角度，梳理相同领域的专利诉讼情况。通过诉讼情况的梳理，掌握某个领域或者某项技术的竞争态势。如果竞争态势非常激烈，就像我们平时都能够听到的 iOS 和安卓两大手机操作系统阵营的"专利大战"，那么这个领域就是业界关注的焦点，其创新活力和竞争力都很强。反之，如果某个领域诉讼很少，达到几乎没有的状态，要么是技术垄断已经形成，相关技术被少数企业所掌握，其他企业无法与之竞争，要么该领域创新活力很弱，侵权的可能性小，没有必要通过诉讼争夺市场和获取利益。竞争无处不在，不仅仅是全球市场，在国内或者更小范围的区域内都会存在竞争，通常竞争激烈的领域会有阵营的分化，不同的技术可能代表着不同的阵营，阵营规模越是庞大，证明其竞争越是激烈，如果想加入某个阵营或者参与竞争，就要了解不同技术的前景，清楚竞争对手技术研发情况等。这些都需要对当前的竞争态势有清醒的认识，专利导航的竞争态势分析正好能够满足这些需求。或者您只是有兴趣的读者，假如了解到专利技术的竞争态势，是不是对您购买心仪产品会有些许帮助呢？

1.4.5 技术分析

技术分析是在态势分析的基础上，就某项技术进行的总结和汇总，形成清晰的技术链分布情况。如图 1-4-8 所示，包括技术路线图、申请人分析、发明人分析、专利布局、具体技术分析等，根据不同的需求可以选择不同的组合。由于技术链分析涵盖的内容较多，分析的目的和形式丰富多样，读者可以根据需求自定义分析。采用不同的条件进行限制，可以分析出满足专利导航需求的信息。

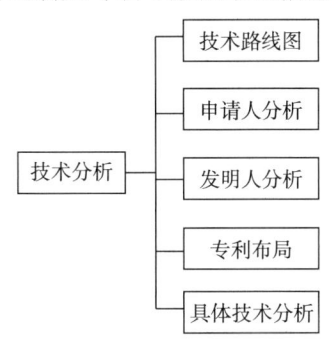

图 1-4-8 技术分析

1.4.5.1 技术路线图

技术路线图是通过专利数据分析，梳理出某项技术发展脉络，最终以图表的形式呈现。技术路线图可以是多个技术的技术路线图，也可以是单个技术的技术路线图。通过技术路线图的梳理，准确把握技术发展的来龙去脉，梳理出技术核心专利，预判技术发展的未来趋势，可以帮助我们更好地开展产业转型和技术升级。例如，在锂电池正极材料产业专利导航分析中，正极材料分为两个重要的技术分支，分别是磷酸铁锂和三元材料，通过对三元材料的专利分析可以清晰地得到该材料的技术链情况，找出技术发展路线图。

选择掺杂改性技术作为分析对象，从事本领域工作的人员知晓掺杂改性技术主要包括阴离子掺杂、阳离子掺杂和复合掺杂三种，其技术也是沿着"阳离子掺杂—阴离子掺杂—混合掺杂"的路线发展，且每个阶段都有其代表性的专利技术。如图1-4-9所示，掺杂技术是早就形成的技术，应用在材料学的各个领域，也是一直是重点研究的方向，掺杂的方式和对象也在不断变化。三元材料也是如此，掺杂改性也是主流技术研发方向之一。因此，在后续的研发中，可集中精力探寻合适的掺杂元素以及掺杂方式。如果希望技术弯道超车或者赶超，需要做好合理的专利布局，占据技术制高点。

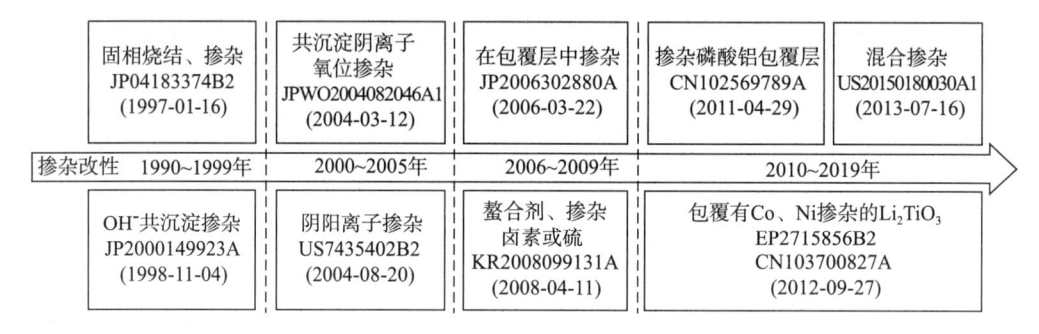

固相烧结、掺杂 JP04183374B2 (1997-01-16)	共沉淀阴离子氧位掺杂 JPWO2004082046A1 (2004-03-12)	在包覆层中掺杂 JP2006302880A (2006-03-22)	掺杂磷酸铝包覆层 CN102569789A (2011-04-29)	混合掺杂 US20150180030A1 (2013-07-16)
掺杂改性 1990~1999年	2000~2005年	2006~2009年	2010~2019年	
OH⁻共沉淀掺杂 JP2000149923A (1998-11-04)	阴阳离子掺杂 US7435402B2 (2004-08-20)	螯合剂、掺杂卤素或硫 KR2008099131A (2008-04-11)	包覆有Co、Ni掺杂的Li_2TiO_3 EP2715856B2 CN103700827A (2012-09-27)	

图1-4-9 三元锂电池材料掺杂改性技术路线图

1.4.5.2 申请人分析

技术路线图中的关键专利技术对推动整个技术的发展，起着至关重要的作用，也可以说正是因为这些关键专利技术的出现，才使得整个技术路线沿着相应的方向发展。可想而知，这些关键技术的申请人在该技术领域中的地位十分重要，这些申请人以及申请人正在研发的技术领域是需要重点关注的。通过申请人的分析，可以找到核心技术都掌握在哪些申请人手里，梳理清楚这些申请人的具体研发方向，可以为我们进行技术研发和高价值专利培育提供参考信息。例如，某辣椒深加工产业专利导航中，如图1-4-10所示，以申请人、申请量、法律状态为分析对象，对国内相关辣椒深加工领域申请人的专利技术进行分析，可以得到一个相关领域的申请人排序。当地辣椒产业前期主要发展辣椒的种植，产品以干鲜辣椒为主，产品附加值较低，亟须补齐辣椒深加工产业链条，提高产品附加值。当地政府也积极开展招商工作，但存在对招商企业技术不了解、不确定招商企业是否符合当地产业发展、招商目标企业清单不全面等问题，这时开展专利导航，从专利的角度，对相关产业链及专利申请人的技术能力进行分析，再辅以经济数据等非专利信息，可以从技术能力、经营情况、产业链匹配等多角度对招商目标企业进行"画像"，找到合适的招商目标企业。

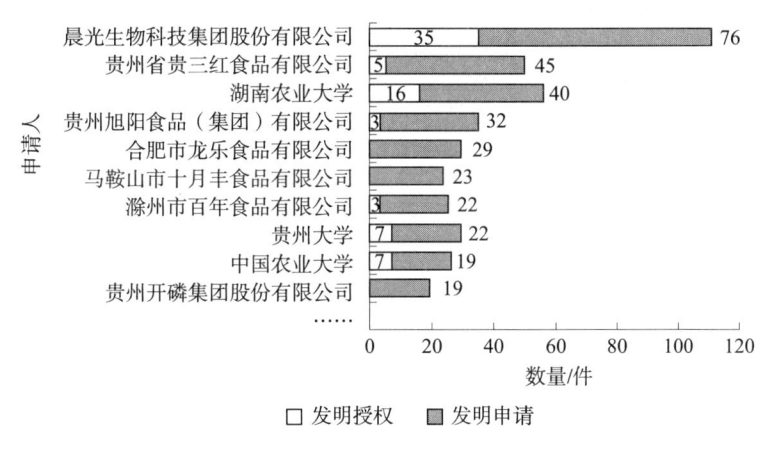

申请人	发明授权	发明申请
晨光生物科技集团股份有限公司	35	76
贵州省贵三红食品有限公司	5	45
湖南农业大学	16	40
贵州旭阳食品（集团）有限公司	3	32
合肥市龙乐食品有限公司		29
马鞍山市十月丰食品有限公司		23
滁州市百年食品有限公司	3	22
贵州大学	7	22
中国农业大学	7	19
贵州开磷集团股份有限公司		19

图 1-4-10　辣椒加工招商目标申请人排名

从图 1-4-10 中排除大学，可以直观展现相关企业的技术实力。其中，晨光生物科技集团股份有限公司相关专利申请最多，授权比例最大。再分析其专利相关技术，可以发现该企业主要研究领域集中在辣椒红色素的提取和生产方面，属于附加值较高的生产企业，可以作为招商备选目标企业。贵州旭阳食品（集团）有限公司主要生产盐渍干辣椒和油辣椒等产品，其专利技术主要用于保持辣椒味道纯正，也可以作为招商备选目标企业。通过对每个企业的专利技术进行逐一分析，可以形成"招商地图"为招商工作提供指引。当然专利分析只是作为招商工作的参考之一，很多大型辣椒生产企业可能属于生产型或者是通过技术秘密对其工艺进行保护。例如，贵阳南明老干妈风味食品有限责任公司（老干妈）并没有申请发明专利，都是实用新型和外观设计。这些知名的企业不需要再通过专利分析进行检索，直接通过非专利经济数据检索等方式，了解其生产经营状况，最后将符合招商要求的企业补充到"招商地图"中即可。这样就完成了专利导航指引招商的工作，同时，支持了当地产业的发展，补强了产业链，惠及当地辣椒种植农户，促进乡村振兴。

1.4.5.3　发明人分析

专利文本中的发明人是重要的信息内容，有的技术就是依附于特定的发明人，有的专利技术是出自同一个发明人，找出该项技术的重要发明人，然后以该发明人为突破口，重点关注发明人的动态，其发表的论文、出版的图书、申请的专利，这些可能代表着该项技术未来的发展方向，对我们开展专利导航有着重要的意义。例如，轮胎填料技术专利导航中，如图 1-4-11 所示，以申请人和申请量为分析对象，对日本相关专利技术进行检索，形成日本主要发明人排名顺序。然后从排名顺序中找到相关领域的主要发明人,再对其发明进行跟踪,扩展至其发表的论文、研究成果等,能够准确把握相关领域的技术发展动态。

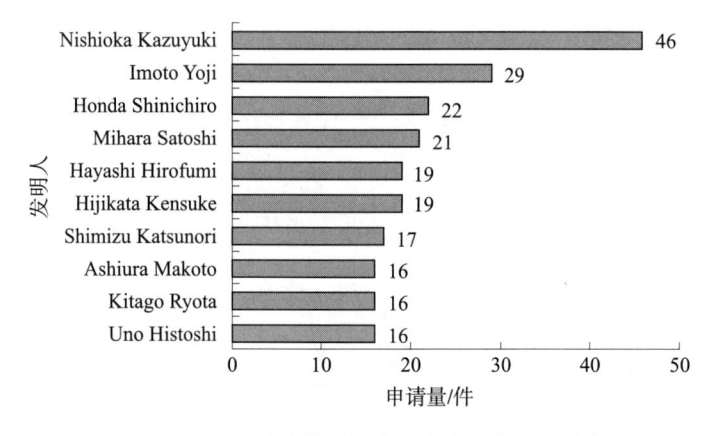

发明人	申请量/件
Nishioka Kazuyuki	46
Imoto Yoji	29
Honda Shinichiro	22
Mihara Satoshi	21
Hayashi Hirofumi	19
Hijikata Kensuke	19
Shimizu Katsunori	17
Ashiura Makoto	16
Kitago Ryota	16
Uno Histoshi	16

图1-4-11 轮胎填料技术日本主要发明人排名

重要核心专利的发明人往往在行业内或者在相关技术研究领域,具有较大影响力,尤其是高校的一些专家学者更是该行业的领军带头人。如果将主要发明人进行排序,是不是就可以得到一个人才引进的"地图",为人才引进提供支撑?这里不再举例说明,分析方法与上述日本相关领域发明人分析方法相同,读者可以根据需求自行分析。

1.4.5.4 专利布局分析

专利布局和高价值专利培育是密不可分的,专利导航可以作为专利布局和高价值专利培育的前期工作,通过专利导航,可以掌握该项技术当前的专利布局情况,只有知道当前现有的专利布局情况,才能有针对性地提出自身专利布局的策略,并找到高价值专利培育的关键点,形成高价值专利,高效开展专利布局。虽然专利布局目的各不相同,有的是为了围堵核心专利,实施专利包绕,有的是为了直接布局核心专利,有的则是为了迷惑对手等,但是形成有效专利布局的条件却大致相同,就是要了解当前的布局情况,这一点专利导航是完全可以胜任的。通过专利导航能够梳理出现有专利布局的基本情况,找到专利布局的空白点,那么高价值专利培育的关键点也就找到了。例如,在膨胀型防火涂料成膜物质专利导航中,如图1-4-12所示,使用技术功效矩阵图(以技术和功效为两轴统计专利数量)分析专利布局,可以找到高价值专利培育关键点。

从图1-4-12中可以看出聚氨酯树脂的耐腐蚀性、聚酯树脂的柔韧性以及酚醛树脂成膜性等几个技术点专利布局相对较少,根据企业发展实际就可以针对这些点开展研究。分析专利布局较少的原因,是开展技术研究难度大,还是通用技术没必要进行创新,或者这就是一个布局的关键点。如果是大家都在争相布局,但是布局还没有成形,这个时候进入是不是一个很好的时机,是不是能够产生很多基础专利,从而形成高价值专利呢?这个需要读者根据自己布局的目的去判断,去进一步研究。

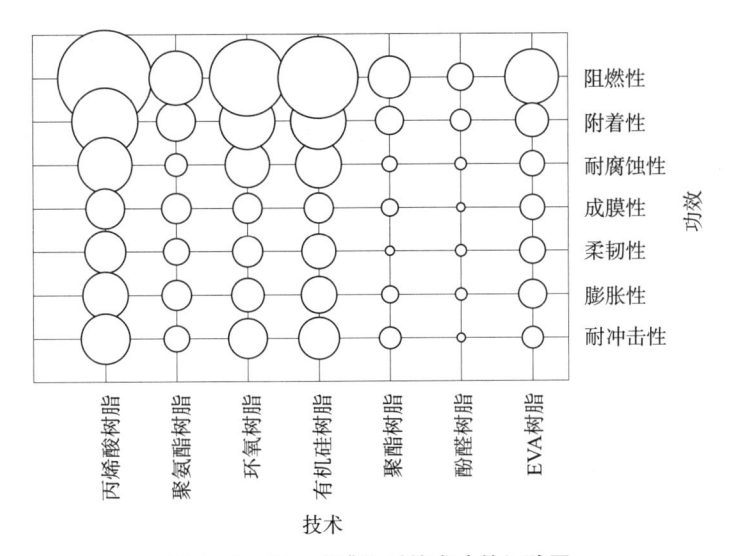

图 1-4-12 成膜物质技术功效矩阵图

注：图中气泡大小表示申请量多少。

1.4.5.5 具体专利分析

专利导航还可以对专利引用情况、诉讼情况、应用情况等进行分析，梳理出某项技术的核心专利，这些核心专利的技术方案往往是大家比较关注的点，这种情况下就需要具体分析对应的专利文献，也就是一篇篇地分析专利文献，对每个技术方案细节进行分析，充分了解专利文献记载的具体内容，为后续工作提供思路。例如，纺织技术专利导航中，对某企业的纤维丝束具体技术方案进行分析，可以从具体专利文献中找到相应的装置，包括其中的一些主要技术构成，如图 1-4-13 所示。

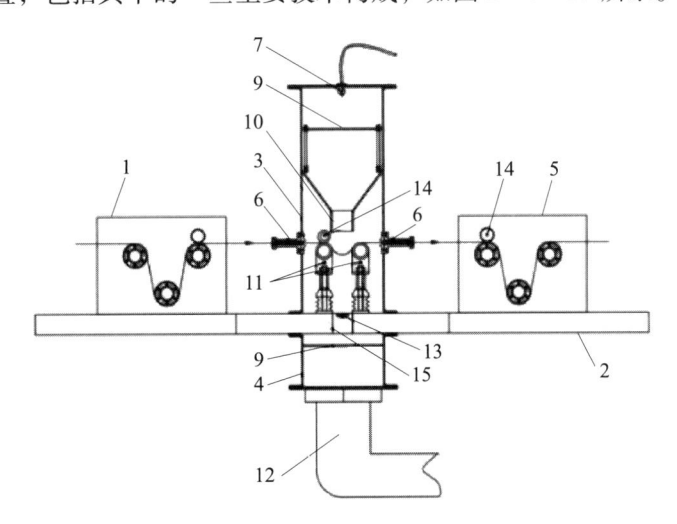

图 1-4-13 某企业纤维丝束装置发明专利

通过分析具体专利文献记载的实施方案，可以看出该技术包括前牵引机、安装架、上腔体、下腔体和后牵引机，前牵引机、上腔体和后牵引机。这些部件从左往右依次设置在安装架的上表面，且使前牵引机、上腔体和后牵引机的进/出纤口位于同一水平直线上，在前牵引机和后牵引机的牵伸辊上方均设置有压辊，解决了现有的空气展纤过程中纤维丝束前进时稳定性差以及调节性差的问题，展纤范围能够均匀分配并集中在有效区域内，有效降低了乱流对丝束的影响，提高了丝束分散效果，减少调节工艺中的不利变量。通过类似的方法，我们可以将某个企业的专利具体方案以及创新点全部分析一遍，如果企业的专利申请数量较大，那就按照技术分支进行分析，选择关注的技术分支分析，得到技术细节等。

以上是专利导航常用的分析思路，读者还可以通过后续章节的阅读，以及以上各种方法的组合和变化，掌握更多的专利导航分析方法，或者自定义分析对象，形成新的分析方法，从而形成满足自身需求的专利导航报告。

1.4.6 创新评价

创新评价主要是针对区域、产业、企业的创新能力进行评价，在区域规划专利导航中常见，在其他类型的专利导航中较为少见，但也可以根据需要开展创新评价。创新评价通常从创新竞争力分析、创新匹配度分析、创新质量评价三个方面对创新能力进行评价，如图1-4-14所示。当然读者也可以根据实际需求自定义分析的对象和内容，开展创新评价。

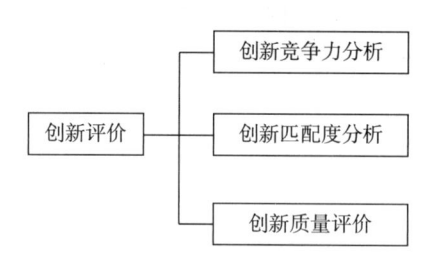

图1-4-14 创新评价

创新评价是以专利分析为基础，通过分析与专利数据密切相关的创新要素聚集度、创新产出、创新效益等情况，反映出专利数据与产业、企业、技术等创新因素的匹配程度，从而综合评判区域创新质量。区域创新评价中可以将两个或者多个区域的相关数据进行对比，通常是对标发达区域的创新数据，从而给出创新发展的政策建议。

1.4.6.1 创新竞争力分析

创新竞争力分析通常是将现状分析的调研信息和资料收集过程中得到相关信息，结合专利数据进行分析，将各项分析结果与目标区域进行比对，从而找出竞争力差距的一种分析方法。

区域创新竞争力可以理解为创新要素的集合效应，例如，反映一个城市或者区域竞争力的最重要指标就是创新要素。有了创新要素，就会有创新产出，创新产出就会产生效益，有了效益才能说实现了真正的创新。区域创新竞争力分析也是按照这个逻辑开展的，从要素分析、产出分析、效益分析三个方面进行分析，如图1-4-15所示，最终完成创新竞争力分析。

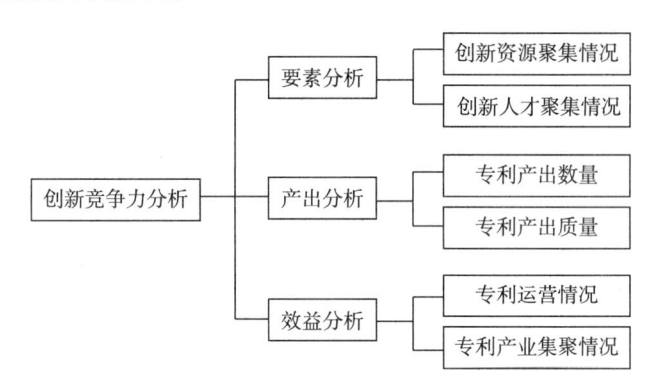

图1-4-15 创新竞争力分析

1）要素分析

创新要素通俗来讲是指创新的硬件和软件，主要是资源和人才。所谓资源是指与创新有关的资源，例如高校、科研院所、重点实验室、创新平台、创新型企业，科研成果，区位优势等。这些都是创新所需的硬件条件。例如，美国的硅谷就是高校、科研院所、创新型企业等创新主体集聚的地方，创新主体的规模都比较大，科研成果比较多，区位优势明显。这些客观因素也为创新提供了基本的硬件条件。创新人才资源是重要的软件资源，创新离不开人才，人才优势是创新最大的优势。人才资源包括科研人员、企业研发人员等。每年各地都出台优惠政策吸引人才，新闻上也常看到"抢人大战"，这些都是在争夺创新人才资源。另外，各地常年开展"双引双招"工作，希望引进高端人才，所以说人才是最重要的创新要素。

在现状分析阶段，通过对收集资料的分析，可以找到创新资源分布情况。这里就不再列举，有兴趣的读者可以从网上搜索一下，就可以搜索到很多关于某个区域创新资源分布的统计信息。专利导航则是换一个角度分析，从专利的视角对创新要素进行分析，发现更多有用的信息。例如，我们以专利引用关系作为分析对象，通过分析专利的引用关系，就可以得到"高被引用发明人"[1]，这一类发明人通常是引领技术创新的高端人才，入选"高被引用发明人"名单，意味着该发明人在相关技术领域具有较大影响力，其研究成果对该领域的创新作出了较大贡献。高被引发明人占比[2]突出反映了人才结构中的"高精尖"导向，反映了发明家等高端人才的密度。高被引发明人占比可以作为一个重要的分析指标。

---

[1] 高被引用发明人：专利被其他专利引用频次高的专利发明人。

[2] 高被引发明人占比：高被引专利涉及的发明人数量占区域有效发明专利涉及的发明人数量的比重。

2）产出分析

这里的产出分析主要是分析专利产出，而不是分析经济产出。专利作为创新的重要指标，其产出直接反映了区域的创新水平。区域专利产出又包括区域专利数量和质量两个方面。其中，区域专利数量包括申请量、每万人口发明专利拥有量、授权量等指标，虽然每万人口发明专利拥有量现在已经不作为主要的评价指标，但是在统计专利产出的时候，仍然可以使用，能够很好地说明区域创新水平。区域专利质量不是对单个专利进行质量评价，而是对区域内的高价值专利进行统计分析。《中华人民共和国国民经济和社会发展第十四个五年规划和2035远景目标纲要》提出的每万人口高价值发明专利拥有量的指标，也可以作为区域专利质量评价的指标之一。这些指标都是可以从相关政策文件中找到的，统计起来并不费力。

每万人口高价值发明专利拥有量，就是按照国家公布的高价值发明专利统计标准统计高价值专利数量，然后按每万人口进行平均得到的指标。高价值发明专利包括：①战略性新兴产业的发明专利；②在海外有同族专利权的发明专利；③维持年限超过十年的发明专利；④实现较高质押融资金额的发明专利；⑤获得国家科学技术奖或中国专利奖的发明专利。各区域的相关政策文件和统计数据中都会公开每万人口高价值发明专利拥有量。例如，郑州市发布的《郑州市"十四五"知识产权发展规划》中就明确"十四五"期间的知识产权发展主要指标，其中2020年每万人口高价值发明专利拥有量为4.62件，2025年达到13件。即使较小的区域不公布相关数据，通过调研也能够有所了解。

3）效益分析

创新对经济社会发展的作用主要体现在创新效益上，专利导航中的创新效益主要涉及专利运营情况和专利产业集聚情况两大类。其中，专利运营情况包括专利转让、许可、转移转化、质押融资、证券化等指标，专利产业集聚情况包括专利密集型产业分布、专利产品在产业主导产品中的占比等指标。通过这些指标可以分析了解区域创新效益情况。

1.4.6.2 创新匹配度分析

创新匹配度是表征专利活动与科技、企业、产业创新的匹配指标，本节将创新匹配分为科技匹配、企业匹配和产业匹配三类，如图1-4-16。但是创新匹配并不仅限于这三类，读者可以根据实际需求自定义匹配的内容，可以是主营产品匹配、投入产出匹配等。本节按这三类匹配进行阐述，对其他的分析类型感兴趣的读者可以查阅相关资料，自己尝试着进行匹配。

1）科技匹配

科技投入主要是研发人员和研发资金的投入，产出的主要成果之一就是专利。只有获得授权的专利申请才是有效的，才能够反映出科技创新水平。因此，选择专利授权量与每万研发人员的比值、专利授权量与研发资金的比值这两个指标作为专利与科技匹配的指标，可以很好地反映出创新效率。

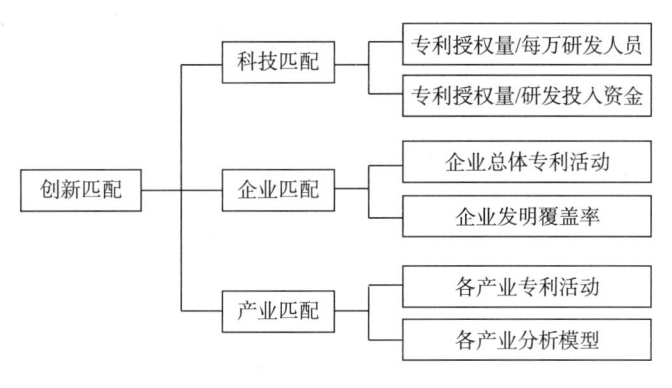

```
创新匹配 ──┬── 科技匹配 ──┬── 专利授权量/每万研发人员
          │              └── 专利授权量/研发投入资金
          ├── 企业匹配 ──┬── 企业总体专利活动
          │              └── 企业发明覆盖率
          └── 产业匹配 ──┬── 各产业专利活动
                         └── 各产业分析模型
```

图 1-4-16 专利匹配

2）企业匹配

企业是科技创新的主体之一，在科技创新中起到将科技成果转化为经济效益的转化器的作用。企业按照不同标准可分为大中型企业、中小微企业、高新技术企业、上市企业、"专精特新"企业等不同企业类型。也可能一个企业既是大中型企业也是高新技术企业又是上市企业，但是这不影响其作为分析的样本使用。各类企业的整体专利情况以及专利覆盖率，可以很好地反映出区域的创新能力。

3）产业匹配

产业是与创新密切相关的重要因素。通过分析产业匹配情况，可以从另一个侧面反映出区域创新情况。产业匹配方法分为静态匹配分析法和动态协调分析法（耦合协调模型），静态匹配分析法采用四象限法，动态协调分析法需要引入物理学中的容量耦合模型，构建产业和创新资源空间布局的耦合度和协调度模型。具体可以参考《专利导航指南》（GB/T 39551—2020）。

1.4.6.3 创新质量评价

创新质量评价是基于创新竞争力分析和创新匹配的结果。将不同区域进行对比评价，从而得出创新发展呈现的特点、优势劣势、企业和产业发展情况等。再对创新发展存在的问题分别进行评价，为后面有针对性地提出创新发展路径提供支撑。以上各种创新指标的运用将会在后续章节结合具体案例详细阐述。

1.5 专利导航的应用场景

笔者在开展专利导航调研时，被问到最多的问题是"专利导航到底有什么作用"。本节我们就来回答"有什么用"的问题。本书的后续章节将分章节阐述专利导航的具体作用，本节仅对专利导航的作用进行概述。专利导航最终的目的是要指引区域、经济、企业的发展，技术和人才的引进等。通过专利导航规划发展路径，解决实际问题，避免走弯路，规避发展中的专利风险等。根据专利导航的目的，我们在工作实践中归纳和总结出常见的专利导航的应用场景。这些应用场景主要包括产业规划制定、招商引智、区域知识产权管理、技术研发、高价值专利培育、专利风险规避、企业"走出去"这七大类，如图1-5-1所示。当然，以上这些并不能涵盖所有场景，需求不同，专利导航发挥的作用也有所不同。根据实际需求也可以在一个专利导航中选择多种分析方法，从而解决多个问题，适用于多个场景。

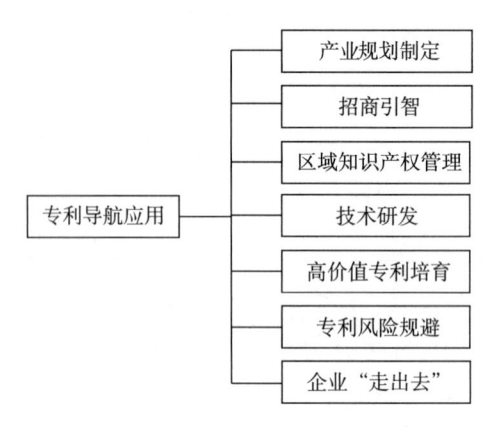

图1-5-1 专利导航的应用场景

1.5.1 产业规划制定

专利导航对产业规划制定方面的作用，可以称为"导规划"。通常在开展产业规划类专利导航时，根据专利导航成果，可以形成创新规划，从专利角度提出产业规划的具体路线和方案。

产业在运行过程中，可能随着时间的推移、技术的革新、形势的变化，会逐渐出现稳定性差、产业链不完整、产业链条较短、产业抵御风险能力弱等问题。还有的产业缺少科学规划，先天不足，带"病"运行，问题越积越深，其产业效益可想而知。产业链稳定性差一般是因为产业链关键环节布局企业数量较少，如果一家企业出了问题，可能导致整个产业链的崩溃。产业链不完整一般是因为本地产业链中缺失部分环节，需要从外部购买相关产品来维持产业链的正常运转。或者产业链分为几段，无法形成完整的产业链，甚至有的产业园区产业规划本身就不合理，出现产业散乱布局现象，一个园区里面生产的产品类型繁杂或者扎堆低端制造，更谈不上产业链了。产业链较短一般是因为本地的产业仅是产业链中的一部分，而且是附加值较低的部分，基本都是低价原材料或者初级产品的生产布局，无法产生更高的价值。产业链抵御风险能力差一般是因为产业的创新能力弱，基本是生产型企业，缺乏自主知识产权，在遭遇外部"专利进攻"的时候无法应对，可能导致整个产业链的覆灭。例如，中国的DVD产业在遭受国外"专利打击"后就直接覆灭了，具体细节读者可以在网上搜索。

产业规划类专利导航以科学严谨的专利数据为基础。对产业链上的专利技术进行全面而深入的分析，从专利的角度制定创新产业规划，提出指导性意见和建议，对产业发展的指导性作用较好，能够起到产业强链、补链、延链的作用，提高产业链抵御风险的能力，如图1-5-2所示。例如，郑州超硬材料产业就是在专利导航的基础上形成产业规划，按照规划布局企业，从而形成完整的超硬材料产业链，通过几年的运营，无论从创新力还是产业链健康情况来看，成效都是非常显著的。

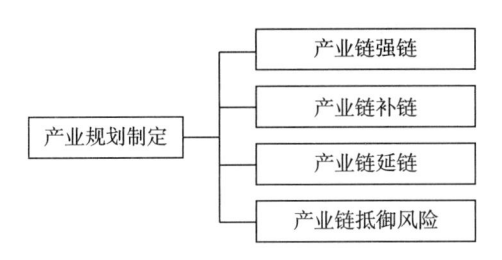

图1-5-2 专利导航对产业规划制定的作用

1）产业链强链

专利导航能够对产业链进行梳理，并分析出产业链中的技术分布、企业分布、人才分布、创新能力等情况，通过对比全球、国内、区域相关情况，找出本地产业布局的薄弱环节，从而确定是采取引入企业的策略还是采取加强技术研发的产业布局策略。如果产业链上企业整体研发实力较弱，对于制约产业发展的关键技术，政府可以帮助引入研发机构或者组建研发机构进行集中攻关，同时加大对产业关键核心技术的专利布局，克服产业链薄弱环节，达到产业链强链的目的。

2）产业链补链

专利导航能够直观反映出产业链缺失情况，尤其是关键环节的企业和技术缺失情况，这些都是产业链补链的重点。有的产业园区内企业类型繁杂或者产品同质化情况严重，无法形成完整产业链。规划部门可以按照专利导航的成果，通过政策制定、资源配置、企业转型等方式，培育和梳理形成完成产业链。或引入关键技术或企业，将产业链补齐，从而真正形成产业集聚和规模效应，节省生产成本，形成产业价值，推动产业不断升级。

3）产业链延链

通过专利导航对产业链的分析，可以发现有的地区产业链条较短，仅仅是整个产业链上的一小段，大多数还是生产环节的一段，附加值较高的环节部分缺失。这一类短小的产业链在短时间内可能能够创造一定产值，有利于增加地方税收。但是这样的产业链以短小散的方式发展，发展空间有限，随着时间的推移就可能出现产业结构不合理的问题。适当引入研发机构和上下游企业，是延长产业链较好的方法。有时候产业链上下游企业的引入能够带动整个产业链健康发展。例如，苹果手机装配企业的引入，就带动了整个国内手机产业链的升级，催生出高质量国产手机品牌。专利导航恰好就能够从专利技术的角度，有针对性地提出合理的延链方案，帮助延伸产业链。

4）产业链抵御风险

产业链的形成需要各环节分工合作，通常一家企业无法独立完成整个产业链产品的生产。一个产品的背后是整个产业链,尤其是高新技术产品。例如,手机、汽车、飞机、芯片等。越是高新技术产业专利风险越大,高新技术产业中的专利大战也时有发生,甚至将"专利大战"作为国际竞争的重要手段。因此产业链抵御风险的能力对于产业健康、稳定发展非常重要。要提高产业链抵御风险的能力,就要做好产业链上的专利布局,产业链上的每个环节环环相扣,可以将各环节企业联合起来组建产业专利联盟,聚集产业链各环节上的核心专利,形成专利池,共同抵抗专利风险。

关于专利导航"导规划"的作用,读者可以结合第 2 章专利导航与产业规划制定部分,通过理论结合具体案例的方式,深入理解专利导航对产业规划的作用。

1.5.2 招商引智

专利导航对招商引智的作用,可以称为"导招商"。招商引智分为"招商"和"引智"两个部分。众所周知,所谓"招商"可以通俗理解为政府给予优惠条件吸引企业和资金来到本地建厂或者投资,从而发展本地经济的一种激励方式。所谓"引智"可以通俗理解为引进技术和人才。有的地方也称之为"双引双招",指的是"招商引资、招才引智"。招商引智的本质是要用"他山之石"来"攻玉",引入企业、资金、技术、人才来弥补本地经济发展的不足。专利技术本身与企业发展、资金投入、技术研发、人才培养等息息相关,专利导航的成果可以用来指导招商引智工作。我们在专利导航工作实践中发现很多地方在开展招商引智工作中存在盲目行动的情况。有的通过中间人介绍目标企业,有的是参加展会发现目标企业,有的是企业主动找上门等,对招商目标企业了解不够全面,尤其是对企业创新能力的了解不足。盲目引进可能造成生产型企业较多、研发类企业少、产业链规划不合理、招来的人才名不副实、创新能力明显不足的问题。专利导航则可以通过专利申请人和发明人检索分析,快速锁定招商引智目标,并对目标的经营、资金、技术、人才等情况进行全面了解,有目的地开展招商引智活动。专利导航指导招商引智的作用又可以分为目标锁定、招商策略、人才引进、人才培养四个方面,如图 1-5-3 所示。

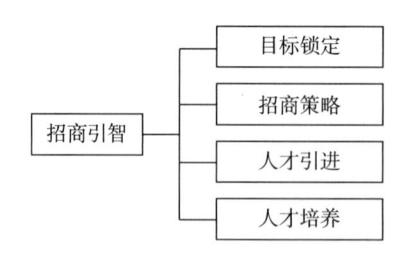

图 1-5-3 专利导航对招商引智的作用

1)目标锁定

通过专利导航能够锁定目标企业,并从专利的角度对目标企业的创新能力进行分析，了解其技术创新点和创新能力。也可以锁定目标人才，通过专利情况判断相关领域人才创新能力和专业能力。通过专利导航可以获取招商引智目标的其他信息，形成"招商引智地图"，从而使招商引智更有针对性。招商引智工作通常结合产业规划开展，根据产业布局和发展开展招商引智，可以避免招商引智的盲目性，提高招商引智的系统性。

2）招商策略

专利导航提出的具有针对性的招商引智策略，对于招商部门的工作具有积极的意义。招商部门可以根据策略结合当地的实际情况，给予招商目标政策、资源、税收等方面的优惠，对不同类型的企业、资金、技术、人才采用不同的招商策略，综合考虑各方因素，增大招商引智的灵活性。还可以与招商引智目标开展针对性谈判，避免只引进低端生产不引进高端技术，只引进高端技术不引进知识产权的问题。

3）人才引进

专利导航能够梳理出创新型核心人才。实际招商引智过程中人才创新能力辨别非常重要，尤其是以核心专利作价投资的人，辨别其专利的质量和价值显得更加重要。按照专利导航的指引，引入的是某项关键核心技术的主要发明人，这个发明人一般情况下会是该领域的引领型人才，这样的人才引入无疑对整个产业的发展有着良好的促进作用。但如果仅仅是专利数量很多，质量却很差，没有什么核心技术，这样的人才引进的实际作用有限。所以专利导航对人才引进也有非常重要的作用。

4）人才培养

人才引进并不能从根本上解决本地人才短缺的问题，这就需要在人才引进的同时，加强本地的人才培养。本地政府在运用专利导航成果引进专业性人才的同时，可以相应地引进相关领域的高校毕业生，形成人才梯队，从而将人才引进和本地人才培养相结合，培养出大批专业技术人才，从而有效地促进本地产业和企业的发展。

关于专利导航"导招商"的作用，读者可以结合第3章专利导航与招商引智部分，通过理论结合具体案例的方式，深入理解专利导航对招商引智的作用。

1.5.3 区域知识产权管理

专利导航对区域知识产权管理的作用，可以称为"导管理"。当前，创新已经成为发展的第一动力，区域创新能力更是直接反映出区域的竞争实力。知识产权作为创新的重要载体，被纳入各地营商环境考核的指标体系。这就给政府知识产权管理提出了新的挑战。专利导航能够从专利的视角对区域的创新能力进行评价，定位发展现状，聚焦发展目标，有针对性地提出改进知识产权管理的有效路径。专利导航指导区域知识产权管理的作用具体可以分为强化区域发展优势、提升专利转化效率、培养创新资源、建立决策机制四个方面，如图1-5-4所示。

```
                    ┌─── 强化区域发展优势
                    │
                    ├─── 提升专利转化效率
  区域知识产权管理 ──┤
                    ├─── 培养创新资源
                    │
                    └─── 建立决策机制
```

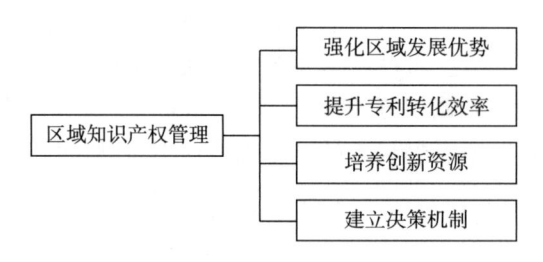

图 1-5-4　专利导航对区域知识产权管理的作用

1) 强化区域发展优势

每个区域都有自身的发展优势和劣势，都希望强化自身优势，弥补劣势。优势和劣势又集中体现在区域主导产业的优势和劣势上。强化区域发展优势首先需要清楚地认识自身的优势和劣势。通过专利导航对区域进行创新评价，能够让管理部门更清楚地认识到区域的发展优势、创新优势、人才优势等，也同时能够看到区域发展的劣势。梳理清楚优势和劣势之后，针对区域内的产业可以开展其他类型的专利导航，引领区域产业发展，从而强化自身优势，弥补劣势。

2) 提升专利转化效率

专利导航能够系统地梳理本地创新资源、专利产出情况等，通过结构化的分析，准确把握创新资源投入和专利转化的基本情况，从而找出专利转化的难点和痛点，尤其是本地高校和科研院所的技术转化问题。管理部门可以有针对性地制定激励专利技术的转化的政策，让更多的专利技术转化为实际生产力。

3) 培育创新资源

专利导航能够梳理出区域内具有创新潜力的产业和企业，管理部门可以对这些产业和企业进行重点培育，形成新的区域创新力量。应用专利导航对区域创新评价的成果，可以有针对性地建设和完善专利运营平台、专利运营基金，提高专利运营效率，引入和建立技术研究中心、实验室技术转移中心等平台资源，提高技术研发应用水平，培育更多创新资源。

4) 建立决策机制

创新的关键之一是明确创新发展方向。如果方向不对，走错了路，结果只能适得其反，所有的投资都会"竹篮打水一场空"。专利导航能够指引创新发展的方向。如果将专利导航融入决策机制中，能够更好地利用专利导航动态监测创新情况，提高创新资源匹配的科学性。

关于专利导航"导管理"的作用，读者可以结合第4章专利导航与区域知识产权管理部分，通过理论结合具体案例的方式，深入理解专利导航对区域知识产权管理的作用。

1.5.4　技术研发

专利导航对技术研发的作用，可以称为"导研发"。专利文献本身大多是伴随着研发产生的,是研发的重要成果之一。专利能够从法律层面上对技术进行保护,所以专利导航与技术研发关系密切。专利导航能够为解决"卡脖子"技术问题提供重要参考,能够梳理创新方向,帮助创新技术方案和引入创新资源,如图 1-5-5 所示。

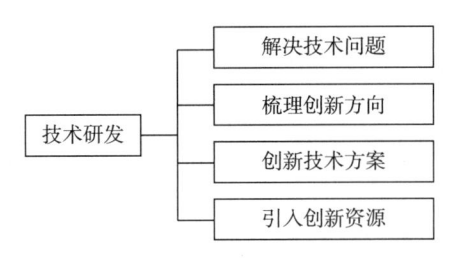

图 1-5-5 专利导航对技术研发的作用

1) 解决技术问题

技术研发的目的就是解决技术问题,整个研发的过程就是解决问题的过程。当然有些问题容易解决,有些问题解决起来比较困难,尤其是"卡脖子"技术难题更不容易解决。作为研发人员在技术研发过程中遇到技术问题时,往往会参考别人的做法,通过查阅论文、学术报告、书籍等的方式寻找研发突破口,但是拥有完整技术方案的专利数据却很少有人参考。主要因为专利文献量非常巨大,找到有用的文献对于检索经验较少的研发人员来说确实比较困难。通过专利导航能够很好地解决这个问题。专利导航能够通过开展专利文献检索,收集整理相关专利技术信息,为解决技术问题提供大量参考资料。但是不能直接抄袭别人的专利,只能作为参考,在形成新的技术后要及时申请专利,把研发成果保护起来。

2) 梳理创新方向

研发过程中往往会遇到技术创新方向选择问题。实现一项技术,可能有多个技术路径,多个技术方案,这时选择哪一个作为研发重点才符合企业的实际需求就非常重要了。通过专利导航能够将每个技术路径中的技术细节、技术发展趋势和发展方向梳理清楚,供企业选择。企业可以根据自身研发资源情况选择合适的研发方向,减少因为研发方向选择错误造成时间和资金的浪费,从而节省研发资源。

3) 创新技术方案

技术创新有原始创新和改进型创新。通常改进型创新较多,原始创新较少。无论哪种创新都要经过不断探索,不断尝试才能实现。专利本身包含完整的技术方案。通过专利导航可以将现有的技术方案梳理出来,在对现有的方案消化、吸收、再创新的基础上,创造性地解决新的技术问题,形成创新的技术方案,从而达到事半功倍的效果。

4) 引入创新资源

技术创新需要良好的创新资源作为基础,或者说技术创新能力要受到创新资源的制约。比如,高校和科研院所通常是创新资源集中的地方,但是创新资源不能直接转化为生产力。需要跟生产相结合,才能发挥出创新的作用,也就是大家常说的"产学研"结合。通过专利导航一方面能够梳理创新资源分布情况,另一方面能够了解企业创新资源的需求情况。专利导航可以成为"产学研"结合的纽带。企业可以通过专利导航引入创新资源，通过自身的资金和生产优势，将创新资源转化为竞争优势。

关于专利导航"导研发"作用，读者可以结合第 5 章专利导航与研发创新部分，通过理论结合具体案例的方式，深入理解专利导航对研发创新的作用。

1.5.5 高价值专利培育

专利导航对高价值专利培育的作用，可以称为"导高价值专利培育"。高价值专利对于创新主体来说至关重要，在上面章节我们也阐述了国家关于高价值专利的认定标准。但是高价值是一个相对概念。有些专利现在不一定满足高价值专利的标准，但只要对于创新主体来说具有很高的价值，无论是技术价值、经济价值、法律价值等，就可以认为其有高价值专利培育的价值，或者说未来可能成为高价值专利。很多高价值专利对于创新主体来说是非常重要。例如，高通的高价值专利是公司的生命线。专利导航还能够梳理本领域现有的专利布局情况，找出布局空白点。创新主体可以根据自身发展需求，制定高价值专利布局策略，有针对性地进行专利挖掘和布局，培育高价值专利，突破或形成技术优势，强化专利保护，形成竞争优势，提升专利运营价值。如图 1-5-6 所示。

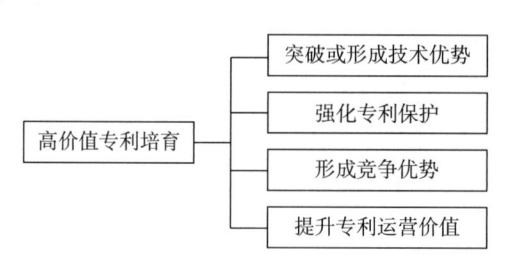

图 1-5-6 专利导航对高价值专利培育的作用

1）突破或形成技术优势

专利壁垒是国外行业巨头占领技术制高点，形成技术垄断的主要手段之一。专利导航能够准确找出专利壁垒，了解专利壁垒的具体构成，分析出哪些领域已经形成专利壁垒，哪些领域尚未形成。如果该技术领域已经形成专利壁垒，可以采取包绕式的专利布局策略，在核心技术周围布局高价值专利，限制核心技术进一步研发，达到与核心技术抗衡的目的，突破专利壁垒。如果该技术领域尚未形成技术壁垒，就需要加紧研发，争取布局关键核心技术的高价值专利，形成专利技术优势。

2）强化专利保护

专利导航通过对诉讼关系的梳理，可以明确专利保护的要点，制定高价值专利培育策略，加大专利保护力度。如果某个领域专利诉讼频发，从事相关领域技术研发或产品生产就可能面临较大的侵权风险，高价值专利布局就成为保护自身技术的重要手段。一旦发生专利侵权诉讼，高价值专利能够帮助企业在诉讼中占据主动。高价值专利在企业上市阶段也非常重要，有很多企业因为专利侵权问题，上市失败和延迟，尤其是科创板上市，对专利的要求更加严格。如果企业在上市之前，通过专利导航有计划地开展高价值专利培育,形成高价值专利,不但有助于企业上市,而且能最大限度降低风险,保护企业利益。

3)形成竞争优势

专利导航能够梳理竞争对手的专利布局情况,有针对性地制定专利布局策略,布局高价值专利,逐步形成自身竞争优势。一方面抢占高价值专利布局先机,扩大专利保护范围,另一方面可以通过依托高价值专利开展专利诉讼或者无效宣告,缩小对手的竞争优势,逐步扩大双方的竞争差距。

4)提升专利运营价值

高价值专利的运营价值通常就高于一般专利。通过专利导航能够对该领域的高价值专利进行价值评估,分析出高价值专利对产业、技术、市场的影响力,为创新主体高价值专利的交易、质押融资等工作提供支撑,提高专利运营的经济价值。

关于专利导航"导高价值专利培育"的作用,读者可以结合第 6 章专利导航与高价值专利培育部分,通过理论结合具体案例的方式,深入理解专利导航对高价值专利培育的作用。

1.5.6 专利风险规避

专利导航对风险规避的作用,可以称为"导风险规避"。专利权既然作为权利就会存在纷争,就有可能发生专利侵权与被侵权的情况。例如,在新闻中时常会出现专利诉讼案件的报道,大额的判赔价格使得专利侵权行为付出惨重的代价。如何利用专利保护好自己的技术,避免专利风险出现,是创新主体需要认真思考的问题。通过开展专利导航,可以准确地发现专利风险,从而达到风险预警、侵权应对、规避技术引进风险的目的,如图 1-5-7 所示。

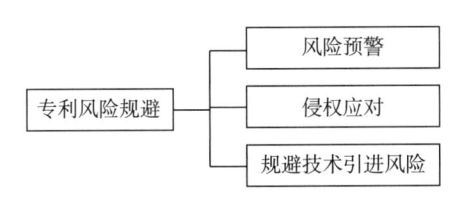

图 1-5-7 专利导航对风险规避的作用

1)风险预警

在企业发展过程中总是存在风险,专利侵权与被侵权风险是知识产权领域常见的风险之一。尤其是在技术研发中,可能研发人员花费了大量的财力物力去开发一项新技术,但这项技术别人早已经研发出来并申请专利了。还有一些专利意识比较薄弱的创新主体,可能存在产品仿制的情况,却没有考虑到侵权的问题。等到获得可观收入了,突然遭到专利诉讼,根本没有还手之力。产品研发之前开展专利导航工作,可以排除侵权"雷区",找到一条安全的研发路径。不但能降低重复研发的投入风险,而且能降低专利侵权和被侵权的风险。

2）侵权应对

在侵权诉讼中主动应对和被动应对的效果大不相同。通过主动开展专利导航，及时了解可能侵权专利法律状态、保护范围等信息，并收集国内外相同或相似案件的诉讼情况以及应对措施，有利于后期专利诉讼的开展，争取诉讼主动。

3）规避技术引进风险

技术引进是多数国家技术发展的方式之一。但是如果不在引进技术的基础上开展再创新，就会陷入"引进—生产—落后—再引进"的怪圈之中。如果积极开展再创新就会进入"引进—吸收—再创新"的良性循环中，最终实现技术突破，达到新的技术高度。再创新的过程中，无论是在原有技术基础上改进，还是吸收技术之后的大范围创新，都可以开展专利导航。通过专利导航分析原有技术的相关专利保护情况，厘清技术侵权的边界，及时降低技术引进的专利风险，找到一条技术再创新的安全之路。

关于专利导航"导风险规避"的作用，读者可以结合第7章专利导航与专利风险规避部分，通过理论结合具体案例的方式，深入理解专利导航对专利风险规避的作用。

1.5.7 企业"走出去"

专利导航对市场布局的作用，可以称为"导市场"。在知识产权领域常说"产品未动，专利先行"。专利之所以称为先行者，是因为专利本质是一种权利。专利产品的背后有专利权作为支撑，在权利保护范围内别人是不能侵犯的。产品如果想在市场上畅通无阻，就需要在法律上有权利保障，避免别人抄袭和模仿。一些企业进入目标市场的时候，往往在该目标市场提前布局专利，然后产品进入目标市场形成市场布局，否则，在产品畅销的情况下就可能出现肆意侵权的现象，从而失去整个市场。因此，专利是企业"走出去"的"急先锋"。专利导航能够明晰海外目标市场专利布局，提供海外专利预警，引导企业进行产品规避设计，提出专利布局策略，从而降低企业"走出去"的风险，如图1-5-8所示。

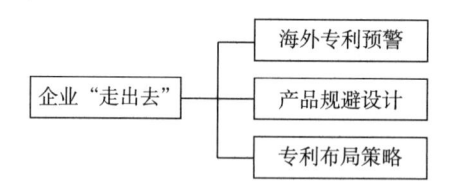

图1-5-8 专利导航对企业"走出去"的作用

1）海外专利预警

对于出口型企业，海外市场是其生存的命脉。尤其是近年来国际贸易纠纷频发，2021年美国的"337调查"中，涉及中国企业的几乎占了一半。因此，出口型企业必须在产品出口前做好专利导航，全面掌握目标市场的专利布局情况，将自家产品与海外目标市场上相关专利进行比对，排除侵权风险，为企业"走出去"保驾护航。

2）产品规避设计

产品出口过程中有可能存在侵权风险。但是并不能因为侵权风险就放弃海外市场，这显然是一种因噎废食的做法。这个时候开展专利导航能够及时发现侵权风险，找到规避方向，开展风险规避设计，改进产品生产工艺或者技术，从而规避专利侵权风险。

3）专利布局策略

企业计划出口产品或海外投资设厂生产产品时，可以通过专利导航了解海外专利布局现状，有针对性地制定海外专利布局策略，形成企业出口的海外专利布局，为企业"走出去"筑起一道"专利防火墙"，保障企业顺利进入海外市场。

关于专利导航"导市场"作用，读者可以结合第8章专利导航与企业"走出去"部分，通过理论结合具体案例的方式，深入理解专利导航对企业"走出去"的作用。

专利导航的作用不止于此，需求多种多样，分析的方式同样多种多样，发挥的作用也多种多样。例如，专利导航还可以支撑地理标志产业发展，促进乡村振兴等。读者可以根据自己的需求，开展不同形式的专利导航，有针对性地解决实际问题。

1.6 本章小结

专利导航工作是一种分析方法，通过专利数据分析，解决实际问题。同时也是一种工作思路，通过全面收集整理专利数据，系统分析当前的专利技术现状，梳理出所要解决的实际问题，找寻问题背后的原因，提出解决问题的意见和建议。专利导航以国家出台的标准为准则，以严谨科学的专利数据为基础，结合实际需求，以事实和数据说话，采用灵活多样的分析方法，以丰富的图表直观展示问题的分析过程，给出科学的建议，用以指导实际工作。

本章对专利导航的一般分析思路进行了概述。这些思路是专利导航的基本思路。通过了解这些思路，能够宏观了解专利导航的开展过程。后续各章节将使用这些思路，分析实际问题，通过后续章节的阅读，可以更加直观和深入地理解这些方法的运用场景，更好地理解专利导航的实质。专利导航的分析方法随着需求的不同而变化，其他领域的分析方法只要能够解决实际问题，都可以借鉴并融入专利导航分析方法之中。

本章列举出了《专利导航指南》（GB/T 39551—2020）系列标准中的五类专利导航，总结了专利导航的七大类应用场景。然而，专利导航的类型以及应用的场景和发挥的作用也在不断发生变化。随着经济社会的发展，专利工作的不断深入开展，专利导航的类型也会随之不断增加。通过广大知识产权工作者不断实践，专利导航应用场景会越来越广，发挥的作用也会越来越大。

第 2 章　专利导航与产业规划制定

2.1　引　言

2.1.1　本章的内容是什么

本章的主要目的是向读者讲清楚专利导航如何在产业规划制定中实施应用。相对于以往的著作，本章的贡献在于不仅要讲清楚"怎么做"，更重要的是讲清楚"为什么这么做"。在行文的逻辑上，本章会先讲述传统产业规划存在的一些缺陷，接着讲述专利导航应用于产业规划制定具备什么样的特质而使其相比传统产业规划制定有不可替代的优势，由此奠定将专利导航应用于产业规划的内在逻辑。在此基础上，进一步介绍产业规划类专利导航基于"方向—定位—路径"三个核心模块的基本模型，并用通俗易懂的语言阐明三个模块形成的底层逻辑，再辅以具体的成功案例来佐证。最后结合国家知识产权局专利局专利审查协作河南中心近年来实施的产业规划类专利导航项目，详细地还原一个标准的产业规划类专利导航应该怎么实施并给出实操过程中的一些经验总结。在介绍具体的项目时，本章不是简单地罗列项目报告的内容，而是详细地介绍形成一个产业规划类专利导航项目报告背后的实操过程，从项目开展前的需求分析、团队组建，到具体开展时的信息采集、技术分解、产业链的确定思路，一直到如何基于"方向—定位—路径"的逻辑来形成一篇完整的导航项目报告。这些"背后的内容"才是本章的撰写主旨所在。在行文的风格上，除了一些较为严肃的基本概念、基本规则，本章尽量采用通俗易懂的语言，更偏重实际操作，以期达到手把手教读者做产业规划类专利导航的效果。具体的内容架构安排参见图 2-1-1。

2.1.2　谁会用到本章

由于产业规划类专利导航主要面向政府部门和行业组织，为产业创新发展决策提供支撑，成果可以作为企业经营、研发活动、标准运用和人才管理等专利导航的前置输入和重要参考。因此，本章一方面可以供政府产业主管部门或行业组织在制定产业规划中考虑专利导航这一维度时参考阅读；另一方面也可供有初步的专利分析经验，但初次参与产业规划类专利导航项目的人员,在实施产业规划类专利导航项目时快速入门使用。

```
专利导航与产业规划制定
├─ 引言
│   ├─ 本章的内容是什么
│   ├─ 谁会用到本章
│   └─ 不同需求的读者应该关注什么内容
├─ 什么是产业规划
│   ├─ 什么是传统的产业规划
│   ├─ 什么是基于专利导航的产业规划
│   ├─ 基于专利导航的产业规划有何优点
│   ├─ 如何通过专利导航来实现产业规划
│   └─ 产业导航的应用案例——郑州超硬材料产业专利导航
├─ 从具体案例来阐述产业规划类专利导航如何实施
│   ├─ 开展产业规划类专利导航前需要做哪些准备
│   ├─ 如何基于"方向—定位—路径"三个模块来实施产业规划专利导航分析
│   └─ 导航成果产出及运用
├─ 实施过程中的注意事项
│   ├─ 产业链过大
│   ├─ 产业、政策资料收集不足
│   ├─ 宏观分析多、微观分析少
│   └─ 分析的维度拓展不足
└─ 小结
```

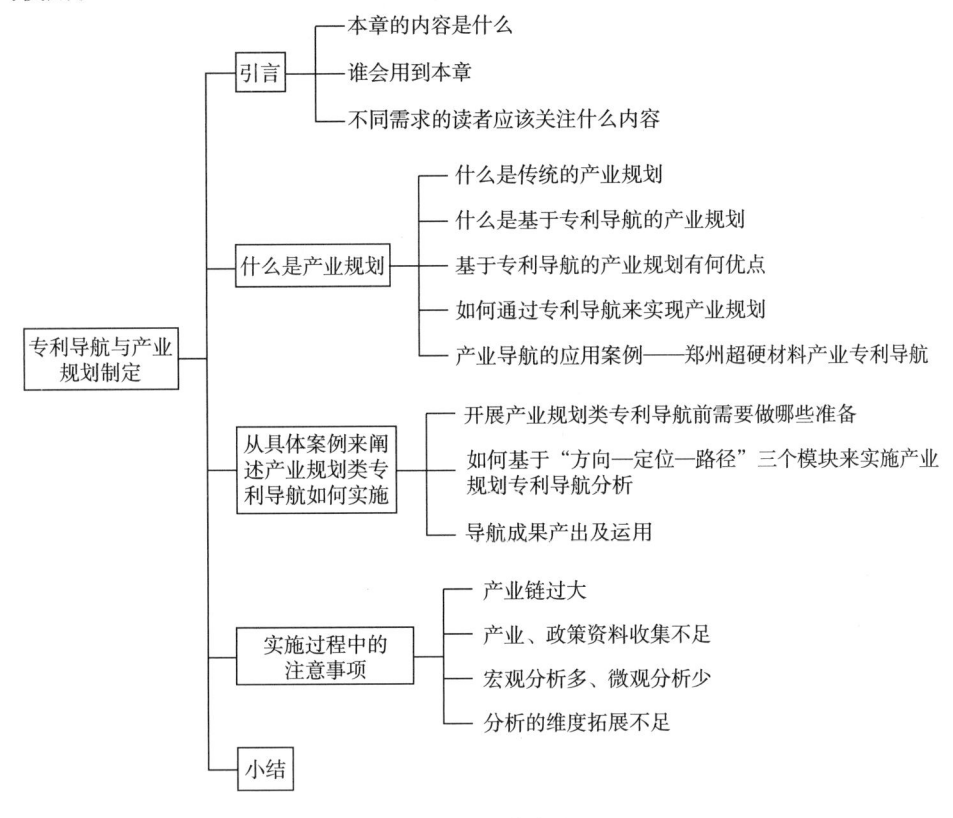

图 2-1-1 本章内容导图

此外,一些期望从产业规划类专利导航报告中了解产业发展方向,获取行业重点公司的产业布局、关键技术的发展趋势等信息的金融从业者、科研人员也可以从本章内容中获得一些启示。

2.1.3 不同需求的读者应该关注什么内容

政府和行业组织等产业规划的决策者既需要了解专利导航的基本原理及其用于产业规划的内在逻辑,也需要了解产业规划类专利导航的基本实施方式,以便于更准确地确定产业导航项目的预期目标、畅通项目实施过程中的沟通,并在阅读项目报告时能够更科学地将其运用于真正的产业规划;建议阅读本章全部内容。

产业导航项目的实施人员更关注导航项目的具体实施流程以及实际操作中的一些注意事项;建议阅读 2.3 节和 2.4 节。

期望从导航报告中获取相关信息的科研人员、金融从业者可能更关注一份产业规划类专利导航报告中会包含哪些自身感兴趣的主题,仅需阅读 2.3.2 节即可。

更直观的建议参见表 2-1-1。

表 2-1-1 不同类型读者的关注重点

读者类型	重点关注章节
政府和行业组织的决策者	第 2 章全文
产业导航项目的实施人员	2.3 节和 2.4 节
科研人员、金融从业者	2.3.2 节

2.2 什么是产业规划

本节首先介绍传统产业规划和基于专利导航的产业规划的基本概念，接着分析基于专利导航的产业规划所特有的优势；在此基础上，进一步阐述基于专利导航的产业规划的基本分析内容并重点分析其底层逻辑；最后给出一个产业规划类专利导航的成功案例加以佐证。具体内容参见图 2-2-1。

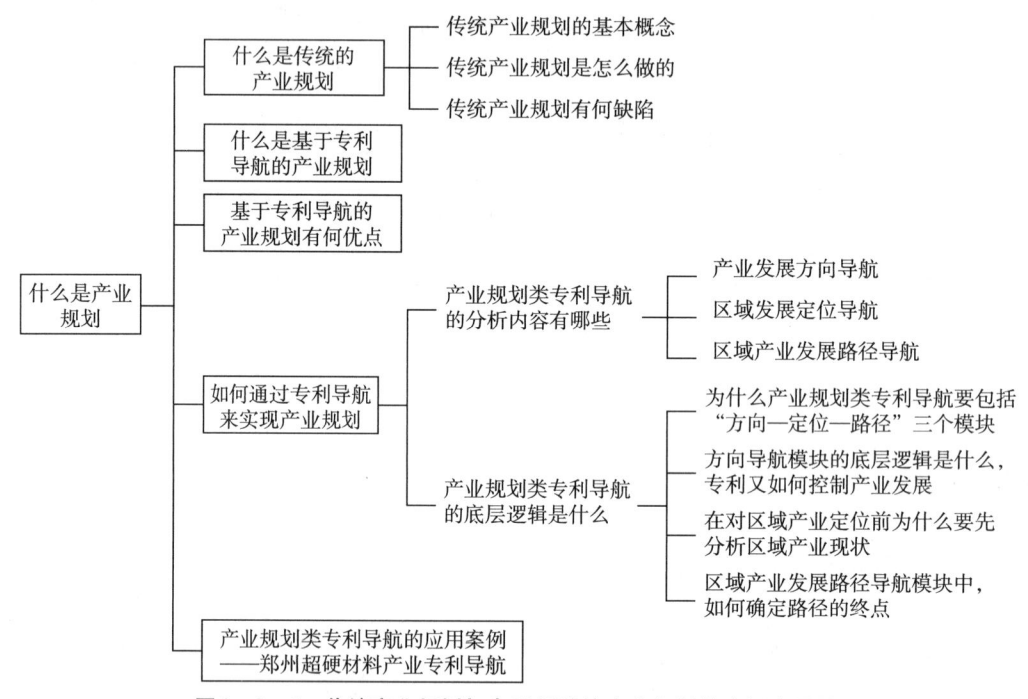

图 2-2-1 传统产业规划与专利导航的产业规划基本概念导图

2.2.1 什么是传统的产业规划

2.2.1.1 传统产业规划的基本概念

传统的产业规划是指综合运用各种理论分析工具，从当地实际状况出发，充分考虑国际、国内及区域经济发展态势，对当地产业发展的定位、产业体系、产业结构、产业链、空间布局、经济社会环境影响、实施方案等作出一年以上的科学计划。

2.2.1.2 传统产业规划是怎么做的

在城市规划的发展过程中，产业规划已逐渐形成较为规范的方法：首先进行经济发展阶段和产业结构分析，以明确当前产业问题和预测未来发展方向；其次根据全球、区域或周边城市产业的转移情况、区域政策和本地产业特征等，分析产业发展面临的机遇、挑战及优劣势；再次，针对现状和发展条件，提出产业发展的总体战略，如结构升级、集群化、高技术化、区域协调分工等，并按一定标准确定优势（或主导）产业及其战略；最后，根据产业分布现状和"发展连片、企业进园"等原则，确定"点、轴、带、圈、片、区"的总体布局，或提出优势产业布局意向，明确各区产业类型及规模。❶

2.2.1.3 传统产业规划有何缺陷

传统的产业规划方法指导了新中国成立后9个五年计划的制定和实施，促进了国家产业整体、局部、个体的发展与布局，也蕴含了对基本经济规律和广泛社会公平的追求。

但是，随着时间的推移和发展环境的变化，其在指导当前产业规划时也逐渐暴露出一些问题与不足，主要是如图2-2-2所示的三大缺陷。

传统产业规划三大缺陷
- 理论体系不足，不适应中国国情
- 机械套用现有模式，缺乏科学验证
- 团队水平参差不齐，规划易与实际脱节、操作性不强

图2-2-2 传统产业规划的三大缺陷

一是理论体系不足，不适应中国国情。首先，大部分基础理论适用范围过于宏观、长期，对于范围相对较小的具体城市，需要给出近中期的实践性方案时，指导作用并不大。如"产业结构理论"是以若干国家几十年甚至一个世纪为考察对象得出的结论；❷"区域发展阶段理论"和"主导产业理论"均属国家层面；"中心地理论""增长极理论"，虽然出发点并不宏观，但常用于指导发展中国家或不发达地区的发展。❸ 事实上，它们仅指出了可能发生的一部分情况（如产业结构理论在推导过程中回避了科技进步导致的产业突变），不适合在中国这种非均质国家的特定地区运用。

---

❶ 吴扬，王振波，徐建刚. 我国产业规划的研究进展与展望 [J]. 现代城市研究，2008（1）：6-13.
❷ 赵儒煜. 关于产业结构理论问题的思考 [J]. 税务与经济，2003（6）：1-11.
❸ 李小建. 经济地理学 [M]. 北京：高等教育出版社，1999：86-108.

二是机械套用现有模式，缺乏科学验证。[1] 目前产业规划大多在套用既有规划模式的过程中直接运用基础理论，并未加以选择和检验。即使在一定范围内比较，如采用"点"或"轴"状布局，也不是出于对理论本质的思考。事实上，它们的指导意义并不确定。总之，目前产业规划基础理论体系不完善、针对性不强、未经必要选择，使产业规划面临严峻挑战。为有效编制并实施产业规划，我们须进一步丰富和完善现有产业基础理论体系并根据规划城市实况选择指导理论。

三是团队水平参差不齐，规划易与实际脱节、操作性不强。产业规划对城市、区域经济发展具有不可取代的重要作用，因此并非任何人都可以去设计——一定要寻找具有较强理论水平、能够掌握国际国内产业发展现状及趋势的专家去做，而不是简单地从工程实施角度寻找有工程规划资质的建设规划单位去做。更为重要的是，要注意专家的团队性，因为产业规划涉及许多不同的产业，需要众多专家共同完成，同时还需要对当地实际情况有真实的了解。因此，要科学地组建一支规划团队，实际上存在较大困难——究竟需要哪些领域的专家，如何配齐这些专家，都是现实中不可回避的问题。这就使得产业规划的编制团队水平参差不齐，对当地实际情况了解不透彻，对产业发展中的问题和障碍认识不足，导致产业规划与城市规划、土地利用规划等空间规划的衔接产生矛盾，产业规划的思路和布局难以落地。

2.2.2　什么是基于专利导航的产业规划

产业规划类专利导航是以服务特定区域的特定产业创新发展为基本导向，以专利数据为基础，通过建立包括专利数据、产业数据、创新主体数据、政策环境数据等多维度数据的关联分析模型，深入解构专利链和产业链的互动关系以及产业发展中的专利控制力等关键问题，针对特定产业的发展方向、特定区域特定产业的当前定位及发展路径等产业规划的基本问题提供决策支撑的专利导航活动。

相对于其他类型的专利导航，产业规划类专利导航在数据采集阶段注重选择国内外专利数据、产业多维度统计数据、产业主体相关数据和产业政策环境相关数据等。数据处理阶段以专利数据为中心，建立包括上述各类产业数据在内的多维度数据关联。导航分析阶段综合专利数据和产业数据，构建产业发展方向分析、区域产业发展定位分析和产业发展路径导航分析的逻辑模型。在摸清产业发展方向的基础上，立足区域产业发展定位，提出适用于本区域的产业发展路径建议，为产业规划的编制提供决策支撑。[2]

基于专利导航的产业规划本质上仍属于产业规划的范畴，但它又拥有自身不可替代的一些优点。这些内容将在下一节进行介绍。

---

[1] 孙明芳，王红扬. 产业规划的理论困境及其突破 [J]. 河南科学，2006（1）：150－152.
[2] 国家专利导航试点工程研究组. 专利导航的理论研究与实践探索 [J]. 专利代理，2020（3）：3－11.

2.2.3 基于专利导航的产业规划有何优点

自 2012 年 9 月国家知识产权局提出了专利导航的理念并决定开展专利导航试点工作以来，专利导航的基本概念逐渐开始发展、完善。2020 年 11 月 9 日，《专利导航指南》（GB/T 39551—2020）系列国家标准发布，并于 2021 年 6 月 1 日起正式实施。该标准中的第 3 部分对产业规划类专利导航的组织实施以及服务和培训提供了通用的指导。至此，基于专利导航的产业规划的概念已经基本成熟。

再结合近年来的专利导航，特别是基于专利导航的产业规划的实践可以证明：通过专利导航指导的产业规划相对传统产业规划在理论基础和可操作性方面都有明显优势。

从理论层面上来看，由于专利信息的特殊性，其与专利权主体市场意图、技术布局、产业技术演进趋势具有天然的联系。❶❷ 简单来说，由于单个的专利申请文件不仅包括技术信息，还包括申请日、申请人（包括公司申请）、申请人国别、申请国家、转让、诉讼等法律信息字段，依托其中的技术信息和申请人信息就可以分析特定申请人的技术布局，再结合申请国家信息、转让、诉讼等法律信息就可以分析出一定的市场意图。而通过大量专利聚类分析，结合公开的产业信息，往往就能提炼出特定产业的重要国家和重要申请人；借助申请日信息在时间维度上分析这些重要国家和申请人过去和现在在技术上的发展变化，往往就可以预测整个产业的演进趋势。这就导致从专利分析入手必然可以窥见产业发展的过去、现在，特别是未来的发展趋势，也就是说，专利导航天然具有适于指导产业规划的属性。基于专利导航的产业规划的五个优点参见图 2-2-3，具体分析如下。

专利导航产业规划的优点
• 客观反映专利权利主体的市场意图
• 客观再现产业专利技术竞争格局
• 通过还原产业技术发展的历史路径预测其未来走向
• 整合关联海量多维信息，分析结论科学、严谨
• 专利导航团队依托知识产权从业群体，更专业

图 2-2-3 专利导航产业规划的优点

第一，由于专利信息可以真实反映市场利益，专利导航能够客观反映专利权利主体的市场意图。简单地说，在市场竞争中，要想争取市场竞争的主动乃至胜利，就要准确了解和把握竞争对手的真实市场意图——这是一件很困难的事情，因为竞争对手为掩盖其真实意图，其对外公开的常规信息中往往会"故布疑阵"，真中有假，假中有真，难以识别。但专利信息与这些常规信息不同。世界各国专利制度建立的宗旨都是

---

❶ 陈燕，孙全亮，孙玮. 新时代专利导航的理论构建与实践路径 [J]. 知识产权，2020（4）：16-31.
❷ LEE S, YOON B, LEE C, et al. Business planning based on technological capabilities: Patent analysis for technology-driven roadmapping [J]. Technological Forecasting & Social Change, 2009, 76 (6): 769-786.

"公开换保护",简而言之,就是专利权人需要将其技术向社会公开才能换取一定期限内的专有利益。基于这一制约,专利申请人在提交专利申请时,若想获取专利权带来的市场收益,就必须真实地公开相应的技术事实。因此,基于专利信息的专利导航就可以客观、真实地反映相关产业主要的市场主体和创新主体的市场意图。

第二,由于专利与产业技术体系之间的映射关系,专利导航能够客观再现产业专利技术竞争格局。❶ 简单地说,竞争主体要想在竞争中占得先机,就要想办法了解产业相关技术竞争格局并有针对性地采取应对举措。由于产业技术竞争格局往往涉及面广,充分收集相关竞争信息、全面理解产业技术竞争格局并不容易,而如果获得的信息不全或者不准确,就可能产生偏见和误判。然而,在专利数据的支撑下,绝大多数技术创新成果都会在专利信息中完整地记载和呈现,❷❸ 结合前述专利申请文件中的申请日、申请人、申请人国别、申请国家、各种法律信息等字段进行梳理和分析,就能够客观、全面地再现相关产业专利技术竞争与合作的基本格局。

第三,由于专利文件在时间线上客观记录了产业技术的演进过程,专利导航能够通过还原产业技术发展的历史路径来预测其未来走向。通常而言,市场主体为了最大化自身技术创新的经济利益,其市场上的关键产品所采用的新技术通常都会有对应的专利申请产生。下面以目前成熟的智能手机产业为例,回顾 iOS 和安卓两大阵营形成的历史。

先说 iOS 阵营。苹果公司在 2007 年之前并没有手机产品,但其手机相关专利却在 2004~2006 年快速增长——这里包括了事后看来最为经典的滑动解锁专利。随后在 2007 年,乔布斯就发布了举世瞩目的第一代 iPhone,并迅速成为智能手机领域的王者。接着说安卓阵营。从 2010 年起,安卓系统相关专利出现爆发式增长,而世界上第一款安卓手机 T‐Mobile G1 正是在不久前的 2008 年面世的。而作为 iOS 和安卓阵营领头羊的苹果公司和谷歌公司都是举世闻名的科技公司,它们在 2010 年前后突然发力智能手机。如果时间回到 2010 年,我们基于当时这两个公司的表现预测智能手机将会在未来爆发,并不是一件困难的事情。

可见,依托专利导航,就可以回溯过去产业技术演进发展的状况,进而合理预见未来一段时间内产业技术演进发展的趋势和方向。

第四,专利文献特有的专利、技术、产业、国别、创新主体等多维信息,使得专利导航可以将海量多维信息进行整合关联,分析得到的结论更加科学和严谨。

简单点说,我们在看待某一事物时,如果只从一个角度去看,就像盲人摸象,往往失之偏颇,而基于专利导航的产业规划却正好可以克服这一缺点。从产业规划类专利导航的基本概念来看,其需要"以专利数据为基础,通过建立包括专利数据、产业

---

❶ PARK H, KIM K, CHOI S, et al. A patent intelligence system for strategic technology planning [J]. Expert Systems with Applications, 2003, 40 (7): 2373-2390.

❷ ABRAHAM B P, MOITRA S D. Innovation assessment through patent analysis [J]. Technovation, 2001, 21 (4): 245-252.

❸ ABBAS A, ZHANG L M, KHAN S U. A literature review on the state-of-the-art in patent analysis [J]. World Patent Information, 2014, 37: 3-13.

数据、创新主体数据、政策环境数据等多维度数据的关联分析模型，深入解构专利链和产业链的互动关系以及产业发展中的专利控制力等关键问题"❶。也就是说，每一个具体的产业专利导航项目的实施过程都要在分析的过程中通过多个维度的历史数据分析相互印证，来论证专利在产业发展中的控制力，在确认专利确实具有对该产业的控制力之后，才会进一步通过专利来导航产业的规划。这相比于传统的产业规划"大多在套用既有规划模式的过程中直接运用基础理论，并未加以选择和检验"的模式更加科学和严谨。❷

第五，在实际操作层面，组建一支产业专利导航团队，可以依托现有的知识产权从业群体，选择相关产业对应技术领域的专利代理人员、专利审查员——这个群体天然熟悉对应产业的技术现状，具备专利分析技能，对行业的发展趋势敏感；这种先天优势也是传统产业规划所不具备的。

2.2.4 如何通过专利导航来实现产业规划

通过之前的分析不难看到，专利导航的产业规划相对于传统的产业规划有着巨大的优势。那么我们自然就要考虑：该如何通过专利导航来做产业规划？事实上，前人已经给出了答案，那就是产业规划类专利导航——它就是连接专利导航与产业规划的纽带。本章之后的内容都将围绕产业规划类专利导航如何实施来展开。本节将尝试先展示官方指导文件《产业规划类专利导航项目实施导则（暂行）》（以下简称《导则》）中对产业规划类专利导航应包含内容的规定，再尝试用通俗易懂的语言解释如此规定的背后逻辑，以及一些《导则》中虽未明示，但产业规划类专利导航具体实施时无法回避的一些重要概念，以期读者能够对产业规划类专利导航的机理有更深刻的理解。

2.2.4.1 产业规划类专利导航的分析内容有哪些

关于产业规划类专利导航的具体的分析内容，最为权威的指导性文件就是上文所说的《导则》。《导则》规定如图2-2-4所示。产业规划类专利导航的分析内容主要包括产业发展方向导航、区域产业发展定位和产业发展路径导航等三个模块，具体如下。❸

图 2 - 2 - 4　产业规划类专利导航的分析内容

---

❶ 国家专利导航试点工程研究组. 专利导航的理论研究与实践探索 [J]. 专利代理, 2020 (3): 3-11.
❷ 孙明芳, 王红扬. 产业规划的理论困境及其突破 [J]. 河南科学, 2006 (1): 150-152.
❸ 参见国家知识产权局原专利管理司2015年发布的《产业规划类专利导航项目实施导则（暂行）》。

1）产业发展方向导航

产业发展方向导航模块以全景模式揭示产业发展的整体趋势与基本方向。首先，从技术发展、产品供需、企业地位和产业转移等不同角度论证产业链与专利布局的关联度；其次，以产业链与专利布局的关联度为基础，进一步从技术控制、产品控制及市场控制等角度论证全球产业竞争中的专利控制力强弱程度，揭示专利控制力与产业竞争格局的关系；最后，以专利控制力为依据，预测产业结构调整方向、技术发展重点方向和市场需求热点方向，为产业发展指明方向。

2）区域产业发展定位

区域产业发展定位模块以近景模式聚焦区域产业在全球和我国产业链的基本定位。该模块立足区域产业现状，以专利信息对比分析为基础，将区域产业的技术、人才、企业等要素资源在全球和我国产业链中进行定位，明确区域产业发展定位，并从宏观和微观两个层面揭示区域产业发展中存在的结构布局、企业培育、技术发展、人才储备等方面的问题。

3）区域产业发展路径导航

区域产业发展路径导航模块以远景模式指出区域产业创新发展具体路径，包括但不限于：产业布局结构优化路径、企业整合及引进培育路径、技术引进及协同创新路径、人才培育及引进合作路径、专利协同运用和市场运营路径等。

2.2.4.2 产业规划类专利导航的底层逻辑是什么

1）为什么产业规划类专利导航要包括"方向—定位—路径"三个模块

参见2.2.4.1节关于产业规划类专利导航分析内容的阐述可知，产业规划类专利导航的分析内容主要包括产业发展方向导航、区域产业发展定位和产业发展路径导航三个模块——这实际上是一种"方向—定位—路径"的导航模型，既包含了"我是谁，我从哪里来，要到哪里去"的哲学思辨，又创造性地通过类比地理空间导航中的方向、定位和路径使得专利导航概念更加生动形象。简单地说，这三个模块的目的就是先分析预测某个产业的未来发展方向，再确定某个区域的产业在整个行业中的位置，然后基于整个行业的发展方向和某区域产业的位置为该区域的对应产业设定一个科学合理的目标，并最终为其设计一个到达这个目标的路线或者说路径。[1] 更为形象的展示可以参见图2-2-5。

图2-2-5 产业规划类专利导航模块的具象化展示

---

[1] 参见视频资料"产业规划类专利导航实务"，网址为https://www.bilibili.com/video/BV1St4y1v7sz/。

下文针对三个模块的分析逻辑逐一阐述。

2）产业发展方向导航的底层逻辑是什么，专利又如何控制产业发展

归纳起来，产业发展方向导航模块的分析逻辑参见图2-2-6。

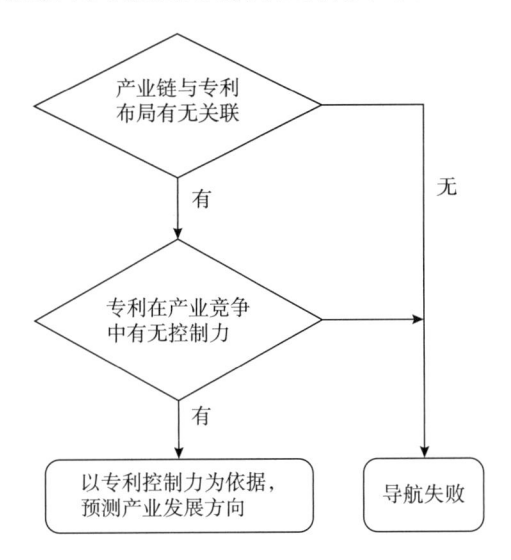

图2-2-6 方向导航模块的分析逻辑

具体解释如下：

第一个模块——产业发展方向导航模块，包含三个步骤。第一个步骤是论证产业链与专利布局的关联度。为什么要做这个分析？逆向思考一下：如果产业链与专利的布局没有关系，也就是产业发展与专利无关，那么我们通过专利分析来预测产业发展方向就变得毫无依据。因此我们只有先确认待导航的产业链与专利布局是密切相关的，进一步去基于专利分析来预测产业发展方向才有基础和意义。用数学语言来说，产业链与专利布局有关联，但只是通过专利布局来预测产业发展方向的必要非充分条件。而具体如何论证产业链与专利布局密切相关。《导则》中给出了技术发展、产品供需、企业地位和产业转移多个角度的分析方法，可在具体操作中参考。

第二个步骤是揭示专利控制力与产业竞争格局的关系。为什么做这个分析？因为仅仅论证产业链与专利布局有关系还不足以证明可以通过专利分析来预测产业发展方向。只有进一步证明专利布局可以控制产业的发展方向，通过专利来预测产业未来的趋势，才能从逻辑上站得住脚。而具体如何论证专利在产业竞争中具有控制力，《导则》中给出了技术控制、产品控制及市场控制等角度多个角度的分析方法，可在具体操作中参考。

第三个步骤是以专利控制力为依据，预测产业发展方向。

这一步只有在第二步确认专利控制力存在的前提下才有实施的价值。具体如何预测，《导则》中给出了产业结构调整、技术发展和市场需求热点等多个方向的预测方法，可在具体操作中参考。

归纳来看，上面三个步骤实际是一个层层递进的关系：产业链与专利布局有关联，

专利对产业竞争格局才可能有控制力，而专利有控制力，才有可能通过专利来预测产业发展方向。

最后，在上述三个步骤的分析中，我们可以看到一个很重要的字眼——专利控制力。它是整个方向模块的核心，这里需要详细解释一下。

专利控制力是指通过运用某一专利（或专利组合），实现对技术、产品及其市场份额控制的力度。它可以反映出该领域专利与产业发展之间关联的强弱程度。如果某个产业的专利具有很强的控制力，其中某些龙头企业能通过专利实现对于核心技术，继而是对于高端产品，最终是对于一定范围市场的控制力，那么通过对这些龙头企业专利申请的技术动向进行分析，就可以了解该产业的技术发展动向。因此，可以通过产业发展与专利申请之间布局的密切度、发达国家在高价值产业环节布局的专利量、发达国家产业结构变化与专利拥有量变化之间的关系、龙头企业的专利有效量与市场占有率之间的关系等角度来论证专利对该产业控制力的强弱。

下面从公司层面解释一下专利控制力。以高通为例，即使不是通信领域的人，也很少有人不知道高通的骁龙芯片在移动终端领域的地位。然而更多人不知道的现实是，高通 2020 年营收 235 亿美元，净利润为 52 亿美元，净利润中的 70% 来自专利授权，利润的大头并不是骁龙芯片，而是专利。

我们简单罗列下通过百度搜索关键词"高通，专利收入"后的结果：

专利流氓高通狂赚中国 1.5 万亿

高通专利费有多贵？国产手机大多数利润都被它拿去了

为什么华为 5G 标准举世瞩目？高通还靠专利一年赚中国几百亿

5G 争夺落幕，高通收取天价专利费，中国多缴 300 亿，华为：尽力了

别骂高通了，一年从中国收走 260 亿专利费真不多

作为一个中国人，看到上面的标题，对高通的感觉可能就是"羡慕、嫉妒、恨"。

然而高通作为通信行业的佼佼者，其技术研发和专利布局值得通信领域所有的创新主体或是从业者向其学习。码分多址（CDMA）技术在诞生之初就被认为在未来的数字通信发展过程中无可替代，也无可回避。后来的发展也证实了这一点：通信技术的迭代从 2G 的 CDMA1X 开始，到 3G、4G，一直到今天的 5G，仍然是基于 CDMA 的基础技术，而 CDMA 的基础专利正是掌握在高通手中。当然，高通手中的专利远远不止 CDMA。从某种意义上讲，正是这些专利导致了今天通信领域的竞争格局。例如当年中国主推时分同步码分多路访问（TD－SCDMA）技术，就是为了能够在 3G 时代拥有自主知识产权，避开高通的锋芒，不得已而为之的"曲线救国"路线。然而即使如此，我们仍然可以看到，"TD－SCDMA"这个名字里仍然包含着大大的"CDMA"四个字母。

通过对高通的上述简单了解，什么是"专利控制力"，应该无须过多解释了。

3）在对区域产业定位前为什么要先分析区域产业现状

第二个模块——区域产业发展定位模块的内在逻辑是先分析区域的产业现状，再将现状与全国、全球、跨国公司等的产业状况对比，得到区域产业在整个产业中的位

置并指出其存在的问题，为后续的区域产业发展路径做好铺垫。具体的定位分析角度可以从产业结构、企业创新实力、创新人才储备、技术创新能力、专利运营实力等多个维度中选择。具体如何分析，《导则》中也给出了详细说明。在这个模块里，最重要的两个概念是"现状"和"定位"。下面参考图2-2-7，用通俗的例子来解释。

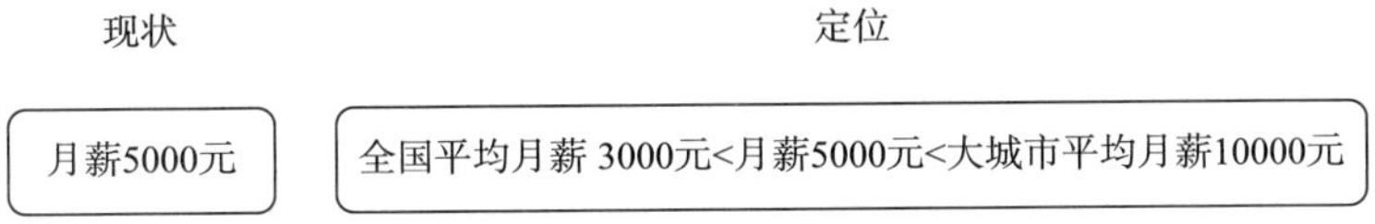

现状　　　　　　　　　　　　　　定位

月薪5000元　　全国平均月薪3000元＜月薪5000元＜大城市平均月薪10000元

图2-2-7　"现状"和"定位"概念示例

假如我们想对某个人的月薪做一个定位，这个人一个月挣5000元，这就是现状，它是对这个人月薪的一个客观描述。而单从这个描述来看，并不知道他挣的是多还是少，如果想知道，必须进行比较。例如跟全中国所有人比，月薪5000元超过了90%的人，属于高薪；而跟大城市例如北京的员工（月薪平均8000元）比，则低于平均水平。比较得出的结论就是月薪5000元在全中国是属于较高的一个薪资水平，但在大城市只能算普普通通。这就是一个较为简单的定位逻辑。简单来说，现状描述的是客观的事实，定位则需要通过比较来确定，并且比较的维度越多，定位就越精准。

4）区域产业发展路径导航模块中，如何确定路径的终点

对于第三个模块——区域产业发展路径导航模块，《导则》仅给出了区域产业创新发展具体路径包括的几条细分路径，例如产业布局结构优化路径、企业整合培育引进路径、创新人才引进培养路径、技术创新引进提升路径、专利协同运用和市场运营路径等。这里没有回答的一个潜在问题是：我们怎么能获得这些路径呢？其实关于路径，简单地从数学角度来考虑就不难想到——要画出一条路径，必然要有两个点，即一个起点和一个终点。现在起点已经有了，就是区域产业发展定位模块得到的区域产业定位，那么终点在哪里呢？其实终点就是先通过产业发展方向模块得到方向后，再依据这个方向在区域产业定位的约束下得到的一个符合区域产业当前现状的、科学且符合实际的目标，而这个目标就是终点。举个例子，产业发展方向模块告诉我们发达国家正在朝A、B、C三个方向发展，但通过定位分析后，我们发现虽然A、B、C都很好，但基于我们的当前现状，A对于我们来说过于困难，怎么努力都达不到，C比较简单，我们正常发展即可达到，而B需要我们付出一定的努力，"跳一跳才能够着"，那么B目标其实就是一个科学合理、符合当前现状的目标，就是我们所要追求的路径终点。❶有了这样的起点和终点，我们无论是设计产业布局结构优化路径还是创新人才引进培养路径，就都心中有数了。具体的设计操作方法，《导则》中也给出了详细的说明，在此不再赘述。

通过以上的分析可知，产业发展方向、区域产业发展定位、区域产业发展路径导

---

❶ 国家专利导航试点工程研究组. 专利导航典型案例汇编［M］. 北京：知识产权出版社，2020：84-154.

航三个模块是有机统一的整体。其中产业发展方向是为产业规划类专利导航提供大方向上的目标；区域产业发展定位是方向的约束性条件，也是导航的起点，通过区域产业发展定位来约束方向进而为产业发展提供一个切实可行的目标来作为区域产业发展路径规划的终点。基于这个起点和终点，才能为产业发展设计出一条科学的、可实现的路径。

2.2.5 产业规划类专利导航的应用案例——郑州超硬材料产业专利导航

采用专利进行产业导航并非只停留在理论层面，近年来已经有许多应用的案例，比如经典的郑州超硬材料产业专利导航项目，该项目自2013年底启动，2014年初步完成首期研究，郑州市人民政府基于此发布了《专利导航郑州超硬材料产业创新发展规划》。[1]

首期研究结果认为：超硬材料全球产业发展与专利布局密切互动，专利控制力在以美国为首的发达国家及其跨国公司主导的全球市场中发挥着重要作用；产业链方面，上游原材料环节的技术发展已经进入衰退期，研发投入逐渐减少；中游制品环节，技术趋于成熟，产品更新速度较快；下游应用环节，处于技术成长期，技术发展快、学科交叉性强、涉及领域广、产品附加值高。

2017年底，为评估首次导航效果，进一步开展了第二期郑州超硬材料产业专利导航项目，对首期导航的成果进行验证和调整。二期导航的分析结果表明：超硬材料产业发展方向总体没有发生变化，例如全球产业链上控制力强的仍是美国及相关跨国企业；而产业链上、中、下游的专利布局的改变确实体现出上游衰退、中游减少、下游不断增大的趋势。

而郑州超硬材料产业在一期导航的指导下，优化了产业链结构，紧随整个产业的发展趋势，经过三年的调整和发展，上中游的原材料和制品布局合理，产业发展重心已经明显向下游的应用倾斜。

从郑州超硬材料产业导航的两期对比结果可见，首期的产业导航结果确实正确预测了产业的基本发展方向，通过专利导航来为产业规划提供科学依据是切实可行的。

2.3 从具体案例来阐述产业规划类专利导航如何实施

理论方面，关于如何通过专利导航来实现产业规划，对应的分析方法和内在逻辑在2.2.4节已有详细阐述。在此基础上，本节将以一个具体的项目——A省空间互联网产业专利导航项目为主要依托，来重点阐述如何具体开展产业规划类专利导航项目。具体的内容安排上，首先会介绍产业规划类专利导航分析前的一些准备工作，接着就

---

[1] 国家专利导航试点工程研究组. 专利导航典型案例汇编[M]. 北京：知识产权出版社，2020：84-154.

是以2.2.4节的基本理论为依托,展示如何基于"方向—定位—路径"三个模块来实施A省空间互联网产业专利导航,同时在三个模块的具体分析中进一步印证2.2.4节中涉及的三个模块的底层逻辑和内在关联。详细的内容架构安排参见图2-3-1。

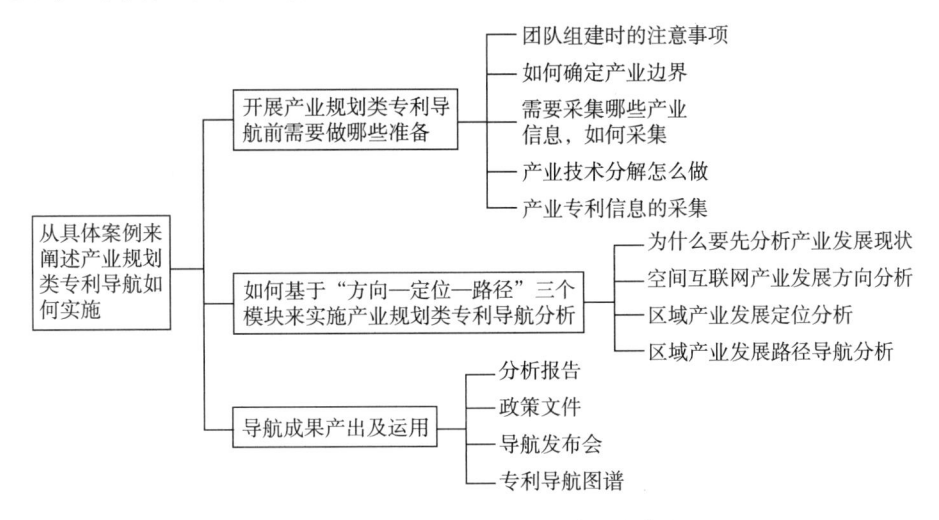

图2-3-1 产业规划类专利导航的实施内容导图

2.3.1 开展产业规划类专利导航前需要做哪些准备

产业规划类专利导航项目和其他专利导航项目一样,在开展前也需要做一些准备工作。本节将主要介绍产业规划类专利导航所特有的一些前期准备工作,按照先后顺序来展开。首先是组建项目团队,接着是采集产业的经济、政策以及技术信息,在此基础上构建连接产业信息和技术信息的产业技术分解表,最后再基于技术分解表来采集对应的专利信息。在这个前期准备的流程中,我们不难看出,构建技术分解表是整个准备工作的一个核心步骤。事实上,技术分解表也是后续开展产业导航分析的一个靶点,整个产业分析过程都会围绕这个技术分解表来展开。

2.3.1.1 团队组建时的注意事项

产业导航的实施团队通常应当包含项目管理、信息采集、数据处理、专利导航分析、产业分析、质量控制等角色。在前面的2.2.3节也专门分析了基于专利导航的产业规划相对传统产业规划的一个优点,就是团队的组建可以依托现有的知识产权从业群体,选择相关产业对应技术领域的专利代理人员、专利审查员——这个群体天然熟悉对应产业的技术现状,具备专利分析技能。因此,从实际的操作经验来看,初步组建的团队通常都擅长专利分析,同时可以兼任除产业分析以外的其他角色,但唯独产业分析容易成为团队的短板。以空间互联网通信产业专利导航项目为例,由于团队缺少了解产业整体状况的角色,在产业链梳理的过程中就遇到了困难,最终是借鉴了券商研报中卫星通信产业的技术划分规则并加以调整才得以解决。因此,建议在组建团队时关注产业分析角色的挖掘,必要时可以考虑引入证券公司的行业研究员。

2.3.1.2 如何确定产业边界

产业规划类专利导航还不是社会熟知的项目,委托方在初期的委托书中对自己的需求往往描述得不够明确,特别是对产业的定义,有时只有一个模糊的、主观的描述。如果前期没有做好沟通,就会因项目实施的目标不明确、难以契合委托方的真实需求,而造成不必要的返工。

因此建议在项目开展前应充分沟通交流,以明确项目需求,特别是产业的准确定义和边界。在空间互联网通信产业专利导航项目中,为使项目参与各方能够对项目需求达成共识,前期开展了多次线下座谈调研以及线上需求素材分析研讨,最终明确了针对空间互联网通信产业开展专利导航,围绕产业升级,为相关区域的空间互联网通信产业发展提供决策支撑。

以空间互联网通信产业专利导航项目为例,业内对于空间互联网产业并没有统一定义。从字面理解,空间互联网可能是将互联网技术应用到太空空间的相关技术。然而,空间互联网的真实内涵、覆盖范围在相关资料中均没有记载;咨询行业专家,不同行业专家所给出的解释也均不相同。因此,该项目前期投入了大量精力收集国内外与空间互联网可能相关的行业资料或研究报告,经过甄别、分析,最终以业内已有的空间信息网络的定义为基础,结合行业专家给出的意见建议,形成了"空间互联网是以空间平台(如同步卫星或中、低轨道卫星,平流层气球,有人或无人驾驶飞机等)为载体,实时获取、传输和处理空间信息的网络系统"的定义。该定义经过反复讨论后,得到了项目委托方、多个项目参与方以及多位行业专家的一致认可,避免了后续项目开展过程中的争议。

当然,也不是每个产业都没有明确的定义。譬如对有些产业,相关的国家标准、技术手册、行业报告等资料中已经给出了明确的定义,基于相关的产业定义开展产业规划类的专利导航即可。以洛阳工业机器人与智能装备产业规划类专利导航为例,该项目涉及工业机器人产业。业内对工业机器人有统一定义,即"工业机器人是集成机械、电子、控制、计算机、传感器、人工智能等多学科相关技术于一体的现代制造业重要的自动化装备,主要应用于焊接、搬运、装配、喷涂、打磨、切割、检测等方面"。基于该定义,能够将工业机器人与服务机器人、特种机器人予以区分,以工业机器人产业所覆盖的内容开展产业规划类专利导航研究即可满足委托方的需求。

2.3.1.3 需要采集哪些产业信息,如何采集

在确定了产业的定义和边界,明确了产业专利导航的实施目标后,接下来的工作就是采集产业的经济、政策以及技术信息,为后续的技术分解以及产业规划类专利导航报告中的产业分析等环节提供材料支撑。

对于产业规划类专利导航，在进行信息采集时一般应当遵循以下步骤：采集产业信息—技术分解—采集专利信息，即专利信息的采集在产业信息采集完成之后。原因在于：通常产业的内涵十分丰富，覆盖的技术内容较为广泛，并且技术类型复杂多样，相应专利文献的数量也非常庞大，直接采集专利信息容易出现重点不突出、覆盖不全面的问题。因此，在明确了产业定义以后，分析产业所涉及的上、中、下游的技术内容，结合采集到的产业信息对产业的上、中、下游进行技术分解，根据技术分解后的技术分支采集对应的专利信息，才能确保专利信息既覆盖产业整体，又不易产生遗漏。

1）产业信息有哪些

采集产业信息主要是指采集产业经济信息、产业政策信息以及产业技术信息。通过分析产业的经济、政策以及技术信息，掌握产业概况，从产业发展的转折点、热点明晰产业发展现状，从产业市场需求、市场应用的角度把握产业发展方向，并为后续明确产业链结构打下基础。

2）产业经济信息怎么采集

产业经济信息是指与产业相关的经济类统计信息，是反映经济活动实况和特征的各种信息、情报的统称。通过经济信息可以分析专利数据与创新投入及产出、创新效益等经济数据的关联关系，如分析专利相关指标与产业研发投入、产业主营收入、净利润、进出口贸易等指标的关联性，探究专利技术对产业经济发展的促进作用。

从地域层面可以将产业经济信息主要分为国内经济信息和国外经济信息。国内经济信息主要来源于国家宏观统计部门，如国家统计局、海关总署、工业和信息化部及科学技术部等；也可以从商业机构获取产业经济信息，例如 Wind 资讯，其主要提供上市公司经济数据和国内宏观经济数据。对于国外产业经济信息，可重点参考中国国家统计局、世界经济合作组织、世界银行和美国政府建设的数据公开网站等。

3）产业政策信息怎么采集

产业政策信息是开展产业规划类专利导航必需的内容，主要是指由国家部委、地方政府及行业协会等出台的与产业相关的政策、法规等官方文件。产业政策信息有助于把握当前产业的发展规划、行业地位及发展趋势，便于确定专利导航的研究方向和研究内容，是撰写专利导航分析报告、制定产业发展规划的重要参考依据。产业政策信息主要来源于中共中央、国务院、国家部委、地方政府、行业协会等，相关的政策文件一般会公布于其官方网站。与产业政策相关的规范性文件通常公布于国家发展和改革委员会、工业和信息化部等的官方网站，这些网站一般包括文件发布、政策解读等多个模块。

4）产业技术信息怎么采集

利用产业技术信息可以准确把握产业发展历程、产业发展现状和产业未来发展趋势，以便对产业进行技术分解并确定产业的关键重点技术。技术信息的类型大致可以分为图书、期刊、专利文献、科技报告、学位论文、会议文献、标准文献、科技档案、报纸、影像、数字出版物等。国内外有多种平台可以获取到产业相关的技术信息。国内平台包括中国知网（CNKI）、万方数据、维普网、超星数字图书馆以及百度学术等。国外平台包括科学引文索引（SCI）、工程索引（EI）、IEEE、Bing 学术等。此外，标准信息资源也是开展专利导航经常用到的技术资料，包括国际标准和国家标准。国家标准来源包括中国国家标准化管理委员会、中国标准服务网以及中国标准化协会。国际标准的来源包括国际电信联盟、国际标准化组织、国际电工委员会等。

2.3.1.4 产业技术分解怎么做

在产业信息采集完毕后，就要进入准备阶段最重要的环节——技术分解。产业技术分解在产业规划类专利导航中起着举足轻重的作用，对于了解产业状况、采集和处理专利信息、撰写产业规划报告都有十分重要的影响。通过产业技术分解，相关人员能够对产业从宏观的整体结构到微观的技术分支都有准确的把握。产业技术分解一方面要得到业内人员的认可，体现出产业规划的专业性；另一方面也要服务于专利导航工作的开展，例如便于研究人员进行专利信息的检索等。从本节末尾展示的一个真实的技术分解表（表2-3-2）中，我们就可以很直观地看到：技术分解表实际就是连接产业、市场信息和技术、专利信息的一个纽带。我们为什么能以专利数据为切入点来分析产业并做产业规划，从技术分解表就可以看出背后的逻辑。

1）产业技术分解的方法

在对产业进行技术分解时，应当以产业构成和产业链条为基础，梳理产业上、中、下游的各个环节并对其逐级分解，以得到适当的产业链结构。产业技术分解的方法一般包括专利分类法、行业分类法以及学科分类法。在实践中进行技术分解时，往往多种技术分解方法融合使用。

（1）专利分类法

专利分类体系实质上就是一种技术分解。以当前国际上广泛使用的联合专利分类（CPC）体系为例，其从部、大类、小类一直分解到大组、小组，呈现出逐层细化的结构。由于专利分类体系较为完善、分类定义较为明确，在理想情况下可以直接基于专利分类体系进行技术分解，这样也有助于后续的专利检索工作。但是，在实践中直接应用专利分类体系进行技术分解通常会面临两个问题：一是产业的覆盖范围较为广泛，而专利分类体系较为分散，难以覆盖待分析产业的全部；二是产业分类原则与专利分类体系并不完全一致，甚至存在偏差较大的可能，因此直接参照专利分类体系进行技术分解而未遵循行业惯例会造成最终分析结果与产业脱节，得不到业内人士的认可。以空间互联网通信产业专利导航项目为例，根据空间互联网的定义对该产业的上、中、下游进行分析，其覆盖了产业链上游航天器/飞行器等空间设施的制造、发射，中游星载链路的组网、传输，下游导航、遥感等服务。该产业链涉及的技术内容在专利分类体系中较为分散，无法直接对应于专利分类体系进行技术分解。

（2）行业分类法

行业是对国民经济中同性质的生产或其他经济社会的经营单位或者个体的组织结构体系的详细划分。参考行业分类标准进行技术分解有助于把握技术的本质和演变，并且更加契合行业现状及发展态势,更容易被业内相关人员所认可和接受。在参考行业分类进行产业的技术分解时,需要注意以下两个因素:一是前期需要进行大量的调研工作,并且在技术分解的过程中需要持续咨询产业技术专家,不断调整技术分解结果;二是后续专利信息检索和数据处理的工作量可能较大。

(3) 学科分类法

对于一些较为基础的产业技术主题,可以参考教科书中已经给出的分类原则进行技术分解。教科书对不同技术分支的归纳分类较为准确全面,但其本质上属于高权威性的教学材料,所涵盖的对象在现实环境中往往已经发展成熟,研究得比较透彻,因此其不适用于新兴产业的技术分解。

2) 产业技术分解的步骤

产业技术分解需要明确产业上、中、下游的各个环节及其具体内容。如图2-3-2所示,其一般包含三个主要步骤:构建技术分解表、调整技术分解表和确定技术分解表。

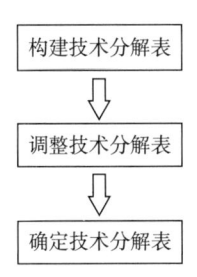

图2-3-2 产业规划类专利导航的产业技术分解步骤

(1) 构建技术分解表

首先,基于前期采集的产业信息,结合专利导航需求和产业的实际发展情况,对产业进行初步的技术分解,至少应划分出产业链的上、中、下游并尽可能地给出二级技术分支。具体可以参考相关的产业报告、技术期刊、硕博论文、会议论文和国家标准。其次,在初步的技术分解确定后,需要进行产业调研,通过咨询产业从业人员或产业专家确定上述初步结果是否符合产业实际,并就技术分解的下级分支进行探讨。最后,结合调研形成的意见或建议,进行全面的技术分解,构建产业技术分解表。一般先采取自上而下的思路进行逐级分解,再对需要重点关注的关键技术进行自下而上的定位和调整。

参见图2-3-3,以夏邑纺织服装产业专利导航项目为例。纺织服装产业的特点比较鲜明,工艺流程通常是从纤维的原材料进行纺织得到纱线,然后通过织布得到布,中间经过印染或者其他加工得到能够直接使用的布料,然后经过剪裁缝纫,最终做成衣服。因此纺织服装产业可以按照线、布、衣这三个阶段划分产业的上、中、下游。

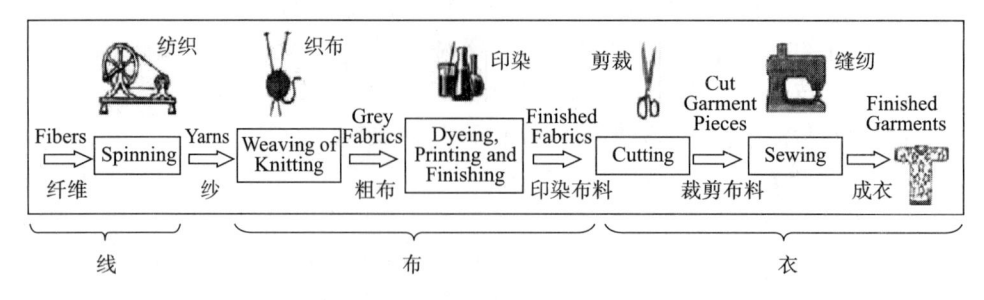

图 2-3-3　纺织服装的工艺流程

结合相关的产业技术资料，分别对上游、中游和下游三个环节的具体内容进行梳理，分析得到上游包括纤维前处理、纺前工艺，中游包括织造工业、后整理，下游包括制作工艺、成品。纺织服装产业的产业链具体如图 2-3-4 所示。

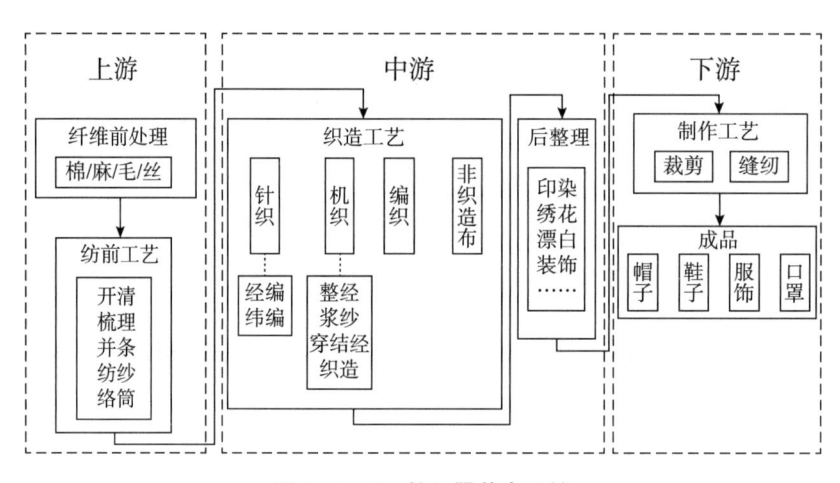

图 2-3-4　纺织服装产业链

对梳理得到的产业链进行全面的技术分解，可以得到技术分解表，如表 2-3-1 所示。

表 2-3-1　纺织服装产业技术分解表

一级分支	二级分支	三级分支	四级分支
上游	纤维前处理	棉、麻、毛、丝等	
	纺前工艺	开清	
		梳理	
		并条	
		粗纱	
		细纱	

续表

一级分支	二级分支	三级分支	四级分支
中游	织造工艺	针织	经编
			纬编
		机织	络筒
			整经
			浆纱
			穿结经
			织造
		编织	
		非织造布	
	后整理	印花/染色	
		绣花、绒簇	
		漂白	
		装饰	
		其他	
下游	成品	帽子	
		鞋子	
		服装	

（2）调整技术分解表

在得到完整的技术分解表后，需要对该技术分解表进行调整完善，主要考虑以下几个因素。一是产业专家的调研意见，即针对该完整的技术分解表再次进行产业专家和技术专家调研，根据相关意见调整技术分支、完善技术分支的定义，从而使技术分解更加符合行业习惯和产业实际。二是根据专利信息的检索结果进行调整，即根据技术分解表进行初步的检索，避免某一技术分支的专利文献量过小或最下层分支的文献量过大。三是明晰技术分支的边界，即对于不同技术分支之间可能存在技术交叉的情况，要尽可能地进行调整以减少技术交叉，以免后期难以进行数据清洗和标引。四是在研究过程中及时调整，即在研究过程中发现阶段性结论与产业现状或发展趋势明显不符，则很有可能是技术分解存在问题，应当结合阶段性结论对技术分支及时修正调整。

以夏邑纺织服装产业专利导航项目为例，在得到了完整的技术分解表后与产业技术专家进行了研讨沟通。原有的技术分解表中，上游的纺前工艺环节包括了粗纱、细纱两个环节，并且将络筒放在了中游的机织流程中；而根据产业技术专家的意见，在实际的产业应用中，不关注粗纱和细纱的分类，通常以纺纱进行概括。另外络筒是衔接纺前工艺和中间织布的过渡环节，但它通常作为纱线的收尾环节，因此把络筒放到纺前工艺的最后一个环节更为合适。调整前后的技术分解表参见图2-3-5。根据上述意见调整后的产业链技术分解表更加符合产业实际,也便于后续的检索和分析。

一级分支	二级分支	三级分支	四级分支
上游	纤维前处理	棉、麻、毛、丝等	
	纺前工艺	开清	
		梳理	
		并条	
		粗纱	
		细纱	
中游	织造工艺	针织	经编
			纬编
		机织	络筒
			整经
			浆纱
			穿结经
			织造
		编织	
		非织造布	
	后整理	印花/染色	
		绣花、绒簇	
		漂白	
		装饰	
		其他	
下游	成品	帽子	
		鞋子	
		服装	

(a) 调整前

一级分支	二级分支	三级分支	四级分支
上游	纤维前处理	棉、麻、毛、丝等	
	纺前工艺	开清	
		梳理	
		并条	
		纺纱	
		络筒	
中游	织造工艺	针织	经编
			纬编
		机织	整经
			浆纱
			穿结经
			织造
		编织	
		非织造布	
	后整理	印花/染色	
		绣花、绒簇	
		漂白	
		装饰	
		其他	
下游	制作工艺	裁剪	
		缝纫	
		口罩	
	成品	帽子	
		鞋子	
		服装	

(a) 调整后

图2-3-5 纺织服装产业技术分解表的调整示意

(3) 确定技术分解表

在技术分解表调整后,需要最终确定其是否符合要求,考虑的因素主要包括:是否符合行业习惯和产业实际、各技术分支的文献量是否合适、技术分支之间的边界是否清晰。

3) 空间互联网产业链的形成过程

空间互联网又称"空间信息网络",前面已经给出定义,是指以空间平台(如同步卫星或中、低轨道卫星,平流层气球,有人或无人驾驶飞机等)为载体,实时获取、传输和处理空间信息的网络系统。

由于空间互联网产业中占据核心地位的卫星通信在业界已经有较为明确的产业链组成,因此,参照卫星产业的产业链并结合项目委托方的具体需求,将其产业链分解为以卫星运营商为核心,由卫星制造商、火箭制造商、发射服务商、运营服务商、内容提供商、终端用户等上、中、下游多个部分共同组成的链条,链条上的每一个元素紧密联系,互相作用,创造出比单一环节更大的协同效应。基于此,最终空间互联网产业链自上而下可以分为上游的空间设施制造和发射、中游的运行管理以及下游的服务提供。更具体地，该产业链及相关技术分支的划分如表2-3-2所示。

表2-3-2 空间互联网产业技术分解表

一级分支	二级分支	三级分支	四级分支
上游	空间设施制造	空间层用户航天器制造	卫星
			空间站
		临近空间层用户飞行器制造	高空气球
			高空无人机
			飞艇
	发射	火箭	
		航天飞机	
中游	运行管理	星座组网	
		星载路由交换	星载电路交换
			星载分组交换
		链路传输	微波链路
			激光链路
		网络安全防护	
下游	服务提供	卫星通信	移动通信业务
			广播业务
		导航通信	
		遥感通信	

2.3.1.5 产业专利信息的采集

在确定产业链的技术分支后，就可以根据产业链的技术分支进行对应产业专利信息的检索。采集产业专利信息的步骤主要包括：检索工具的选取、检索策略的制定、检索结果的评估即查全查准。

产业专利信息的采集与常规专利分析中的信息采集并无实质差异，此处不再赘述。

2.3.2 如何基于"方向—定位—路径"三个模块来实施产业规划类专利导航分析

本节开始进入产业规划类专利导航的核心内容，即进行产业专利导航分析，基于"方向—定位—路径"的专利导航基本模型，对专利大数据和各类产业数据进行综合分析，寻找产业发展与专利数据之间的互动关系，揭示专利控制力与产业竞争格局之间的发展规律，分析产业创新方向和重点，明晰区域产业发展定位，研判产业创新发展路径，为产业发展提供决策支撑。本节以A省空间互联网产业专利导航为基础，详解产业发展方向分析、区域产业发展定位分析以及产业发展路径导航分析的具体操作步骤。而在此三步法分析之前，作为准备工作，需要先做基本的产业发展现状分析。具体的分析架构参见图2-3-6。

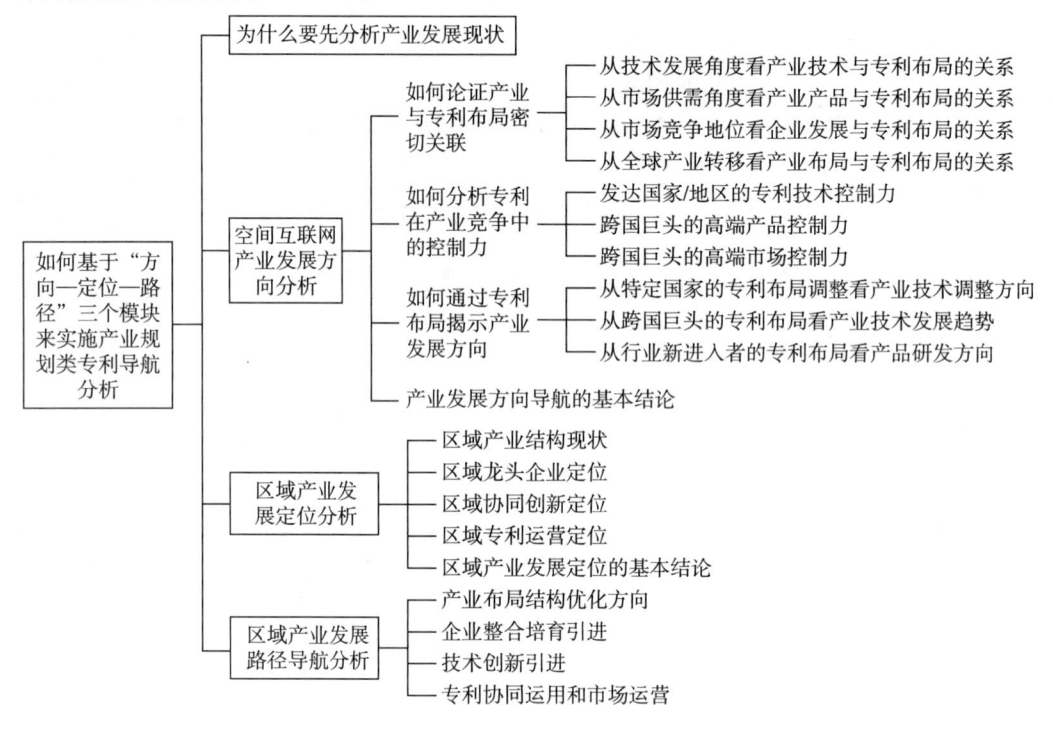

图2-3-6 空间互联网产业规划类专利导航导图

2.3.2.1 为什么要先分析产业发展现状

参见2.2.4节可以看到，产业规划类专利导航的核心分析内容是基于"方向—定位—路径"三个模块的。产业的现状分析虽然不直接归属于这三个模块，但却是实施这三个分析模块的必要前提。一方面，要预测整个产业未来的发展方向，必然要以产业当前的发展现状为基础来展开；另一方面，要对区域产业进行定位，也要先分析区域产业的现状。参见2.2.4.2节可知，只有将区域产业现状与全国、全球、跨国公司等产业状况对比，才能得到区域产业在整个产业中的位置并发现其存在的问题，为后续的区域产业的发展路径的规划做好铺垫。

因此，在开展产业规划类专利导航之前，必须要对相关产业的发展现状有足够全面和清晰的认识。通过了解产业发展现状，掌握产业发展趋势和规律，梳理区域产业发展存在的问题，了解政府部门的决策需求和创新主体的政策需求，确定专利导航分析的边界和需求，为后续开展专利导航分析、制定政策性文件等奠定基础。产业发展现状的分析内容一般包括全球产业现状、国内产业现状、区域产业现状三个部分。之所以要包括这三个现状的分析，原因在上一段实际已经提到——要预测产业发展方向，至少要有国内、国际的现状分析作支撑。而要对区域产业进行定位，则至少要将区域现状与国际、国内现状作对比。至于现状分析的具体角度，以图2-3-7为例，在分析时可围绕产业基础数据、产业转移趋势、产业政策、面临问题等多个角度进行深入开展。

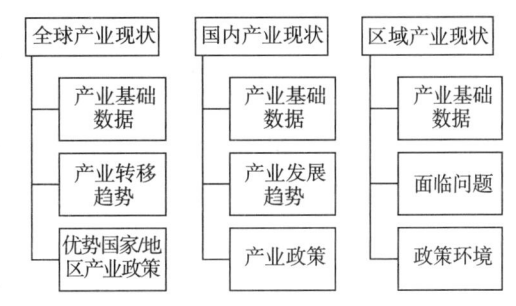

图2-3-7 产业发展现状分析内容

以下简略介绍空间互联网产业发展现状的分析过程以及从全球、国内和区域三个角度对空间互联网产业进行分析的结果。

空间互联网产业信息主要是以核心的卫星通信产业为基础，结合产业链中的重要技术分支如火箭发射、导航、遥感等，在期刊、图书、搜索引擎等中检索获得相关产业研究报告、政策性文件、企业年报后，再进行提取、归纳、总结而来。

基于上述产业信息相关资料，空间互联网产业在全球的现状、国内的现状，以及A省区域的现状可归纳如下：

全球方面，产业持续稳定增长。上游的卫星和火箭制造由于技术、资金、政策等各方面门槛都较高，整体处于寡头垄断局面；中游的运行管理主要涉及通信相关技术，介入该环节的企业主要包括各大通信相关企业下游的服务提供商，特别是导航通信产业成为产值快速增长的主要贡献者。空间互联网产业目前主要集中在美、欧、俄、中、日，其中美国主导卫星制造和发射市场并引领卫星下游技术的发展，俄、欧、中紧紧跟随。

国内方面，中国具有庞大的市场，呈现出地区集群态势，民用卫星应用产业规模较小，技术创新能力有待加强。产业链上游核心技术由军工企业把握；中游仍处于技术研发阶段，尚未形成市场规模效应；下游服务提供应用不足，商业化应用开发尚不成熟。

A省区域方面，其在空间互联网领域具备雄厚的产业基础和人才资源储备优势。从产业结构上看，A省企业的主营业务位于产业链下游环节；A省的专利布局也正体现了上述产业结构，上、中、下游的专利申请量比例为1∶1.6∶2.5。然而其产业规模效应与专利布局结构不契合。在下游的服务提供方面，A省的专利申请量与其产业地位严重不匹配，与全国其他重点省市仍存在差距，在下游的专利申请量低于全国的平均水平，难以对空间互联网产业各个环节的产业升级以及技术突破提供支持，不利于产业的长期可持续发展。

在空间互联网产业技术布局方面，A省的核心技术集中在高校和科研院所，相关的技术主要应用于军事和科研，民用方面尤其是在卫星通信、卫星导航方面缺失领头企业，涉及民用的技术研发相对欠缺。在研发布局结构上，A省技术研发布局结构不够合理，当前技术研发重点与全球热点不一致，如中游环节全球技术研发热点主要集中在激光链路——这一技术是近几年全球空间互联网产业研发和专利布局的热点，而

A省中游的技术研发仍然集中在微波链路传输方面,对激光链路的研发和专利布局仍处于起步阶段。

2.3.2.2 空间互联网产业发展方向分析

参见2.2.4.2节可知,产业发展方向的分析逻辑是先论证产业链是否与专利布局密切关联,再分析专利在产业竞争中是否具有控制力,在确认专利控制力存在的前提下,再预测产业的发展方向,具体如图2-3-8所示。因此,为了对空间互联网产业发展方向进行分析,将首先论证空间互联网产业链与专利布局的关联关系,在此基础上分析专利在空间互联网产业竞争中是否具有控制力,在有控制力的前提下再基于空间互联网专利布局预测空间互联网产业发展方向。

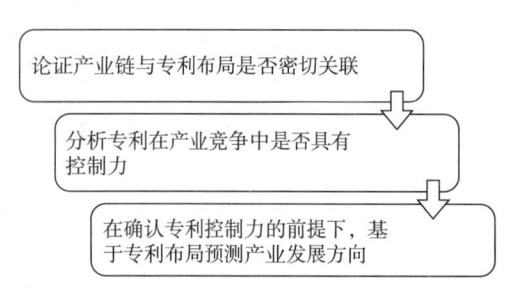

图2-3-8 产业发展方向的分析逻辑

1)如何论证产业与专利布局密切关联

由2.2.4.2节可知,如果产业链与专利布局没有关系,那么产业发展与专利事实上无关,也就没有基于专利数据分析来预测产业发展方向的基础了。因而,进一步需要考虑的是如何来论证产业与专利布局存在密切关联。如果仅从某个单一维度进行分析,由于其片面性将无法体现出科学严谨的分析过程,所得到的分析结果也难以令专利导航的受众信服。因此,首先应该尽可能全面地考虑分析维度,分析的维度越多,就越能够客观地论证产业与专利布局的关联关系。并且,由于分析对象是产业与专利布局之间的关系,而产业发展通常涉及产业技术发展、市场供需、市场竞争以及全球产业转移等,我们可以选择从上述涉及产业发展的多个角度入手,逐个分析其与专利布局之间的关联关系,最终全面客观地获得产业与专利布局的关联关系。空间互联网产业专利导航就是根据图2-3-9展示的技术发展、市场供需、市场竞争地位以及全球产业转移等多个分析维度来论证该产业与专利布局的关联。而根据产业具体情况,还可选择其他多个贴近产业实际的维度进行分析。

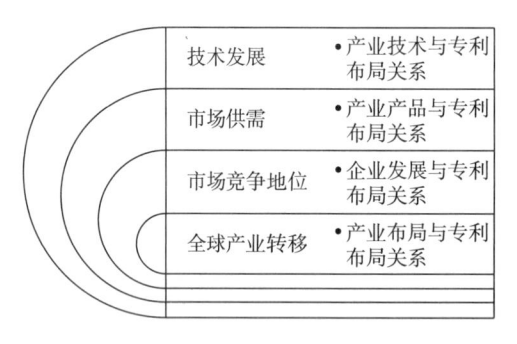

图2-3-9 论证产业与专利布局关联关系的分析维度

(1)从技术发展角度看产业技术与专利布局的关系

在梳理产业技术发展历史时,往往能够从中找到体现产业技术升级的关键时间节点。因此,从技术发展角度看产业技术与专利布局的关系,主要就是通过分析产业技术发展的重要节点是否伴随相关专利布局,来论证专利布局与技术发展的关联度。

空间互联网产业的专利布局始终与技术的发展如影随形。卫星产业的发展作为空间互联网产业发展的一个缩影,由图2-3-10可以看出,在产业发展的同时,相关技术的专利申请也在同步布局,以实现专利对产业的控制。1957年10月4日,苏联发射了人类第一颗人造地球卫星,成为全球卫星产业的里程碑,标志着人类进入了太空时代,拥有了真正意义上的空间技术。在第一颗人造地球卫星发射的当年,全球就已有25件关于卫星的专利申请,也正说明了产品未动、专利先行的布局策略,体现了专利对产业的影响力。1970年4月24日,中国的第一颗人造卫星上天,此时全球卫星相关专利(标题含有"卫星"的专利)达到了38件。在这一阶段,卫星相关技术基本全部掌握在国家手中,具体用途也局限于国防、军事领域,因而公开的技术较少,相关专利也相应较少。到1994年,美国布设完成了包含24颗全球定位系统(GPS)卫星的卫星星座,卫星应用开始逐渐打开民用市场。此时的GPS专利申请量已经达到了56件(标题含有"GPS"的专利),可以看出,GPS的应用性更强,其市场化的预期更高,因而有了更多的专利申请以实现专利布局。中国在2007年发射了第一颗北斗导航卫星,此时全球共有7件相关专利(标题含有"北斗导航"的专利),虽然中国的导航产业起步较晚,但发展势头迅猛,2020年6月,北斗全球卫星导航系统全球组网完成。

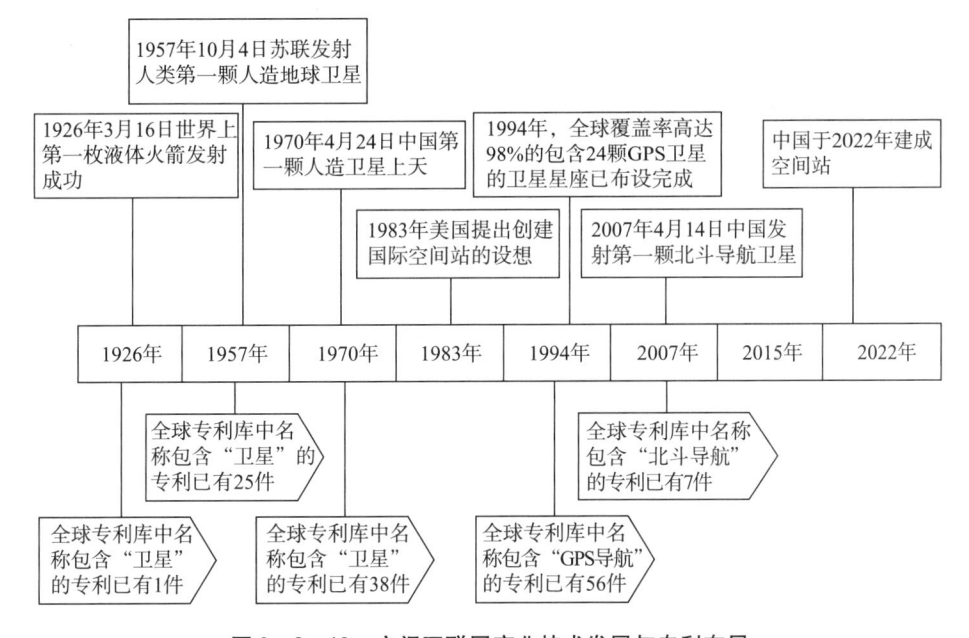

图 2-3-10 空间互联网产业技术发展与专利布局

从以上分析可以看出,随着空间互联网技术的发展,空间互联网产业相关专利申请的布局也在逐步展开,而空间互联网产业的发展则对技术研发和专利申请起到了强有力的推动作用。可见,在空间互联网产业发展的过程中,专利布局始终伴随着空间互联网产业的技术和产品创新,是空间互联网产业技术发展的重要承载体。上述分析过程即从技术发展的角度论证了产业技术与专利布局存在紧密关联。

(2)从市场供需角度看产业产品与专利布局的关系

市场需求的变化印证了产业发展过程,因此可以选择从市场供需的角度分析产业与专利布局的关联关系。而围绕市场供需进行分析，主要是通过分析市场产品更新换代与专利技术生命周期是否一致，来论证专利布局与市场供需之间的关联度。

空间互联网产业链自上而下可以分为上游的空间设施制造和发射，中游的运行管理以及下游的服务提供。在上游的空间设施制造、发射环节，主要包括卫星、空间站、火箭和航天飞机等。上述各个技术既具有附加值高、技术密集等特点，同时还具有技术难度高、存在技术壁垒的特点，由此导致了上述各个技术进入难度大，核心技术往往掌握在少数公司手中。全球涉及上游空间设施制造、发射的专利申请量占空间互联网产业专利申请总量的28.44%。从图2-3-11的技术生命周期分析来看，尽管存在波动，但随着技术和市场调整，该行业的参与者越来越多，行业利润增加，该技术进入快速成长期。

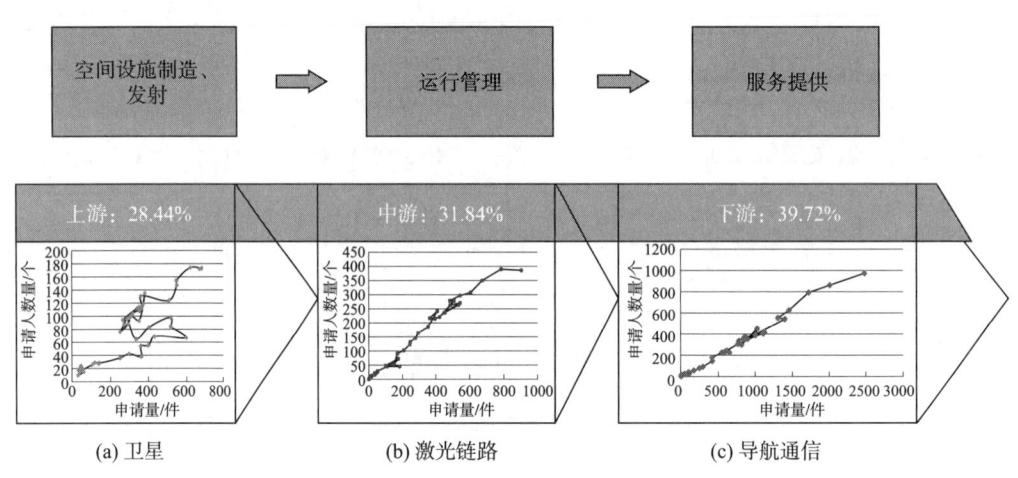

图2-3-11 空间互联网产业市场供需与专利布局

中游的运行管理环节，涵盖了星座组网、星载路由交换、链路传输和网络安全防护等技术，技术更新速度较快，进入门槛略低于上游的空间设施制造、发射等技术。全球涉及中游运行管理环节的专利申请量占空间互联网产业专利申请总量的31.84%，技术热点包括星座组网、激光链路等技术。例如，由上述激光链路的技术生命周期图可以看出，该技术目前处于快速成长期。

下游应用环节主要以上游的空间设施的制造、发射为基础，以中游的运行管理为支撑，为用户提供服务。下游应用环节正处于技术发展阶段，由于技术进入门槛较低，在空间互联网产业中行业新进入者往往选择以下游作为突破口。该环节以导航通信技术为代表，技术发展快、涉及领域广泛、产品附加值高。高端应用产品现处于产品开发和市场需求引导阶段。从专利数据来看，涉及下游服务提供环节的全球专利申请量占空间互联网产业专利申请总量的39.72%，尤其近年来导航通信技术等方面的应用增长较快。由导航通信技术的技术生命周期图也可以看出，该技术目前处于快速成长期，这与当前公众能够直观感受到的导航技术的广泛运用也是契合的。

从以上分析可以看出，空间互联网产业专利数据的上述结构与该产业的市场竞争结构及趋势十分吻合，即空间互联网产业上、中、下游整体发展趋势保持一致，呈现稳定上升趋势,并于近几年迅猛增长。上述过程即从市场供需角度论证了产业产品与专利布局存在密切关联。

(3) 从市场竞争地位看企业发展与专利布局的关系

随着产业发展,相关企业的市场竞争地位也在不断变化。因此,通过分析不同市场竞争地位企业的专利布局,也能够论证产业与专利布局的关联关系。围绕市场竞争地位进行分析,主要是指对比企业的产业地位与专利实力,论证企业的产业地位与专利实力地位匹配程度。

从图 2-3-12 的全球范围内的专利申请数量排名来看,专利实力较强的企业往往就是全球产业链中的跨国巨头企业。在空间互联网行业,跨国公司掌握着强大的技术实力,并控制着全球大部分的市场。与雄厚实力相对应的是这些跨国巨头在专利方面的长远战略布局。美国、日本、欧洲是空间互联网产业发展的领先地区,其中,日本跨国企业在领域内占据明显优势,三菱电机、NEC、松下、东芝、索尼、日立、精工爱普生、日本电报电话等多家大型企业的专利申请量在全球位列前茅,并且各公司根据自身发展特点,在上、中、下游进行了合理布局和安排,在上游或中游,都分别占据了强大的优势,进行了重点布局。另外,美国的高通、波音、AT&T、霍尼韦尔,欧洲的空中客车、诺基亚、泰雷兹,也都是行业领域内的佼佼者。跨国公司以技术创新和专利布局占据了产业上中游发展的控制地位,以专利保护和运营、标准制定、品牌塑造、消费引导占据了产业下游的优势地位。这些跨头巨头充分利用专利布局抢占技术制高点,专利实力与企业的市场竞争地位一致。

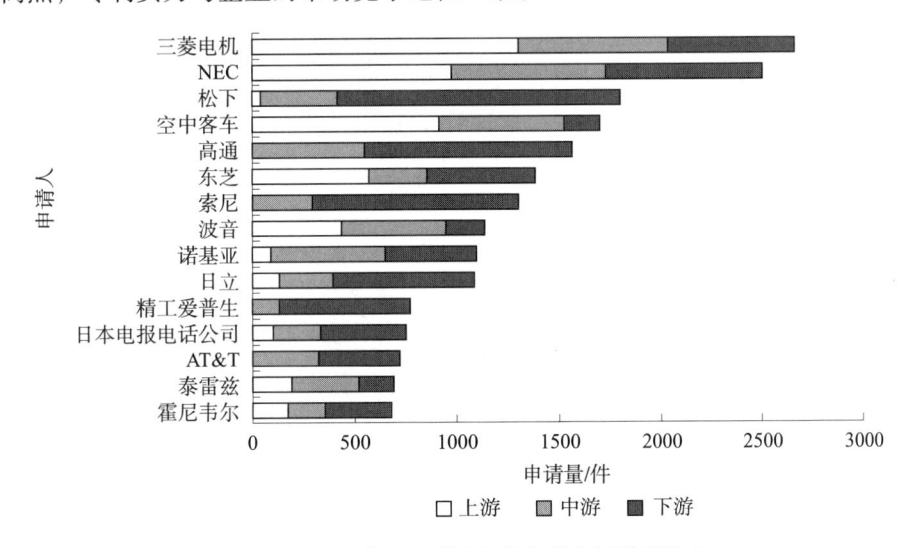

图 2-3-12 空间互联网产业专利申请数量排名

(4) 从全球产业转移看产业布局与专利布局的关系

产业转移也体现了产业发展历程,因此,通过分析产业转移期间专利布局的变化,也能够论证产业布局与专利布局的关联关系。围绕产业转移进行分析,主要通过产业在全球空间上的转移趋势与各国家/地区的专利申请趋势是否一致,来论证专利布局与产业转移之间的关系。

产业转移趋势反映了产业发展的驱动、技术路线演化方向。参见图2-3-13，随着技术和市场的发展，空间互联网产业在全球范围内经历了三次转移。

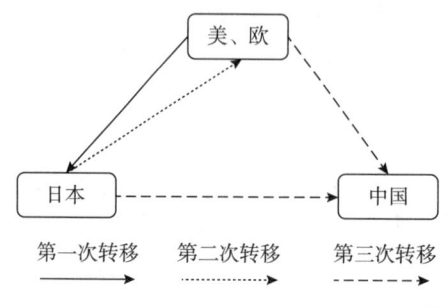

图2-3-13 空间互联网产业转移趋势

第一次转移（20世纪七八十年代）：20世纪60年代，美国在进行空间探索的同时，大力开展航天应用的研究和实践，通过应用卫星、运载火箭与载人登月计划的实现夺取了世界航天中的优势，在航天应用方面取得了巨大的社会、经济效益。欧洲追随美国的步伐，在空间互联网产业方面也进行了一定的研究。随着70年代日本经济的崛起，日本逐渐加大对空间互联网产业方面的投入，并在全球主要市场布局了大量专利。1970年，日本将航空工业列为三大战略产业之一，并于70年代成为世界上第三个能够发射静止卫星的国家，空间互联网技术带动国民经济，为日本带来了巨大的经济效益。

第二次转移（20世纪90年代）：在20世纪90年代，日本在空间互联网的技术研发上屡屡受挫，一系列卫星和运载火箭的发射失败影响了日本卫星和火箭的发展步伐，并且随着日本经济于90年代陷入"失去的十年"，日本在空间互联网产业的发展逐渐步入低谷期。与之相反，美国的空间互联网产业此时进入快速发展阶段。80年代末美国第一颗GPS工作卫星发射成功，1994年GPS全面投入正常运行，其技术性能、定位精度远远超过设计指标，能够同时为民用和军用提供可靠服务。与此同时，围绕着空间互联网产业链，美国在全球布局了大量相关专利，用专利牢牢控制着全球的技术、产品和市场。

第三次转移（21世纪）：2000年美国停止了故意降低民用导航信号性能的做法，民用GPS导航精度显著提高，民用导航技术开始快速普及。导航技术逐渐趋于成熟，美国申请人关于空间互联网的申请量逐渐趋于稳定。随着中国经济的快速发展，美欧日等将目光聚焦到了中国的巨大市场，空间互联网产业下游的服务提供环节在中国发展迅猛，相关专利申请量高速增长。与此同时，中国在空间互联网产业逐渐开始发力。中国进一步完善研究、设计、生产和试验体系，空间互联网产业基础能力显著提高，并攻克了一批重大关键技术，载人航天取得历史突破，探月工程开始全面启动，北斗导航系统日趋完善。但由专利数据可以看出，美日欧将技术创新的方向转向附加值更高的高端产品和新兴应用领域，同时掌握着相关技术的核心专利，通过专利控制着高端产品市场，维持其在高附加值环节的垄断地位。

从三次转移过程可以确定，在空间互联网产业全球产业转移过程中，空间互联网产业的专利布局与产业变迁同步。

本节从技术发展、市场供需、市场竞争地位、全球产业转移等多角度论证了产业链与专利布局的关联关系，从以上多个角度的分析可以看出，产业链与专利布局是密切相关的，这也是我们能够开展产业专利导航的基础。

2）如何分析专利在产业竞争中的控制力

从2.2.4.2节我们知道，仅论证产业链与专利布局密切相关，还不足以证明可以通过专利分析来预测产业发展方向，我们还需要判断专利布局是不是可以控制产业发展方向。只有证实了专利布局可以控制发展方向，我们才能够通过专利分析来预测产业未来的发展趋势。而如何研究专利布局是否可以控制产业发展方向？发达国家/地区、跨国巨头或许能够提供答案，因为它们站在产业技术前端，对产业发展形势具有深刻认识，其决策往往能够影响甚至控制整个产业的发展，譬如电动车产业、VCD产业等。与此同时，对产业竞争中的专利控制力进行分析，有助于了解专利在市场中的作用力，揭示专利控制力与产业竞争格局的关系，也有助于通过对具有专利控制力主体的分析了解产业和技术的发展趋势。如图2-3-14所示，分析时通常从发达国家/地区、跨国巨头入手分析其专利对高端产品、高端市场的控制力。

图2-3-14 专利控制力在产业竞争中的分析

(1) 发达国家/地区的专利技术控制力

在研究发达国家/地区的专利技术控制力时，要根据发达国家/地区在产业链上、中、下游的专利布局来研究其如何对产业发展产生影响。

在空间互联网产业中，从表2-3-3可以看出，在上游环节，无论是技术原创还是目标市场方面，日本都占据最大的份额，结合日本具有的多家大型跨国公司的情况来看，三菱电气、NEC、松下、东芝等公司在卫星相关产业中都有强势表现，其专利申请量、市场占有量在全球始终占据领先地位。在中游环节，美国表现较为突出，其在技术原创方面占据领先地位，并在全球布局了大量相关技术的专利。运行管理是空间互联网的核心技术环节，是下游服务提供的发展基础，对下游的应用有着不可或缺的支撑作用，美国在中游环节的优势地位以及大量的专利布局，使得美国掌握了技术领先地位，形成了强大的专利壁垒和技术障碍，延伸控制了下游的服务提供环节的市场。在目标市场方面，中国市场最受关注，庞大的需求吸引了全球各个产业强国到中国进行相关专利布局，以抢占中国市场。在下游环节，美日中三国的表现较为均衡，在技术原创和目标市场方面差别不大。面对激烈的竞争，中国虽然在下游具有数量较多的专利布局，但专利控制力却受到专利质量偏低、核心专利少、中游布局欠缺的影响，同美国和日本相比有着明显的差距。

表2-3-3 空间互联网产业专利技术原创地和目标市场地专利分布

技术原创地	卫星	空间站	高空气球	飞艇	无人机	火箭	航天飞机	上游合计	组网	星载交换	激光链路	微波链路	安全防护	中游合计	导航通信	遥感通信	广播通信	移动通信	下游合计
中国	11.57%	19.71%	14.59%	22.32%	16.18%	20.45%	17.69%	15.23%	30.94%	33.00%	27.96%	23.04%	24.48%	27.57%	32.36%	59.84%	6.22%	31.74%	30.87%
日本	47.50%	31.83%	35.05%	24.71%	15.26%	17.38%	15.40%	34.33%	20.36%	10.17%	25.35%	15.51%	6.26%	18.34%	26.07%	13.23%	56.07%	19.13%	28.43%
韩国	2.01%	0.54%	6.46%	3.43%	14.10%	3.73%	7.43%	3.75%	3.83%	8.75%	3.29%	5.60%	11.08%	5.34%	6.76%	8.56%	14.43%	16.57%	8.34%
美国	14.16%	24.77%	18.90%	14.95%	30.06%	15.75%	33.36%	18.42%	28.42%	34.29%	26.38%	37.66%	45.36%	32.32%	26.99%	12.37%	14.83%	23.40%	24.50%
欧洲	24.76%	23.15%	25.00%	34.59%	24.39%	42.69%	26.11%	28.27%	16.45%	13.78%	17.02%	18.18%	12.81%	16.42%	7.81%	6.01%	8.45%	9.16%	7.86%

目标市场地	卫星	空间站	高空气球	飞艇	无人机	火箭	航天飞机	上游合计	组网	星载交换	激光链路	微波链路	安全防护	中游合计	导航通信	遥感通信	广播通信	移动通信	下游合计
中国	13.56%	23.66%	18.67%	29.48%	21.98%	32.68%	26.98%	19.87%	30.84%	42.56%	28.89%	23.77%	31.23%	29.25%	27.24%	60.10%	10.90%	31.15%	27.13%
日本	56.79%	40.65%	38.55%	32.85%	16.46%	30.36%	17.90%	42.91%	22.49%	11.85%	28.35%	18.91%	8.02%	21.12%	22.87%	13.08%	48.55%	17.92%	24.97%
韩国	2.32%	0.76%	7.35%	4.61%	13.88%	5.93%	8.44%	4.52%	4.46%	8.56%	4.24%	4.92%	11.19%	5.49%	6.71%	7.91%	12.41%	13.54%	7.76%
美国	13.05%	21.76%	23.13%	21.30%	28.91%	20.66%	25.77%	17.84%	25.61%	25.62%	26.41%	27.34%	37.35%	27.40%	33.89%	13.19%	16.34%	24.13%	30.52%
欧洲	14.29%	13.17%	12.29%	11.76%	18.77%	10.37%	20.91%	14.85%	16.59%	11.41%	12.11%	25.06%	12.22%	16.75%	9.28%	5.73%	11.79%	13.26%	9.62%

从以上分析可以看出，在空间互联网产业中，美国、日本等发达国家利用较强的专利控制力来维持其竞争优势，通过专利布局主导着空间互联网产业的竞争格局，并且始终占据产业的核心技术端。

(2) 跨国巨头的高端产品控制力

高端产品往往具有高附加值，跨国巨头经常通过控制高端产品来获取该产业中的绝大部分利润。例如手机行业中，尽管厂商众多，但苹果公司通过生产高端手机获得了整个手机行业85%左右的利润。在研究跨国巨头如何通过专利布局实现对高端产品的控制时，要深入分析跨国巨头如何通过对核心技术进行专利布局，加强对高端产品的控制力，进而引领整个行业的发展。

结合图2-3-15可见，在空间互联网产业中，波音不仅是全球航空航天市场占有率最高的公司，还是美国国家航空航天局（NASA）的主要服务提供商，运营有航天飞机和空间站，核心专利数量反映了波音具有强大的技术研发实力，掌握空间互联网产业的核心技术。而高通作为全球领先的无线电通信技术研发、芯片研发公司，其在微波链路、导航通信等技术领域占据着绝对的领先地位。上游中跨国巨头的核心专利主要分布于卫星、空间站，这是由于卫星、空间站等技术投入大、技术难度高，只有具有政府和军工背景、实力雄厚的公司才能够承担，因此，核心技术也往往掌握在这些跨国巨头手中。而跨国巨头对中游的各个环节均有所涉及，这是由于中游的星座组网、星载路由交换、链路传输等技术均为下游的应用提供技术支持，运行管理的好坏决定了为客户提供下游服务质量的优劣，因此，跨国巨头普遍加大对中游运行管理的投入力度，并掌握着其中的核心技术。尽管跨国巨头在下游中的各个环节也拥有一定的核心专利数量，但相对而言，下游核心专利集中度较高，主要集中在导航通信领域，并且主要集中在高通、天宝等公司手中。导航通信作为产业附加值较高、当前市场最为火热的技术，跨国巨头纷纷在该环节进行专利布局，其不仅掌握着该环节的核心技术，还拥有较多的核心专利数量，能够最大限度地获取巨额利润。而高通和天宝作为主要的导航芯片厂商，二者拥有的核心专利数量接近2/3，是导航通信技术的绝对领先者。

从以上分析可以确定，在空间互联网产业中，跨国巨头基于其核心技术进行专利布局，增强其对高端产品的控制。

(3) 跨国巨头的高端市场控制力

跨国巨头对核心技术以及高端产品的控制最终是为了实现对高端市场的控制，而跨国巨头通常提前进行专利布局，影响或控制其他竞争者进入高端市场。以空间互联网产业为例，中国拥有庞大的产业消费市场，因此成为跨国巨头专利布局的重点国家。参见图2-3-16，以产业龙头企业高通、波音为例，为控制中国市场，其在中国主要以高端应用技术等附加值较高的核心技术作为专利布局重点。跨国巨头试图通过高端技术的专利布局，控制空间互联网产业链的上、中、下游，给我国企业在相关领域的产业突围造成巨大的壁垒。

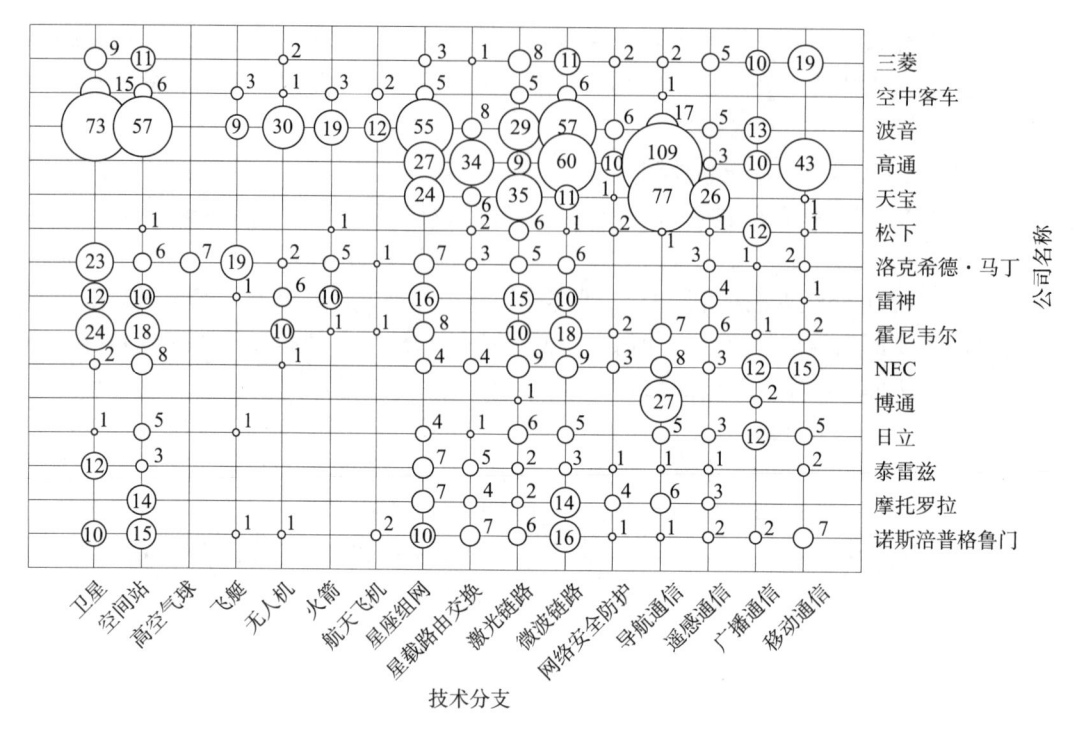

图 2-3-15 空间互联网产业主要跨国巨头在各技术分支上的核心专利分布

注：图中数字表示专利量，单位为件。

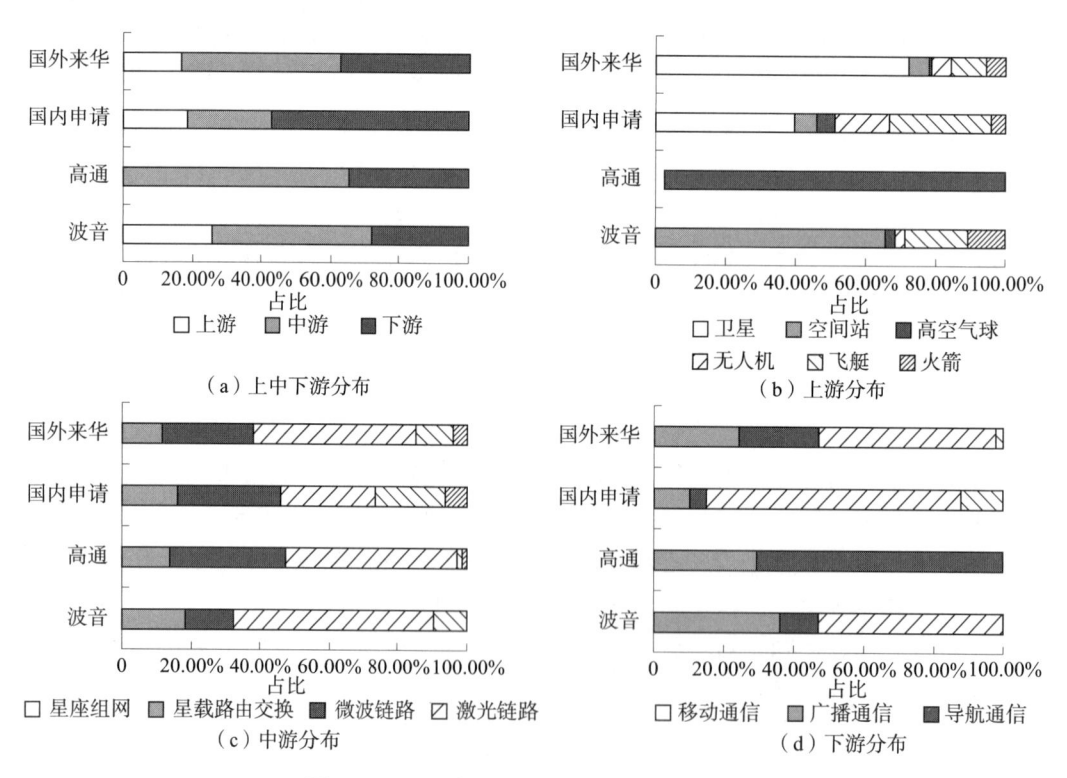

图 2-3-16 空间互联网产业专利技术分布

本节通过对发达国家/地区的专利控制力、跨国巨头的高端产品控制力以及市场控制力进行分析，论证了具有较强专利控制力的国家/地区或创新主体能够通过专利布局影响产业的发展方向，这也是我们下一步预测产业未来发展方向的基础。

3）如何通过专利布局揭示产业发展方向

如2.2.4.2节所述，在已经论证了空间互联网产业中发达国家/地区或跨国巨头的专利控制力能够影响产业发展方向的基础上，我们就能够进一步通过对发达国家/地区或跨国巨头的专利布局进行分析，来揭示产业未来发展方向。本节即是通过分析空间互联网产业中专利控制力较强的主体的动向来判断产业发展方向，包括对特定国家/地区的专利布局调整的分析、对跨国巨头的专利布局分析以及对行业新进入者的专利布局分析等（参见图2-3-17）。为增加论证可靠性，还可以考虑结合技术研发热点、协同创新热点进行分析。

特定国家/地区	跨国巨头	行业新进入者	……
• 产业技术调整方向	• 产业技术发展趋势	• 产业研发方向	• ……

图2-3-17 专利布局揭示产业发展方向的分析维度

(1) 从特定国家的专利布局调整看产业技术调整方向

对产业中具有专利控制力的特定国家的专利布局进行研究，有助于研判产业技术最新发展方向。空间互联网产业中以美国为首的发达国家占据着产品和技术的高端层次，并且以高、精、尖的技术和高端的设备占据着较大的市场份额，其发展路径和调整方向引导着其他国家在空间互联网产业领域的发展方向，对于整个空间互联网产业的发展都起着举足轻重的作用。

从美国的专利布局调整方向来看产业结构调整方向，图2-3-18示出了美国在空间互联网上、中、下游的专利申请量逐年变化趋势。自1960年到1990年，空间互联网上、中、下游的技术发展较慢，专利申请量一直维持在较少的水平并且处于缓慢的波动状态，三者的专利申请数量难分伯仲，然而从进入20世纪90年代以来，三者之间的差距逐渐显现，随着高端技术的不断研发，以激光链路、微波链路为代表的中游技术逐渐打破了之前的发展瓶颈，中游开始逐渐崛起，其专利申请量不仅远远超过上游的空间设施制造，并且逐渐带动下游专利申请量的增长，可以看出中游作为空间互联网产业中的技术支持，是整个产业发展的重要基础。而技术上的实现为空间互联网产业下游应用的发展提供了广阔的平台。可以预计，未来的空间互联网产业将以下游的应用需求为导向，不断刺激中上游的技术更新。

(2) 从跨国巨头的专利布局看产业技术发展趋势

对跨国巨头的全球专利布局进行分析，有助于把握产业技术创新热点趋势。结合图2-3-19对跨国巨头的专利布局情况进行分析，在空间互联网产业链上游，卫星作为产业链的核心基础设施，相关技术持续迭代更新，属于产业链上游技术创新热点；而在作为支撑空间互联网运行管理的产业链中游，激光链路将继续保持研究热点地位；

产业链下游导航通信占据应用领域的重要地位，并促进上中游的发展。

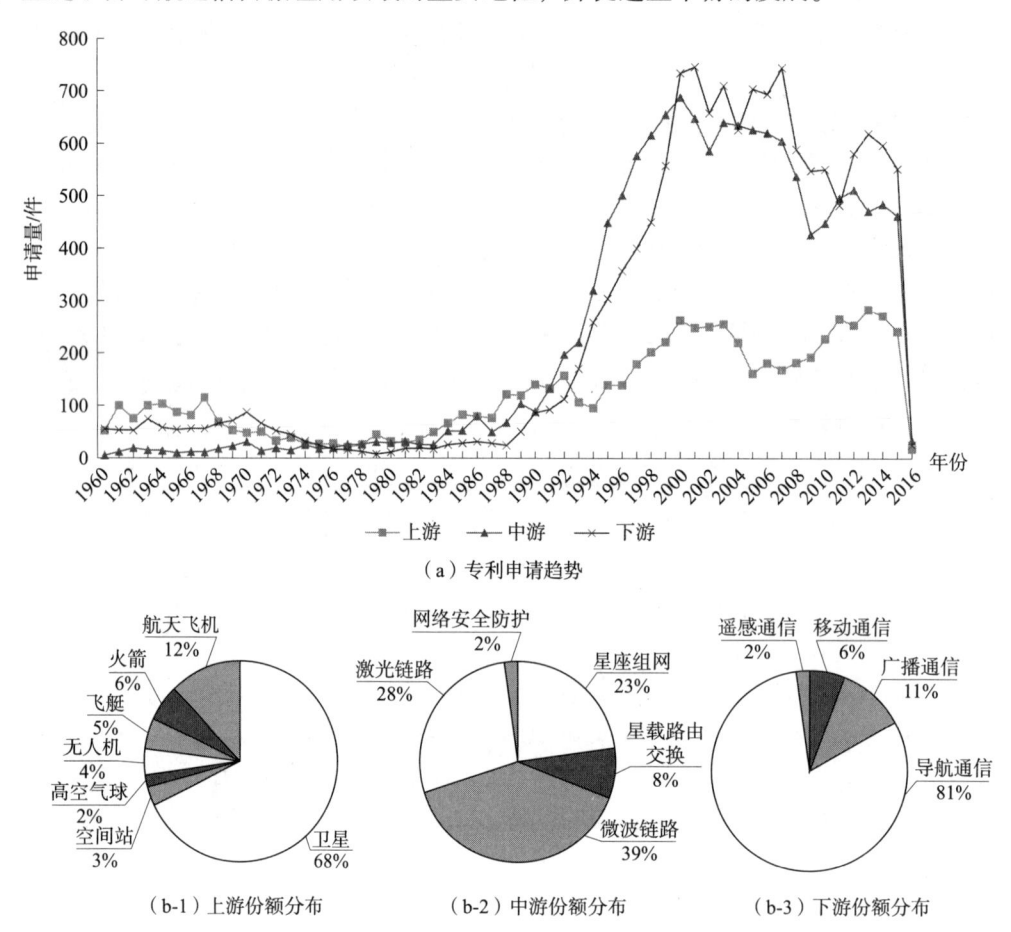

（a）专利申请趋势

（b-1）上游份额分布

卫星 68%
航天飞机 12%
火箭 6%
飞艇 5%
无人机 4%
空间站 3%
高空气球 2%

（b-2）中游份额分布

微波链路 39%
激光链路 28%
星座组网 23%
星载路由交换 8%
网络安全防护 2%

（b-3）下游份额分布

导航通信 81%
广播通信 11%
移动通信 6%
遥感通信 2%

图 2-3-18 美国上中下游专利申请趋势及份额

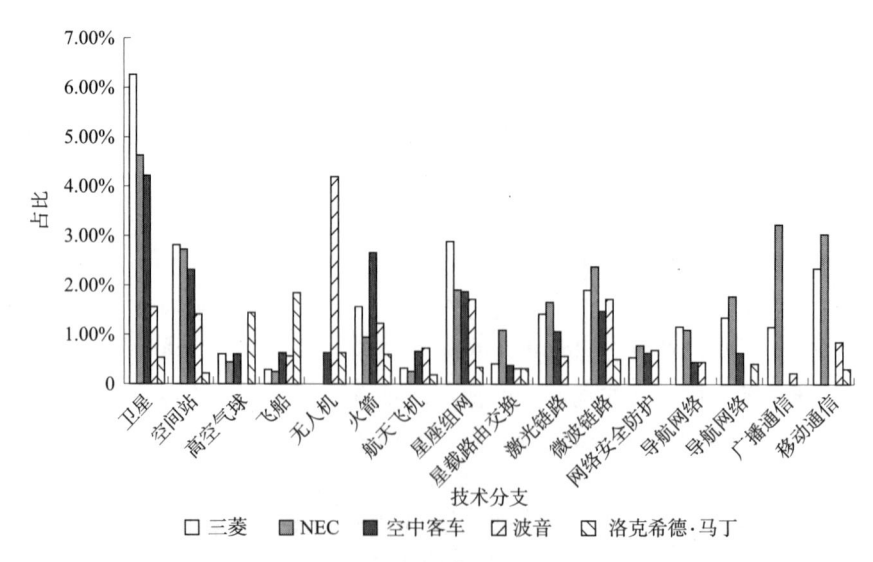

图 2-3-19 全球的龙头企业在空间互联网产业的专利布局
（图例：三菱、NEC、空中客车、波音、洛克希德·马丁）

(3) 从行业新进入者的专利布局看产品研发方向

在一个行业中，新进入者占比较高或者近年申请量占比较高的方向通常是技术研发的热点方向。在空间互联网产业中，卫星、激光链路以及导航通信分别引领了上、中、下游技术的发展，也是目前研究的热点。近年来，国外一些规模较大、资金雄厚的企业纷纷将目光转向了上述领域，希望在未来空间互联网行业日益激烈的竞争中占领一席之地。结合图2-3-20可以看出，三星作为一家传统的手机制造商，其除了维护传统的优势，开始将一部分重心投入导航通信领域，日产公司也从传统的汽车制造业进军空间互联网行业，其在卫星、微波链路、导航通信等领域均部署了较多的专利。类似的公司还有通用、谷歌等等。卫星、激光链路以及导航通信虽然在空间互联网产业中占据重要的地位，但是其对技术要求较高，所需资金投入较大，且市场竞争激烈，一般规模的企业难以涉足。而产业链上游的高空气球、无人机，中游的网络安全防护以及下游的广播通信等技术虽然还没有成为空间互联网的主流趋势，但是已经有公司将目光投入了这些技术的研发和应用。和卫星、空间站、火箭等高端设备、技术相比，高空气球、无人机、网络安全防护以及广播通信等技术要求相对较低，投入资金相对较少，且更适用于民用和商用领域，因此其也具有广阔的应用市场，可以作为中小企业进入空间互联网产业的切入点。分析发现，空间互联网行业新进入者具有很强的横向产业应用背景，它们的产业切入方向值得我国企业借鉴。

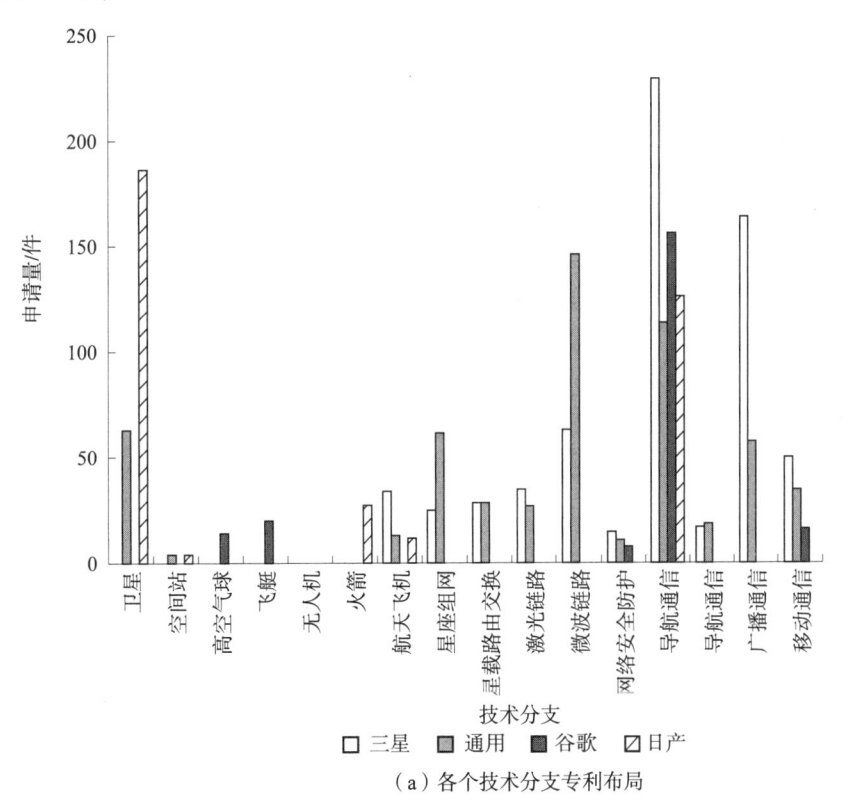

(a) 各个技术分支专利布局

图2-3-20 空间互联网产业新进入者专利布局情况

(b) 上中下游专利布局

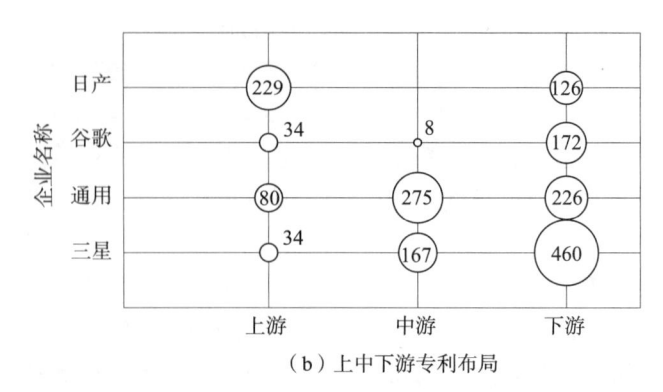

图 2-3-20 空间互联网产业新进入者专利布局情况（续）

注：图中数字表示申请量，单位为件。

4) 产业发展方向导航的基本结论

通过上述分析，论证了空间互联网产业链与专利布局密切相关，而全球产业链中具有较强专利控制力的各类主体，通过专利布局影响产业技术发展，并实现对高端产品或市场的控制，反映出专利控制力已经成为产业竞争力提升的关键要素。通过进一步分析发达国家/地区、跨国巨头或行业新进入者的专利布局，揭示了空间互联网产业中上游卫星、中游激光链路以及下游导航通信是产业技术发展的基本方向，高空气球、无人机、网络安全防护以及广播通信因具有广阔的应用市场，也将成为未来发展方向之一。

2.3.2.3 区域产业发展定位分析

参照 2.2.4.2 节对专利导航底层逻辑的分析，在揭示了产业发展方向后，我们就需要对区域的现状进行分析，从而得到区域产业在整个产业中的定位。上节中我们已经对空间互联网产业发展方向进行了分析论证，并明确了产业未来可能的发展方向。然而，针对某一特定区域，受限于该区域的产业基础、政策环境、人才储备或技术创新能力等因素的影响，并非产业的任一发展方向均适合该区域发展。因此需要根据该区域相关产业的实际现状确定适合该区域的产业发展路径，为了确定该区域的产业实际现状，需要对区域的产业发展进行定位分析。

在对区域的产业发展定位进行分析时，如图 2-3-21 所示，需要立足区域产业现状，以专利信息对比分析为基础，将区域产业的技术、人才、企业等要素资源在全球和我国产业链中进行定位，明确区域产业发展定位，并从宏观和微观两个层面揭示区域产业发展中存在的结构布局、企业培育、技术发展、人才储备等方面的问题。具体分析时，可围绕区域产业结构现状、区域龙头企业定位、区域协同创新定位、区域专利运营定位等多个角度进行深入分析。

1) 区域产业结构现状

在对区域产业结构进行分析时，需要从区域产业历史及发展现状结合区域产业专利布局结构，分析区域产业结构。分析时不仅可以按照全球/中国/区域等不同层级比对分析，也可以国内多个相关产业区域进行对比分析。

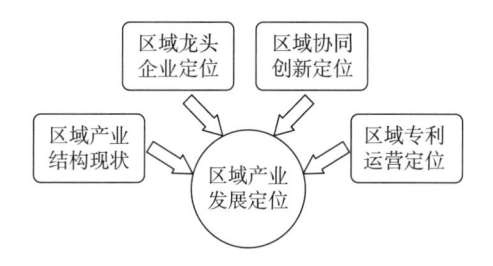

图 2-3-21 区域产业发展定位分析维度

A 省作为中国重要的航天工业基地，拥有全国 1/4 的航天专业人才和高精尖设备，参见图 2-3-22，A 省空间互联网产业涉及产业链的上、中、下游，在上、中、下游三个环节均有企业分布。尤其是在卫星应用产业方面占全国专业人才的 1/3 以上，拥有雄厚的产业基础和人才资源储备。但在以航天产业为基础的空间互联网产业方面，A 省的专利申请量在全国仅排第 6 位，其总量占全国的 4%，与国内其他航天产业重点区域相比也有较大的差距。结合 A 省空间互联网的产业规模，可见 A 省的产业规模效应与专利布局结构不契合。

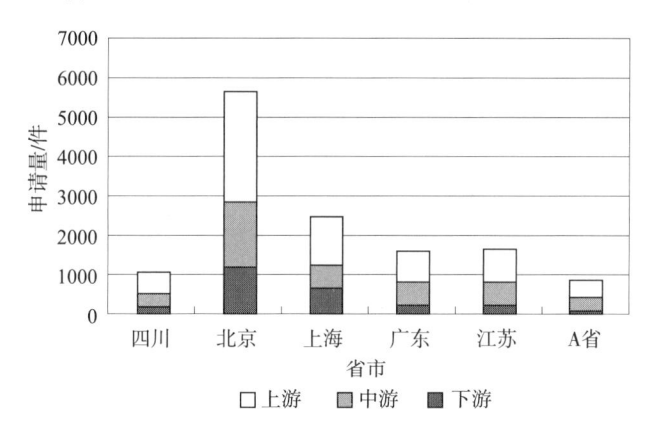

图 2-3-22 空间互联网产业主要省市专利申请量对比

2）区域龙头企业定位

对区域龙头企业进行分析，主要是指对产业上、中、下游龙头企业的分布、龙头企业的产品以及龙头企业的专利控制力进行分析，还可以结合国际/国内龙头企业进行对比分析，以明确区域龙头企业定位。

从表 2-3-4 中可以看出，A 省申请量前五的申请人专利平均有效占比明显低于全国申请量排名前五的申请人，专利质量不高。A 省空间互联网重点企业在中游具有技术储备，但中游的带动作用尚未显现，专利有效占比不高，在未来国内外空间互联网产业围绕产业新兴增长点展开的市场竞争中，A 省空间互联网产业企业将由于缺乏核心竞争优势而很难占据有利地位。

表2-3-4 A省空间互联网产业排名前五申请人与其他研发主体有效专利情况对比

单位：件

区域	申请人	卫星	空间站	高空气球	无人机	飞艇	火箭	航天飞机	星座组网	星载路由交换	微波链路	激光链路	网络安全	移动通信	广播通信	导航通信	遥感通信	总计	申请总数
国内前五	A大学	45	2	0	0	10	9	2	17	28	21	0	0	3	0	70	15	222	483
	B大学	55	6	1	1	12	3	2	3	13	11	27	1	3	0	6	4	147	358
	C研究所	95	0	0	0	0	2	0	5	11	12	3	0	0	0	3	7	139	333
	D研究院	44	1	0	0	0	95	1	1	1	1	1	0	0	0	7	0	152	252
	E研究院	87	2	0	0	0	4	0	1	12	12	5	0	0	0	14	9	147	242
	合计																	807	1668
A省前五	A大学	23	0	0	4	3	0	0	2	0	1	0	0	0	0	5	0	38	124
	G大学	5	0	0	0	0	0	0	6	4	3	5	0	3	0	11	8	45	118
	H研究所	3	0	0	0	0	0	0	8	15	24	4	0	1	0	6	3	64	117
	I研究所	0	0	0	0	0	0	0	0	0	0	0	0	0	0	6	0	6	49
	J研究中心	2	0	0	0	0	0	0	5	5	1	1	0	0	1	16	0	31	48
	合计																	184	456
产业基地前五	K公司	0	0	0	0	0	9	0	0	0	0	0	0	0	0	0	0	9	11
	L研究所	1	0	0	0	0	0	0	0	0	0	0	0	0	0	1	2	4	5
	M研究所	0	0	0	0	0	0	0	0	0	5	0	0	0	0	0	0	5	5
	N研究所	5	0	0	0	0	0	0	0	0	0	0	0	0	0	0	0	5	5
	O研究所	0	0	0	0	0	2	0	0	0	0	0	0	0	0	0	0	2	4
	合计																	25	30

3）区域协同创新定位

专利协同创新指专利合作申请，通过对区域专利合作申请进行分析，并将其与中国和/或其他产业区域进行对比，确定区域协同创新定位。

A省依托卫星应用方面的强大科研实力，于2006年成立了国家民用航天产业基地，在有关部门支持下建立了全国首个省级卫星应用产业联盟。结合表2-3-5可以看到，A省目前未建立专利联盟，但具备建立专利联盟的基础：A省虽然建立了卫星应用产业联盟，但目前还未设立与空间互联网产业有关的专利联盟。A省在导航通信领域具有较好的协同创新基础，有利于建立导航通信方向的专利联盟，从而进一步促进以导航通信为主的卫星应用产业的蓬勃发展。

表2-3-5 A省空间互联网产业联合申请专利分布 单位：件

合作申请申请人	卫星	火箭	星座组网	星载路由交换	微波链路	导航通信	合计	发明	实用新型	有效	失效	在审
A公司，B公司						5	5	3	2	2	0	3
A研究所，C公司						5	5	5	0	0	0	5
D公司，E公司						3	3	0	3	3	0	0
B研究所，F公司		1				1	2	2	0	0	0	2
A大学，D研究所		2			2		2	2	0	0	2	0
C大学，H公司					2		2	1	1	1	0	1
A大学，I公司						2	2	2	0	0	0	2
A大学，J公司						1	1	0	1	0	1	0
K公司，L公司						1	1	1	0	1	0	0
D大学，M公司						1	1	1	0	0	0	1
B大学，N公司						1	1	1	0	1	0	0
E研究所，O公司		1					1	0	1	0	1	0
F研究所，G研究所		1					1	0	1	0	1	0
H研究所，E大学				1			1	1	0	0	1	0
D公司，P公司				1			1	0	1	1	0	0
I研究所，J研究所	1						1	1	0	0	1	0
合计	1	4	1	1	6	19	32	21	11	9	7	16

4）区域专利运营定位

在区域专利运营定位分析时，可从区域专利运营活跃度、区域专利运营主体情况以及区域专利运营潜力等多个角度进行具体分析。

A省空间互联网产业专利申请共计1090件，但只有2件专利进行了许可，1件专利进行了质押，专利运营不够活跃，专利申请的有效价值尚待进一步体现。

5）区域产业发展定位的基本结论

通过对区域产业结构、区域龙头企业定位、区域协同创新情况定位、区域专利运营实力定位进行分析，论证了区域的产业发展定位。整体而言，A省在空间互联网领域具有雄厚的产业基础和人才资源储备优势。然而其产业规模效应与专利布局结构不契合，重点企业缺少核心专利布局，当前技术研发重点与全球热点不一致，尽管存在专利联盟的良好基础，但专利运营不够活跃。以上分析为后续该区域的产业发展路径分析提供了重要参考依据。

2.3.2.4 区域产业发展路径导航分析

根据第2.2.4.2节对产业规划类专利导航底层逻辑的分析，我们要把区域产业在整个产业中的定位作为路径起点，并从论证得到的产业发展方向中确定路径终点，该终点必须符合区域自身实际。而上节在对区域的产业发展进行定位的基础上，把握了区域产业的实际发展情况，接下来就能够进行区域的产业发展路径导航分析，也就是为该区域的产业发展提供具体路径指引。

在分析时需要立足于区域产业发展定位，放眼产业发展方向，寻找出区域产业创新发展的具体路径。分析维度包括如图2-3-23所示的产业布局结构优化、企业整合培育引进、技术创新引进提升、专利协同运用和市场运营等，从而为区域的产业发展提供切实可行的方案。

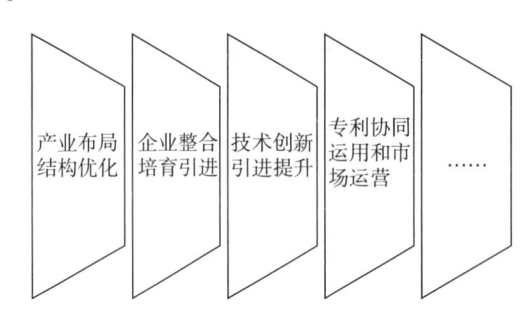

图2-3-23 产业发展路径导航分析的多个维度

1）产业布局结构优化

需要基于产业发展方向和该区域的产业发展定位，提出该区域产业结构优化调整的方向。产业结构优化调整的原则为围绕市场需求和技术发展规律，适当调节产业链上下游各环节的构成。

从空间互联网产业发展的整体趋势来看，产业结构优化总体方向为：由主要依靠要素投入向更多依靠创新驱动转变，从主要依靠传统优势向更多发挥综合竞争优势转变，从中低端产品为主向中高端产品提升，从附加值低的应用领域向附加值高的应用领域转变。

产业链结构优化决定升级发展质量。从主要国家/地区在产业链上的专利布局来看

（参见图2-3-24和图2-3-25），由于俄罗斯在上游的卫星、火箭等技术领域具有明显技术优势，其专利布局也主要集中在产业链上游，除此之外，其他主要国家/地区的主要专利布局都集中在下游，这也反映了空间互联网产业链的结构配比趋势。

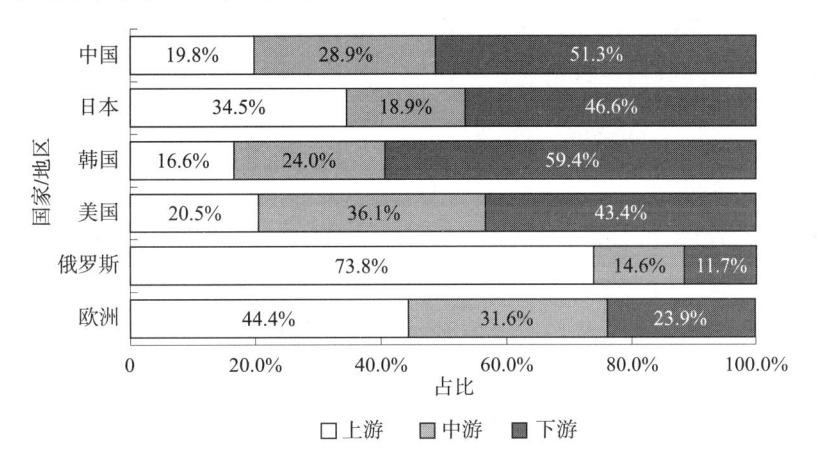

国家/地区	上游	中游	下游
中国	19.8%	28.9%	51.3%
日本	34.5%	18.9%	46.6%
韩国	16.6%	24.0%	59.4%
美国	20.5%	36.1%	43.4%
俄罗斯	73.8%	14.6%	11.7%
欧洲	44.4%	31.6%	23.9%

图2-3-24 空间互联网产业主要国家/地区原创技术构成分布

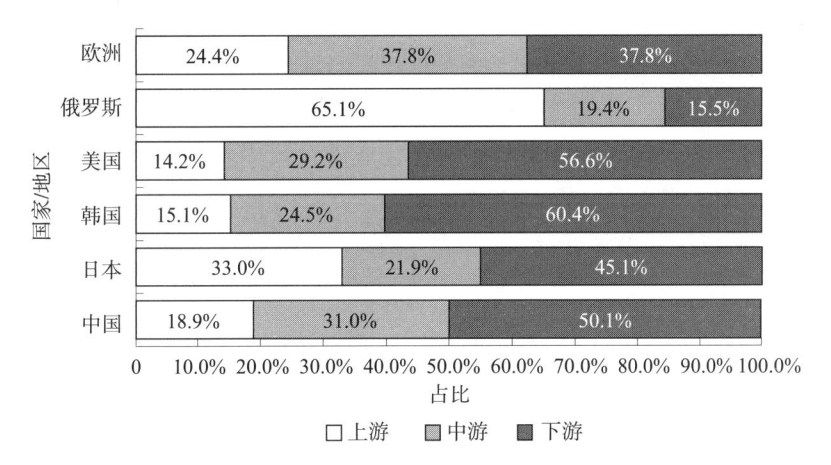

国家/地区	上游	中游	下游
欧洲	24.4%	37.8%	37.8%
俄罗斯	65.1%	19.4%	15.5%
美国	14.2%	29.2%	56.6%
韩国	15.1%	24.5%	60.4%
日本	33.0%	21.9%	45.1%
中国	18.9%	31.0%	50.1%

图2-3-25 空间互联网产业主要国家/地区目标市场技术构成

可以预计，未来的空间互联网产业上、中、下游将会齐头并进，因此应当积极向产业链中下游加强专利布局。这种产业和技术的结构比例调整，值得国内企业以及A省借鉴。需要强调的是，产业布局具有一定的时效性，应根据技术、产品、市场的变化进行动态调整。

2）企业整合培育引进

围绕产业结构优化调整方向，对于区域内处于产业链不同环节的企业，鼓励区域内部整合，对于区域内特定环节具有较强创新实力和发展潜力的企业，进行重点支持和培育。对于区域的薄弱或空白技术区域，考虑引进国内外在该技术领域具有领先创新实力的企业或与其开展合作。

A省目前拥有多家科研、生产、加工、贸易和流通企业，企业数量众多，竞争激烈，且同质化比较严重。在整合培育引进方面，一是提升具有较全产业链重点企业和科研院所专利布局的合理性，提升龙头企业和科研院所在主要专利产品上的影响力；二是鼓励不同环节存在优势的企业和科研院所开展合作，实现优势互补，形成以市场应用为需求导向、军民融合为提升手段的发展模式，加快新产品和应用技术的开发速度；三是鼓励特定环节较强的企业和科研院所开展强强联合，培育专业化的特定环节的龙头企业和科研院所；四是鼓励企业通过并购等方式扩大规模，优化资源配置，实现规模经济；五是加强与国内优势企业和科研院所之间的合作，积极引进在产业链上具有优势的企业和科研院所。

3）技术创新引进提升

需要围绕产业结构优化的目标，从强化优势、跟踪赶超、填补空白、规避风险等角度分析技术发展的突破口和路径，发现、发掘其他区域对该区域的产业发展必不可少的技术及其所有者，作为技术引进、获得许可或未来协同创新的合作对象。

在技术创新引进提升方面，A省空间互联网产业可以在以下几个方面加强：优化创新制度，由政府牵头成立相应的创新平台，采用合股、众筹等多种方式，以激光链路和导航通信等重点技术领域为轴，实现企业的创新集聚，形成"一个大集群，多个小集群"的整体创新局面；北斗导航技术和空间互联网的融合具有广阔的应用前景，可加强在该领域的技术研发和投入，进一步加强导航通信的优势地位；引导军民深度融合，如对于卫星产业，未来的军用通信卫星的通信体系正在从过去各军兵种相对独立的系统逐步向互联互通的多星组网、网络化过渡，民用卫星成为军用卫星通信的补充，卫星应用产业面临十分巨大的民用市场。

4）专利协同运用和市场运营

需要围绕产业结构优化的方向，结合该区域的产业专利布局结构，提出专利布局及专利运营的主要目标及路径。

在专利协同运用和市场方面，A省应重点围绕当前的卫星应用产业联盟，加快建立涉及空间互联网产业的专利联盟，并优化联盟的运行机制：一是加强产业/专利联盟中成员之间的合作，扩大专利申请的覆盖面，提升专利竞争力；二是改善专利布局的结构，提高专利申请的质量；三是加大专利运营方式的力度和扩大覆盖面的同时，提升专利运营的多样性。

本节展示了如何基于区域的产业发展定位，从产业结构优化方向、创新主体整合培育引进、技术创新及引进提升以及专利协同运用和市场运营等多角度，对该区域的产业发展路径进行了导航分析，为后续该区域的产业发展提供合适的目标选择及针对性路径建议，为制定产业政策文件等奠定了基础。

2.3.3 导航成果产出及运用

分析成果至少应包括：产业专利导航分析报告、产业政策文件、产业专利导航图谱集、产业专利导航分析数据集。根据实际情况，还可以采用产业导航成果发布会的形式分享分析成果。其中，图谱集的内容至少应包括：产业方向、定位和路径导航以及各技术分支等专利信息分析成果。分析成果应以准确实用、易于理解为原则，既要系统梳理技术发展脉络和创新演进路线，全面把握产业专利布局趋势，又要立足产业发展定位，做好产业发展路径导航，做到易读易懂、实用好用、充分体现专利导航工作思路。

2.3.3.1 分析报告

产业专利导航分析报告是产业专利导航项目最主要的分析成果，分析报告的内容应当覆盖全面，翔实具体，同时也要在国家标准《专利导航指南　第3部分：产业规划》（GB/T 39551.3—2020）要求的框架内，合理撰写各个章节，前后连贯，充分体现产业专利导航的工作思路。图2-3-26是A省空间互联网产业专利导航分析报告的框架。

- □ 空间互联网产业发展方向
  - ➢ 空间互联网产业概况
  - ➢ 空间互联网产业链构成
  - ➢ 空间互联网产业的市场竞争态势
  - ➢ 空间互联网产业的专利竞争态势
  - ➢ 空间互联网产业发展基本方向
  - ➢ 小结
- □ A省空间互联网产业现状定位
  - ➢ A省空间互联网产业结构
  - ➢ A省空间互联网产业技术链定位
  - ➢ A省空间互联网产业专利链定位
  - ➢ A省空间互联网产业企业链定位
  - ➢ 小结
- □ A省空间互联网产业发展路径
  - ➢ 产业结构调整优化路径
  - ➢ 企业整合培育路径
  - ➢ 创新人才培养引进路径
  - ➢ 技术创新引进提升路径
  - ➢ 专利布局协同运用路径
  - ➢ 小结

图2-3-26　A省空间互联网产业专利导航分析报告框架

2.3.3.2 政策文件

在专利导航分析成果的基础上，可以结合产业发展目标和创新主体政策需求，进一步凝练提升，有效发挥专利导航对产业决策的支撑作用，研究制定专利导航产业创新发展政策性文件。专利导航产业创新发展政策性文件包括但不限于：专利导航产业创新发展的规划、指导意见或实施方案等，可根据区域产业发展特点、政策基础和相应规定，确定政策性文件的具体形式。其中，专利导航产业发展规划通常包括产业发展形势、总体思路和目标、总体任务、重点工作和保障措施等内容，规划的主要数据及政策依据来自专利导航数据分析成果。

2.3.3.3 导航发布会

《专利导航指南 第 1 部分：总则》（GB/T 39551.1—2020）鼓励专利导航全部或部分研究成果在一定范围内公开，如通过召开专利导航发布会等方式向公众提供信息。专利导航发布会，能够向产业主管部门、相关创新主体以及社会公众更有效地分享产业专利导航的分析成果，以供产业经济主管部门指导制定区域、产业、人才引进等各类政策文件，企业将专利导航嵌入企业经营管理的全过程，例如企业战略制定实施、投资并购、产业开发等活动中。

2.3.3.4 专利导航图谱

专利导航研究成果输出形式的重要创新就是通过图谱的方式展示多维度研究信息，图 2-3-27 展示了洛阳工业机器人与智能装备产业专利导航图谱。该图谱从全球、中国、洛阳三个角度，围绕产业链上、中、下游各个技术分支，展示了重要创新主体的专利申请趋势、专利布局和研发方向等内容。通过该图谱能够明晰洛阳在工业机器人与智能装备产业的定位，并为洛阳制定该产业的发展规划决策指明了方向。

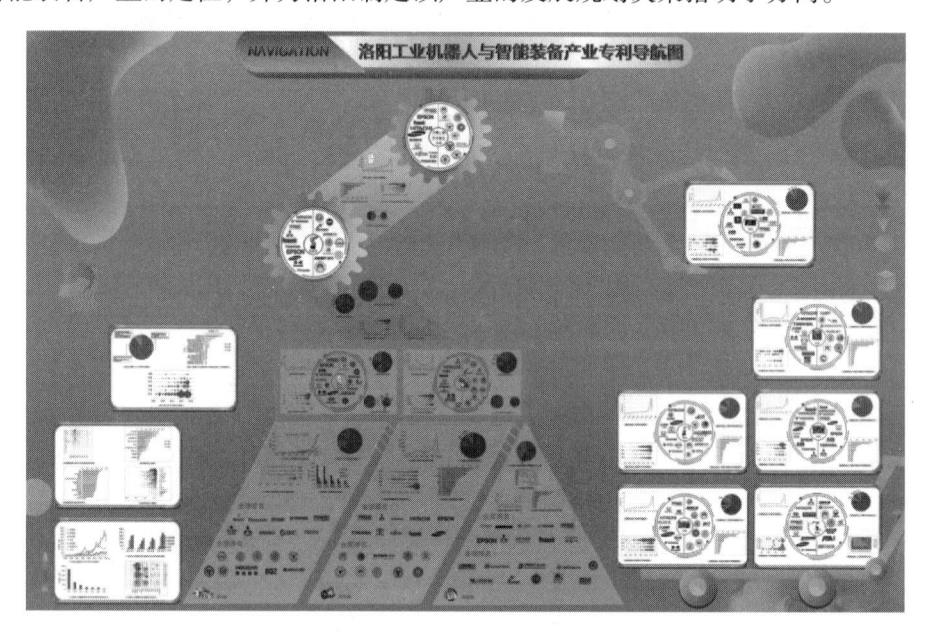

图 2-3-27 洛阳工业机器人与智能装备产业专利导航图谱

2.4 实施过程中的注意事项

由于涉及整个产业的规划，产业规划类专利导航在实施过程中，往往存在产业相关数据量大、分析维度众多、导航分析需要深入等情形。同时，由于分析对象的不同，每个产业规划类专利导航的分析侧重点以及面临的问题也有所不同。通过对多个产业规划类专利导航项目的分析,可以总结得出以下产业规划类专利导航通常需要避免的问题。

1) 产业链过大

产业链一般根据产业分析对象而确定,是后续产业规划专利导航分析的基础。如果对于产业目标对象分析不合理,一味追求产业的全面覆盖,将有可能导致产业链过大,给后续导航分析带来巨大困难。具体来说,产业链过大将导致产业数据量以及产业专利数据量庞大,对数据分析人员的分析水平有较高要求,并且难以把握数据分析的准确性。以空间互联网产业专利导航项目为例,该项目整体实施过程较为科学规范,但也存在一个缺陷,就是产业链过大,其包含的技术分支——火箭和卫星实际都可以作为独立完整的产业来分析,由此导致的困难就是数据量太大,超过了10万条,给数据清洗、标引带来了很大困难,并直接造成项目周期过长。因此,在明确产业链时,应当结合项目需求和项目团队人员实际,合理确定产业链,避免出现产业链过大的情况。

2) 产业、政策资料收集不足

产业规划类专利导航离不开对产业现状以及政策环境的分析。产业资料以及政策文件的收集不足或是对上述资料的梳理针对性不足,在很大程度上将影响对于产业发展现状的分析以及产业未来发展方向的研判。为了避免以上情形,应尽可能在项目团队中设置产业相关从业人员,拓宽政策环境类、产业相关行业研报的获取渠道,既能够全面准确地得到产业、政策的相关资料,又能够进行深入的梳理分析。

3) 宏观分析多、微观分析少

宏观和微观本身是一个哲学命题,是认识物质的两个方面。从宏观方面认识物质可以把握方向,具有战略意义,从微观方面探究物质可以抓住本质,具有战术意义,两个方面都很重要,是对立统一的。结合专利导航的三步法分析思路来看,方向的确定更多依赖宏观分析,而定位则更需要关注细节,把握微观,而只有方向和定位都足够准确,才有可能获得一个科学的路径来指引产业发展。由于在实际操作中,对于一个具有基本专利分析经验的执行者而言,宏观分析不难,但微观分析却十分考验功力,因此在导航分析中容易出现宏观分析多、微观分析少的问题,这也是项目执行过程中需要避免的。

4) 分析的维度拓展不足

通常而言,分析维度越多,对于目标对象的分析就越准确、全面。但目前的产业规划类专利导航项目的分析维度相对局限,仍需进一步论证以发现更多的分析维度。以"通过专利布局揭示产业发展方向"为例,仅从特定国家、跨国巨头以及行业新进入者的专利布局分析了产业发展方向。而关系产业发展的因素复杂多样,有必要考虑从专利布局的其他分析维度对产业整体发展方向进行更加全面、立体的研判。

2.5　本章小结

产业规划类专利导航能够客观反映专利权主体的市场意图,再现产业专利技术竞争格局,通过还原产业技术发展的历史路径预测其未来走向,并且由于是对与专利文献相关的海量多维信息进行整合关联分析,分析结论更为科学严谨。该类专利导航需要包括方向—定位—路径三个模块,在产业发展方向导航模块中,首先要论证产业链与专利布局的关联度,然后进一步揭示专利控制力与产业竞争格局的关系,最后以专利控制力为依据,预测产业发展方向。在区域产业发展定位模块中,通过分析区域的产业现状,将其与全国、全球、跨国公司等进行比较,得到区域产业在整个产业中的位置。在区域产业发展路径导航模块中,需要在区域产业定位的约束下从多个可能的发展目标中筛选得到一个符合区域产业现状、科学且合理的发展目标,最终围绕该目标多维度制定产业结构布局、人才培育、创新主体整合等具体发展路径。在具体实施产业规划类专利导航时,要合理分析确定产业链,广泛收集政策、产业相关资料,避免仅宏观分析、泛泛而谈,尽可能全面考虑分析维度。

第3章 专利导航与招商引智

3.1 引 言

3.1.1 本章的内容是什么

本章主要阐述在招商引智中引入专利导航的优势，并结合国家知识产权局专利局专利审查协作河南中心近年来实施的专利导航项目，讲述如何在具体的招商引智应用场景中实施专利导航。具体内容如图3-1-1所示。

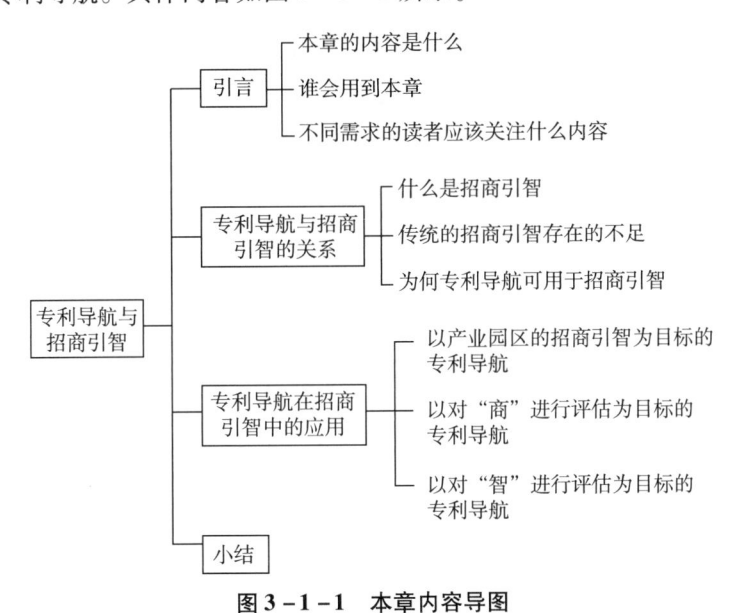

图3-1-1 本章内容导图

3.1.2 谁会用到本章

如果您是政府人员或产业园区的管理者和决策者，需要对产业园区的整体情况及未来发展方向作出决策，可以通过本章内容了解如何通过专利导航确定招商引智的重点及方向。

如果您是负责产业园区招商引智的工作人员，可以通过本章内容了解到如何通过专利导航增加招商引智的准确性和针对性，对招商和引智的"质"有更为准确的判断。

如果您是从事专利导航的专业人员，可以通过本章掌握在不同的招商引智场景中如何实施专利导航；可根据具体应用场景选择相应的章节。

3.1.3 不同需求的读者应该关注什么内容

上述三类不同需求的读者阅读本章内容时，可以根据自身需要，重点关注不同章节的内容；表3-1-1给出的阅读建议可供参考。

表3-1-1 不同类型读者的关注重点

读者类型	重点关注章节
政府人员、产业园区的管理者和决策者	第3章全文
产业园区招商引智的工作人员	3.3.1节、3.3.2节、3.3.3节
从事专利导航的专业人员	3.3.1节、3.3.2节、3.3.3节

3.2 专利导航与招商引智的关系

3.2.1 什么是招商引智

招商引智，顾名思义，其包含招商引资、招才引智两方面的内容——二者相互作用，无法分割。招商引资的基本目的是促进经济发展，而招才引智则为经济发展提供强有力的人才支撑。招才引智是招商引资发挥最佳效能的客观需要，"招商"与"引智"并举，充分发挥人才的作用，前者是后者的重要载体，后者是为了更好地实现前者。[1]

3.2.1.1 招商引资

1）招商引资的内涵

招商引资，是指招商引资主体（政府、园区或企业）以投资商利益为中心，通过大量的富有创造性的劳动，主动营造最佳的区域投资环境，运用区域内各种要素，吸引外地（单位、个人）的资金、技术、人才及先进管理经验等生产要素向本地流动，

---

[1] 李政.招商引资与招才引智[J].领导科学，2007（4）：15-16.

以促进本地（单位、个人）经济发展的过程。招商引资通过市场的作用，使得资金、技术、人才、管理等生产要素在公平、公正、公开的平台上自由流动（参见图3-2-1）。[1]

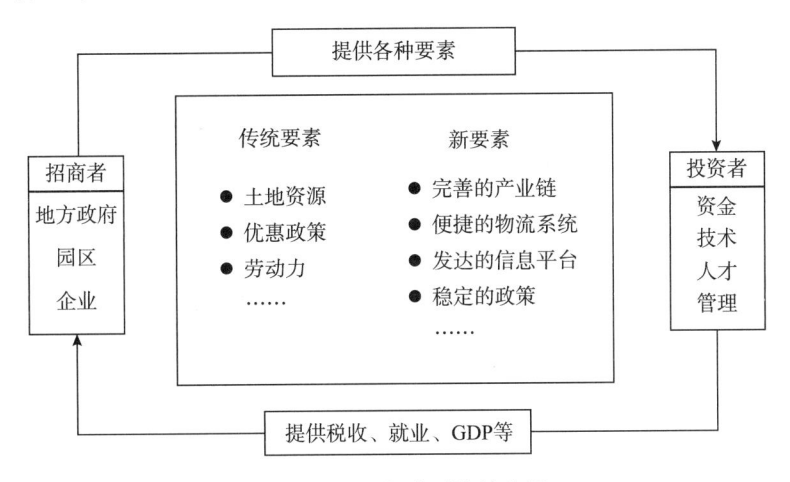

图 3-2-1 招商引资的内涵

招商引资一度成为各级地方政府的主要工作，并且在各级政府工作报告和工作计划中出现。在招商引资工作中，政府的定位是主导者，企业的定位是主体。政府的作用具体体现在：塑造当地对外形象、营造有优势的投资环境、搞好投资服务、搭建招商平台、提供鼓励政策、组织重大招商引资活动、制定战略规划等。企业则直接参与项目谈判，签订项目合同，从事项目投资建设，运营和管理招商引资项目，反馈投资者的要求与建议等。

对于政府来说，招商最明显的作用就是发展经济、带动就业、增加税收、增加国内生产总值（GDP）——这也是当地政府最明显的诉求。一个能给当地带来就业、带来税收的企业就是好企业；如果还能带动当地产业链的发展以及产业工作的培育，那就是更好的企业；如果能设立研发中心吸引高端人才，则是更高一层的要求。

2）现有招商引资的方式

国内外招商引资方式有多种类型，根据侧重点不同存在多种分类方式，以下为常见的几种方式。

（1）产业链招商

产业链招商是指围绕一个产业的主导产品及与之配套的原材料、辅料、零部件和包装等产品来吸引投资，谋求共同发展，形成倍增效应，以增强产品、企业、产业乃至整个区域的综合竞争力。产业链招商是以培育产业集群为目标，以产业竞争力精准分析为基础，以"建链、补链、强链"为重点，以招大引强为着力点，以招引标杆性企业和引擎性项目为核心，推动产业链攀升和价值链提升发展。

---

[1] 罗熙昶，戴剑. 现代招商引资操作实务［M］. 上海：上海财经大学出版社，2014：15-17.

(2) 飞地模式

飞地经济是指两个互相独立、经济发展存在落差的行政区打破原有行政区划限制，通过跨空间的行政管理和经济开发，实现两地资源互补、经济协调发展的一种区域经济合作模式，可有力推动区域经济协调发展。2017年，国家发展和改革委员会等八部门联合发布《关于支持"飞地经济"发展的指导意见》，明确支持发展"飞地经济"。例如，经济发达地区在资本、人才、技术、物流、信息等方面具有优势，经济欠发达地区在土地、劳动力、招商政策等方面具有比较优势，"飞地经济"将二者的优势要素资源巧妙地结合在一起。

招商引资飞地模式则是配合飞地经济的招商引资模式，即两家独立园区打破行政区划限制，通过跨空间的行政管理和经济开发来实现资源互补、互利共赢、协调发展的创新招商引资模式。一些先进园区利用成功经验及优势资源，按照"共建、共管、共享"原则，合并成为"飞地型"园区，由双方政府合作搭建平台、设立区域合作协会及区域合作实体公司，由协会主导园区内企业向共建园区进行增量扩张和产业链延伸，充分发挥企业的主体作用，通过市场化运作的方式，最终实现多方合作共赢的目标。

(3) 整体搬迁模式

整体搬迁模式是指将域外生产企业或市场整体引入本地，建立"区中园"或"区中城"的模式。如北京的60多家生物医药企业搬迁到沧州临港经济技术开发区内的"北京生物医药产业园"，北京大红门地区服装批发市场、动物园服装批发市场向廊坊市的永清经济开发区国际服装城和固安开发区国际商贸城等地搬迁转移。

3.2.1.2 招才引智

1) 招才引智的内涵

招才引智是加快人才聚集的有效方式，就是指通过举办线下招才引智活动、线上宣传的形式，把当地的人才政策、创新创业环境推介出去，吸引一批海内外高层次人才落地创新创业。招才引智的目的在于为园区/地方发展提供强有力的人才支撑，是落实科学发展观、坚持"以人为本"的具体体现。招才引智是社会和谐发展的必然要求。

2) 现有的招才引智的模式

现有的招才引智模式主要是开展各类招才引智活动，主要形式包括双创大赛和人才、项目、政策推介会等。由于传统招才引智模式存在一些问题，例如人才结构不优、系统性不够等，各城市园区为了招揽人才，创新了多种针对性招才引智模式，例如：离岸孵化模式，人才离岸孵化器不追求地理空间和人才的本地化，而在更合适的空间上进行孵化，侧重创新和研发成果的最终落地，实现本地资源平台全面人才战略合作；共建高端研创平台模式，例如通过引入国内外高端研究机构落地，高标准共建若干高端研创平台，吸纳全球精英人才，高效推进区域科技创新与产业转化；高端人才培养前置模式，例如支持若干高新企业、大专院校设立人才特区，建立人才发展基金，资助特定人群深造，前置培养高水平人才，整合现有创新创业资源，在高校、企业、园区设立创新人才基地。

3.2.2 传统的招商引智存在的不足

现有招商引智流程大多为初步确定招商意向，发布招商引智办法，汇总意向的企业和人才，进一步进行沟通筛选，从而最终达成招商引智意向。

无论是哪一种招商引智，为了提高其精准性，通常都需要出台招商引智报告或招商引智咨询意见以供地方或园区政府参考。招商引智报告不仅能够让融投资双方充分认识投资项目的投资价值与风险，更重要的是通过充分评估项目优势、资源，加速企业或项目法人拥有的人才、技术、市场、项目经营权等无形资源与有形资本的有机融合，为企业和投资机构提供重要的融投资决策参考依据，同时对人才类型、目标人才范围等给出合适建议。

目前，各类咨询机构出具的相关招商引智咨询报告通常是在大量市场调研的基础上，主要依据国家政府部门、金融机构、相关产业行业协会、国内外相关报刊等公布和提供的大量资料，对我国相关产业的发展情况、发展趋势等进行分析，同时结合地方/园区相关产业的发展情况、发展趋势及其面临的问题、竞争与挑战，找出园区的发展机会。但传统的招商引智模式存在以下不足。

1）需求不准确

地方政府在招商引智过程中，会对前期招商引智涉及的产业进行论证，然而在确定具体产业后，仅笼统给出招商引智方向及扶持政策，并未明确本地产业的哪个环节比较薄弱而需要进行招商引智以达到聚集效应，而是较多地关注如何能招到"商"、引到"智"，并不注重前期对具体的"商"和"智"的引进需求做调查，因此常常因为前期需求和定位不准确导致引进后对本地经济的促进作用不明显。

2）目标不明确

即便部分园区在招商引智过程中会明确具体需求（例如现有的产业链招商模式）并通过咨询公司出具相应的产业咨询报告，然而现在的咨询报告主要给出相关产业的宏观市场、经济信息，不会就招商引智的具体目标给出精准建议，从而使得地方政府对招商引智目标模糊不清。

3）意向对象实力不确定

当前产业链招商模式通过大量相关产业咨询报告挖掘众多资料数据，涉及金融、政策、市场、经济、技术等多方数据。但上述海量数据主要反映了其市场、经济等行为，资料虽然庞大，却并未涵盖招商引智工作中所需要的全部信息，基于此锁定优质企业存在一定的风险。例如，对于某些行业（尤其是技术类产业），无法通过必要的相关机构对其实际技术水平及市场前景进行科学合理的评定与界定,❶从而难以梳理出整个产业链上各个环节中真正掌握核心技术的企业和团队的信息,使得地方政府无法了解招商引智对象的实力,增加了招商引智风险。

如今,传统的招商引智模式效果大大降低,成本却不断上升。对于地方政府而言,如何创新招商引智方式成了摆在眼前的一道难题。在前期招商引智筹划过程中,如何能够提高招商引智的准确性、如何能够准确甄别项目,选择合适的招商引智模式尤为重要。

以往的招商引智通常将招商引资和招才引智单独立项。近些年来,产业园区的招商方式已经从单纯地考虑园区投资总量的企业招商引资方式升级到产业链招商引智方式。某种程度上,这可以说是经济发展新常态下,产业园区高质量发展的必由之路。

园区产业链招商并不聚焦于优惠政策的竞争,而是着眼于更深层次和更具长远效应的产业链打造,基于构建产业链的需要,寻找和弥补产业链的薄弱环节,从产业集群的打造角度确定目标企业,有目的、有针对性地同时进行产业招商和引智。具体地,主要包括以下方面:分析园区现有的产业结构,结合产业链缺失薄弱环节来定位产业优势企业和产业潜力企业,在此基础上开展产业链精准招商,引进优势企业、先进技术和高端人才等,以提升产业链整体水平。但明确地方或园区现有的产业结构、产业链的薄弱环节、产业链上的优势企业和潜力企业的准确定位,是需要解决的首要问题。基于目前的信息获取手段,收集产业链各环节中的企业数据并不容易,而通过专利信息分析获取专利数据可有效协助收集和分析产业链上下游企业数据。

3.2.3 为何专利导航可用于招商引智

3.2.3.1 专利导航与招商引智的联系

为了能够通过更优化的招商引智模式促进经济的发展,地方政府需要在当前的市场经济和产业政策特点的基础上了解地方或园区在整个产业中的定位,综合各种因素后,确定如何招商引智。而这不仅需要各方统计数据,更需要准确了解整个产业的技术现状、行业发展热点、技术团队等信息。

专利导航作为产业链招商的优化方式,弥补了现有产业链招商的各种不足。专利信息不仅包含最新的技术信息,还包含有关技术的法律状态信息、竞争对手信息、经济信息等。在专利文献分析的基础上,综合区域、文化、政治等信息,形成专利情报,可以有效地反映产业态势、技术发展脉络、市场竞争格局,进而指导产业未来发展方向。可以说,专利情报就是专利大数据,也就是以大数据的理念对专利信息加以分析利用,获取有用的情报,进而指导产业的健康有序发展。因此,对专利信息的挖掘能够使得地方或园区了解产业发展的现状、本地的产业定位、行业发展的热点、优势企业和高端人才的分布等多种信息,助其以更优的招商引智模式促进经济的发展。

---

❶ 张勇. 新形势下开展招商引资工作的思考和建议 [J]. 商展经济,2022(13):150-152.

前面介绍的传统招商引智模式以政府提供招商引智的平台为主，对如何确定招商引智的目标对象并未给出详细的步骤。《专利导航指南》则以国家标准的形式给出了招商引智过程中标准化的方法论。自 2013 年专利导航试点工程的实施，到 2020 年《专利导航指南》系列推荐性国家标准的发布，专利导航作为推动战略性新兴产业创新发展的利器，越来越多地受到行业认可。

专利导航是在我国深化创新驱动发展中，基于产业发展和技术创新的需求，在充分运用专利信息资源方面总结出的一系列新理念、新机制、新方法和新模式。推动构建专利数据与各类数据资源相融合的专利导航决策机制有助于提升知识产权治理能力，加快技术、人才、数据等要素市场化配置，更好地服务于各级政府的创新决策和市场主体的创新活动，加快构建现代化产业体系，支撑高质量发展。

有效利用专利信息可以有力地促进产业园区的产业链招商引智工作。由于企业不重视知识产权，自主研发的成果被对手获取知识产权的例子也屡见不鲜——比如公司的发明创造被对手抢先申请专利，公司的标识被其他公司抢注等。这提醒政府管理部门：在考察一个企业时，不仅要看它的科研能力，还要看它的自主知识产权储备。从某种意义上讲，自主知识产权的多少决定着企业在市场中的地位，也决定着企业未来发展的后劲。重大招商引智项目的决策离不开政府主导。专利制度起步晚、基层知识产权意识薄弱，是近些年来经常被提起的话题。然而，随着中国企业在朝着国际一流目标迈进的征程上反复摸索、不断试错，各级政府越来越重视知识产权已是大势所趋。

3.2.3.2 专利导航在招商引智中的优势

专利制度赋予权利人对于技术的独占权，其公开换保护的本质一方面激励了创新资源的产出，另一方面推动了专利信息的有效利用，为专利导航工作提供了可能。专利数据承载了海量信息，包含技术、人、法律、市场等各方信息，从中可以挖掘出潜在的优质"商"和"智"，使得其为"招商引智"工作提供了更准确的参考。更多的优势参见图 3-2-2。

```
专利导航在招商引智中的优势

• 专利实力决定企业的产品价值        • 专利实力决定企业的市场控制力
• 专利实力反映企业的产业地位        • 专利信息可帮助政府了解园区定位
• 专利信息中包含了优质创新主体      • 专利信息中隐藏了"智囊团"
• 专利信息可以帮助确定招商引智的"质"
```

图 3-2-2 专利导航在招商引智中的优势

1）专利实力决定企业的产品价值

"专利悬崖"是对药品专利保护届满带来的专利药品销售和利润的大幅下降的形象比喻。欧盟委员会报告认为，"专利悬崖"是指占销售收入比重较大的专利药品在专利保护期届满时，竞争对手出售仿制药品，导致其市场份额或利益下降的现象。该报告预测，在仿制药推出 2 年后，药品的价格平均下降 40%，营业额减少 80%。❶ 专利实力对企业的产品价值的影响力可见一斑。

排除医药行业的特殊性，在其他行业，专利的价值依旧十分明朗。有关深圳市朗科科技股份有限公司（以下简称"朗科科技"）核心专利"用于数据处理系统的快闪电子式外存储方法及其装置"到期的新闻引发行业关注。该专利造就了朗科科技"U 盘发明者"公司的称号。凭借 U 盘专利及相关产品，朗科科技在 2003 年实现了 5 亿元的销售规模，占据当时 50% 的市场份额。而后续朗科科技在与日本电子巨头索尼、美国企业 PNY 的知识产权纠纷中的胜利更是奠定了朗科科技对 U 盘专利的持有权。之后如东芝、金士顿等知名国际厂商也纷纷和朗科科技签订协议，每卖出一个 U 盘，这些企业都要给朗科科技一笔专利费，可以说 U 盘授权专利对朗科科技的利润起到了重要作用。

2）专利实力决定企业的市场控制力

在知识产权中存在金字塔价值模型，不同的层次代表着企业运用知识产权能力的高低，也决定着企业在市场竞争中能力的大小。位于塔底的是拥有少量专利以规避专利风险的企业。这类企业多是初创类企业或者为大公司提供相应配件或服务的企业，虽然掌握一些专利技术，但运用知识产权的能力比较弱，其运用知识产权最直接的作用就是抵抗风险，仅处于"安全经营"这一层面。比"安全经营"高一层次的是"成本控制"。这类企业已经重视专利价值，掌握一定量较为关键的技术专利，能够通过自身的专利技术作为筹码，在实施专利技术许可或与供应厂商、竞争对手谈判的过程中为自己争取利益，降低生产成本。再高一层次的是"获得利润"这一层次。这类企业拥有大量的专利积累，并且掌握较多的核心专利技术，能够通过将自己的专利许可给其他公司或专利诉讼等手段，盘活专利资产，实现经济收益，将技术变为现金。再往上是"战略整合"层次。这类企业拥有大量的基础专利组合，形成了技术垄断，具有强大的产业控制力，依靠自身在相关领域的专利储备互相抗衡，直接左右着市场的阵营分属和竞争格局。金字塔的最顶端是"谋划未来"。处于这个层次的企业具有极强的知识产权运作能力，储备的专利技术决定着产业的发展方向，例如通信行业 2G 时代的高通。在 2G 时代，高通凭借着垄断的专利技术可谓翻云覆雨，利用专利频频出击，采用专利战、专利联盟等手段决定整个产业的利润流向。当时，高通利用专利年收入达到 79 亿美元，占其利润的大部分。正是凭借着包含标准必要专利在内的庞大的专利库，高通在市场上面对竞争对手时拥有强大的底气。

3）专利实力反映企业的产业地位

以工业机器人产业为例，随着我国工业自动化、智能化的发展加速，工业机器人的应用普及，使得市场急剧增长。然而，占据我国大部分市场份额的企业多来自以"四大家族"为代表的国外企业。2016 年，发那科、安川、库卡、ABB 占我国工业机器人市场份额的比例分别高达 18%、12%、14%、13.5%。国产工业机器人整体只占

---

❶ 刘友华，隆瑾，徐敏. "专利悬崖"背景下制药业的危机及我国的应对［J］. 湘潭大学学报（哲学社会科学版），2015，39（6）：80–84.

据30%左右的市场份额且集中度较低。究其原因，上述行业巨头垄断了工业机器人的核心技术，并且其技术价值度要高于我国。

在产业转移过程中，日本、德国等工业机器人垄断国家利用专利控制力来维持其竞争优势，主导着工业机器人产业的竞争格局，并且始终占据产业的核心技术端。尤其是日本，20世纪60年代从美国引进工业机器人技术以后，经历引进—消化—吸收—再创新阶段，于1980年率先实现机器人的商业化应用，在工业机器人整个产业链上均占有绝对优势，其作为技术来源国，专利申请占比达到29%。"四大家族"中的安川、发那科以及本田、丰田、日立、东芝、三菱、松下、东芝等跨国巨头在工业机器人相关产业中都有强势表现，无论是技术持有量还是市场占有量，在全球始终占据领先地位。虽然中国相关专利申请量大，但是专利控制力却受到专利质量偏低、核心专利少的影响，同其他国家相比有着明显的差距。基于技术稳定性、技术先进性、权利要求保护范围、引证与被引证次数、诉讼、专利过期等因素，按照一定权重比对相关专利进行筛选，获得有价值专利的数量占比，对中国本土申请人与国外来华申请人的有价值专利数量占比进行排名，可得到图3-2-3。从该图中可以看出，中国本土申请人的有价值专利数量占比较低，仅20.06%。由于中国工业机器人产业起步较晚，关键技术仍然掌握在几大跨国巨头手中，核心技术被垄断，因此本土申请人核心技术匮乏、竞争实力不足、核心专利占比低。中国本土申请人尚需通过加大上中游核心技术研发力度、提高专利质量、合理布局，掌握核心技术，增强专利控制力，引导开拓应用市场。

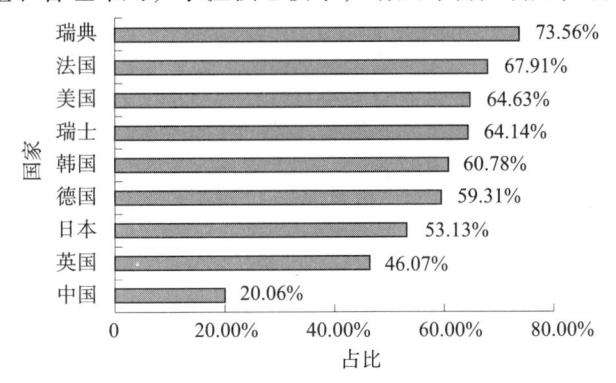

图3-2-3 工业机器人产业技术原创国中有价值专利数占比

在工业机器人行业，跨国公司拥有着雄厚的研发实力，占据着全球大部分的市场。与雄厚科技实力相对应的是这些跨国巨头在专利方面的立体战略布局。日本、欧洲是工业机器人产业发展的领先地区。作为机器人始祖国的美国在全球当前阶段也占据一定的优势。其中日本跨国企业在该领域内占据明显优势，三菱、日立、发那科、松下、安川、本田、丰田、川崎等多家大型企业的专利申请量在全球位列前茅。

4）专利信息可帮助政府了解园区定位

通过利用多个维度信息帮助政府了解园区技术结构、技术创新能力、创新人才、专利运营等方面在整个行业中的定位（参见图3-2-4），能够更好地了解园区的特色，以发挥其优势环节以及补强薄弱环节，从而更好地进行招商引智工作。

◎ 手把手教你做专利导航

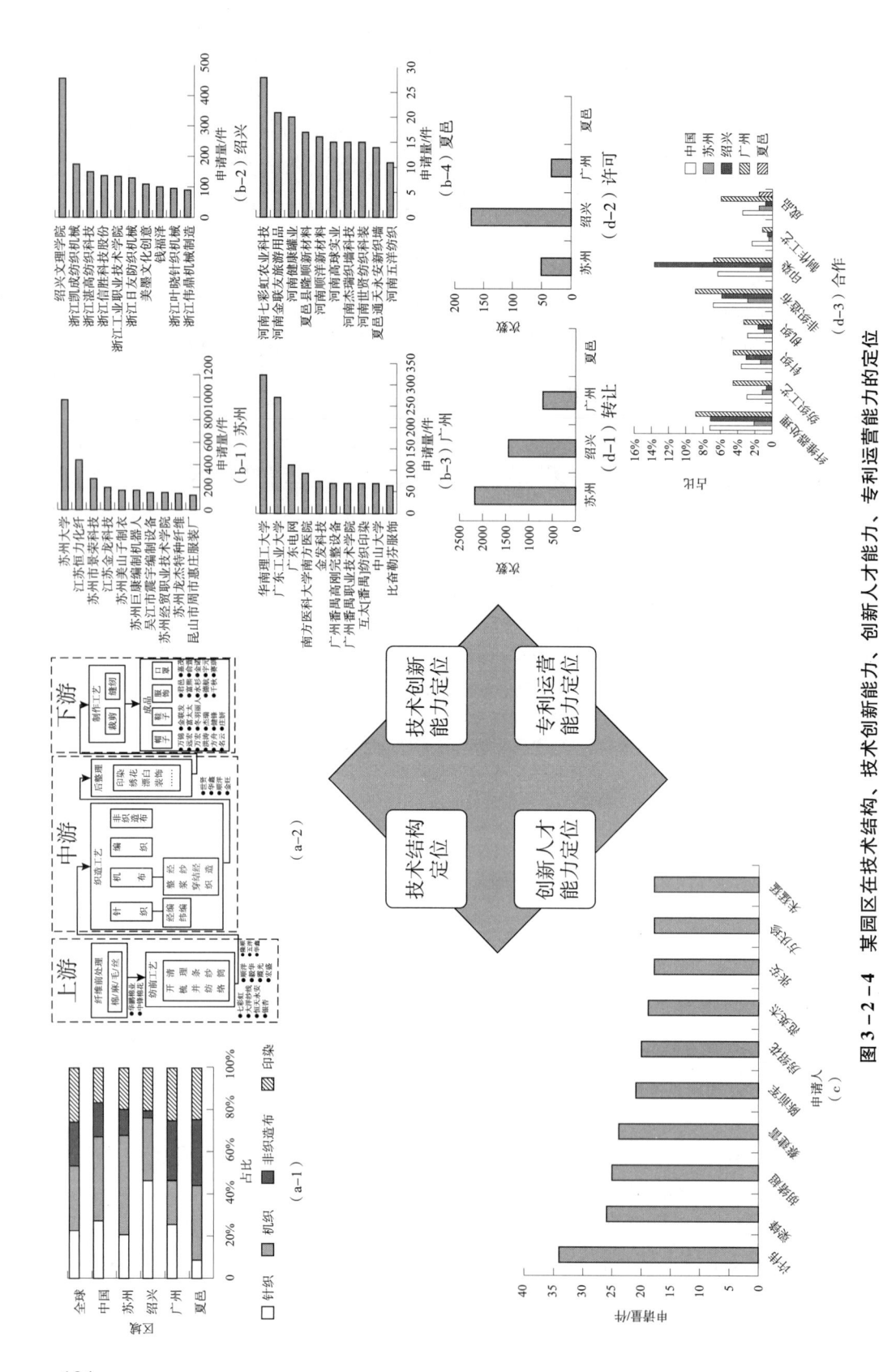

图 3-2-4 某园区在技术结构、技术创新能力、创新人才能力、专利运营能力的定位

104

5）专利信息中包含了优质创新主体

专利是企业技术的重要载体，从专利信息中可以挖掘出创新主体的真实技术拥有情况。例如以工艺流程为产业链的纺织服装产业，各个环节的创新主体的主营业务交叉相对较少，对于相应环节的核心技术掌握在哪些创新主体手中，单纯依赖其市场数据难以精确获得，但通过专利信息可以比较清晰地明确产业链上各环节的国内外主要创新主体，如表3-2-1所示。

表3-2-1 纺织服装行业产业链上的主要创新主体

产业链		主要创新主体
上游	纤维前处理	国外：东丽（日本）、帝人（日本）、杜邦（美国）、三菱（日本）、旭化成（日本）、可乐丽（日本）、尤尼吉克（日本）、东洋纺绩（日本）、钟纺（日本）、晓星（韩国）
		国内：东华大学、苏州大学、中国石化、江苏恒力化纤、浙江理工大学、北京化工大学、宜宾丝丽雅集团、天津工业大学、青岛大学、宜宾海丝特纤维
	纺前工艺	国外：村田（日本）、里特（德国）、德国曼（德国）、丰田（日本）、Schlafhorst（德国）、立达（瑞士）、青泽（德国）、帝人（日本）、东丽（日本）、特吕茨勒公司（日本）
		国内：江南大学、东华大学、武汉纺织大学、经纬纺织机械、际华三五四二纺织有限公司、青岛宏大纺织机械、广东溢达、安徽华茂、浙江凯成、安徽日发
中游	针织	国外：岛精机制作所（日本）、汉姆希尔（美国）、东丽（日本）、Scott & Williams INC（美国）、耐克（美国）、U. S. Textile Machine Co.（美国）、Schubert & Salzer（德国）、兄弟工业（日本）、尤尼吉可（日本）、帝人（日本）
		国内：宁波慈星、江南大学、信泰（福建）科技、东华大学、常州市第八纺织机械、江苏金龙科技、桐乡市强隆机械、常州市润源经编机械、常州武进五洋纺织机械
	机织	国外：东丽（日本）、津田（日本）、帝人（日本）、克朗普顿（美国）、苏尔寿（瑞士）、多尼尔（德国）、奥尔巴尼（美国）、日产（日本）、范德威尔（瑞典）、必佳乐（比利时）
		国内：江苏工程职业技术学院、浙江理工大学、东华大学、江南大学、江苏万工、广东溢达、山东日发、际华三五四二纺织有限公司、天津天纺、常州第八纺织机械
	非织造布	国外：金佰利（美国）、宝洁（美国）、杜邦（美国）、3M（美国）、圣戈班（法国）、东丽（日本）、尤妮佳（日本）、尤尼吉可（日本）、可乐丽（日本）
		国内：东华大学、天津工业大学、武汉纺织大学、苏州大学、中原工学院、杭州诺邦、青岛大学、浙江理工大学、南通大学、嘉兴学院

续表

产业链		主要创新主体
中游	印染	国外：汽巴－嘉基（瑞士）、拜耳（德国）、赫斯特（美国）、山德士（瑞士）、巴斯夫（德国）、IG法本（德国）、帝国化学工业（英国）、科莱恩（瑞士）、富士（日本）、化药（日本）
		国内：东华大学、江南大学、浙江理工大学、浙江龙盛集团、天津德凯化工、苏州大学、上海安诺其、广东溢达、浙江闰土
下游	制作工艺	国外：兄弟工业（日本）、胜家（美国）、重机（日本）、真善美缝纫机（日本）、三菱（日本）、曼联鞋业（英国）
		国内：广东溢达、桂林溢达、浙江中捷缝纫科技、浙江美机缝纫机、天津宝盈电脑机械
	成品 口罩	国外：3M（美国）
		国内：厦门弓立医疗用品、苏州乐天防护用品、香港巺一、东莞快裕达、上海大胜卫生用品、河南华企丰源、江阴允祯生物技术、华中科技大学同济医学院附属协和医院、江阴嘉美生物技术
	帽子	国外：耐克（美国）、青林（韩国）、友朋（韩国）、DADA集团（意大利）
		国内：上海三冠制帽、中服帽饰创意研发南通有限公司、东莞康年制帽、广州冠达帽业、常熟市百乐帽业、泰州捷锋帽业、苏州原点工业、山东科技大学、国家电网
	鞋子	国外：阿基里斯（日本）、诺迪卡（意大利）、阿迪达斯（美国）、耐克（美国）
		国内：黎明职业大学、安踏、贵人鸟、浙江奥康鞋业、苏州市景荣科技、特步、际华三五一五皮革皮鞋、温州职业技术学院、茂泰（福建）鞋材
	衣服	国外：东洋（日本）、宝洁（美国）、尤妮佳（日本）、华歌尔（日本）、郡是（日本）、耐克（美国）、金佰利（美国）、东丽（日本）
		国内：浙江梦娜袜业、江南大学、海宁汉德袜业、江西服装学院、上海工程技术大学、江阴芗菲服饰、苏州美山子制衣、红豆

在工业机器人产业中，基于专利信息可以梳理出各分支比较重要的创新主体。除了通过市场份额等经济信息分析出来的行业巨头，不难发现还有一些其他创新主体也掌握了相关分支的核心技术，从而为政府招商引智提供了更多选择和可能。更进一步，可以通过专利导航了解相关目标企业在产业链中的位置。以工业机器人产业为例，参见图3-2-5，上游的控制器、驱动器及减速器技术分支中，安川、发那科进行了大量专利

布局；在中游的机械本体技术分支内，三菱和本田布局较多，传感器及由安全系统、通信接口及电源组成的其他附件技术分支中，发那科和日立是行业领域内的佼佼者；在下游的具体应用领域，三菱、日立及丰田等公司占据主导地位。此外，这些行业中重要的创新主体在工业机器人产业链中的下游具体应用领域的专利布局中不约而同地看中了焊接和搬运机器人技术，其专利申请量占据数量上的绝对优势——这也在一定程度上与当前工业机器人中两个最热门应用领域即汽车组装生产线及工件智能搬运相吻合。

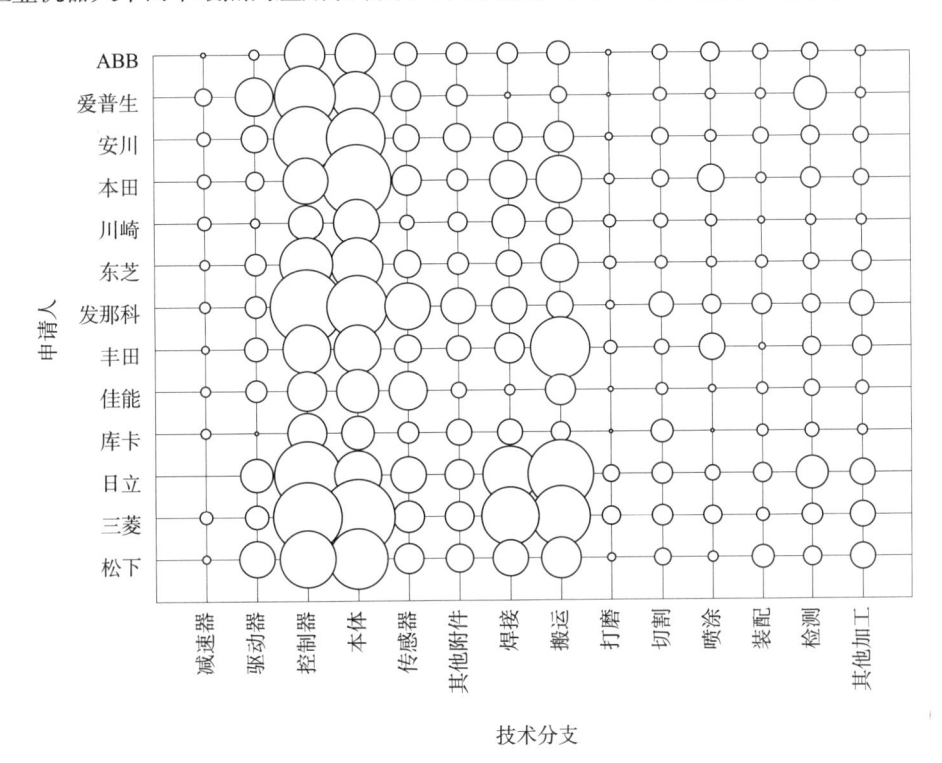

图 3-2-5　工业机器人全球重要申请人重要技术分支分布

注：图中气泡大小表示申请量多少。

同样地，招商引智过程中，在挖掘出目标群体后，就需要进一步详细了解该主体的核心能力，与实际需求进行匹配，从而确定其是否属于招商引智的合适项目或团体。例如东丽在纺织服装行业的专利布局成了其在该行业能够久盛不衰的重要支撑，同时该公司的发展方向也可见一斑，如图 3-2-6 所示。通过对该公司的专利信息挖掘，可知该公司从 1963 年便开始着手对纤维前处理的专利布局，并且一直将其作为公司的重要研发方向，在其余技术分支比如针织、机织和下游的成品上的专利布局整体呈现平稳发展的趋势。这种在纺织服装产业中多个节点均有涉猎的企业并不多见，而这也奠定了东丽在纺织服装产业的话语权。此外，东丽在非织造布上的专利布局在 2018 年后呈现增长的势头，这也显示出其近期在全球化战略中对非织造布技术分支的重视。政府可以通过挖掘特定企业的专利信息，勾勒该企业的完整画像，在此基础上作出下一步决策。

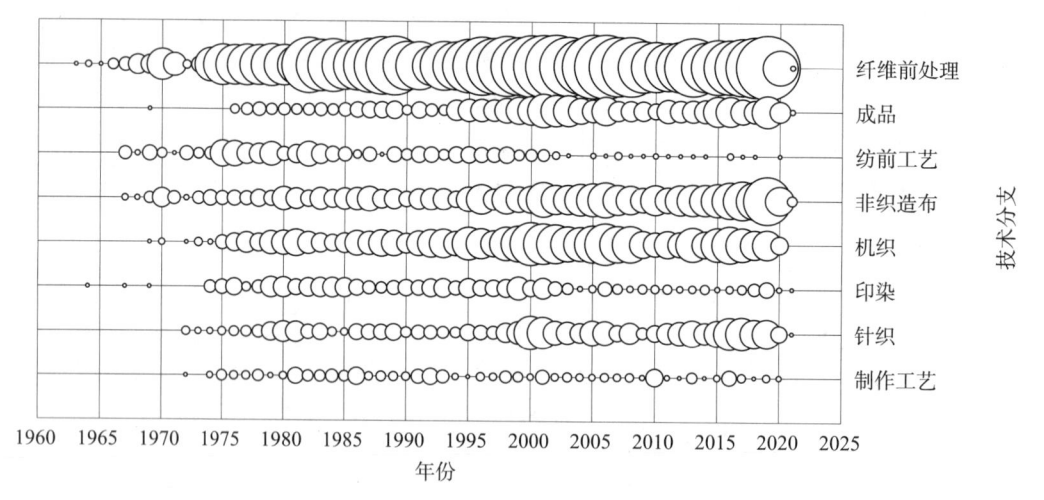

图 3-2-6　东丽纺织服装专利申请构成及变化趋势

注：图中气泡大小表示申请量多少。

6）专利信息中隐藏了"智囊团"

为了推动园区建设和行业的快速发展，采取积极措施吸引和留住人才是壮大技术人才队伍的通行做法，也是在较短时间内突破技术瓶颈、提升科研水平的一条宝贵经验。而专利的发明人往往代表了围绕该专利所覆盖技术的研发主力，其可以帮助政府在人才引智过程中划定合适的范围。通过专利信息标引，不仅可以了解相关行业团队的核心任务，同时对其技术创新人才团队亦可有所了解。园区可通过梳理专利信息中的发明人了解某产业各技术分支的核心技术掌握者，进而根据情况积极开展合作。

当然，园区可以就近选择与本地的创新团队建立联系以提高意向达成的概率。例如以河南省某纺织服装产业园区为例，其可以基于专利信息发现在本地相关技术领域已经存在一批具备一定创新实力的技术创新人才、部分公司的研发人员已经形成一定规模的创新团队、部分高校也存在相关领域的研究人员；园区可以通过联合培养、合作研发等多种途径实现招才引智的目的，以实现对人力资源的最大效率使用和对人才的培养。

7）专利信息可以帮助确定招商引智的"质"

专利导航不仅可以帮助政府/园区主动寻找意向目标人群，同时还可以帮助辨别合作者的真实情况，从而最终招到合适的"商"、引进合适的"智"。

例如某市人才团队引进项目引入专利分析评议，效果显著。某市政府近年来高度重视创新创业，不断加大"招商引智"的力度，大规模引进专业技术人才和团队，并于2018年1月出台了《关于引进培育创新创业领军人才和团队的意见》，在全球范围内引进创新创业领军团队、高层次创新创业紧缺人才，对引进的创新创业人才和团队，根据不同层次，给予丰厚的资金资助。前来申报的创新创业团队和人才络绎不绝，很多带着优秀的项目和科研成果来到该市创业，为经济发展注入新的动力。但是，其中也存在鱼龙混杂的情况。为加强对引进的创新创业人才和团队的评审，该市组织开展了专利分析评议工作。经专业人员开展人才分析评议项目，先后发现存在知识产权风险的申报文件 10 余份，发现知识产权疑点问题 20 余个，涉及 4 组创新创业团队和人才，由此避免了人才资助资金的损失，为"招商引智"保好了驾，护好了航。

通过以上分析可知，专利实力决定企业的产品价值，专利实力决定企业的市场控制力，专利实力反映企业的产业地位，专利信息可帮助政府了解园区定位，专利信息中包含了优质创新主体，专利信息中隐藏了"智囊团"，专利信息可以帮助确定招商引智的"质"。因此在招商引智的过程中引入专利导航是十分必要的，而我们近些年的实践也确实证明专利导航的引入使得招商引智更为精准，可为园区的发展指明方向、注入新的活力。下面将结合具体的实际案例说明如何在招商引智中运用专利导航。

3.3 专利导航在招商引智中的应用

根据《专利导航指南》，在实施专利导航的过程中，遵循信息采集、数据处理、专利导航分析等业务流程。该指南给出了多种导航模式。本节将结合具体的应用场景来讲述如何通过专利导航进行招商引智，主要包括：以产业园区的招商引智为目标的专利导航、以对商进行评估为目标的专利导航和以对智进行评估为目标的专利导航。

显而易见，以产业园区的招商引智为目标的专利导航是为园区的招商引智服务的，首先要对产业园区的现状进行分析，明确具体的招商引智产业；其次对全球、全国、重点城市、重点企业等相关产业及专利信息进行分析和挖掘，确定产业的发展方向、发展热点等；最后结合本地的现状找到本地产业链中的薄弱和不足的环节，给出具体的招商引智的路径。以对商进行评估为目标的专利导航、以对智进行评估为目标的专利导航则是在已经初步确定待引进的企业或者人才后，对待引进目标的技术实力和水平等进行综合评价，以判断是否满足引进要求。

3.3.1 以产业园区的招商引智为目标的专利导航

产业园区作为产业集聚的载体，既是区域经济发展、产业调整升级的空间承载形式，又是区域社会经济发展水平的衡量标志，肩负着聚集创新资源、培育新兴产业、推动城市化建设等重要使命。产业园区的形式多种多样，如高新区、开发区、科技园、文化园、农业园、特色产业园，以及近年来各地陆续涌现的科技新城、产业新城等。

产业园区的招商引智主要涉及产业链招商，包括延链、强链、补链等。产业规划类专利导航涉及对产业链上各类创新主体和科技研发创新人才的分析，因此，产业园区的招商引智与产业规划类专利导航高度契合，可依托产业规划类专利导航为基础支持招商引智目标的实现。

以产业园区的招商引智为目标的专利导航可以按照以下流程来实现（参见图 3-3-1）：确定需招商引智具体产业、分析产业发展方向、区域产业现状定位分析、确定产业招商引智路径。

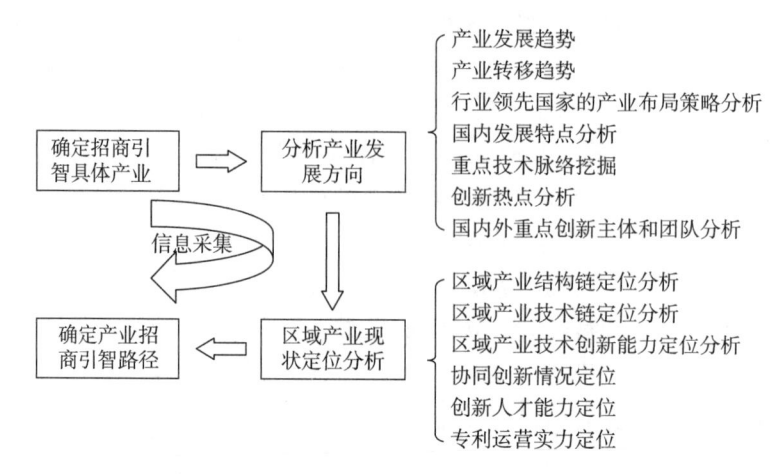

图 3-3-1 产业规划类导航中的招商引智流程

3.3.1.1 信息采集

信息采集贯穿在上述步骤中，包括产业信息采集和专利信息采集，该部分内容在本书的前面章节已有阐述，本节仅讨论招商引智中需重点关注的信息采集。

1）产业信息采集

在招商引智过程的产业信息采集中，需要着重考虑产业的发展方向及趋势、整体产业链上的实力较强的企业和团队、不同技术分支上的优势企业和团队；根据导航的需要也可对筛选出的重点企业和团队的主要创新活动及市场活动信息进行采集。

为了在招商引智"补链"等过程中能更符合产业实际发展趋势，使得其招商引智目标更加合理，需要帮助地方政府更精准地了解到当前及未来的产业发展方向、产业链各环节发展的前沿目标。例如就纺织服装产业而言，我国政府部门、行业协会等强调了以环境、绿色、科技、时尚等作为关键词的指导意见（参见表3-3-1），日本也以碳纤维新技术材料作为研发方向。[1]

表 3-3-1 我国纺织行业的相关政策法律法规

序号	文件名称	发文部门	发文时间/修改时间
1	中国化纤工业绿色发展行动计划（2017—2020）	中国化学纤维工业协会	2017 年 6 月
2	产业关键共性技术发展指南（2017 年）	工业和信息化部	2017 年 10 月 18 日
3	中华人民共和国环境保护税法	全国人民代表大会常务委员会	2018 年 10 月 26 日

---

[1] 赵永霞，祝丽娟. 世界纺织版图与产业发展新格局（三）：日本篇（上）[J]. 纺织导报，2019（4）：35-47.

续表

序号	文件名称	发文部门	发文时间/修改时间
4	纺织行业工业互联网发展行动计划（2018—2020年）	中国纺织工业联合会	2018年8月
5	纺织品 合成革用非织造基布（GB/T 24248—2009）	国家质量监督检验检疫总局、中国国家标准化管理委员会	2009年6月19日
6	纺织染整工业废水治理工程技术规范（HJ 471—2020）	生态环境部	2020年1月
7	纺织行业"十四五"发展纲要	中国纺织工业联合会	2021年6月
8	科技、时尚、绿色发展指导意见	中国纺织工业联合会	2021年6月

行业信息采集过程中，为了能够为最终招商引智目标提出建议，需要聚焦当前产业链上的优质企业和具有发展前景的潜力企业和团队。例如在工业机器人项目中，通过调研发现，经过多年的发展，全球范围已先后产生了一些颇具影响力的、著名的生产和设计工业机器人的公司：日本的发那科、德国的库卡、瑞士的ABB、日本的安川等。这些公司已经成为其所在地区工业机器人行业的领头羊（参见表3-3-2）。

表3-3-2 四大工业机器人公司对比

公司名称	成立时间	主要领域	主要产品	优 势
ABB	由ASEA和BBC Broun Boveri于1988年合并而成	电子电气、物流搬运	搬运、焊接、喷涂、特种	控制性好、整体性好
库卡	1898年	汽车工业	焊接、码垛、装配、洁净	重量轻、标准化编程、操作简单
发那科	1956年	汽车工业、电子电气	数控、洁净、搬运、电焊、弧焊、装配	精度高
安川	1915年	电子电气、物流搬运	点焊、弧焊、喷涂	反应速度快、标准化编程、操作简单

部分产业链中技术分支较多，在不同的技术分支分布的优势企业也不尽相同，因此在实施以招商引智为目标的专利导航时，除关注整个产业的综合实力比较强的企业外，还应针对产业链上不同节点的重点企业予以关注。例如在工业机器人项目

中，控制器是工业机器人的"大脑"，是工业机器人最为核心的零部件之一，对工业机器人的性能起着决定性的作用，因此针对工业机器人主要控制器的生产企业的信息进行采集（参见表3-3-3）。

表3-3-3 工业机器人主要控制器厂商介绍

厂商	是否机械本体制造商	主要产品	特　点
ABB	是	IRC5 Robot Ware（控制软件）	第五代工业机器人控制器，融合 TrueMove、QuickMove 等运动控制技术，提升工业机器人性能，包括精度、速度、节拍时间、可编程性、外轴设备同步能力等，FlexPendant 示教器，可利用 RAPID 编程语言二次开发
库卡	是	KR C4	操作简单，采用通用开放工业标准，KR C4 的软件架构中集成了 Robot Control、PLC Control、Motion Control（例如 KUKA.CNC）和 Safety Control，更加方便二次开发和同一控制
KEBA	否	KeMotionr5000 系列	一套完整的面向多轴运动控制系统软硬件模块化控制器，硬件包括 KeMotion 控制器以及各种外围模块，它们通过以太网或总线的形式与控制器连接，实现面向各种应用的搭配
发那科	是	FANUC Robot R-30iA	唯一集成了视学功能的工业机器人控制器，将大量节约为实现柔性生产所需的周边设备成本，性能高、响应快、安全性能强
安川	是	SR、DX、NX、FS 系列	标准化编程、操作简单、稳定性高，在满负载、满速度运行的过程中不会报警，甚至能够过载运行；价格偏低，性价比高
新松	是	SIASUN-GRC 系列	具有自主开发的实用化、商品化的工业机器人控制器，该工业机器人控制器设计合理、技术先进、性能优越、系统可靠、使用方便
埃斯顿	是	TRIO 控制器	单台 TRIO 控制器集成控制多台 SCARA/DELTA 工业机器人、运动控制伺服轴、视觉、逻辑控制，取代 PLC、工业机器人控制器，省去工业机器人电柜

续表

厂商	是否机械本体制造商	主要产品	特　点
广州数控	是	GSK-RC 系列	工业机器人始终能够根据实际载荷对加减速进行优化，尽可能缩短操作周期时间；可控制4~8轴，运算速度达到500MIPS，具有高速运动控制现场总线，可实现连续轨迹示教和在线示教，具备远程监控和诊断功能
固高科技	否	拿云系列	六轴、四轴驱控一体机集工业机器人控制系统开发平台、运动控制器和六轴伺服驱动器于一体，体积小、功率密度高、集成度高，极大简化了客户的电气设计，提高了设备性能和可靠性
汇川技术	是	IMC100 系列	基于 EtherCAT 总线的工业机器人控制器，主要针对的市场包括小型六轴、小型 SCARA 和并联工业机器人等新兴应用领域

2）专利信息采集

专利信息的采集包括检索、数据清理、数据标引等环节，在本书前面章节已有涉及，不再赘述。

在以招商引智为目标的产业规划类专利导航中，行业巨头的专利申请往往代表着该行业的重点研发方向转变，因此需对产业中综合实力较强和重点技术分支中技术实力比较突出的企业予以关注，检索过程中需要专门针对行业巨头进行单独检索，在后续专利分析时可以重点关注上述企业专利版图的分布情况，通过专利信息能够更准确把握该企业的技术积淀、技术发展脉络以及未来的发展方向。

专利信息中的"申请人"字段代表了行业的创新主体，然而由于"申请人"字段通常具有唯一性，而创新主体则通常具有多个关联企业，故在以招商引智为目标的专利信息采集阶段，为了精确了解行业巨头的技术发展脉络方向，数据清理过程中需要注重申请人的统一。以工业机器人产业巨头发那科为例，由于该企业属于跨国企业，其包含多个合资公司、子公司，在专利申请中申请人通常具有不同的表达，例如 FANUC CORPORATION、FANUC LTD、FANUC AMERICA CORPORATION、上海发那科机器人有限公司、发那科株式会社、北京发那科机电有限公司等，故需要统一成某一标准表达方式以提高数据分析的准确性。必要时可以在申请人入口单独以"FANUC OR 发那科"等关键词进行补充检索，以提高数据全面性。

关于专利信息采集，需要依据行业特色适当调整知识产权类型。专利导航通常是以发明和实用新型专利数据作为支撑，因为这两类专利承载了产业的主要技术，但是纺织服装行业由于其品牌效应和时尚效应较其他产业更为突出，因此对其知识产权的分析不能仅限于发明/实用新型等技术类的专利信息，可以引入商标和外观设计专利等内容以提高导航分析的精准性。再例如针对农作物产业开展的导航分析，可以引入地理标志、商标等相关内容的分析。

在完成产业信息和专利信息的采集后，可按照流程开展以招商引智为目标的专利导航。

3.3.1.2 确定招商引智的具体产业

园区/地方政府可以结合园区实际情况及优势企业和未来发展情况，确定招商引智涉及的具体产业。园区产业规划是园区规划中首要的规划内容，在确定产业时需要熟悉园区所在区域的经济发展战略，了解区域产业基础和拥有的产业资源，划出可以重点发展的全部产业范围、意向产业；研究国家产业政策，看哪些产业属于国家鼓励或者限制的，从而进一步确定意向产业范围；研究国内外经济发展走势与行业市场发展情况以及技术发展趋势，掌握意向产业是否存在市场潜力和市场风险；根据各方面的研究分析情况，综合研判确定具体产业方向（如图3-3-2所示）。

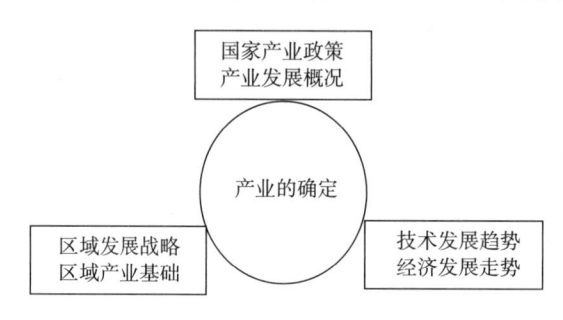

图3-3-2 产业的确定

例如某园区存在多家纺织服装产业相关企业，其分布在该产业的产业链上的多个环节，且已形成一定程度上的产业聚集，并呈现快速发展的良好态势。该聚集区以纺织服装产业为核心，计划高标准规划建设纺织服装产业园，形成纺纱、织布、印染、针织、服装等一条完整的产业链。以该目标为发展方向的园区开展产业规划类专利导航，可以初步确定以"纺织服装"产业为核心来确定招商目标。

在确定招商产业后，需要就园区该产业的详细情况进行调研，从而初步分析、总结、明确当地产业存在的问题，增强导航项目实施的针对性，同时为后续的专利招商引智奠定基础。

例如某市工业机器人产业领域作为"国家重要的现代装备制造业基地"发展目标所重点打造的专业性产业示范基地，现有国家级孵化器1个，智能装备企业335家，市级以上研发中心142家，高新技术企业75家，博士207人、硕士2896人、中高级职称人员15047人、院士工作站3家、博士后工作站6家；园区由规模企业区及标准厂房区两大板块组成，其中规模企业区由7家年产值2亿元以上的企业入驻，标准厂房区内

20栋五层标准厂房作为企业加速器。目前国内机器人及智能装备产业相关领域知名科研院所和企业先后落户该市，与国内知名创新主体建立了紧密的合作关系。该市依托高科技产业化基地及人才激励和资金扶持政策，为引进人才创业提供服务，搭建企业孵化、加速和技术成果转化优质发展平台，打造特色鲜明的人才特区和创业创新高地。同时，在自动化控制、光机电一体化综合设计、视觉系统设计、机器人关键零部件等领域，该市已经涌现出一批具有较强市场竞争力的企业，并且在工业机器人下游环节部分应用领域如下料机器人、焊接机器人、码垛机器人、巡检机器人、护理机器人等领域已经实现了制造或系统集成应用的突破。因此，该市园区在工业机器人产业存在较强的发展优势：企业规模和产业规模不断壮大；核心技术取得一定突破；招商引资及对外合作取得进展。通过分析发现其还面临以下问题：技术构成偏下游，上中游发展欠缺，核心部件依赖进口；企业主要业务为面向用户提供解决方案，研发实力较弱，缺乏自主品牌产品；缺乏引导产业集聚发展的龙头企业；未充分发挥本地企业的优势技术；企业缺乏核心技术且技术转化能力不足，市场控制力弱。

带着初步了解的园区现状，下一步采集该产业相关专利数据，全面比较国内外和园区的产业发展现状以及重要跨国公司的专利布局情况，从专利导航视角，围绕政策链、创新链、保护链、人才链、技术链、产业链，在完善产业政策的基础上，能够为园区在增强产业集聚效应、吸纳创新资源、引进高端人才等方面提供参考。

在引导产业聚集方面，推动龙头企业或有实力的企业率先发展，增强其自主创新和发展能力，提升核心竞争力，带动其他相关企业发展，促进产业集群的建立。

在招商方面，通过对国内外工业机器人产业专利和非专利文献的检索、汇集、分析，可以获得工业机器人产业链上重要企业的相关信息，制作导航图，通过导航图中产业链各分支中显示的企业情报，同时结合园区工业机器人产业的技术定位，以优化产业结构为目标，可以为政府有的放矢地联系相应企业进行招商洽谈提供依据，避免盲目招商。

在引智方面，通过梳理工业机器人产业专利和非专利文献检索、汇集、分析后的信息，可以梳理出产业链的重要企业以及重要科研院所的相关发明团队，同时获取发明团队各自的研发方向和重点技术；以专利导航信息为指引，围绕园区定位中的人才需求，积极实施人才引进计划，就工业机器人产业重点技术、重要产业链分支等方面给出国内外先进企业、科研院所的研究现状，为园区相关企业寻求合作或招揽人才提供数据情报，以满足园区创新发展需要。

3.3.1.3 分析产业发展方向

确定了招商引智的具体产业后，基于采集到的信息对该产业的发展方向和区域产业现状进行分析，从而明晰整个发展脉络，为地方园区相关产业现状准确找到定位，找到其发展存在的明显不足之处，明确产业链上具体哪个环节具有优势基础需要"强链"、哪个环节空缺需要"补链"、哪个环节需要"延链"，从而可以进一步拓宽上下游发展并据此确定出招商引智的具体环节和目标。

对于产业发展方向，从宏观角度给出相关产业发展关键时间节点，产业每一次发展都伴随着一次重大技术革新，也会引起产业链上创新主体的更新迭代，包括一些行业巨头的陨落，同时也有新兴企业的崛起。分析产业发展方向还有助于帮助地方园区了解相关产业发展规律，同时结合园区现状，进一步明确园区发展定位。该过程需要选择两个甚至更多个维度去挖掘专利信息，例如通过国家（申请人来源国、申请目标国）、时间（申请日、公开日、授权日）和技术三个维度可以判断出产业及市场动向，再例如通过人（申请人、发明人）、法律状态（授权、转让、许可等）和技术可以判断出创新热点等。具体内容可以从产业格局、企业分布、全球/发达国家/龙头企业专利布局变化、重要专利发展、协同创新发展、无效诉讼热点等角度开展，具体维度根据产业实际特点选择，通过挖掘相关信息，选定数据范围形成图表，以深度分析。

本节通过实际案例展示基于专利导航剖析产业发展方向的角度，阐述利用专利信息进行产业发展趋势、转移趋势分析，国内发展热点分析，创新热点挖掘和国内外重点创新主体和团队分析的具体思路。

1）产业发展趋势

在某园区工业机器人产业的招商引智的专利导航中，通过分析工业机器人产业发展趋势，可以帮助园区了解工业机器人的发展历史及未来趋势。工业机器人的发展与国家发展规则存在较高的一致性。在工业机器人产业，无论从技术层面，还是从市场层面看，专利对竞争均具有无比重要的支撑作用，全球工业机器人巨头企业通常选择通过预先专利布局抢占、维持市场地位。在工业机器人产业发展的同时，该产业相关专利申请与国家发展规划有着较高的一致性，以期利用专利布局占领市场。

1954 年戴沃尔提出工业机器人的概念，1958 年美国联合控制公司研制出铆接机器人控制系统，以及随后 1960 年美国 AMF 公司生产出专用于工业生产的圆柱坐标机器人后，工业机器人产业相关专利即已超过 1000 项，体现了产品未动、专利先行的布局策略，也体现了专利对于产业的影响力。随后从 1970 年开始，工业机器人的发展迅速而高效，各国纷纷瞄准工业机器人市场——该阶段出现了一批企业，其中德国库卡、瑞士 ABB、日本安川和发那科分别于 1974 年、1976 年、1978 年和 1979 年开始全球专利布局，并发展成为后来的工业机器人"四大家族"。截至 1980 年，全球专利库中的工业机器人相关专利申请超过 1.6 万项。随后工业机器人产业市场打开，日本成为"机器人王国"，其他发达国家紧随其后：英国制定"先进制造业产业链倡议"，德国发布"工业 4.0"战略，美国发布《机器人技术路线图：从互联网到机器人》规划，以求在工业机器人市场占得先机。截至 2010 年，全球专利库中的工业机器人产业相关专利已超 11 万项。而伴随着人工智能以及互联网的发展，工业机器人产业迅猛发展。我国于 2015 年 5 月由国务院制定的相关战略文件中首次提出智能制造，并后续连续颁布多个文件，聚焦工业机器人的发展，自此，工业机器人在中国呈现出蓬勃发展之势，专利布局也快速展开。产业的发展为技术研发以及专利申请提供了强有力的推动作用。整体来看，工业机器人产业相关专利申请量长期呈现波动增长态势。截至 2018 年 8 月底，相关产业专利申请已超过 32 万项，且已进入快速增长时期（参见图 3-3-3）。

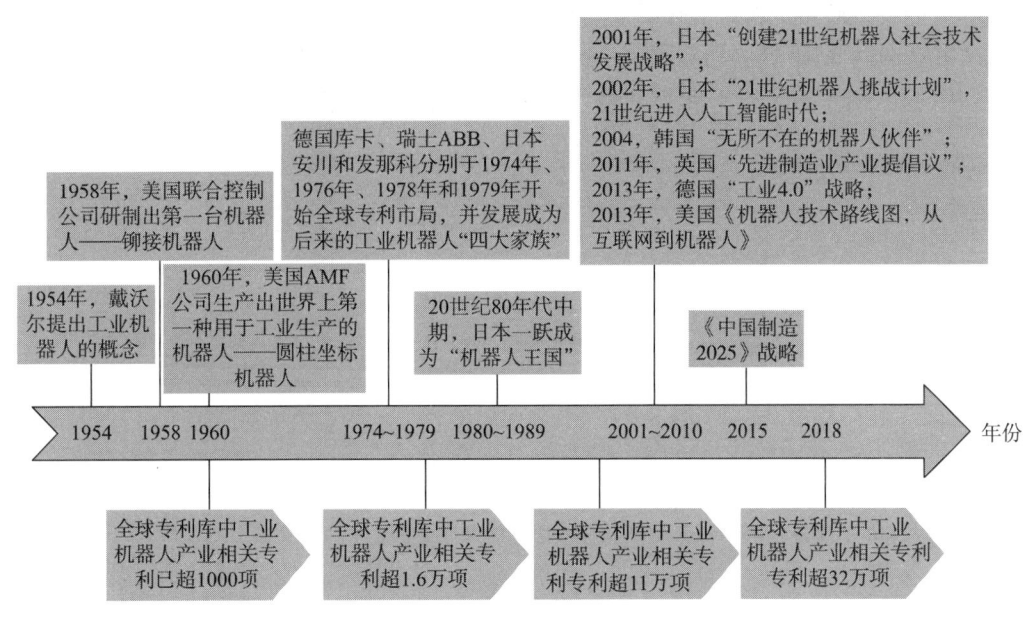

图 3-3-3　工业机器人产业发展趋势

2）产业转移趋势

产业转移趋势反映产业发展的驱动、技术路线演化方向。园区掌握了产业转移趋势，才能将产业的转移和招商引智的决策相结合。

例如随着技术和市场的发展，工业机器人产业在全球范围内大致经历了两次转移。第一次转移（20世纪60~80年代）：20世纪50年代末，工业机器人产业起源于美国。由于早期工业机器人成本较高，再加上美国20世纪60年代存在较高的失业率，政府担心工业机器人产业会进一步导致失业率提高，因此，工业机器人在美国发展缓慢。20世纪六七十年代，随着日本、德国等国工业化快速发展，加上人口老龄化加剧劳动力短缺，政府急于寻求能够减少人力的解决方案，制定了各种机器人鼓励政策，工业机器人产业转移到欧洲、日本等国家/地区，进而上述国家/地区在工业机器人技术研发中投入大量资金和人力，工业机器人技术得到迅速发展，随之形成了以发那科（日本）、安川（日本）、库卡（德国）、ABB（瑞士）为代表的工业机器人跨国巨头，其在工业机器人方面布局了大量专利以巩固垄断地位；同时，也将日本推向"工业机器人帝国"的地位。至此，工业机器人完成第一次产业转移。图3-3-4示出了美国工业机器人产业在各国的布局趋势。

第二次转移（20世纪90年代至今）：随着欧美工业化进程的完成，工业机器人在欧美和日本趋于饱和，销量增速放缓，专利申请量下降；而以中韩为代表的亚洲国家开始了工业化进程。随着汽车制造、电子电气、食品化工、物流等领域的飞速发展，智能装备的制造展现出了巨大的市场潜力和优势，欧美和日本等开始将其工业机器人技术输出至以韩国和中国为代表的亚洲地区，全球工业机器人迎来更为广阔的发展空间和更快的发展速度。尤其是2006年以来，由于中国劳动力成本的上升以及国家对工业机器人的扶持政策的激励,中国工业机器人进入了高速发展期,工业机器人领域的申请人数量和专利申请量都大幅度增加,自此,工业机器人产业在中国全面铺开。图 3-3-5 示出了日本工业机器人在主要国家/地区的专利布局趋势。

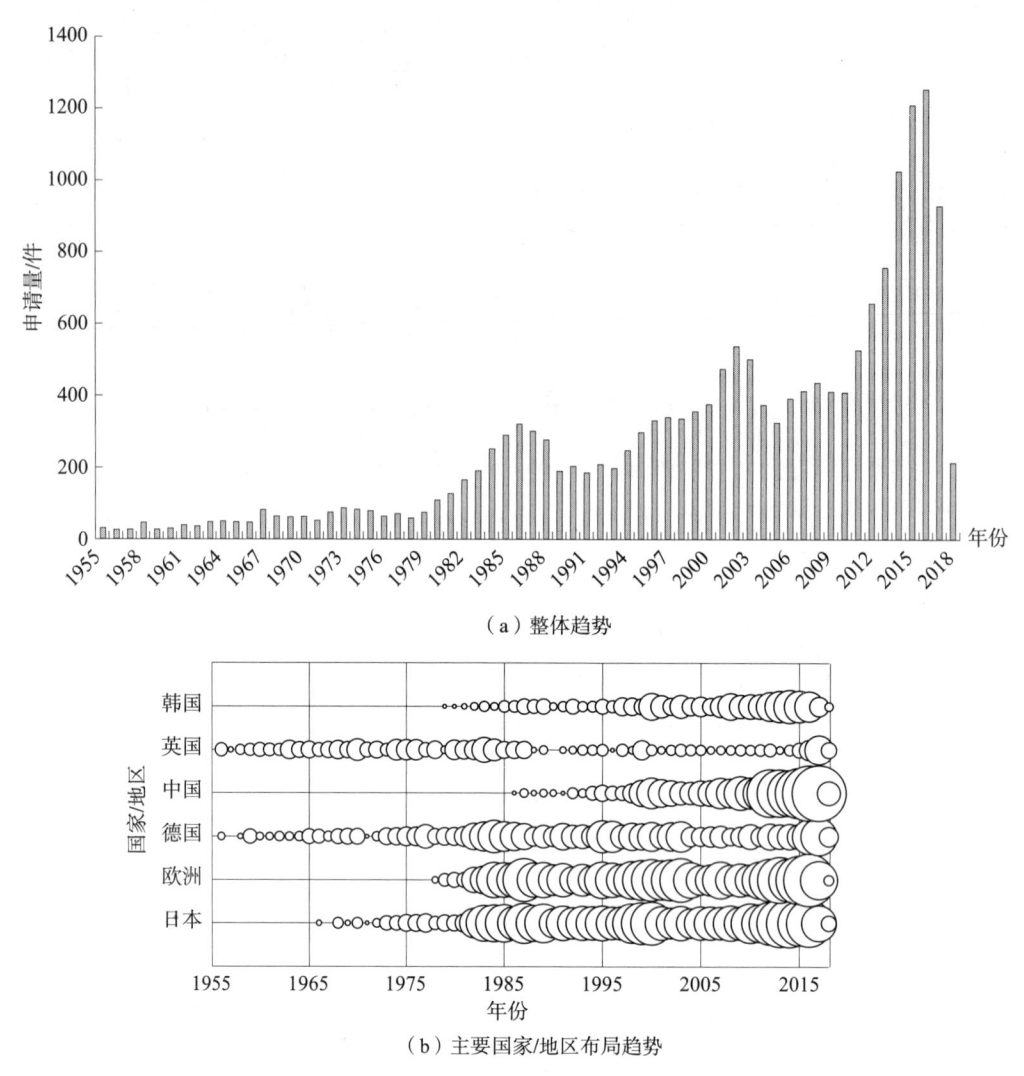

(a)整体趋势

(b)主要国家/地区布局趋势

图 3-3-4　美国工业机器人产业布局趋势

注:图中气泡大小表示申请量多少。

2008 年以后,美国金融危机引发全球经济低迷,欧美发达国家认为金融危机的根源在于欧美经济的"去工业化",忽视制造业在国民经济发展中的作用,因此提出"再工业化"战略。欧盟于 2008 年建立欧洲创新技术学院,实施联合技术倡议,打造高端制造业,以提升"再工业化"进程。2009 年,美国奥巴马政府发布了《重振美国制造业框架》,意图重新振兴美国制造业,通过产业升级缓解高成本压力,增加就业岗位。在此时代背景下,工业机器人作为高端制造业的标志,再次得到欧美等发达国家的重视。欧美等发达国家纷纷把高端制造业迁回本国发展,使得欧美在工业机器人领域的专利申请量再次快速增长，工业机器人产业在向中国等亚洲国家转移的同时，再次向欧美国家等发达国家回流。

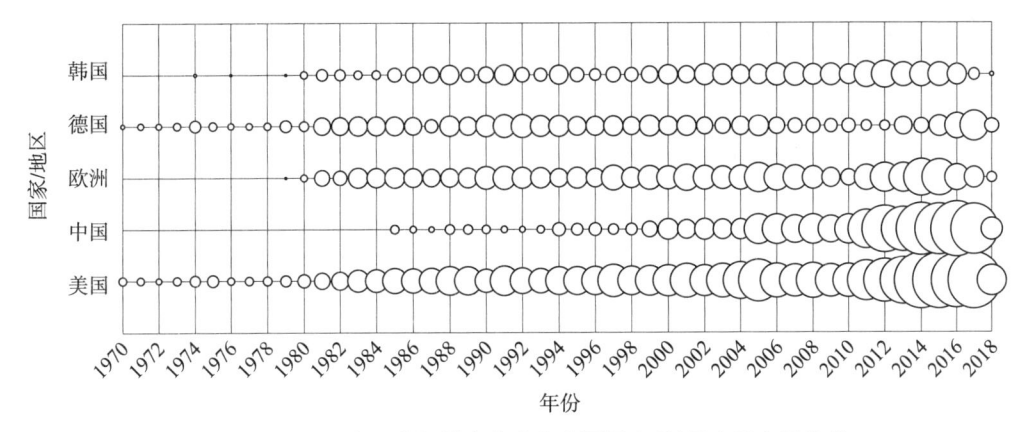

图 3-3-5　日本工业机器人产业在主要国家/地区专利布局趋势

注：图中气泡大小表示申请量多少。

3) 行业领先国家的产业布局策略分析

产业发展优势国家产业布局策略通常是剖析行业发展方向时的重要维度之一，也是国家制定发展策略时的重要参考。了解行业领先国家的产业布局策略，可以帮助地方园区了解其优势环节及自身发展时可能遇到的阻碍。

在某园区纺织服装产业的专利导航中，通过挖掘专利信息的申请人所在国信息和申请受理国别信息，可以了解相关技术的来源和目标市场。参见图 3-3-6 和图 3-3-7，技术源自中国、日本、美国的专利申请排名靠前，分别占总申请量的 36%、16% 和 15%，其中技术来自中国的申请量已经接近 50 万项，美国和日本均超过 20 万项，其后依次为德国、韩国，分别占比 9% 和 5%。但各国在上游（纤维前处理和纺前工艺）、中游（纺织工艺及后整理）和下游（制作工艺和成品）这三个环节占比并不相同，例如中国和韩国作为近年来专利市场蓬勃发展的典型国家，均在纺织服装产业中更加侧重下游环节布局，下游专利数量超过上游和中游的总和；而日本则在上、中、下游三个环节占比相当。

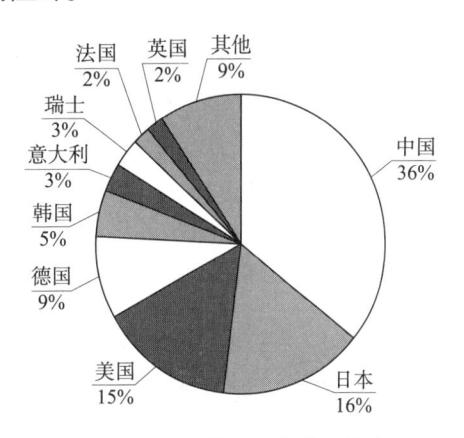

图 3-3-6　纺织服装产业技术来源地申请量占比

参考图 3-3-8，日本在第二次世界大战后开始在其他国家/地区进行专利布局，并且从 20 世纪 60 年代开始加速，主要布局地为欧洲和美国等纺织工业比较发达的国家/地区。而随着亚洲新兴国家/地区开放程度的提高和具有相对较低的劳动力成本和广阔的市场，日本在 20 世纪 70 年代开始把纺织工业向亚洲新兴国家/地区进行转移，与之伴随的是日本在这些国家/地区的专利申请量也开始迅速增长，而在欧洲和美国等国家/

地区的年专利申请量则停止增长并在20世纪末开始出现下降。

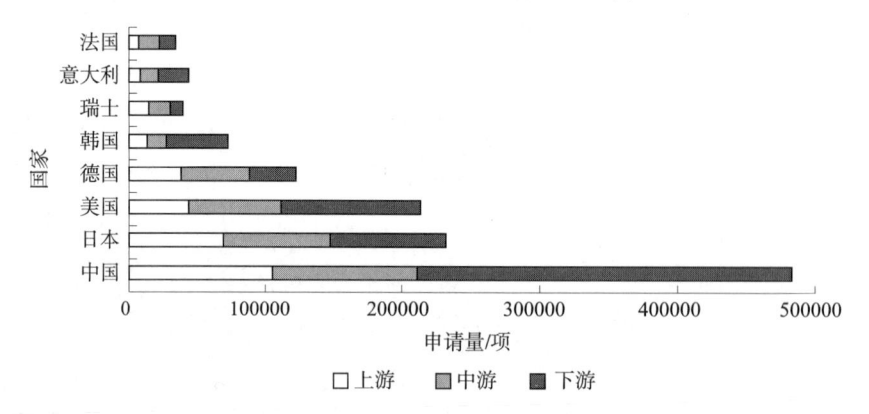

图 3-3-7 纺织服装产业上中下游技术来源分布

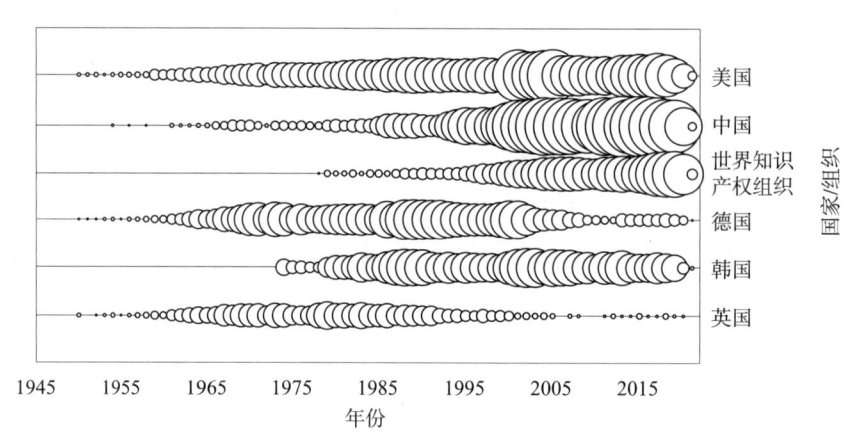

图 3-3-8 日本纺织服装产业在主要国家/地区专利布局趋势
注：图中气泡大小表示申请量多少。

参考图 3-3-9，美国在20世纪初开始在其他国家/地区进行纺织产业的专利布局，布局目标地主要为纺织产业发达的欧洲地区。而随着在第二次世界大战后日本开始大力发展纺织工业，美国的纺织产业在20世纪60年代开始向日本转移，与之伴随的是美国在日本纺织相关行业的专利申请量也开始迅速增长。而随着亚洲新兴国家/地区开放程度的提高和具有相对较低的劳动力成本和广阔的市场，美国在20世纪70年代末期开始将纺织产业向这些国家/地区转移，与之伴随的是美国在韩国、中国等国家的专利申请量开始迅速增长。并且随着中国纺织工业的崛起，美国在中国纺织相关行业的专利申请量保持稳定快速增长。

4）国内发展特点分析

针对国内发展特点进行分析，可以更加清晰地了解国内的发展方向，为园区的定位及发展方向提供参考。例如通过专利信息挖掘，可见工业机器人产业的国内特点为：下游蓬勃发展，上游关键环节寻求突破；东部沿海优势显著；国外技术垄断，国内技术输出能力逐步增强。

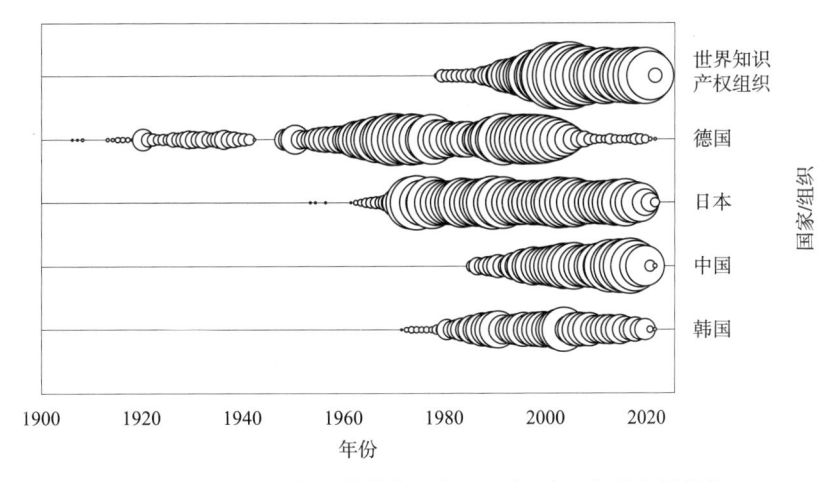

图 3-3-9 美国纺织服装产业主要国家/地区专利布局趋势

注：图中气泡大小表示申请量多少。

我国工业机器人产业起步较晚，其发展过程大概可以分为三个阶段：1972~1985年的萌芽期、1985~2000年的技术研发期、2000年至今的产业化期。1986年高技术研究发展计划（863计划）开始实施，中国工业机器人专利布局起步，到2000年初中国投资建立了9个机器人产业化基地和7个科研基地，2012年《智能制造科技发展"十二五"专项规划》颁布。由于国内老龄化速度加快，适龄劳动人口逐年减少，劳动成本上升，企业面临招工难、招工贵的难题，而且随着人口教育水平的提高和社会观念的转变，期望对传统"脏、累、差"的工作环境进行转型。中国工业机器人产业整体市场规模进一步扩大：2017年中国整个机器人产业的规模超过1200亿元人民币，同比增长25.4%，增速保持全球第一。工业机器人产业专利布局亦迅猛发展：2000年后中国专利申请数量呈指数上升，截至2018年8月底，中国受理相关专利数量超过13万件并且仍以超过10%的速率增长（参见图3-3-10）。

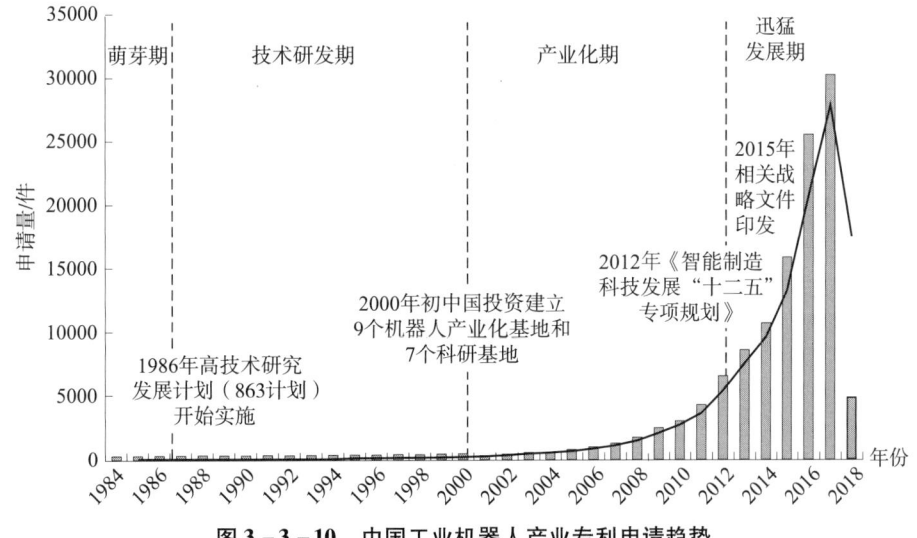

图 3-3-10 中国工业机器人产业专利申请趋势

目前，中国工业机器人产业在工业4.0及相关政策的引导下蓬勃发展，工业机器人产品应用潜力逐步释放，整体产业链日益完善。2000年后，我国在整个工业机器人产业链中均开展专利布局，然而由于上游核心部件研发难度最大。因此，国内机器人产业仍未彻底扭转核心零部件依赖进口的局面，国产机械本体厂商生产成本没有优势，大多依靠系统集成盈利。因此，我国作为工业机器人的后进入者，大多数企业选择在下游突破，陆续开发出焊接、装配、搬运、打磨、切割、喷涂、检测等集成化的工业机器人；一批国产工业机器人已服务于国内部分企业的生产线上。在整个产业链专利布局中，中国下游专利占比份额最大，达到68%，超过全球平均下游占比份额（参见图3-3-11），尤其近三年下游专利申请增长速度显著；2015年、2016年每年专利申请量均超过10000件并且仍然高速增长，其中，下游搬运分支占比最大，焊接次之，总申请量均超过20000件。在减速器、驱动器、控制器等上游核心部件设计研发方面，我国机器人企业处于弱势竞争地位，而日、美、德等的企业凭借技术的垄断优势，提高技术研发环节的附加值，导致我国工业机器人整机生产成本居高不下。我国也已生产出部分关键元器件例如控制器等，部分企业、科研单位也已经掌握了工业机器人的控制、驱动系统的硬件设计等，力求在其他关键环节寻求突破。国产控制器采用的硬件平台和国外产品差距不大，差距主要在于软件中的核心算法和二次开发。主流厂商的控制系统一般为自主开发。虽然国内控制器市场尚未形成明显竞争格局，但国产厂商随着技术的发展和市场份额的不断扩大，控制器相关专利申请已经有显著增长，申请总量已达8000余件。因此，中国如果想加快形成完善的工业机器人产业化体系，仍然需要将加速核心零部件的国产化提上日程。

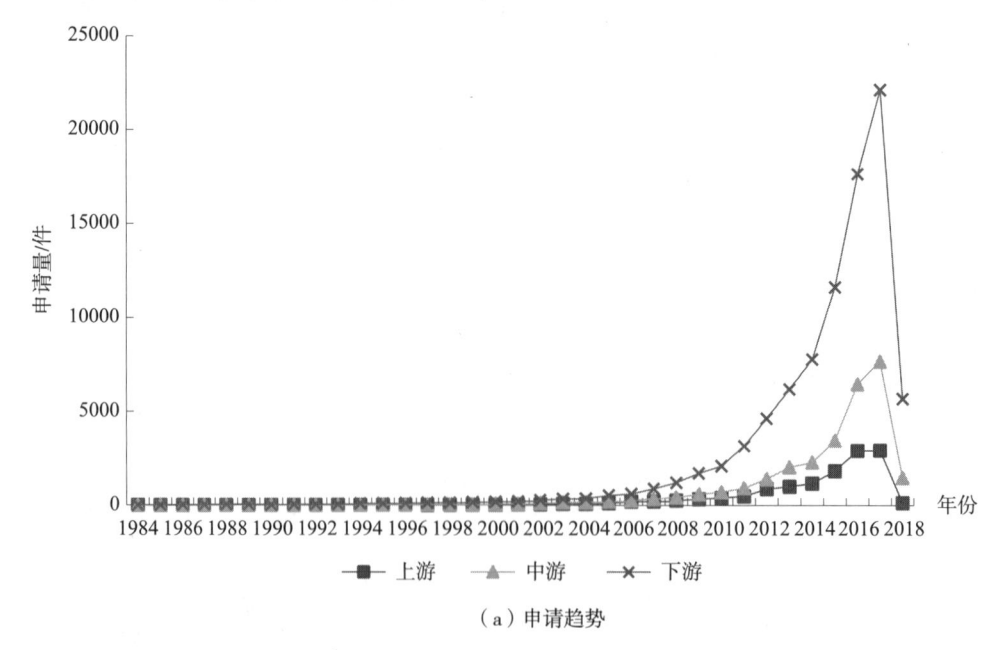

（a）申请趋势

图3-3-11 工业机器人产业上中下游中国专利申请趋势、占比及各分支申请量

(b）上中下游占比

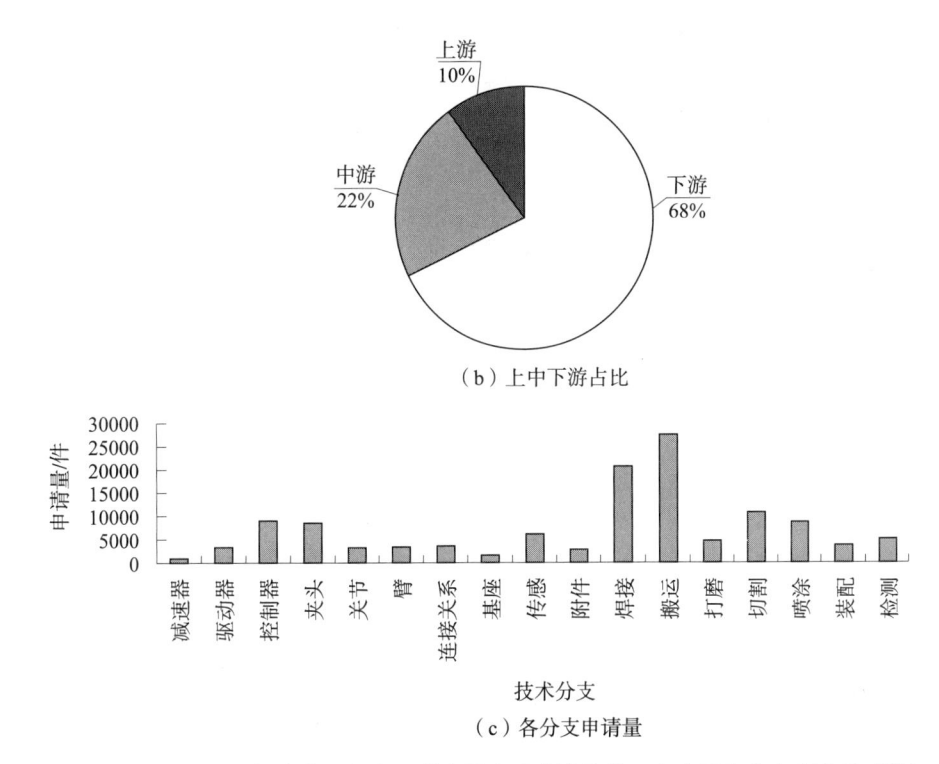

(c）各分支申请量

图 3-3-11　工业机器人产业上中下游中国专利申请趋势、占比及各分支申请量（续）

就中国各个区域来看，东部沿海经济发达地区工业机器人产业聚集密集。据统计，随着国内制造业应用需求的高速增长，工业机器人使用主要集中在珠三角、长三角地区，地域分布特性显著（参见图 3-3-12）。广东、江苏、浙江、上海作为第一梯队，优势明显。据不完全统计，至今深圳市工业机器人企业超过 350 家。2016 年 8 月，经广东质量强省办批准，深圳市宝安区启动了"广东省工业机器人产业知名品牌示范区"筹建工作。江苏苏州、徐州、常州均建设了工业机器人产业园。"四大家族"中国总部均落在上海。上述四个省份中，广东、江苏、浙江工业机器人产业专利申请总量均超过 10000 件，其中广东、江苏申请数量已经达到 20000 余件。

5）重点技术脉络挖掘

重点技术脉络是某产业发展方向的重要体现。挖掘其重点技术发展脉络，可以帮助园区了解创新方向，有助于提高园区的前瞻性，助其在招商引智过程中重点考虑拥有产业重点技术的创新主体和人才团队，提前对产业进行技术研发布局。以工业机器人产业为例，工业机器人智能化标志之一在于工业机器人三维（3D）视觉技术。该技术是一个复杂的系统，包括对 3D 图像的采集、对图像的分析处理和对目标对象的控制等。其中，3D 视觉图像采集和图像处理算法是两个非常重要的部分。故可基于该重点技术挖掘发展脉络。

工业机器人 3D 视觉技术主要可以分为被动 3D 视觉技术、激光 3D 扫描技术、结构光 3D 扫描技术和 TOF 相机技术等几个分支。被动视觉技术是指在获取视觉信息时不主动改变环境条件的视觉技术,一般不附加结构光条件下单目、双目及多目测量都属于被动视觉技术。图3-3-13为被动3D视觉重点技术演进图示例,被动3D视觉技术主要分为单目视觉、双目视觉和多目视觉,单目视觉仅仅利用一个图像采集设备,控制方便,结构简单,其可以避免双目或多目视觉传感器中摄像机之间非严格同步造成的测量误差,但是难以完成高精度和高密度的3D重建过程,所以目前实际应用非常少,其改进也主要是借助其他设备来将二维图像转换为3D视觉。双目视觉是目前应用最多的被动视觉图像采集技术,它是基于视差原理并利用成像设备从不同的位置获取被测物体的两幅图像,通过计算图像对应点间的位置偏差,来获取物体3D几何信息的方法。双目视觉具有效率高、系统结构简单、成本低的优点,核心在于对采集到的图像进行3D重建的过程。多目3D视觉重建技术,是使用2个以上甚至几十上百个相机来实现精确的3D重建,与双目系统类似,使用更多的相机目的主要是实现更稳定更可靠的匹配问题,但由于使用相机过多,系统非常庞大,目前离投入使用还存在不小的距离。

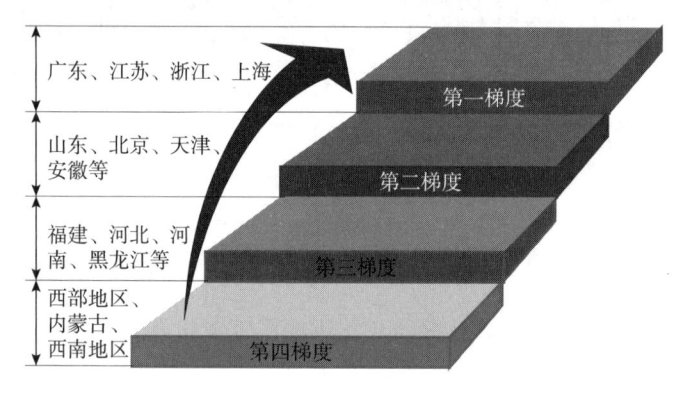

图3-3-12 工业机器人产业在中国发展的区域性特点

相应地,可以基于相同方式对其他技术分支的技术演进进行梳理。

6)创新热点分析

通过专利信息挖掘,可以发现目前的热点领域,通常创新热点会带来比较好的经济效益,园区在招商引智的过程中,可以将本地的产业现状和产业创新热点综合考虑后作出决策。

例如在对纺织服装产业进行专利信息分析时,发现自2019年起口罩领域的申请量增加迅速,这与新冠疫情的发展形势是相符的。自新冠疫情暴发,口罩无疑成为人们长期自我保护的必备利器,从开始的争相购买到如今习惯了随身佩戴。随着口罩的需求不断增加,针对口罩的研究也逐渐成为热点。在2000年之前,全球的口罩专利申请量一直较低,由图3-3-14可以看出,自2010年后,申请量开始逐渐增加,中国成为口罩专利申请的最热点市场,占比71%,其次是韩国、日本、美国,占比分别为7%、6%、5%。2019年,新冠疫情全球暴发,全球口罩专利申请量增加,尤其是中国专利申请,在2019~2020年,申请量出现急剧增长,总量占全球71%。通过进一步分析可发现,口罩领域的申请主要集中在改善影响呼吸、散热慢、密封不好、佩戴不舒适等方面。

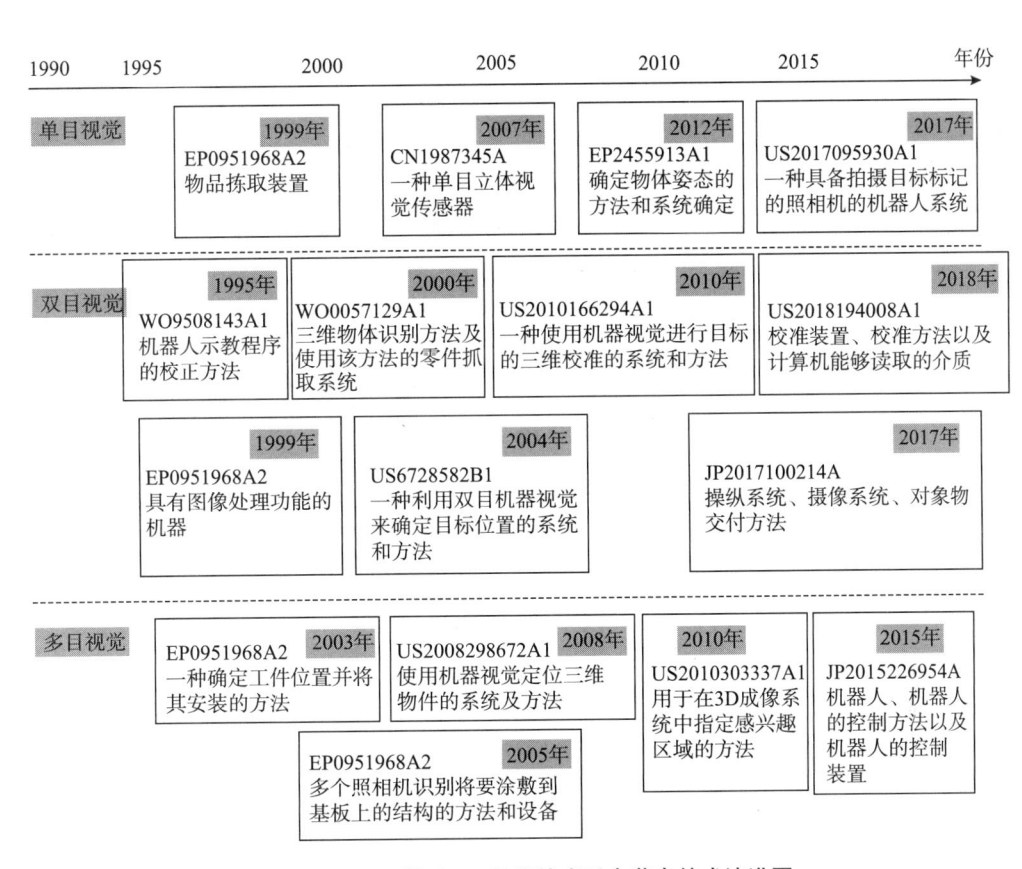

图 3-3-13 被动3D视觉技术重点节点技术演进图

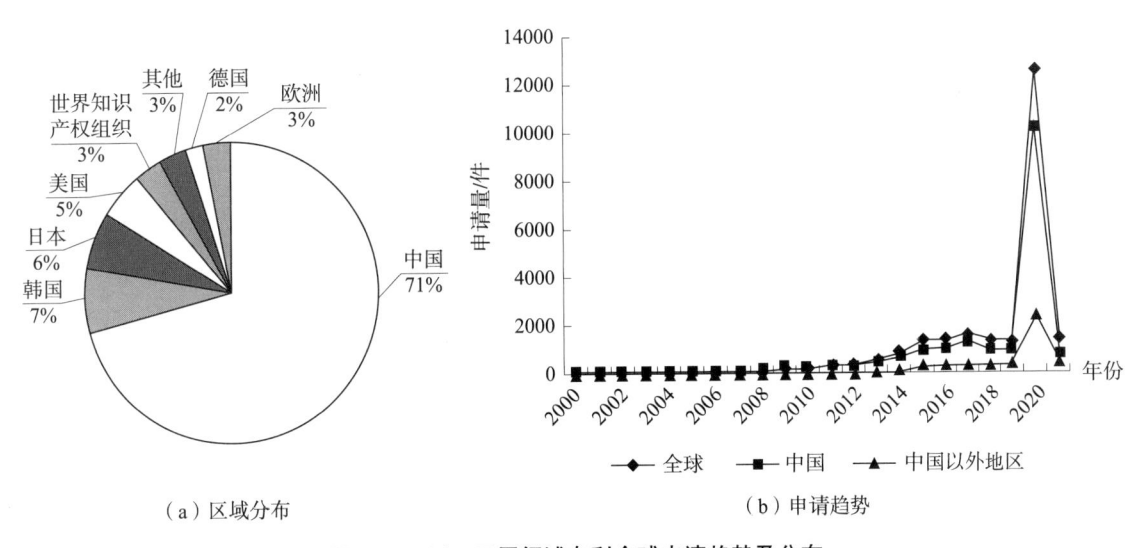

图 3-3-14 口罩领域专利全球申请趋势及分布

(a) 区域分布

(b) 申请趋势

7）国内外重点创新主体和团队分析

在专利信息挖掘中需要关注国内外重点创新主体和团队以及其研究方向，为后续的招商引智提供了资源库。重要申请人的发展方向和布局通常引领着该产业的发展方向，在对产业路径进行导航时也是必不可少的。

例如在某地工业机器人项目中，通过分析全球重要申请人在产业链中的分布情况了解其重点发展方向（参见图3-3-15）。同时对工业机器人各分支国内外重要申请人分布情况（参见表3-3-4）进行分析，可以在招商引智时做到有的放矢。

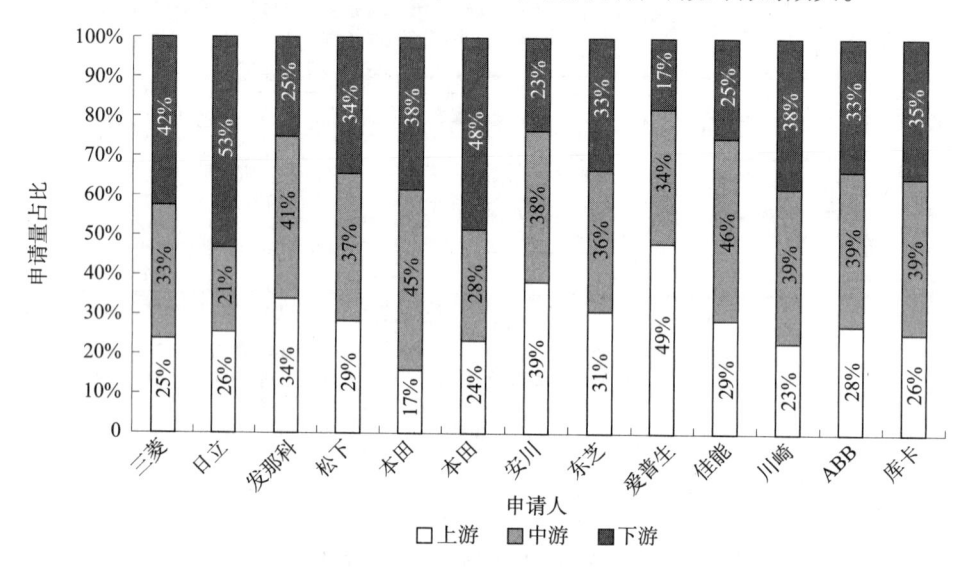

图3-3-15 工业机器人全球重要申请人在产业链中的专利分布占比

表3-3-4 工业机器人各分支重要申请人分布

技术分支		重要申请人
上游关键零部件	驱动器	国外：博世、松下、爱普生、安川、发那科、住友、三菱、日本精工、SMC、费斯托
		国内：哈尔滨工业大学、南京航空航天大学、苏州科技大学、上海交通大学、浙江大学、东南大学、沈阳工业大学、浙江厚达、苏州驱指、格力
	减速器	国外：纳博特斯克、住友、安川、发那科、爱普生、三菱、电装、松下、舍弗勒
		国内：苏州绿的、浙江来福谐波、江苏泰隆、中国科学院深圳先进技术研究院、海尚集团、鸿富锦、昆山光腾、南通振康
	控制器	国外：发那科、三菱、安川、日立、爱普生、东芝、丰田、富士通、松下、三星
		国内：华南理工大学、国家电网、新松、上海交通大学、浙江工业大学、浙江大学、北京航空航天大学、清华大学、东南大学、埃斯顿、北京工业大学、埃夫特、新时达

续表

技术分支		重要申请人
中游	机械本体	国外：日立、三菱、发那科、松下、安川、东芝、爱普生、本田、丰田、富士通、ABB、库卡 国内：清华大学、广西大学、鸿富锦、浙江工业大学、哈尔滨工业大学、浙江大学、埃斯顿、广州数控
	传感器	国外：发那科、爱普生、松下、日立、三星、索尼、本田、富士通、佳能、东芝 国内：华南理工大学、中国科学院自动化研究所、上海交通大学、浙江大学、北京工业大学、北京航空航天大学、北京光年无线科技、东南大学、广东工业大学
	其他附件	国外：发那科、安川、三菱、日立、松下、爱普生、电装、丰田、库卡、本田 国内：国家电网、哈尔滨工业大学、华南理工大学、新松、北京航空航天大学、上海交通大学、格力、东南大学、中国科学院自动化研究所
下游系统集成器	焊接	国外：三菱、日立、现代、新日钢、发那科、神户制钢所、本田 国内：骏马石油、中国石油、上海交通大学、苏州澳冠、安徽瑞祥
	搬运	国外：日立、现代、三星、三菱、丰田、本田、东芝、松下、日产、安川 国内：广西大学、浙江大学、国家电网、广东利讯、苏州博众、广州数控、新松、华南理工大学
	打磨	国外：日立、三菱、东芝、本田、川崎 国内：广东利讯、浙江工业大学、华中科技大学、佛山鑫鹏
	切割	国外：发那科、本田、现代、日立、库卡、三菱、三星、日产 国内：骏马石油、哈尔滨工业大学、华南理工大学、上海交通大学、北京工业大学、清华大学等
	喷涂	国外：本田、丰田、三菱、现代、ABB、东芝 国内：广西大学、东莞新力、大连华工、奇瑞、清华大学、苏州博众
	装配	国外：松下、日立、安川、发那科、三星、佳能、爱普生、ABB、东芝、三菱 国内：江苏捷帝、格力、中国科学院自动化研究所
	检测	国外：索尼、本田、东芝、发那科、富士通、爱普生、日立、三星、松下 国内：国家电网、中国科学院沈阳自动化所、华南理工大学、东南大学、山东鲁能、浙江大学等
	其他加工	国外：发那科、日立、松下、三菱、东芝、ABB、天田、富士通、本田、丰田 国内：燕山大学、苏州博众、江苏捷帝、瑞松、安徽鲲鹏、广东拓斯达等

再以纺织服装行业为例，在纺织服装行业中，东丽是全产业链覆盖较全的重要申请人，其成立于1926年，总部位于日本东京，是一家以合成纤维、合成树脂起家，现

涉及各种化学制品、信息相关素材的大型化学企业。东丽核心技术是自其成立之日开始便一直培育的"有机合成化学"、"高分子化学"和"生物技术"。除不断地开发这些技术之外，东丽还将其业务从纤维拓展到了薄膜、化成品和树脂，还在不断开拓新的业务领域，包括电子和信息相关产品、碳纤维和先进复合材料、医疗和医药产品以及水处理膜和系统，尤其是其碳纤维技术在世界上处于领先地位。

从东丽纺织服装产业专利申请趋势来看，早在1963年已有纺织服装产业方面的专利申请，并在1973年之后出现了一个专利申请增长小高峰［图3-3-16（a）］，这与东丽于1971年后开始研发生产聚丙烯腈（PAN）基碳纤维有关。东丽于20世纪90年代正式进入中国，最早于1993年在华进行专利申请，1994年，在中国成立东丽酒伊印染（南通）有限公司，1995年，成立东丽合成纤维（南通）有限公司，进入2000年后，东丽在中国快速发展，将生产、研发、工程中心都开始转移到中国，可见其对中国市场的重视。从图3-3-16（b）中的各技术分支占比可见，在其所有的产品板块里面，占到份额最大的是纤维前处理板块，比重高达50%，机织和非织造布也是重要组成部分，比重超过10%，东丽在印染方面的专利申请量，只有4%左右。

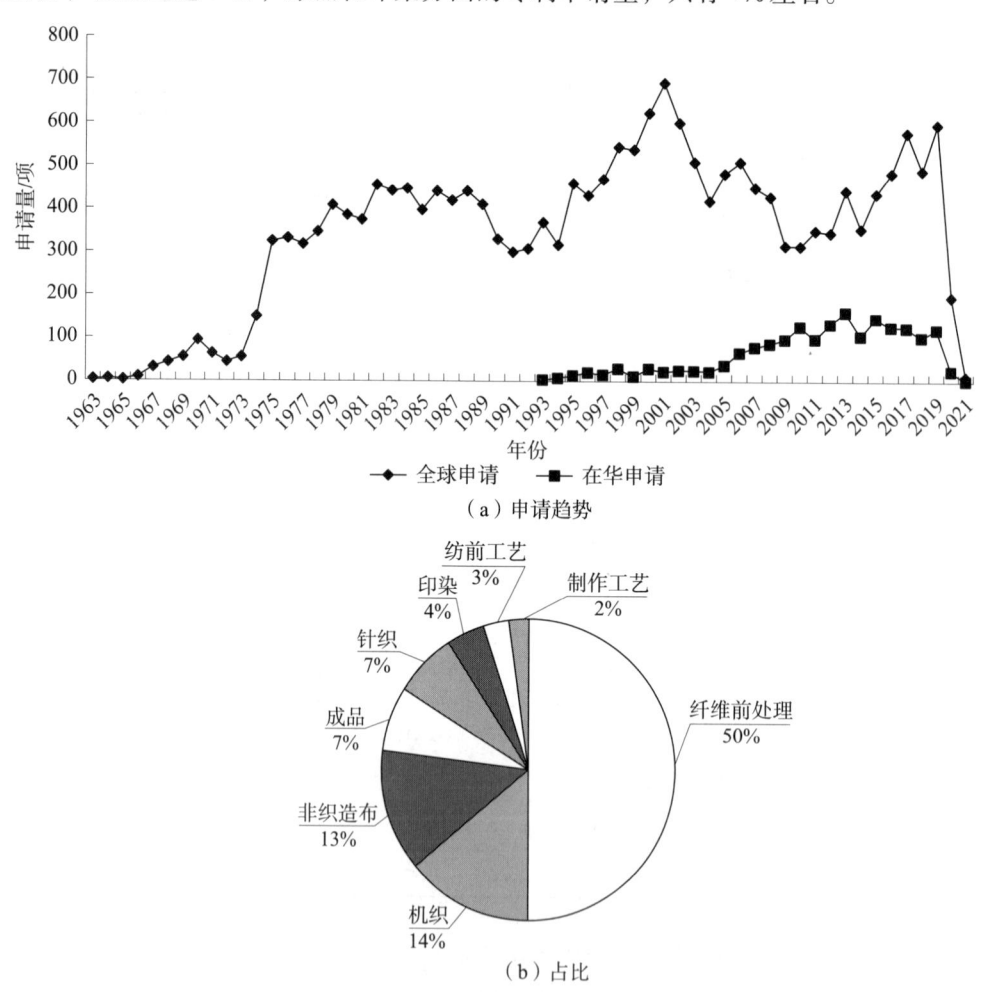

（a）申请趋势

（b）占比

图3-3-16 东丽纺织服装产业专利申请趋势和占比

从图 3-3-17 东丽的专利申请构成变化趋势中可见，纤维前处理的专利布局从 1975 年后一直占据绝对优势，并且该公司在大部分技术分支的专利申请量，比如纤维前处理、针织、机织和下游的成品整体上均呈平稳发展的趋势，非织造布的专利布局从 2018 年后呈现增长的势头，这也显示出其近期在全球化战略中对非织造布技术分支的重视。

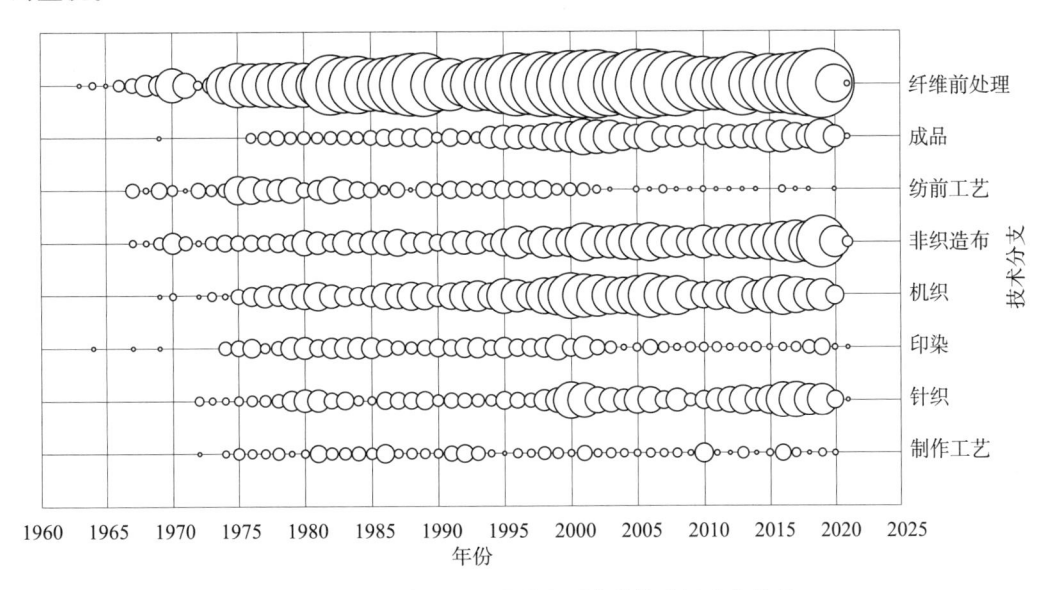

图 3-3-17　东丽纺织服装专利申请构成及变化趋势

注：图中气泡大小表示申请量多少。

通过对国内申请人类型以及数量进行统计，可以得到国内申请人的类型以及数量分布。由图 3-3-18 可以看出，申请量排名前十的申请人中，大专院校占据 7 席，表明我国纺织业的研发主要还是集中在大专院校和科研单位，企业的总体申请量虽然大，但是企业申请人主体较为分散，平均申请量较少。图 3-3-19 进一步展示了国内重要申请人的申请趋势。

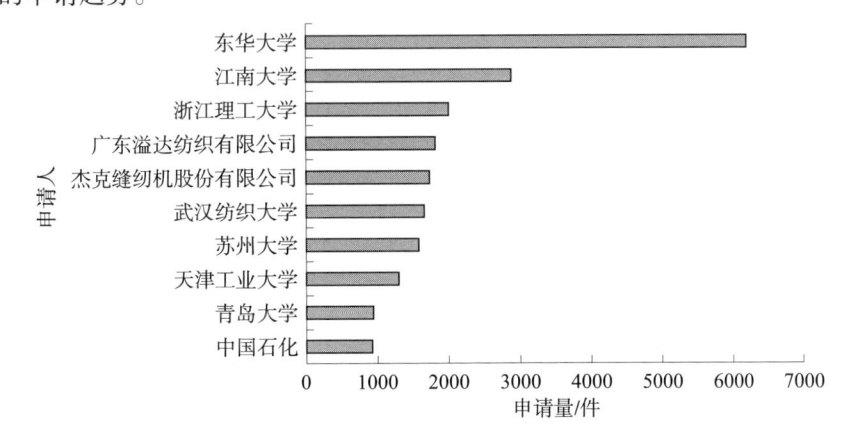

图 3-3-18　国内纺织服装产业重要申请人排名

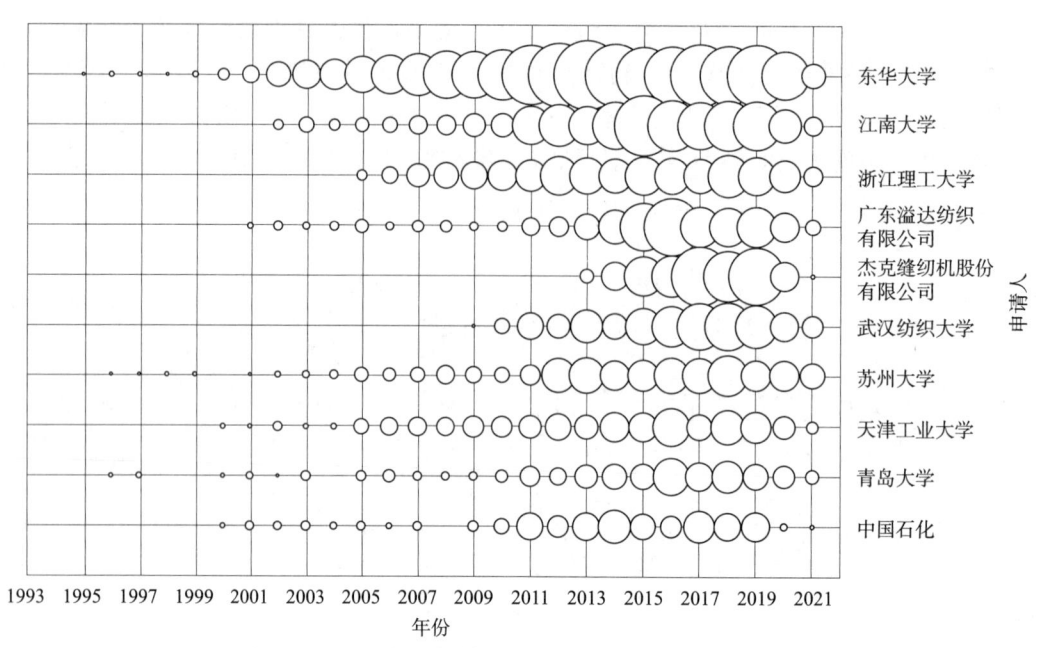

图 3-3-19 纺织服装产业国内重要申请人申请趋势

注：图中气泡大小表示申请量多少。

通过进一步挖掘国内创新主体技术占比和团队，可以更精准地明确招商引智的对象。例如对东华大学纺织服装产业各分支专利申请情况进行统计，可以得到东华大学纺织服装产业各分支的专利申请趋势。从图 3-3-20 中可以看出，东华大学最早的关于纺织业的申请是在针织和纺前工艺领域，自 2002 年之后，东华大学开始对纤维前处理方向加大研发力度，该方向成为其研究重点，申请量逐年上升，在各分支中占比最高。2011 年开始，东华大学进一步加大了对纺前工艺、针织和非织造布的研发力度，在纺织服装产业各分支协调发展。

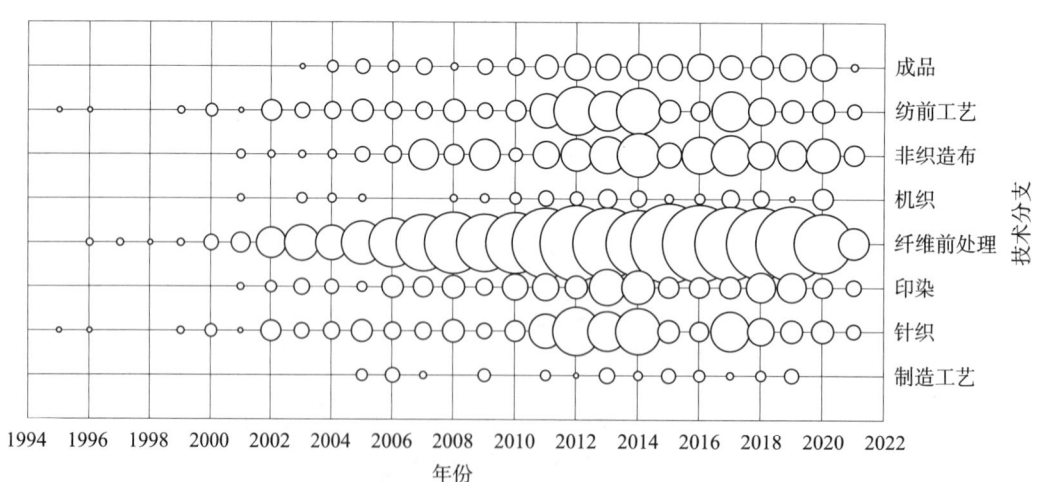

图 3-3-20 东华大学纺织服装产业各分支申请趋势

注：图中气泡大小表示申请量多少。

以上结合具体案例展示了以招商引智为目标的专利导航分析产业发展方向的一些维度，而不同行业的特点不同，因此需要基于产业特点综合其他维度进一步明晰产业发展方向。总之，通过专利信息数据结合产业信息，可以从多个维度挖掘出关注产业的整个结构调整方向、龙头企业发展策略、招商引智潜在目标。结合下一步的区域相关产业现状定位，便可确定产业招商引智的路径。

3.3.1.4 确定区域产业现状定位

在分析产业发展方向的基础上，需要进一步了解区域产业现状、区域产业和相关企业专利布局及其专利运营情况，以及区域企业核心技术（专利）掌握情况，通过区域现状与产业现状的对比，明确区域产业发展定位，从而找到园区在产业链上"强链""补链""延链"的关键环节，进而找准需要招商引智的环节与目标。

以某园区工业机器人产业专利导航为例，通过了解该园区在工业机器人产业的专利布局和保护情况，可以挖掘其结构链、技术链、专利链的定位和布局策略以及相关企业的定位，从而准确发现需要进一步优化的环节和招商引智的对象。

1）区域产业结构链定位分析

例如通过结合工业机器人产业聚集的特点，选出目前中国工业机器人发展较快的城市（例如上海市、广东省广州市、黑龙江省哈尔滨市和安徽省芜湖市），与园区所在市的专利进行对比分析，这四个城市虽然工业机器人的起步时间或早或晚，但是均已形成一定产业规模，进行了全面的专利布局，将其与园区进行对比可以分析得出目前园区工业机器人发展过程中的情况及定位，并据此引导后续的发展。图3-3-21分别为上海、广州、哈尔滨、芜湖工业机器人上、中、下游的专利申请情况。

2）区域产业技术链定位分析

表3-3-5展示了工业机器人产业中不同申请人申请量在各环节的比重对比。通过分析目前全国重要申请人的整体专利比重分布，可以了解园区在技术链的位置。从整体上分析，全国重要申请人的整体专利申请布局偏重于产业链中下游，其中中游占比为47%，下游占比为33%，上游占比为20%，高校大部分的理论研究多注重于中游机械本体部分，因此中游占比较高。由此可知，虽然中游占比较高，但是还处于理论研究阶段，未转化为科技成果。上游技术门槛较高，研发投入资金较大，但是国内重要申请人在这方面的研究从未放松。根据全球重要申请人和全国重要申请人的技术研发占比可知，目前全国重要申请人正朝着全球重要申请人靠拢，尽力保持上、中、下游的研发平衡，努力打破国际工业机器人巨头的技术壁垒，在中国市场积极进行专利布局，赢得主动权。将园区所在市的申请人与全球及全国重要申请人在各环节的占比进行对比不难发现，园区更偏重机器人的下游应用方向，在核心价值较高的上游占比仍显不足。

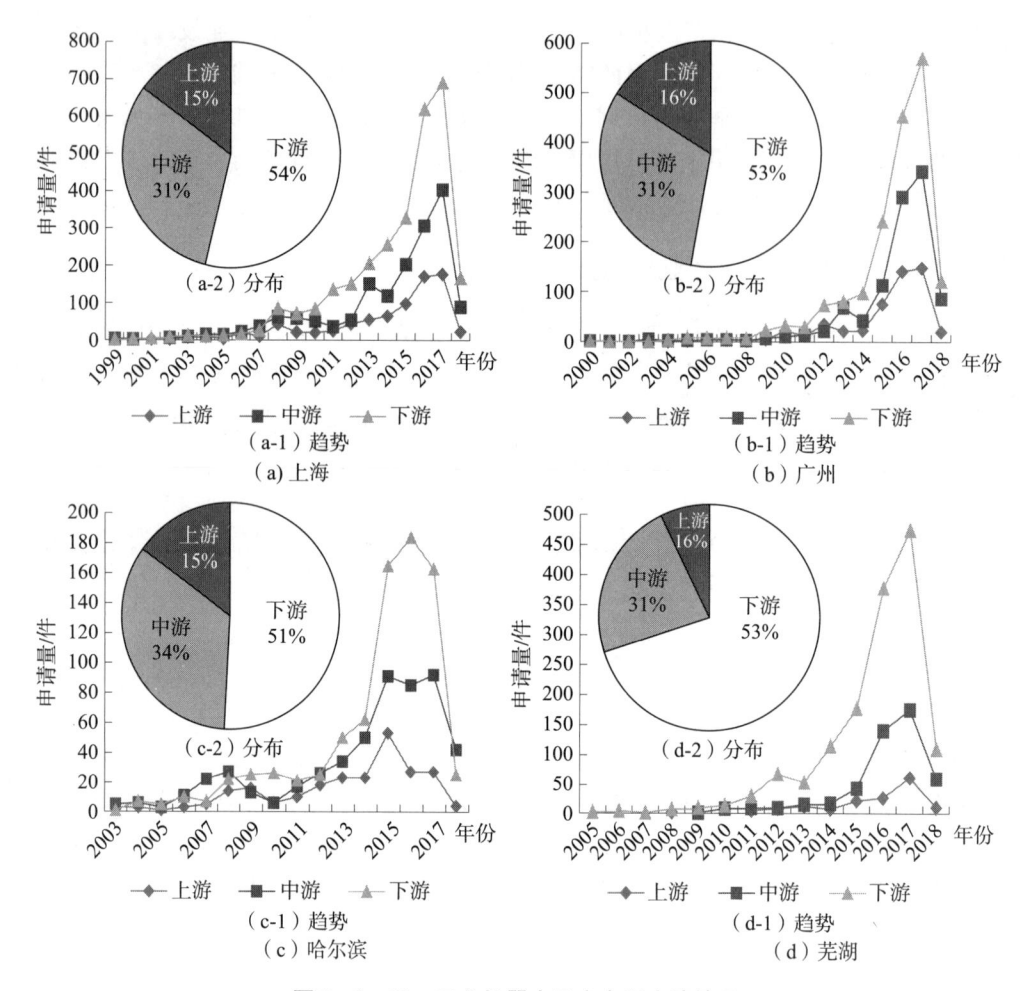

图 3-3-21 工业机器人四市专利申请情况

表 3-3-5 工业机器人各环节全球重要申请人、
全国重要申请人以及园区所在市整体申请结构占比
单位：%

申请人类型	上游占比	中游占比	下游占比
全球重要申请人	29	35	36
全国重要申请人	20	47	33
园区所在市申请人	10	23	67

进一步地，参考图 3-3-22，通过分析园区所在市在工业机器人下游产业分支专利申请趋势，可以明确园区在下游环节的技术定位。2006 年以前，虽然工业机器人下游产业有专利申请，但是申请量较少，因此，从 2006 年开始对专利申请进行分析，在工业机器人下游产业中搬运应用最为广泛，其次是焊接，再次是喷涂，其中前两个应用与全球工业机器人下游应用排序相同，而喷涂的应用比例要高于全球喷涂工业机器人应用的比例，这与下游市场需求有关。其中工业机器人搬运技术应用较早，且申请量也较多，发展最快，这是由市场的广泛需求导致的，其可以应用于各类工业制造企

业及仓储物流行业中,因此成为下游技术研发重点。焊接机器人由于其技术要求较高,研发成本较大,结合其市场需要,因此申请量比搬运机器人要少。

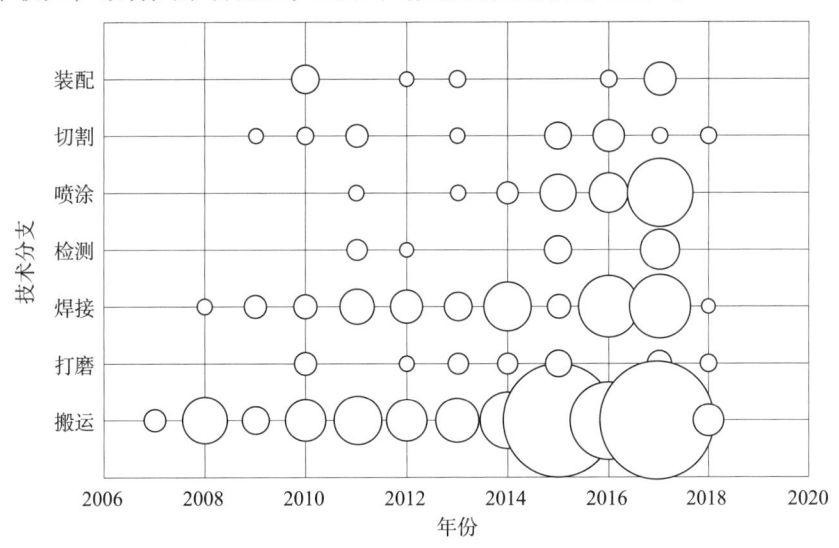

图 3-3-22 某市下游产业分支专利申请趋势

注:图中气泡大小表示申请量多少。

3)区域产业技术创新能力定位分析

为了更好地找准本地企业对相关技术的掌握程度,还需要对本地企业的专利申请情况进行研判。例如表 3-3-6 为某地重要申请人在工业机器人产业链上的申请分布情况。从表可以看出,该地工业机器人相关企业专利申请量总体较少、未覆盖全产业链、缺少具有较强专利竞争力的龙头企业。这 8 个申请人中,有 2 所高校、2 所科研单位、4 家公司,虽然高校及科研单位和企业各占一半,但是从总申请量来说,该地工业机器人产业重点技术集中于高校及科研单位。

此外,还可以通过区域协同创新情况定位、创新人才能力定位、专利运营实力定位等维度,进一步对比完善区域定位。

3.3.1.5 确定产业招商引智路径

通过上述步骤明确产业发展方向和园区定位后,基于产业布局优化原则确定园区的招商引智路径。本节以某园区工业机器人的专利导航为例,给出产业招商引智路径的主要步骤。

1)步骤一:结合园区实际定位,确定招商引智的需求

在产业集群建设中大力推进龙头企业率先发展,增强其自主创新和自主发展能力,提升其核心竞争力是促进产业集群快速发展的根本。通过对全球和某市的工业机器人产业市场趋势、技术动向和专利态势的比较分析,可以清晰地看到,某市未来在工业机器人产业方面要树立"立足现有产业规模基础,加大高新产品创新力度"的发展目标,充分发挥已有的产业优势。

表3-3-6 某地重要申请人工业机器人各分支申请数量

单位：件

申请人	上游				中游								下游						总计
	减速器	驱动器	控制器	合计	本体					传感器	其他附件	合计	焊接	搬运	打磨	喷涂	切割	检测	装配	其他	合计	
					夹头	关节	臂	连接关系	基座													
河南科技大学	6	0	4	10	0	3	0	35	0	4	2	44	5	7	2	1	2	0	0	4	22	76
洛阳理工学院	0	0	0	0	0	0	0	3	0	0	1	4	5	24	1	1	0	7	0	3	41	45
洛阳中冶重工机械有限公司	0	0	0	0	0	0	0	0	0	0	0	0	0	26	0	0	0	0	0	0	26	26
中信重工机械股份有限公司	0	1	0	1	2	0	0	0	0	0	0	2	5	0	1	0	1	0	0	6	13	16
清华大学天津高端装备研究院洛阳先进制造产业研发基地	0	0	1	1	0	0	0	0	0	1	0	1	0	13	0	0	1	0	0	0	14	16
中机洛阳精密装备科技股份有限公司	0	0	0	0	0	16	0	0	0	0	0	0	0	0	0	0	0	0	0	0	0	16
机器人与智能装备创新研究院	0	0	2	2	2	0	0	0	0	0	0	2	0	6	0	0	0	1	0	2	9	13
洛阳博智自动控制技术有限公司	0	1	3	3	0	0	0	0	0	0	0	0	0	6	0	0	0	0	0	0	6	10
园区所在市	26	5	19	50	6	36	2	36	3	8	34	121	53	177	13	19	21	12	11	45	351	522

园区相关产业链布局不够完善，且企业之间合作较弱，在工业机器人领域没有形成产业链、技术链，而随着中国工业机器人产业"集群化"的特点日益明显，单个企业将受到国外工业机器人龙头企业和本国工业机器人集群的双重压力，为此，为提高园区工业机器人的市场竞争力和占有率，在引导企业和科研单位加强自身技术创新外，还可以通过优化创新制度、由政府牵头成立相应的创新平台或产业联盟，实现企业的创新集聚、规模集聚、市场集聚，打造具有自身特色的工业机器人产业集群。园区工业机器人产业企业与科研院所之间已具备一定的合作基础，例如，中国科学院自动化研究所（洛阳）机器人与智能装备创新研究院于2014年10月入驻园区国家大学科技园，并在工业机器人控制器和搬运机器人方面产出了一定量的专利；清华大学天津高端装备研究院洛阳先进制造产业研发基地于2016年入驻园区高新区，并在3D视觉、搬运机器人、焊接机器人领域多有建树，为园区本地企业提供了智能化焊接和搬运的解决方案。可以利用中国科学院自动化研究所（洛阳）机器人与智能装备创新研究院和清华大学天津高端装备研究院洛阳先进制造产业研发基地在3D视觉、搬运机器人、焊接机器人等方面的技术优势，与园区内企业建立技术人员交流机制，构建灵活的创新合作体系，促使产业发展和技术创新有机融合，从而实现园区机器人相关企业实现产品互补、技术共享的集聚化。

综上分析，可以给出园区"优化体系建设，引进骨干企业，加强集群化模式"的招商引智目标。

2）步骤二：结合园区现状，明确招商引智对象

招商引智途径可以包含三种：第一种是通过合作共赢的方式实现产业发展的目的；第二种是将优势的企业和人才引进到园区；第三种是通过提前培养的形式储备人才。具体途径的选择，需要依据招商引智对象确定。

(1) 加强与国内优势企业与科研院所合作

通过对园区所在市的工业机器人专利申请情况进行分析，可以发现，该地工业机器人发展程度相对缓慢，且整体研发能力较弱，如果仅依靠本地企业和科研院所进行自主研发，将会付出大量的人力物力，且效果不佳，从而导致该地工业机器人产品在全国乃至全球市场中缺乏竞争力。因此，为使得园区工业机器人产业迅速发展，提升其技术研发能力以及产品的市场竞争力，可以采取引进国内优势企业或与国内优势企业和科研院所进行合作的方式进行技术研发。

通过对国内工业机器人产业重点申请人分析可知，目前国内工业机器人重点申请人多为高校，因此可以通过寻求产学研合作的方式与相关高校进行合作研发，例如华南理工大学、上海交通大学、浙江大学在工业机器人控制器的理论研究方面有一定的实力，其控制器方面的专利申请价值较高；清华大学、哈尔滨工业大学和天津大学对于工业机器人机械本体的研发实力较强，其在工业机器人机械本体方面的专利申请质量较高；另外，近年来国内也出现了一些工业机器人的龙头企业，其同样对工业机器人的相关技术进行了大量的技术研究，例如新松在控制器和机械本体方面有一定的建树；格力则在机械本体和驱动器方面都有一定的研究，因此，可以在这些方面积极与

上述公司进行技术合作,在有条件的情况下,可以积极引进上述企业进驻园区工业机器人和智能装备产业园,以逐步形成具有产业上技术优势的企业群。

通过与国内优势企业和科研院所进行合作,一方面可以带动园区本地企业工业机器人相关技术的研发能力,另一方面还可以通过技术合作,对园区本地工业机器人企业的相关产品进行快速专利布局,以期获得市场主动权。

(2) 引进国内优秀创新主体,提升园区研发能力

通过产业分析,可以了解产业各环节重要创新主体,结合园区实际需求,可以确定招商对象,提升园区研发能力。以某园区工业机器人产业专利导航项目为例,参见表3-3-7,在产业链上游,苏州绿的谐波传动科技有限公司的左昱昱、庄晓琴在谐波减速器方面有较好的研究基础,哈尔滨工业大学的尚静等在工业机器人驱动器方面有一定的研究,华南理工大学的邱志成团队以及新松机器人徐方团队在工业机器人控制器方面有较好的研究成果。在产业链中游,清华大学的张文增等以及哈尔滨工业大学的赵杰团队、刘宏团队在工业机器人机械本体有较好的研究成果,华南理工大学的张宪民团队以及东南大学的宋爱国侧重于工业机器人传感器方面的研究。在产业链下游,哈尔滨工业大学的赵杰团队、刘宏团队以及雷正龙等在焊接机器人方面有一定的研究成果,新松的徐芳、邹风山等在搬运机器人方面有较强的研发实力。

表3-3-7 产业链不同环节的国内优秀创新主体

技术领域	国内优秀创新主体	发明人
减速器	苏州绿的谐波传动科技有限公司	左昱昱、庄晓琴
驱动器	哈尔滨工业大学	尚静等
控制器	华南理工大学	邱志成等
控制器	新松	徐方等
机械本体	清华大学	张文增等
机械本体	哈尔滨工业大学	赵杰、刘宏等
传感	华南理工大学	张宪民等
传感	东南大学	宋爱国等
焊接	哈尔滨工业大学	赵杰、刘宏、雷正龙等
焊接	广西大学	蔡敢为等
搬运	新松	徐芳、邹风山等

(3) 确定引进或培养招才引智对象,为提高研发实力提供支撑

以专利导航信息为指引,积极实施人才引进计划,打造产业人才汇聚高地,满足创新发展急需的各类人才的需求。积极推动本地科研院所与国内外大型企业战略合作,加快引进培养一批领军型技术人才和复合型高端人才。

人才培养可以从本土人才以及人才引进这两个角度为相关产业挖掘高技术人才，提高自身技术水平。通过专利导航，可以明确园区所在市的部分高校相关产业的研发团队。同时，除了立足本地，还可以通过优惠政策和福利等引进外部创新人才，挖掘现有科研院所或重点企业中研发实力较为雄厚的研发团队或核心发明人，通过合作或者直接引进的形式丰富园区所在市产业的人才梯队，从而形成具有自身特色的研发团队，为其长远发展提供人力支撑和技术支持。

以某园区工业机器人项目为例，进行具体分析。

引进国内外高层次人才。加强创新创业基础条件建设，吸引国内外高层次优秀人才，在急需但又难以引进领军人才的技术领域，积极寻求多种形式的合作。按照园区所在市人才计划，加大工业机器人产业领域人才的比重，对引进的高层次人才给予支持。

园区所在市本土高校或科研单位主要包括河南科技大学和洛阳理工学院，根据河南科技大学和洛阳理工学院的专利申请情况，筛选出了工业机器人相关技术分支的重要发明人。

在产业链上游，河南科技大学的邓效忠、李天兴、苏建新在工业机器人减速器领域有较好的研究基础，河南科技大学的付主木在工业机器人控制器领域有一定的研究。表3-3-8为园区所在市工业机器人产业上游发明人重要专利列表。

表3-3-8　园区所在市工业机器人产业上游发明人重要专利

技术领域	申请号	申请人	发明人
控制器	CN201110395750.X	河南科技大学	付主木、吕蒙、张松灿、张聚伟、梁云朋、高爱云、肖隽亚
减速器	CN201810074857.6	河南科技大学	邓效忠、柯庆勋、苏建新、邓静
减速器	CN201711488969.8	河南科技大学	邓效忠、李天兴、邓静、胡晨辉
减速器	CN201810045833.8	河南科技大学	李天兴、杨婧钊、邓效忠、王国峰、邢春荣、安小涛、苏建新、王会良
减速器	CN201710537335.0	河南科技大学	苏建新、邓效忠、李天兴、程琛、柯庆勋、张丽芳、师恩冰

在产业链中游，河南科技大学的张彦斌在工业机器人连接关系领域有较好的研究基础，河南科技大学的邱明在工业机器人关节领域具有一定的研究，河南科技大学的韩建海在工业机器人附件方面有一定的研究，河南科技大学的贺智涛、李富欣、张前进、卜文绍在工业机器人视觉领域具有一定的研究。表3-3-9为园区所在市工业机器人产业中游发明人重要专利列表。

表 3-3-9　园区所在市工业机器人产业中游发明人重要专利

技术领域	申请号	申请人	发明人
视觉	CN201410015057.9	河南科技大学	贺智涛、李富欣、姬江涛、邓明俐、何亚凯、贾世通、杜新武、郑治华、杜蒙蒙
视觉	CN201210011983.X	河南科技大学	张前进、卜文绍、徐素莉、郑国强、陈祥涛、李劲伟、张松灿、孙炎增、李佩佩、王桂泉、祁志娟、王雯霞
连接关系	CN201710994792.2	河南科技大学	张彦斌、陈子豪、荆献领、赵浥夫、薛玉君、刘延斌
连接关系	CN201710992686.0	河南科技大学	张彦斌、陈子豪、韩建海、荆献领、李向攀、郭冰菁、赵浥夫
连接关系	CN201710225632.1	河南科技大学	张彦斌、荆献领、李跃松、聂少武、韩建海、刘延斌、杨宏斌、赵浥夫
连接关系	CN201710224771.2	河南科技大学	张彦斌、荆献领、邓利蓉、李向攀、韩建海、曹雪梅、刘延斌、张占立
关节	CN201310172628.5	河南科技大学	邱明、吕桂森、李迎春、陈龙、贾晨辉
关节	CN201610482885.2	河南科技大学	邱明、张瑞、李迎春、庞晓旭
附件	CN201510573012.8	河南科技大学	韩建海、吴鹏、李向攀、郭冰箐、王军伟、谢丰隆

在产业链下游，洛阳理工学院的李彬、杨海军、朱德荣在搬运机器人方向有一定的研究，河南科技大学的邓效忠在打磨机器人方向有一定的研究，河南科技大学的韩红彪及洛阳理工学院的常家东在焊接机器人方向有一定的研究，河南科技大学的张利平、李立本在喷涂机器人方向、洛阳理工学院的郭光立在切割机器人方向、沈阳理工学院的朱德荣在检测机器人方向、河南科技大学的张志红、姬江涛在其他工业机器人的应用领域如分拣机器人方向有一定的研究，表 3-3-10 为园区所在市工业机器人产业下游发明人重要专利列表。

表 3-3-10　园区所在市工业机器人产业下游发明人重要专利

技术领域	申请号	申请人	发明人
切割	CN201110438600.2	河南科技大学	郭光立、张玉仙、毛玺
分拣	CN201620309766.2	河南科技大学	张志红、王东洋、贺智涛、赵世民、王惠、董昆乐、孔德辉、姬江涛、刘卫想、陶满、朱越、岳菊梅

续表

技术领域	申请号	申请人	发明人
分拣	CN201610229853.1	河南科技大学	张志红、姬江涛、贺志涛、陶满、朱越、王东洋、刘卫想、岳菊梅、杜新武、金鑫
喷涂	CN201410212294.4	河南科技大学	张利平、李立本、李新忠、闫海涛、甄志强
检测	CN201721331196.8	洛阳理工学院	朱德荣、唐鹏博、罗楠、卢小鹏
检测	CN201510215452.6	洛阳理工学院	朱德荣、张伟、罗楠、杨波、黎世豪、陈力、刘厚涛、李程建
检测	CN201110300408.7	洛阳理工学院	朱德荣、王国强、赵秀婷、张旦闻、孙娟、范宦潼、王小涛、李东伟、吕远好、刘兴振
焊接	CN201610441758.8	洛阳理工学院	常家东、王海霞、贾贵西
焊接	CN201710406336.1	河南科技大学	韩红彪、郭敬迪、焦文清、陈俊潮、隋新、司东宏、薛玉君、李济顺
打磨	CN201711448941.1	河南科技大学	邓效忠、苏建新、王斌
搬运	CN201710702828.5	洛阳理工学院	李彬、王红、巍然
搬运	CN201510311025.8	洛阳理工学院	杨海军、常云鹏、张丽洁、何毅仁、张志航、杨德芹
搬运	CN201510311197.5	洛阳理工学院	杨海军、何毅仁、孙小捞、康红艳、贾贵西、张志航、李振龙、贺天柱
搬运	CN201510215566.0	洛阳理工学院	朱德荣、张伟、李宜春、郭党委、龚志杰、刘智辉、王丹

总体来看，该市在工业机器人上、中、下游均有一定人才储备，上游的减速器、控制器均有一定人才，但驱动器人才较为匮乏，中游的连接关系、关节、附件也有一定人才，但机械臂、夹头、基座及传感人才较为匮乏，下游几乎涵盖了应用的具体分支，如切割、打磨、分拣、装配、搬运、焊接、检测、喷涂等分支，但其中装配机器人人才较为匮乏。

3.3.2 以对"商"进行评估为目标的专利导航

3.3.1节重点介绍了产业园区在招商引智的过程中引入专利导航的实施方法，通过实施专利导航找准产业园区需招商引智的环节，并给出具体的招商引智的路径。路径指明了招商引智的方向和范围，但对于每个具体的目标并未展开更为详细的分析，该分析可以在园区初步确定了待引进目标后开展。本节侧重于在确定了待引进的"商"

后，如何通过专利导航对目标的创新情况和创新实力进行详细的评估，为园区最终决策提供支撑。

同时在招商的过程中，不免出现鱼龙混杂的情形，如何去辨别招商的质量成为管理者必然要考虑的问题，而专利的性质使得其能够客观反映企业的技术积累与实力地位，以企业评估为目标的专利导航则适用于具有明确目标的场景，以专利数据为基础，通过系统分析目标企业的专利及相关技术创新情况，评价其创新实力，为最终决策提供建议。因此，本节既可以作为3.3.1节的延伸，也可以适用于对企业进行评估的场景。

以对商进行评估为目标的专利导航的操作步骤与方法（参见图3-3-23）一般包括：①检索对象的背景信息，可包括发展历程、人员规模、发展阶段、主营产品的种类及市场占有率、营收状况等；②检索对象的专利权归属、专利权期限、专利权的法律状态、专利运用（如转让、许可、质押等）、专利涉诉等情况；③筛选对象的主营产品或技术对应的较高技术水平的专利或专利申请，评价其专利的权利稳定性或专利申请的授权前景、专利（或专利组合）对核心技术方案的保护程度；④评价对象的技术先进性和技术可替代性，可与现有技术进行对比分析；⑤评价对象的相关专利或专利申请所使用的技术方案的侵权风险。以上步骤可根据待评估对象的实际情况有所选择地选择几项进行，不需要所有步骤均涉及。

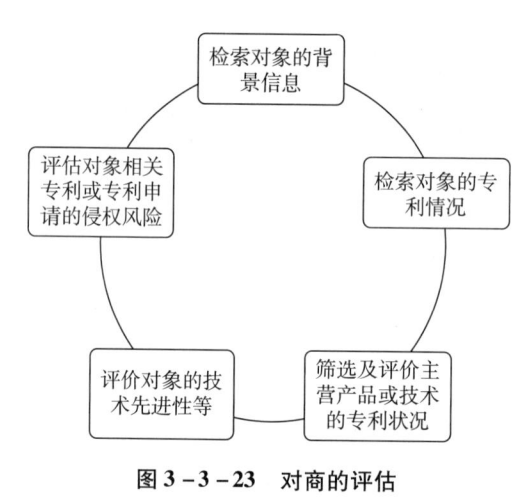

图3-3-23　对商的评估

3.3.2.1　检索对象的背景信息

对象的背景信息，可包括发展历程、人员规模、发展阶段、主营产品的种类及市场占有率、营收状况等，检索可通过多种调研方法实现，与现有的背景调查相同，不再展开。

3.3.2.2　检索对象的专利情况

检索对象的专利权归属、专利权期限、专利权的法律状态、专利运用（如转让、许可、质押等）、专利涉诉等情况。通过该步骤可以对待评估对象的知识产权情况有了全面的掌握。由于专利实力能够反映企业的产品价值、企业的产业地位以及市场控制力，因此需要对待引进的对象的知识产权情况全面掌握，以对企业的实力进行更准确的判断。此外，专利的基本信息在审查的过程中和审查结束后均存在变动的可能性，如果不对信息进行核实，会造成最终评估的不准确，从而导致招商的效果与预期有差别。

如在对某公司进行评估时，要对其专利情况进行全面分析。该公司知识产权保护工作较为全面，如表3-3-11所示，截至2021年8月底，该公司共提交发明专利申请80件，现有有效发明专利2件；共申请实用新型专利47件，现有有效实用新型专利37件；申请商标5件，注册4件。实用新型专利在申请过程中未经实质审查，其专利稳定性相对较低，在专利纠纷中有被竞争对手通过专利无效诉讼宣告无效的风险；发明专利在申请过程中经过实质审查，稳定性较好，通常认为发明专利占比越高，企业专利稳定性越高。该公司有效专利以实用新型专利为主，其占比达到95%，发明专利占比仅为5%。因此从该公司专利占比情况来看，其企业专利稳定性较差。

表3-3-11 某企业知识产权基本情况　　　　　　　　　　　　单位：件

知识产权类型	申请数量	有效数量
发明专利	80	2
实用新型专利	47	37
商标	5	4

该公司专利申请趋势如图3-3-24所示，其专利申请自2015年开始，当年申请量即达到50件，2015~2020年公司申请量总体呈现下降趋势，2020年专利申请量下降至12件，这是由于该公司在2015年之前未申请专利，因此待保护的企业技术大量积累，并于2015年集中进行申请，导致该年申请量较多，后续企业申请的专利为新研发的技术，专利申请量受限于企业技术研发速度，因此申请量总体趋缓。

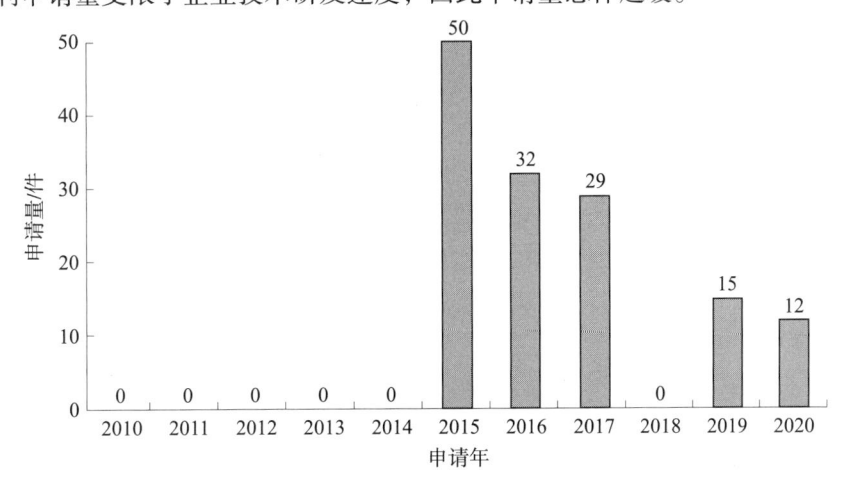

图3-3-24 某企业专利申请趋势

企业的专利维持年限可以在一定程度上反映企业专利的价值，通常维持时间越长的专利价值程度越高。如图3-3-25所示，该公司虽然平均专利维持年限在5~6年，但是考虑到其自2015年开始进行专利申请，截至目前多数专利维持时间在5年以上，即其申请的多数专利自授权之日起一直进行维持，这表明该公司专利具有一定程度的价值，公司愿意对其进行维持。

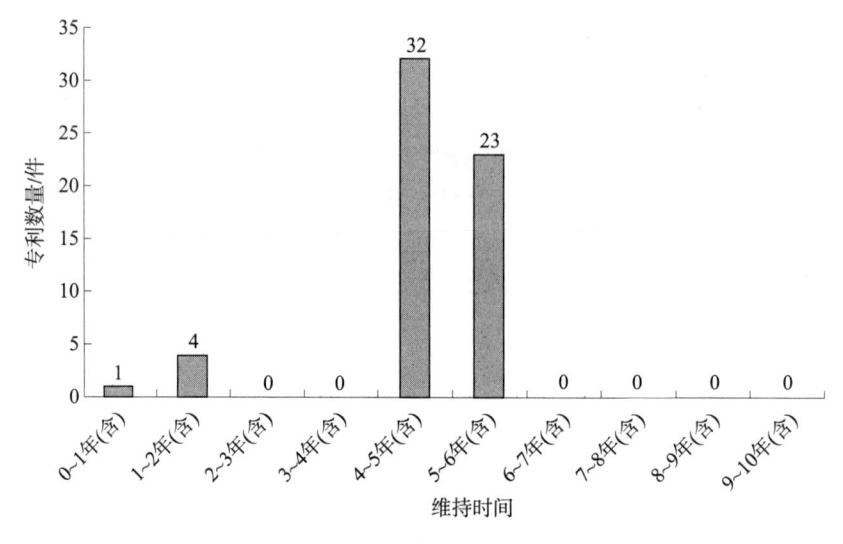

图3-3-25 某企业专利维持年限

发明专利授权率是反映一家企业专利申请质量的指标之一，通常授权率越高表明企业专利申请质量越好。该公司发明专利授权率如图3-3-26所示，其2015年发明专利授权率为10%，2016年发明专利授权率为28.57%，2017年发明专利授权率为0。从该公司的历年发明专利授权率可以看出，该公司总体发明专利授权率较低，最高的2016年仅为28.57%，低于平均授权率，2017年授权率更是为0，则该公司在专利挖掘、专利撰写或者其他方面存在一定困难，导致发明专利申请质量较低。

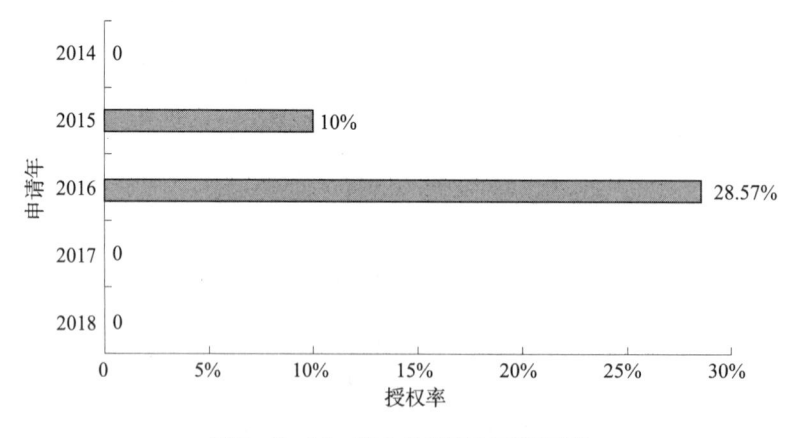

图3-3-26 某企业发明专利授权率

发明专利申请撤回率是反映一家企业专利申请质量的另一项指标，通常撤回率越低表明企业专利质量越好。该公司发明专利申请撤回率如图3-3-27所示，该公司2015年发明专利申请撤回率为90%，2016年发明专利申请撤回率为71.34%，2017年发明专利申请撤回率为100%。从该公司的历年发明专利申请撤回率可以看出，该公司总体发明专利申请撤回率较高，最高的2017年高达100%，即提交的全部发明专利申请均被撤回，最低的2016年也高达71.34%，远高于平均撤回率，这表明该公司以往提交的专利申请与现有技术相似度较高，发明专利申请高度不够。

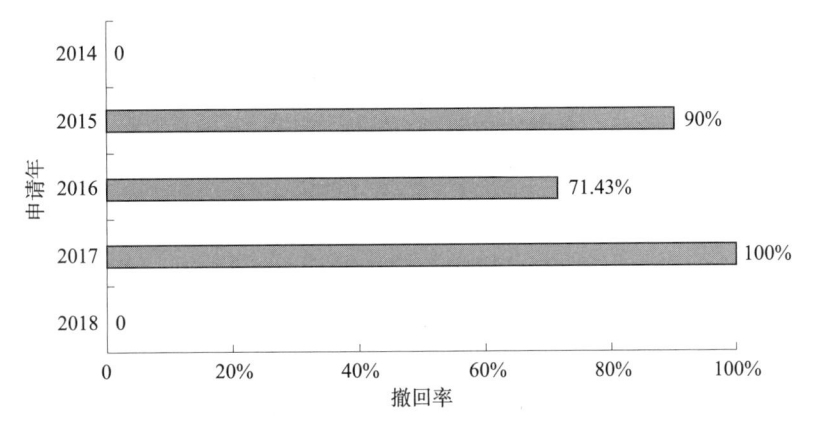

图3-3-27 某企业发明专利申请撤回率

企业专利转让的数量可以在一定程度上体现企业专利价值，通常转让数量越多，企业专利价值越高。如表3-3-12所示，该公司共转让专利10件，其中发明专利占5件，实用新型专利占5件，专利转让较为活跃，同时也应注意到转让对象为同一公司。

表3-3-12 某企业专利转让情况　　　　　　　　　　　　　　　　　　单位：件

专利类型	已转让专利数量	现有专利数量
发明	5	80
实用新型	5	47

3.3.2.3 筛选及评价主营产品或技术的专利状况

筛选对象的主营产品或技术对应的较高技术水平的专利或专利申请，评价其专利的权利稳定性或专利申请的授权前景、专利（或专利组合）对核心技术方案的保护程度。企业的产品如果有专利保护作为支撑，可以显著提高其核心竞争力，因此需要对待引进目标的主要产品或技术的专利情况作出判断，给出客观准确的评价。

例如某公司专利申请领域较为集中，主要分布在B26D（膜切割设备和方法）、B65H（膜搬运设备和方法）、B29C（膜修整设备和方法）和B29B（膜预处理设备和方法），其中该公司在B26D的申请专利数量为30件，在B65H的申请数量为30件，在B29C的申请数量为22件，在B29B的申请数量为20件，通过对该公司专利申请领域梳理分析，可以发现该公司的专利较多涉及膜处理方面的设备，对于膜的组分与合成方面的技术涉及较少，即该公司的技术研发集中在膜处理方面，参见表3-3-13。

表3-3-13 某企业专利涉及技术领域

IPC分类号	专利申请数量/件	分类号解释
B26D	30	切割；用于打孔、冲孔、切割、冲裁或切断的机器的通用零件
B65H	30	搬运薄的或细丝状材料，如薄板、条材、缆索
B29C	22	塑料的成型连接；塑性状态材或料的成型，不包含在其他类目中的；已成型产品的后处理，例如修整
B29B	20	成型材料的准备或预处理；制作颗粒或预型件；塑料或包含塑料的废料的其他成分的回收 [4]
B08B	13	一般清洁；一般污垢的防除
B65B	7	包装物件或物料的机械、装置或设备，或方法；启封
B26F	6	打孔；冲孔；切下；冲裁；除切割外的切断 [2, 5]
B29L	6	涉及特殊制品、与小类B29C联合使用的引得表 [4]
B41J	6	打字机；选择性印刷机构，即不用印刷的印刷机构；排版错误的修正
B31B	5	纸、纸板或以类似纸的方式加工的材料制成的容器的制作

3.3.2.4 技术先进性评价

评价对象的技术先进性和技术可替代性，需要对技术方案的分析，可与现有技术进行对比分析，并通过检索判断技术的先进性、可替代性。当企业拥有先进技术且该技术可替代性较低时，可认为企业市场竞争力较强，反之则认为企业市场竞争力较低。通过该步骤可以客观评价待引进对象目前的技术水平。

例如某公司有某技术涉及专利A，涉及一种铝型材功放面板。

1）具体技术方案的分析

（1）技术领域

该实用新型属于功放面板技术领域，尤其涉及一种铝型材功放面板。

（2）技术问题

功放是功率放大器的简称，其作用是将弱信号放大，推动音箱发声，是音响系统中必不可少的基本设备。近年来，各类音频视频播放设备不断发展，播放软件也层出不穷，人们对音响的要求也越来越高，各个音响厂家为满足不断壮大的消费群体，设计了不同类型和不同用途的功放。根据功放的工作形式和基本原理，功放分为很多种类。但伴随着功放音质的提高，失真越来越小，功放产生的热量会越来越大，在没有外置散热设备的情况下，会导致功放机身或机身局部发热烫手，如果功放不能及时散热，势必会影响播放音质，若长时间散热不畅还继续工作，会损坏功放本身，严重的话甚至导致功放元器件烧毁，无法工作，因此，在关注提升功放音质的同时，功放的散热问题同样不可忽视。

（3）技术方案

一种铝型材功放面板，包括面板本体，所述面板本体包括一个横板和两个侧板，面板本体的横截面为门形，两个侧板底部均向外延伸出一个凸台，所述面板本体在每个拐角处内侧均设有一个安装孔，所述安装孔外侧均设有一个弧形散热片，所述弧形散热片上表面还设有放射状的散热片，除弧形散热片部分外所述面板本体外表面上均设有截面为矩形的矩形散热片，且相邻矩形散热片之间具有散热间隙。

（4）技术效果

由于在面板本体的外表面设置很多散热片，且相邻矩形散热片之间具有散热间隙，这样可增大散热面积，提高散热效率，把矩形散热片的表面设为锯齿状，也最大限度地增大了散热面积，提高了散热效率。

2）检索结果

针对上述技术方案，制定检索策略，使用关键词和分类号在专利和非专利库进行检索，得到检索结果如表3-3-14所示。

表3-3-14 专利A检索结果

类型	引用文件（必要时，指明相关段落）	权利要求
X	CN202551589U，说明书第13段至说明书第17段及图1	1~6
A	CN201274632Y，说明书全文	1~6
A	JPH10294579A，说明书全文	1~6
A	US2006266496，说明书全文	1~6
A	CN201936872U，说明书全文	1~6

3）具体的分析内容及结论

技术方案A涉及一种铝型材功放面板，对比文件1（CN202551589U）公开了一种汽车功放散热器，包括散热框架1（即面板本体），散热框架1包括一个横板（由散热框架的顶部构成）和两个侧板（由散热框架左右两侧对称设置的空腔构成），散热框架1的横截面为梯形，散热框架1在每个拐角处内侧均设有一个安装孔（由螺钉孔4和卡槽6组成），散热框架1外表面除弧形散热片部分上均设有截面为矩形的矩形散热片（由散热鳍片2和散热翅片5组成），且相邻矩形散热片之间具有散热间隙。由此可见，技术方案A与对比文件1相比，区别技术特征在于：①该技术方案A中的横截面为门形，两个侧板底部均向外延伸出一个凸台；②该技术方案A中的所述安装孔外侧均设有一个弧形散热片，所述弧形散热片上表面还设有放射状的散热片。对于区别技术特征①，为了适应不同形状的功放面板散热的需要，本领域技术人员有动机根据功放面板的形状来设计与之相匹配的散热器的形状，设计成门形或梯形均属于本领域的常规的技术选择；至于在两个侧板底部向外延伸处设置一个凸台以方便将散热器安装固定到功放面板的合适位置，属于本领域技术人员根据实际需要采取的常规的技术手段；对于区别技术特征②，为了增大散热器的散热面积提高散热效果，在安装孔外侧设计一个弧形散热片，并在弧形散热片上表面还设置放射状的散热片同样属于本领域技术人员根据实际需要采取的常规的技术手段。

通过上述分析可知，目前的技术方案 A 相对于对比文件 1 和公知常识不具备《专利法》第 22 条第 3 款规定的创造性，则该技术方案 A 相对于现有技术而言不具备一定的技术先进性。

3.3.2.5 技术方案侵权风险评估

评价对象的相关专利或专利申请所使用的技术方案的侵权风险。该步骤一般包括：确定侵权判定的法律依据和基本原则，分析侵权分析针对的技术方案，检索获得与待评价技术方案密切相关的专利文件，选择高度相关的专利权进行侵权判定分析。如果评价对象的专利或专利申请所使用的技术方案存在侵权风险，显然不适合作为招商的对象。

1）明确侵权判定的法律依据和基本原则

侵权判定的法律依据和基本原则可参照《专利法》第 59 条第 1 款和《最高人民法院关于审理专利纠纷案件适用法律问题的若干规定》（2015）第 17 条第 1 款、《最高人民法院关于审理侵犯专利权纠纷案件应用法律若干问题的解释（二）》（2016）第 5 条，以及依据《最高人民法院关于审理侵犯专利权纠纷案件应用法律若干问题的解释》（2009）相关条款。

2）分析侵权分析针对的技术方案

例如某公司的技术方案 A，从技术领域、技术问题、技术方案、技术效果等角度对其进行分析。基于上述分析，确定基于以下技术方案对对应的产品展开侵权判定分析：

一种双工插头，包括插针部件、壳体、护套和光缆，其特征在于壳体由上、下两部分构成，插针部件和护套均固定在上、下壳体内，插针部件具有防翘起结构，下壳体的固定腔内具有与插芯相匹配的防翘起结构，插针部件上端具有弹性闩锁，上壳体上具有与闩锁匹配的压片，上壳体的两侧具有 4 个凹槽，下壳体两侧具有与上壳体凹槽配合的凸起，护套前端具有正多边形结构，下壳体末端具有与护套前端匹配的结构。

3）检索获得与待评价技术方案 A 密切相关的专利文件

根据上述方案，制定检索策略，在 CNABS、DWPI、SIPOABS 数据库中进行全面检索。经检索，获得大量与技术方案 A 密切相关的专利文件，选择其中高度相关的中国专利和外国专利共计 9 篇。

4）选择高度相关的专利权进行侵权判定分析

在上述检索结果的基础上，选取最为相关的专利权 CN208888416U 进行分析。

（1）专利基本信息

该发明专利名称为"一种光学连接器"，申请日为 2018 年 10 月 8 日，授权公告日为 2019 年 5 月 21 日，目前法律状态为专利权维持。专利权失效日期为 2028 年 10 月 8 日；专利权有效国家为中国。该专利无优先权。

(2) 专利文件分析

该专利共有 7 项权利要求，权利要求 1 涉及一种光学连接器，独立权利要求 1 范围最大，且与委托方产品直接有关，故相关专利权的最大保护范围由权利要求 1 确定。

授权公告中，独立权利要求 1 如下：

1. 一种光学连接器，其可安装在光纤缆线用于光缆插头或与现有收发器/适配器配合使用，所述光学连接器包括：连接器壳体；一对第一和第二光学插芯；一对第一和第二闩锁，分别位于所述第一和第二光学插芯的上方，并且构造成可绕垂直于所述第一和第二光学插芯的光轴的轴线作弹性的变形；以及单触压片，其定位在所述连接器壳体的上部外表面上并且被配置为与所述第一和第二闩锁接触；其中，所述单触压片从所述连接器壳体的上部外表面较接近所述第一和第二闩锁的位置延伸出来，并且在与所述连接器壳体的接合位置具有孔以保持其柔性。

经核查该专利的专利审查档案相关文件，未发现申请人对权利要求 1 所保护的技术方案采取限制性陈述。

(3) 特征对比

该专利权利要求 1 要求保护一种光学连接器。其要解决的技术问题是方便用户从适配器/收发器拆卸光学连接器。

技术方案 A 和该专利的独立权利要求 1 的特征对比如表 3-3-15 所示。

表 3-3-15 技术特征对比

特征	技术方案 A：双工插头	专利权利要求 1：光学连接器
1	壳体	连接器壳体
2	双工插芯	第一和第二光学插芯
3	闩锁	闩锁
4	压片	压片

从上述特征对比可见，该专利的权利要求 1 光学连接器结构与技术方案 A 相同，同时权利要求 1 还限定了单触压片在与所述连接器壳体的接合位置具有孔以保持其柔性。

(4) 侵权风险评估

根据上述分析可知，委托方产品中双工插头的基础结构均能够与专利权中光学连接器基础结构进行对应；专利权中限定单触压片在与所述连接器壳体的接合位置具有孔以保持其柔性，根据技术方案 A 中双工插头的压片在实际制造过程是否具有孔，对不同情况进行评估：

若技术方案 A 的具体产品在制造过程中采用了压片在连接器壳体的接合位置具有

孔的技术方案，则该双工插头的技术方案与专利权利要求 1 的技术方案相同并落入该专利权利要求 1 的保护范围，属于高侵权风险等级；

若技术方案 A 的具体产品在制造过程中未采用压片在连接器壳体的接合位置具有孔的技术方案，则技术方案 A 的产品没有落入该专利权利要求 1 的保护范围，属于低侵权风险等级。

3.3.3 以对"智"进行评估为目标的专利导航

3.3.1 节重点介绍了产业园区在招商引智的过程中引入专利导航的实施方法，通过实施专利导航找准产业园区需招商引智的环节，并给出具体的招商引智的路径。路径指明了引智的方向和范围，但对于每个具体的目标并未展开更为详细的分析，本节则是对于具体目标的详细分析，适合在园区初步确定了待引进目标后开展，侧重于在确定了待引进的"智"后，以专利数据为基础，通过专利导航从信息的真实性、匹配性、创新能力等方面对待引进目标进行详细的评估，发现可能存在的风险，为园区最终决策提供支撑。

本节同样适用于其他的人才评估场景，例如选拔、评奖、晋升、引进或调动等不同目标，如果以评奖为目标，可侧重于创新能力的评价；如果以引进为目标，则需要评价领域适配性、真实性等，注意人才使用风险。本节既可以作为 3.3.1 节的延伸，也可以根据园区的需要单独开展。

《专利导航指南》中对人才的定义为从事基础研究、应用研究或开发研究的国内外各类技术人员。以人才评估为目标的专利导航是指以专利数据为基础，对人才信息的真实性、人才与需求的匹配性、人才创新能力、人才使用风险等进行评价。该类导航的一般步骤为：①对拟评价人才自主申报的专利信息进行真实性评价，包括专利或专利申请的申请人、发明人、数量、类型、国别、法律状态、保护期限等；②分析拟评价人才的相关专利或专利申请与人才的技术需求之间的匹配程度，可具体分析专利申请所属技术领域、所解决的技术问题、所使用的技术方案、所达到的技术效果等；③分析拟评价人才的相关专利的权利稳定性或专利申请的授权前景；④分析拟评价人才的相关专利或专利申请的技术先进性和技术可替代性，可与现有技术进行对比分析；⑤分析拟评价人才的相关专利或专利申请所使用的技术方案的侵权风险（参见图 3 - 3 - 28）。结合实际需求，选取以上五个步骤中的一个或多个进行组合，例如：评价人才信息真实性，选取步骤①；评价人才匹配性，选取步骤②；评价人才创新能力，选取步骤③、步骤④；评价人才使用风险，选取步骤①、步骤⑤。

真实性评价 → 匹配度评价 → 专利稳定性评价 → 技术先进性评价 → 技术方案侵权风险评估

图 3 - 3 - 28 引智的评估

3.3.3.1 真实性评价

对拟评价人才自主申报的专利信息进行真实性评价,包括专利或专利申请的申请人、发明人、数量、类型、国别、法律状态、保护期限等。可以申请人、发明人为入口对拟评价人才进行检索,对其专利或专利申请的相关信息进行梳理汇总,并与申报资料进行对比分析,核实其提交资料是否真实;或者直接检索申报资料中涉及的专利信息并进行核实。

3.3.3.2 匹配度评价

分析拟评价人才的相关专利或专利申请与人才的技术需求之间的匹配程度,可具体分析专利申请所属技术领域、所解决的技术问题、所使用的技术方案、所达到的技术效果等。该评价是通过分析相关专利或专利申请的技术方案,明确其解决的技术问题及达到的技术效果是否与技术需求相匹配来实现的。

3.3.3.3 专利稳定性评价

分析拟评价人才的相关专利的权利稳定性或专利申请的授权前景。稳定性评估主要包括:分析专利是否具备新颖性、创造性、实用性,是否存在其他被宣告无效的请求理由。稳定性评价一般包括六部分内容,详见图 3 - 3 - 29。

图 3 - 3 - 29 专利稳定性评价

例如某引进对象拥有重点专利 A,则需对其重点专利 A 进行稳定性评估分析。专利 A 具体涉及一种在数字可配置宏架构中的数字功能配置。

1) 明确专利权稳定性评估的主要法律依据和基本原则

主要法律依据为《专利法》第 22 条,授予专利权的发明和实用新型,应当具备新颖性、创造性和实用性。遵循新颖性和创造性审查原则。

2) 分析待评估的技术方案

(1) 技术领域

专利 A 涉及的技术领域为可编程数字电路领域。

(2) 技术问题

专利 A 解决的技术问题是微控制器的应用中,FPGA 存在芯片所占尺寸大、重新编程效率低,需要重新确定适合微控制器或控制器设计结构的问题。

(3) 技术方案

其独立权利要求 1 如下:

  可编程数字电路块,包括:
  系统输入,用于输入对应于多个预定数字功能中的任何一个的多个配置数据;

配置寄存器，其耦合到所述系统输入端，用于接收和存储所述配置数据，并且用于配置所述可编程数字电路块以基于所述配置数据执行所述多个预定数字功能中的任何一个，其中所述配置寄存器可用所述配置数据动态编程；

多个可选逻辑电路，其取决于所述多个预定数字功能，使得最小化所述可编程数字电路块的尺寸，其中所述配置寄存器基于所述配置数据来配置和选择所述可选逻辑电路中的任一个以执行所述多个预定数字功能中的一个；以及

耦合到所述可选择逻辑电路的数据寄存器，用于存储数据以便于执行所述多个预定数字功能中的任何一个。

（4）技术效果

可编程数字电路块能实现快速配置，易于配置，能提供很大灵活性，同时可从一个预定数字功能动态地配置为另一预定数字功能以用于实时处理。

3）专利权稳定性评估的检索过程

针对前述确定的技术方案，制定相应的检索策略，并进行全面检索，得到以下对比文件 EP0668659A2（说明书第 5 栏第 57 行至第 7 栏第 28 行、图 1～图 3、图 7）。

4）技术特征对比表

将该申请与对比文件 EP0668659A2 进行特征对比，如表 3-3-15 所示。

表 3-3-16 技术特征对比

特征	该申请	对比文件 EP0668659A2
1	可编程数字电路块	内芯单元区 1
2	系统输入，用于输入对应于多个预定数字功能中的任何一个的多个配置数据	将内芯结构优化成实现各操作码。这可以使各算术函数的字长度可根据需要进行调节。因此，参见图 3，第一内芯配置（操作码 1）执行 16 比特乘法和 COS 函数，第二内芯配置（操作码 2）进行 32×32 比特乘法功能，而第三配置（操作码 3）则进行 64 比特加法功能
3	配置寄存器，其耦合到所述系统输入端，用于接收和存储所述配置数据，所述配置寄存器可用所述配置数据动态编程	配置超高速缓冲存储器 36 包含 4 个 3×2 比特数据存储器 36a—d，它能由指令更新总线 44 进行写入允许，并从数据总线 46 写入数据（公开了相同功能，未公开配置寄存器×）
4	用于配置所述可编程数字电路块以基于所述配置数据执行所述多个预定数字功能中的任何一个	参见图 3，第一内芯配置（操作码 1）执行 16 比特乘法和 COS 函数，第二内芯配置（操作码 2）进行 32×32 比特乘法功能，而第三配置（操作码 3）则进行 64 比特加法功能

续表

特征	该申请	对比文件 EP0668659A2
5	多个可选逻辑电路,其取决于所述多个预定数字功能,使得最小化所述可编程数字电路块的尺寸	回到图2和图3,块2′、2″和2的每块代表内芯2的配置。把较大的功能块作为一串配置进行访问
6	所述配置寄存器基于所述配置数据来配置和选择所述可选逻辑电路中的任一个以执行所述多个预定数字功能中的一个	把较大的功能块作为一串配置进行访问。参见图3,第一内芯配置(操作码1)执行16比特乘法和COS函数,第二内芯配置(操作码2)进行32×32比特乘法功能,而第三配置(操作码3)则进行64比特加法功能
7	耦合到所述可选择逻辑电路的数据寄存器,用于存储数据,以便于执行所述多个预定数字功能中的任何一个	图3中示出了数据通过寄存器输入乘法器,第一内芯配置(操作码1)执行16比特乘法和COS函数,第二内芯配置(操作码2)进行32×32比特乘法功能,而第三配置(操作码3)则进行64比特加法功能

5)专利权稳定性评估的具体内容

其中包括初步结论、新颖性分析、创造性分析、其他法条分析(主要影响其稳定性的其他法条分析)。

(1)初步结论

权利要求1具备《专利法》第22条第2款规定的新颖性。

权利要求1不具备《专利法》第22条第3款规定的创造性。

(2)新颖性分析

权利要求1具备《专利法》第22条第2款规定的新颖性。

对比文件1公开了一种可配置的半导体集成电路,具体公开了可编程数字电路块,通过超高速缓冲存储器,耦合到所述系统输入端,用于接收和存储所述配置数据;多个可选逻辑电路,其取决于所述多个预定数字功能,使得最小化所述可编程数字电路块的尺寸,基于所述配置数据来配置和选择所述可选逻辑电路中的任一个以执行所述多个预定数字功能中的一个;耦合到所述可选择逻辑电路的数据寄存器,用于存储数据以便于执行所述多个预定数字功能中的任何一个。其与专利A区别在于对比文件1中通过超高速缓冲存储器进行配置,而权利要求1中由配置寄存器实现该功能。因此,权利要求1具备《专利法》第22条第2款规定的新颖性。

(3)创造性分析

权利要求1不具备《专利法》第22条第3款规定的创造性。

将权利要求与对比文件1对比,区别在于:对比文件1中通过超高速缓冲存储器进行配置,而权利要求1中为由配置寄存器实现该功能。对比文件1(EP0668659A2)中已经公开了相同的功能，而在处理器领域，寄存器是常用的配置单元，采用寄存器实现配置功能属于常规技术手段。此外，在检索过程中发现多篇对比文件（US4694416A、US6094726A、US5046035A）均可与对比文件1结合影响待评估的技术方案的创造性，限于篇幅，不再展开。

6）专利权稳定性评估的结论

根据上述分析，待评估技术方案的权利要求1不具备创造性，因此待评估方案在稳定性上是有风险的。

3.3.3.4 技术先进性评价

分析拟评价人才的相关专利或专利申请的技术先进性和技术可替代性，可与现有技术进行对比分析，以客观评价人才的创新水平，技术先进且可替代性低则适合引进。该部分内容可参考3.3.2.4节实施。

3.3.3.5 技术方案侵权风险评估

分析拟评价人才的相关专利或专利申请所使用的技术方案的侵权风险，以成果转化或运用为目标的人才评价需格外关注技术方案是否存在侵权风险。该部分内容可参考本章3.3.2.5节实施。

3.4 本章小结

本章介绍了传统的招商引智模式，分析了其存在的不足，而专利自身的特性使得将招商引智和专利导航相结合可以使招商引智更加优化，并从三个具体的运用场景出发介绍了在招商引智中如何具体实施专利导航：以产业园区的招商引智为目标的专利导航、以对"商"进行评估为目标的专利导航、以对"智"进行评估为目标的专利导航。其中，以产业园区的招商引智为目标的专利导航主要包括：确定招商引智的具体产业，分析产业发展方向，分析区域产业现状定位，在上述分析的基础上确定产业招商引智的路径。以对"商"进行评估为目标的专利导航主要包括：检索对象的背景信息，检索对象的专利情况，筛选及评价主要产品或技术的专利状况，评价技术先进性，评估技术方案侵权风险。以对"智"进行评估为目标的专利导航主要包括：真实性评价、匹配度评价、专利稳定性评价、技术先进性评价、技术方案侵权风险评估。希望读者通过本章的阅读，能够理解和掌握专利导航在招商引智中的运用，结合具体的运用场景选择合适的导航实施方式。

第4章 专利导航与区域知识产权管理

4.1 引　言

4.1.1 本章的内容是什么

本章的主要目的是向读者讲清楚怎样具体实施和看懂一个区域规划类专利导航。本章在对区域规划类专利导航进行介绍时，着重注意向读者讲清楚"为何做"和"如何做"。在行文的逻辑上，首先，会讲述专利导航与区域知识产权管理之间的关系，明确开展区域规划类专利导航的重要性和必要性；其次，会具体介绍什么是区域规划类专利导航，对区域规划类专利导航的定义、逻辑框架进行介绍；再次，会以以区域创新质量评价为目标的专利导航项目为范本，分五个步骤具体介绍区域规划类专利导航如何实施，同时会结合实际项目进行展示（本章通过详细介绍一个区域规划类专利导航项目报告，展现区域规划类专利导航的实际操作过程）；最后，会结合实际项目，具体展示怎样利用专利导航支撑区域创新发展决策。

本章主要阐述区域规划类专利导航的基本概念、基本模型及其底层逻辑，并以结合实际案例的方式演示区域规划类专利导航关于区域创新质量评价方面的具体操作步骤和提供应用建议；通过理论阐释和案例展示相结合的方式，详细还原一个标准的区域规划类专利导航应该怎么实施。读者可以通过图4-1-1快速了解本章的主要内容。

4.1.2 谁会用到本章

区域规划类专利导航主要面向政府部门和行业组织，为区域创新发展决策提供支撑，成果可以作为区域产业规划、企业经营、研发活动和人才管理等专利导航的前置输入和重要参考。因此，本章的读者包括三类人群：一是政府部门的管理人员；二是区域内科研单位和企业的管理及科研人员；三是知识产权服务机构内具有初步的专利分析经验，但初次参与区域规划类专利导航项目的人员。

政府部门的管理人员是区域创新发展的决策者，通过本章内容可以掌握专利导航的基本原理及其用于区域规划的内在逻辑，了解区域规划类专利导航的基本实施方式，从而确定区域规划类专利导航项目的预期目标、畅通项目实施过程中的沟通。政府部门管理人员可通过了解区域规划专利导航分析报告的内容，准确地把握区域创新竞争力和区域创新匹配度，明确区域创新发展的路径，能够更科学地将其运用于实际的区域创新发展规划。

```
专利导航与区域
知识产权管理
├─ 引言
│   ├─ 本章的内容是什么
│   ├─ 谁会用到本章
│   └─ 不同需求的读者应该关注什么内容
├─ 专利导航与区域知识产权管理的关系
│   ├─ 专利导航与区域创新发展的关系
│   └─ 专利导航与区域经济发展的关系
├─ 什么是区域规划类专利导航
│   ├─ 区域规划类导航的目标和定位是什么
│   ├─ 区域规划类导航的类型和内容
│   └─ 区域规划类导航与其他类别导航之间的联系和区别
├─ 以区域创新质量评价为目标的专利导航项目如何实施
│   ├─ 第一步：了解区域创新质量评价的指标体系
│   ├─ 第二步：摸排分析对象区域及其对标区域的基本情况
│   ├─ 第三步：分析区域创新竞争力
│   ├─ 第四步：分析区域创新匹配度
│   └─ 第五步：综合分析评价区域创新质量
├─ 怎样运用专利导航支撑区域创新发展决策
│   ├─ 描绘区域创新质量画像
│   └─ 提出区域创新发展提升路径
└─ 小结
```

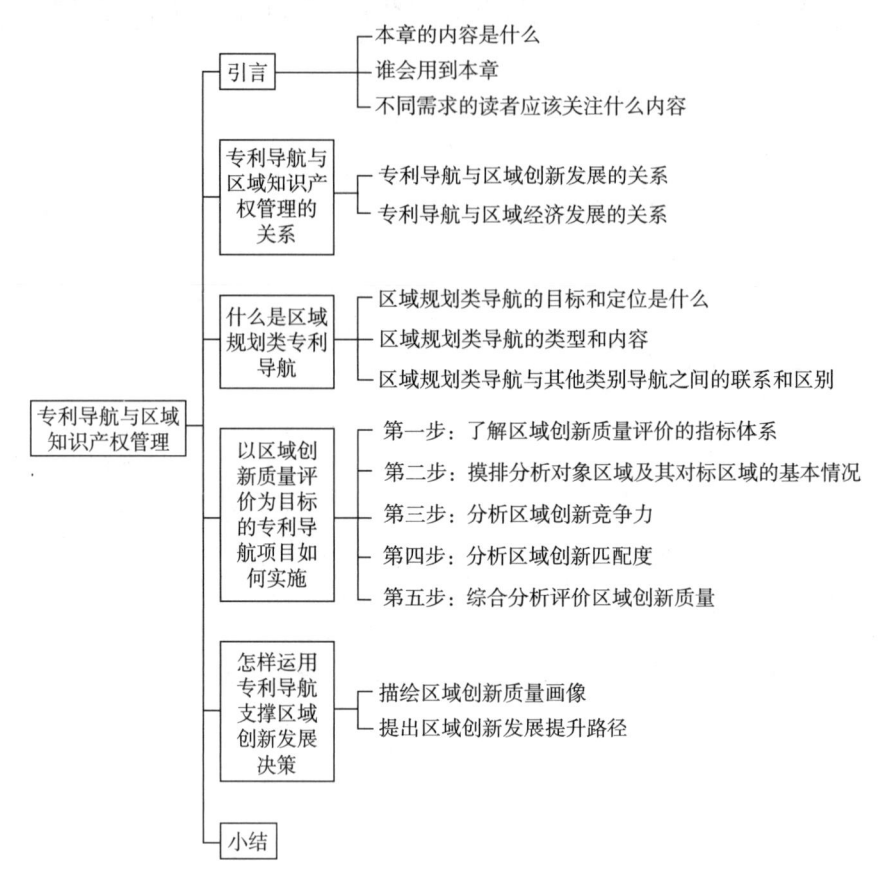

图 4-1-1　本章主要内容导图

区域内科研单位和企业的管理和科研人员是区域创新发展的参与者，通过本章内容可以了解区域规划类专利导航中用于区域创新质量评价的各项指标，以便参考区域规划类专利导航分析报告，结合区域自身创新发展特点，在区域创新科技匹配度、企业匹配度和产业匹配度方面挖掘潜力，以帮助所在科研单位和企业更好融入区域创新发展规划，促进自身创新发展。

知识产权服务机构的项目实施人员是区域创新发展的研究者，通过阅读本章内容，可快速掌握区域规划类专利导航的基本模型和项目实施方法，以便制定一份高质量的区域规划类专利导航分析报告，为区域创新发展决策提供参考建议。

4.1.3 不同需求的读者应该关注什么内容

上述三类不同需求的读者，阅读本章内容时，可以根据自身需要，重点关注不同章节的内容；表4-1-1给出的阅读建议可供参考。

表4-1-1 本章读者关注点建议

读者类型	重点关注章节	相关章节主要内容
政府部门管理人员	4.1~4.3节、4.4.1节、4.5节	区域规划类专利导航的基本概念、指标体系和结果运用
企业管理人员和科研人员	4.1~4.3节、4.4.1节、4.4.5节	区域规划类专利导航的基本概念、指标体系和区域创新质量评价方法
知识产权服务机构项目实施人员	第4章全文	区域规划类专利导航的基本概念、指标体系和项目实施方法

4.2 专利导航与区域知识产权管理的关系

在正式介绍区域规划类专利导航内容前，本节先就专利导航与区域知识产权管理的关系进行说明，以便读者在理解二者关系的基础上更好地理解实施区域规划类专利导航项目的目的和意义。

以专利为主要标志，知识产权一头连着创新，另一头连着市场，是联系创新和市场之间的桥梁和纽带，是实现从科技创新到产业升级再到经济发展的重要环节。区域知识产权管理作为一项系统化的工作，其中的一项重要内容就是借助专利导航加强区域专利分析和管理。其中，专利导航通过专利信息数据进行专利信息分析，依据数据库的信息资源进行创新情况分析和评价，并为制定区域创新发展规划、推动产业转型升级和企业经营发展战略指明道路。因此，可将专利导航作为区域知识产权管理的切入点，以点带面，全面强化区域知识产权管理，推动区域创新发展和区域经济发展。

4.2.1 专利导航与区域创新发展的关系

专利导航对区域创新能力的促进作用主要体现在两个方面。一方面，专利导航有助于促进区域创新资源的有效配置。通过有效运用专利导航，促进区域知识产权创造、运用、保护、管理的能力持续增强，市场不断规范完善，资源配置更加合理，进而使区域知识产权在价值链中的地位不断提升，创新能力和竞争力不断增强。另一方面，专利导航有助于实现区域创新成果的有效分配。区域内企业、产业研发投入取得的创新成果，在以有效专利的形式对其加以保护的同时，根据产业需要、企业战略，通过专利导航的方式，利用转化、许可、转让等手段，有效分配并充分利用。所以说，专利导航对区域创新发展具有明显的推动作用。

4.2.2 专利导航与区域经济发展的关系

专利导航对区域经济发展的影响主要体现在区域创新能力、企业核心竞争力以及区域产业发展三个方面。专利作为有效的创新激励机制，能够促进区域产出更多更好的研究成果，全面提升区域创新能力；同时通过许可转让机制，使得企业能够提供差异化产品，提高企业核心竞争力；进而实现区域的竞争优势，优化区域的产业配置，推动产业的健康发展。而创新能力、企业核心竞争力以及产业发展恰恰是区域经济发展的动力来源。

基于上述关于专利导航与区域创新发展、区域经济发展的关系分析，可以看到，区域知识产权管理对于区域创新发展和区域经济发展具有重要的推动作用，而专利导航是促进区域知识产权管理科学化的一项有效分析工具。因此，面向区域知识产权管理的一类专利导航便应运而生，称为区域规划类专利导航，其在区域创新发展质量评价和区域创新发展规划中起重要作用。

4.3 什么是区域规划类专利导航

4.3.1 区域规划类导航的目标和定位

区域规划类专利导航（patent navigation for regional planning）作为专利导航的一个重要类型，是以各级地方行政区域、产业园区、产业集聚区等经济区域的有关政府部门为服务对象，以专利导航基本方法为依托，围绕特定区域布局规划等创新发展的重大问题，对区域内技术创新状况及面临的竞争形势进行全面分析，为其制定区域产业发展规划决策提供导航指引的分析范式。❶

区域规划类专利导航的作用是帮助行政区域、产业园区、产业集聚区的有关政府部门全面了解和掌握区域的资源配置和创新发展情况，从而便于根据区域发展愿景，结合实际情况，对下一步发展方向和具体路径进行规划。

具体而言，其目标是对区域内技术创新相关要素资源禀赋、产业转型升级、技术创新能力和发展趋势进行全景摸查和指引，为区域宏观层面的规划决策提供决策支撑和研究支持，为区域内各类产业转型升级、技术创新发展、战略布局规划等提供方向指引，❷从而提高区域创新宏观管理的能力和资源配置的效率。

---

❶ 全国经济专业技术资格考试参考用书委员会. 高级经济实务：知识产权［M］. 2版. 北京：中国人事出版社，2022：131.

❷ 全国经济专业技术资格考试参考用书委员会. 高级经济实务：知识产权［M］. 2版. 北京：中国人事出版社，2022：134.

4.3.2 区域规划类导航的类型和内容

区域规划类专利导航包括两类：一类是以区域布局为目标的专利导航，另一类是以区域创新质量评价为目标的专利导航（参见图4-3-1）。[1]

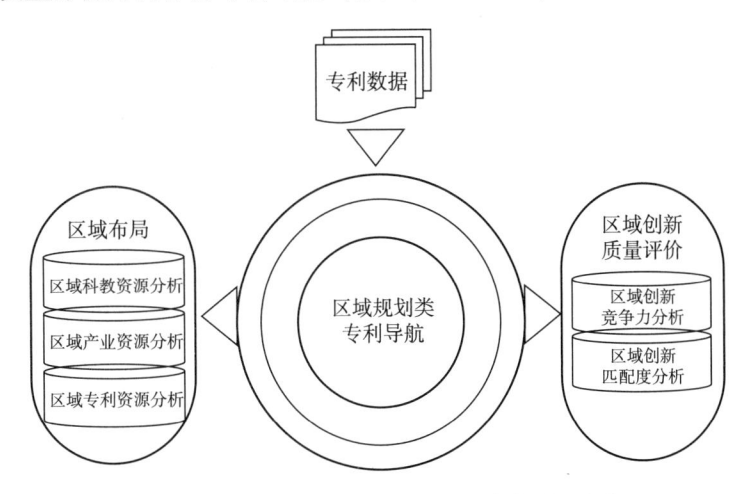

图4-3-1 区域规划类专利导航的类型及内容

其中，以区域布局为目标的专利导航是以专利数据为基础，通过对区域科教资源、区域产业资源、区域专利资源进行静态和动态匹配分析，提供指导资源配置的建议；分析结果一般包括区域资源分析、区域资源匹配关系分析、产业类型识别和区域资源配置建议等。

以区域创新质量评价为目标的专利导航则是以专利数据为基础，通过专利活动所表现的创新要素集聚、创新产出、创新效益等情况，以及专利活动与科技、企业、产业之间的匹配程度，综合评价区域创新质量；分析结果一般包括区域创新竞争力分析、区域创新匹配度分析、区域创新质量评价分析和区域创新发展政策建议等。

本书重点讨论以区域创新质量评价为目标的专利导航。此类项目是以区域创新发展质量为监测手段，以专利数据为信息获取主体，综合运用专利信息分析和市场价值分析手段，结合经济数据的分析挖掘，厘清专利资源与区域创新资源、产业资源、经济资源的匹配关系，准确把握专利在区域创新发展中的引领支撑作用，进而通过专利导航促进创新链、产业链、资金链和政策链在空间上的深度融合与良性互动。

4.3.3 区域规划类导航与其他类别导航之间的联系和区别

区域规划类专利导航与产业规划、企业经营、研发活动及人才管理等其他类别的

---

[1] 参见国家市场监督管理总局和国家标准化管理委员会发布的《专利导航指南 第2部分：区域规划》（GB/T 39551.2—2020）。

专利导航之间既存在区别，又密切联系。区域规划类专利导航的实施对象是特定区域，这个区域可以是某一个省、市等行政区域，也可以针对一个科技园区来开展；分析和评价的内容包括该区域内的创新资源投入与产出的情况和创新发展与科技、企业、产业的匹配程度，其中包含对产业、企业经营、研发活动及人才管理方面的分析，但主要着眼于该特定区域。因此，区域规划类专利导航与单纯的产业规划、企业经营、研发活动及人才管理类专利导航存在不同。但是，区域规划类专利导航的输出又可以作为其他类别专利导航的输入和重要参考。例如，在进行区域规划类专利导航分析时，要分析该区域内所有的产业或重点关注的产业与当地发展的情况是否匹配，如果不匹配，则通常会建议针对这些产业开展一个专门的产业规划类专利导航，以便为该产业的转型升级提供进一步的指引。

4.4　以区域创新质量评价为目标的专利导航项目如何实施

根据前面的介绍，区域规划类专利导航包括两类：以区域布局为目标的专利导航和以区域创新质量评价为目标的专利导航。本章以2020年针对某中部省会城市开展的一项区域规划类专利导航项目为例❶，重点介绍以区域创新质量评价为目标的专利导航项目实施的方法。本章按照图4-4-1显示的五个步骤，介绍以区域创新质量评价为目标的专利导航实施方式。

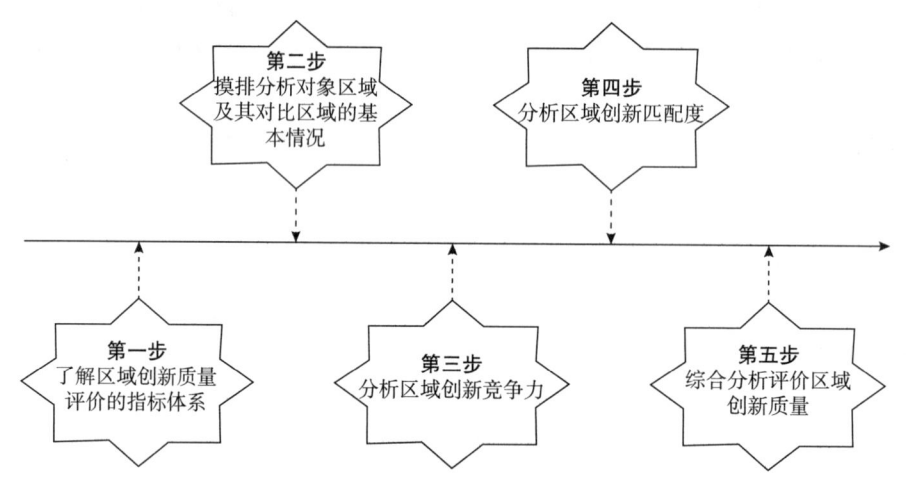

图4-4-1　以区域创新质量评价为目标的区域规划类专利导航实施步骤

---

❶ 本章所举示例为2020年针对某中部省会城市开展的一项区域规划类专利导航项目，以该城市作为分析对象区域并以其他七个同类型城市作为对比区域，纵向对比了该分析对象区域"十三五"期间相比于"十二五"期间创新质量发展的情况，横向对比了该分析对象区域与对比区域在创新质量各项指标中的排名情况。鉴于不同数据的更新频次不同，为确保同一项指标各区域统计口径的一致性，根据各区域数据更新一致的时间，确定各项指标对应的统计节点。示例中展示的具体数据仅用于说明计算方法，不用于数据发布。

4.4.1 第一步：了解区域创新质量评价的指标体系

区域创新质量的内涵是区域创新体系中的一系列创新活动特性满足区域社会经济发展要求的程度，外在表现为创新潜能、创新过程、创新结果三个维度的绩效总和。区域创新发展质量评价的目标是促进区域创新体系"投入—高质量产出—高质量绩效"的良性循环和持续改进。参照图4-4-2的理论模型进行说明，区域创新质量具体表现为区域创新竞争力与创新发展区域匹配度评价的耦合结果，其中区域创新竞争力主要体现了创新要素投入和创新成果产出之间的匹配程度，区域创新匹配度则主要体现了创新成果产出和创新效益之间的匹配程度。相应地，以区域创新质量评价为目标的专利导航分析就是以专利数据为基础，通过专利活动所表现的创新要素集聚、创新产出、创新效益等情况，以及专利活动与科技、企业、产业之间的匹配度，综合评价区域创新质量。❶

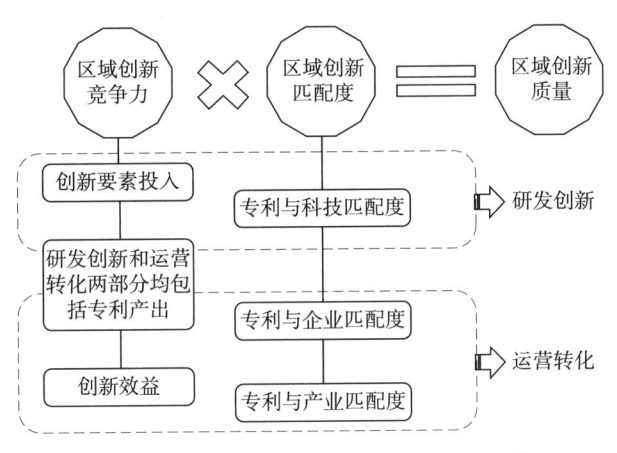

图4-4-2 区域创新质量评价理论模型❷

综合以上分析可以看出，区域规划类专利导航的指标体系包括创新发展竞争力与创新发展匹配度两个维度。表4-4-1示出了区域创新质量评价体系各级指标，其中：

创新发展竞争力包括创新要素集聚、创新产出、创新效益三个方面的指标；

创新发展匹配度包括专利与科技、企业、产业三个方面的匹配度的指标。

该体系主要运用专利信息分析手段，分析专利资源与区域创新资源、产业资源、经济资源的匹配关系。

---

❶ 参见国家市场监督管理总局和国家标准化管理委员会发布的《专利导航指南 第2部分：区域规划》（GB/T 39551.2—2020）。

❷ 参见视频资料"区域规划类专利导航实务与操作"，网址：https://www.bilibili.com/video/BV1QK4y1f7zH/?spm_id_from=333.337.search-card.all.click。

表 4-4-1 区域创新质量评价指标体系各级指标[1]

一级指标	二级指标	三级指标
创新发展竞争力	创新要素集聚	☆研发人员参与发明创造平均次数
		☆具有较高创新水平的专利发明人数量
		☆重点创新主体数量
		☆在所评价时间周期内初次开展专利活动的企业数量
	创新产出	☆每万人口发明专利拥有量
		☆维持十年以上的有效发明专利拥有量
		☆高被引专利数量
		☆PCT专利申请量
	创新效益	☆专利转让平均金额
		☆专利许可备案平均金额
		☆专利质押融资平均金额
		专利运营次数和增速
创新发展匹配度	专利与科技匹配度	☆每亿元研发投入专利授权量
		☆每万人年研发人员专利授权量
	专利与企业匹配度	☆企业有效发明专利占比
		☆有专利活动企业占比
		企业发明专利占三种专利类型比重
		☆上市公司发明专利平均拥有量
		☆规模以上工业企业发明专利平均拥有量
	专利与产业匹配度	☆战略性新兴产业有效发明专利占区域有效发明专利数量的比例
		☆专利密集型产业有效发明专利占区域有效发明专利数量的比例
		☆主导产业产值与专利产出的匹配程度
		发明授权量相对增速 P-RV1
		发明授权量相对增速 P-RV2

注："区域创新质量评价指标体系"中标注☆的三级指标为《专利导航指南 第2部分：区域规划》（GB/T 39551.2—2020）7.3.3节规定的评价指标，未标注的三级指标为选择性评价指标。

4.4.1.1 什么是创新发展竞争力

竞争力是一个十分重要的理论问题。区域之间的竞争和博弈有利于促进积极合作，

---

[1] 参见国家市场监督管理总局和国家标准化管理委员会发布的《专利导航指南 第2部分：区域规划》（GB/T 39551.2—2020）。

营造互利共赢的空间。区域的发展是不断构筑竞争优势、发挥优势的过程。创新竞争力主要用于对外竞争分析。区域创新发展竞争力指数主要包括图4-4-3所示的创新要素集聚、创新产出和创新效益三方面。

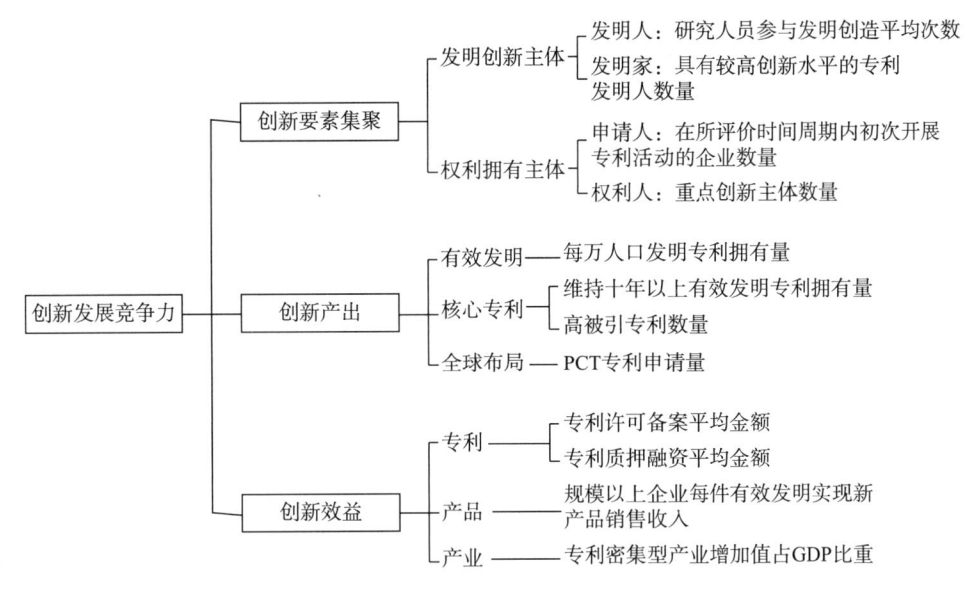

图4-4-3 区域创新发展竞争力要素

1）创新要素集聚包括哪些指标

创新要素集聚主要关注发明创造主体、权利拥有主体等专利活动主体的集聚情况，其主要涉及研发人员参与发明创造平均次数、具有较高创新水平的专利发明人数量、重点创新主体数量、在所评价时间周期内初次开展专利活动的企业数量四个指标。图4-4-4显示了创新要素集聚的相关指标。

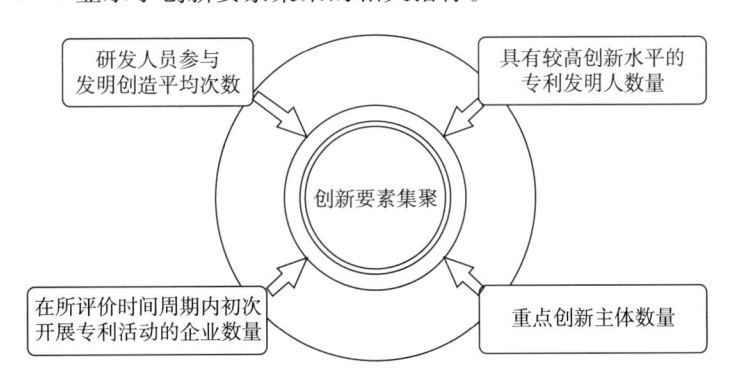

图4-4-4 创新要素集聚指标

研发人员参与发明创造平均次数是指研发人员参与到发明创造活动中的平均次数，即当年公开/公告专利发明人及设计人数量与当年科技活动人员数量的比值。研发人员参与发明创造平均次数将从事研究开发活动的人力规模与从事发明创造的发明人规模相结合，反映了研发人员参与发明创造的活跃程度，一定程度上体现了区域发明创造人才的集聚能力。

具有较高创新水平的专利发明人是指高被引专利的发明人（以下简称"高被引发明人"）。高被引专利通常是代表重大发明创造的专利，是具有高度影响力的核心专利。而高被引发明人是引领技术创新的高端发明创造人才。具有较高创新水平的专利发明人占比即可理解为高被引发明人数量占区域有效发明专利涉及的发明人数量的比重。高被引发明人占比突出了人才结构中的"高精尖"导向，反映了发明家等高端发明创造人才的密度。

重点创新主体，是指拥有50件以上有效发明专利，并且专利权人类型为企业、大专院校或科研单位的创新主体。重点创新主体数量是影响创新能力强弱的基本因素，反映了区域最为重要的能动要素在分析对象区域中的数量。

在所评价时间周期内初次开展专利活动的企业数量，也称专利活动新进入企业数量，反映了区域聚集重点技术创新主体的后劲和潜力，体现了区域技术创新活力和市场主体知识产权意识。

2）创新产出包括哪些指标

区域创新发展最为直接的体现就是创新产出成果。创新产出情况主要反映创新投入产出的数量和质量，涉及每万人口发明专利拥有量、维持十年以上有效发明专利拥有量、高被引专利数量、PCT国际专利申请量四个指标。图4-4-5显示了创新产出的相关指标。

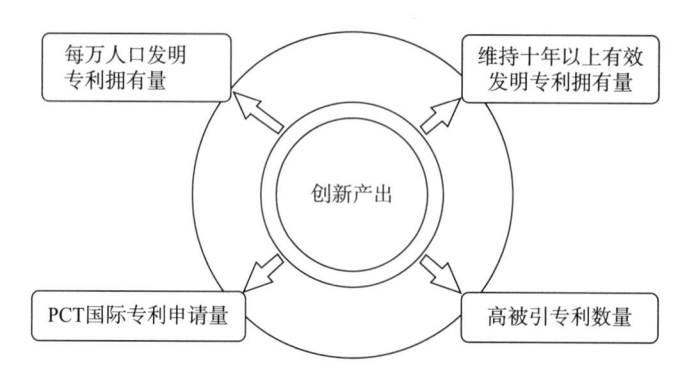

图4-4-5　创新产出相关指标

每万人口发明专利拥有量，是指每万人拥有经知识产权行政管理部门授权且在有效期内的发明专利件数（也称专利密度，单位：件/万人），是国际上通用的衡量一个地区科研产出质量和市场应用水平的综合指标。

维持十年以上有效发明专利拥有量，是指截至统计年份，所统计区域维持十年以上有效发明专利的总量。专利维持年限越长，意味着专利维持成本越高，专利权人维持专利的意愿越强烈，表明专利的价值越高。

高被引专利，是指将统计时间内所有发明专利按照被引次数排序（不含被引次数为零的专利），其中排名为前1%的专利。高被引专利数量是目前国际通用的评估重要技术或关键核心技术表现的量化手段。

PCT 国际专利申请，是基于国际条约 PCT 提交的国际专利申请。PCT 国际专利申请量，是指申请人按照 PCT 的规定向受理局提交，由世界知识产权组织的国际局进行国际公开，并由国际检索单位进行国际检索的专利申请的数量。PCT 国际专利申请代表具有较高经济价值并以全球市场为取向的专利申请。PCT 国际专利申请受理量反映了区域海外专利布局以及向外申请专利的意识和能力，还可衡量区域高质量或高价值专利申请规模，可以用来评价一个区域参与国际竞争的程度和实力。

3）创新效益包括哪些指标

城市创新发展在促进经济社会发展方面体现为创新效益。创新效益主要涉及专利转让平均金额、专利许可备案平均金额、专利质押融资平均金额、专利运营次数和增速四个指标。图 4-4-6 显示了创新效益的相关指标。

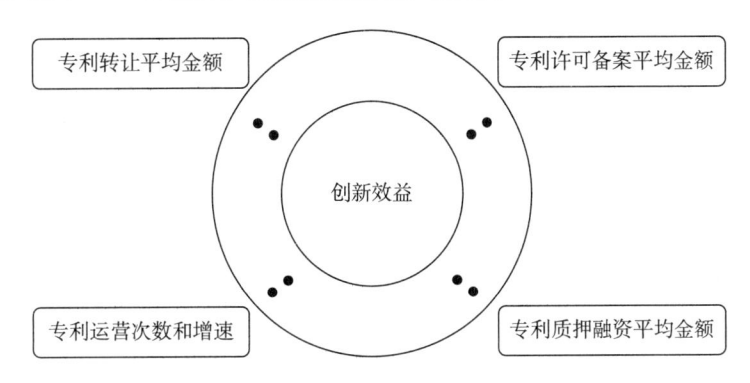

图 4-4-6 创新效益指标

专利转让，是指专利权人作为转让方，将其发明创造所获得的专利权转移给受让方，受让方支付约定价款的行为。专利转让平均金额即是指统计周期内某区域专利转让总金额除以专利转让的次数之后得到的平均值。

专利许可，是指专利权人或者其授权人许可他人在一定期限、一定区域、以一定方式实施其所拥有的专利，并向他人收取使用费用的行为。区域专利许可备案平均金额反映了区域专利运用效益和专利运营能力，体现了专利资产对经济社会发展的直接贡献度。[1]

专利质押融资是专利权人将其合法拥有且目前仍有效的专利权出质，从银行等金融机构取得资金，并按期偿还资金本息的一种融资方式。区域专利质押融资平均金额反映了区域技术创新成果支撑企业融资的效益，体现了知识产权金融支持区域创新发展的程度。[2]

专利运营情况主要包括专利转让、许可、质押等在内的专利运营次数和增速，是参与市场竞争的主体为获得新技术和利用新技术所进行的竞争，表征了创新主体为保持市场竞争优势、谋求获取经济效益所采取的总体性策略。

---

[1][2] 国家专利导航试点工程研究组. 专利导航典型案例汇编［M］. 北京：知识产权出版社，2020：35.

4.4.1.2 什么是创新发展匹配度

创新发展匹配度主要关注创新投入产出的各转化过程。过程的功能是在输入与输出的转化过程中最终实现目标，过程的核心理念是确保增值，对过程的评价主要包括对投入与产出的效率评价和对方向与结果的吻合度的评价。[1] 如图4-4-7所示，创新发展匹配度考察维度包括专利与科技匹配度、专利与企业匹配度以及专利与产业匹配度。

图4-4-7 创新发展匹配度分析

1）专利与科技匹配度包括哪些指标

专利与科技匹配度主要反映专利产出与科技研发人员投入的匹配度。该指数可通过每亿元研发投入专利授权量、每万人研发人员年专利授权量两个指标来体现。

每亿元研发投入专利授权量，是指每投入一亿元研发经费所能产生的授权专利数量。其反映了区域研发经费投入的专利产出密度，体现了专利创新情况。

每万人年研发人员专利授权量，是指每一万名研发人员每年所能创造并获得授权的专利数量。其反映了区域研发人力投入的专利产出密度，体现了创新效率情况。

2）专利与企业匹配度包括哪些指标

专利与企业匹配度主要反映专利活动与企业创新主体地位的匹配度，主要包括企业总体专利活动和企业发明覆盖度两个方面，涉及企业有效发明专利占比、有专利活动企业占比、企业发明专利占三种专利类型比重、上市公司发明专利平均拥有量、规模以上工业企业发明专利平均拥有量五个指标。

企业有效发明专利占比，是指区域内企业有效发明专利量占区域发明专利总量的比例。企业作为经济活动的基本单元和市场主体，是技术创新与市场的桥梁，是科技和经济紧密结合的重要力量。企业有效发明专利占比反映了企业技术创新主体地位情况。

有专利活动企业占比，是指区域内进行过专利申请的企业数量占区域内企业总数量的比例。有专利活动企业占比能有效表明区域内企业为创新成果寻求知识产权保护的意识和能力。

企业发明专利占三种专利类型比重，是指区域内所有拥有专利的企业中，其发明

---

[1] 国家专利导航试点工程研究组. 专利导航典型案例汇编[M]. 北京：知识产权出版社，2020：36.

专利数量占三种专利（发明专利、实用新型专利、外观设计专利）总数量的比例。企业发明专利占三种专利类型比重，表征了企业专利的专利结构，有利于评价企业专利的技术含量情况。

上市公司发明专利平均拥有量，是指区域内上市公司发明专利拥有总量除以上市公司数得到的平均值。上市公司本身是股份有限公司的一种形式，通过在证券交易所上市交易，其股票须经国务院证券监督管理机构核准后向社会发行，其最大特点就是可利用证券市场对社会上的资金进行筹资，从而便于扩大企业规模、增强产品的竞争力和市场占有率。上市公司发明专利平均拥有量代表了具有较强社会信誉和竞争实力的企业在发明专利方面的活动情况。

规模以上工业企业发明专利平均拥有量，是指区域内规模以上工业企业发明专利拥有总量除以该类工业企业数得到的平均值。根据国家统计局规定，自 2011 年起，规模以上工业企业应当是指年主营业务收入在 2000 万元及以上的法人工业企业。规模以上工业企业发明专利平均拥有量表明具有较强营收能力和一定生产经营规模的工业企业在发明专利方面的活动情况。

除以上五项指标外，在进行专利与企业匹配度评价时，还可以根据情况选择企业发明专利授权相对增速、高新技术企业发明专利覆盖度、中小企业发明专利覆盖度和大中型企业发明专利覆盖度等其他评价指标进行全面综合评价。

3）专利与产业匹配度包括哪些指标

产业是城市的脊梁，产业专利数量与产业规模和发展状况高度正相关，产业专利与产业创新发展能力越匹配，产业竞争的优势就越明显，产业发展的趋势就越向好。❶ 专利与产业匹配度主要反映专利产出结果与产业发展导向的吻合度，涉及战略性新兴产业有效发明专利占比、专利密集型产业有效发明专利占比、主导产业产值与专利产出的匹配程度、发明专利授权量相对增速 P-RV1 和发明专利授权量相对增速 P-RV2 共五个指标。

战略性新兴产业有效发明专利占比，是指区域战略性新兴产业有效发明专利数量占区域有效发明专利数量的比例。战略性新兴产业以重大技术突破和重大发展需求为基础，对经济社会全局和长远发展具有重大引领带动作用，具有知识技术和创新要素密集的特点，对知识产权创造和运用的依赖性强，对知识产权管理和保护的要求高。分析战略性新兴产业有效发明专利占比情况，是将区域高端产业发展定位与实际专利产出结果进行关联结合分析，以全面反映区域经济转型升级的产业导向与实际专利活动的匹配度。

专利密集型产业有效发明专利占比，是指专利密集型产业有效发明专利数量占区域有效发明专利数量的比例。专利密集型产业的划分有利于更好地引导社会资源的投向，并可作为有关部门及地方开展专利密集型产业培育工作的重要依据。

根据国家知识产权局 2016 年印发的《专利密集型产业目录（2016）（试行）》（以

---

❶ 国家专利导航试点工程研究组. 专利导航典型案例汇编 [M]. 北京：知识产权出版社，2020：43.

下简称《目录》），我国的专利密集型产业包括八大产业，涵盖48个国民经济中类行业，其对应了《国民经济行业分类》（GB/T 4754—2011）[该标准目前已被《国民经济行业分类》（GB/T 4754—2017）替代]的中类条目（三位码）。根据《目录》定义，发明专利密集度为五年期间平均每万名就业人员的发明专利授权数，即五年发明专利授权总数除以相应期间的年平均就业人员数。专利密集型产业所属大类行业的发明专利密集度须高于全国三次产业平均水平。以2010~2014年为例，全国三次产业平均专利密集度为7.91件/万人，工业专利密集度为59.55件/万人。❶

主导产业产值与专利产出的匹配程度，是指区域主导产业总产值除以主导产业发明专利授权量的值。主导产业是指在产业结构中处于主要支配地位，比重较大且综合效益较高，与其他产业关联度高，对国民经济的驱动作用较大且具有较大增长潜力的产业。

发明专利授权量相对增速P‐RV1，是指区域某产业发明专利授权量增速与区域发明专利授权量增速的比值。对于相关产业，按照"专利‐相对速度/优势"（Patent‐Relative Velocity/Advantage，P‐RV/A）模型，分析产业目标定位与实际专利趋势的匹配程度。发明专利授权量相对增速P‐RV1是针对某产业与其所在区域发明专利授权趋势对比情况的评价，可以体现该产业在区域发展中的技术革新。

发明专利授权量相对增速P‐RV2，是指区域某产业发明专利授权量增速与全国某产业发明专利授权量增速的比值。发明专利授权量相对增速P‐RV2主要对比某产业在所研究区域的发明专利授权情况与其在全国的发明专利授权情况，是可以表征该产业的创新技术在全国的发展趋势和水平的指标。

创新质量是一个相对的概念，其高低最终反映在区域可持续发展的能力和趋势上。区域创新发展质量评价体系能客观反映区域创新发展质量的综合变动程度及变动趋势，是衡量区域创新发展质量的晴雨表。运用该体系对区域的创新质量进行评价，能够对区域创新发展的过程控制、系统管理、规划决策和持续改进起到有效的支撑作用。

4.4.2 第二步：摸排分析对象区域及其对比区域的基本情况

以区域创新质量评价为目标的专利导航，是以专利数据作为信息获取的主体，同时需要关联科技、产业、地理、文化、贸易、金融、企业、人才等多方面的数据资源，综合运用专利信息分析和经济数据分析，为区域创新质量评价提供数据支撑。

而区域创新质量的评价，除了确定分析对象区域的各项指标的现状及其纵向变化情况，往往还需要确定若干对比区域，与对比区域进行横向对比，根据创新质量的各项指标的区域排名分析，确定分析对象区域创新质量的位次，明确分析对象区域与其对比区域之间的差异，分析自身优势与不足。

---

❶ 国家知识产权局. 专利密集型产业目录（2016）（试行）[EB/OL]. (2016‐10‐11) [2023‐01‐27]. http://www.gov.cn/xinwen/2016‐10/28/content_5125650.htm.

摸排专利导航区域的情况，就是梳理分析对象区域及其对比区域内的重点产业、重点企业、重要创新主体，收集区域产业技术相关政策、规划和战略，了解区域产业发展关键问题等基本情况，从而在这些信息资源的基础上结合区域创新活动尤其是专利活动情况进行区域创新质量发展情况的评价。

4.4.2.1 需要进行哪些导航信息资源收集

根据《专利导航指南 第1部分：总则》（GB/T 39551.1—2020），开展专利导航宜具备以下信息资源：

世界知识产权组织规定的PCT最低文献量专利数据资源及相应的检索工具；

与专利导航需求密切相关的产业、科技、教育、经济、法律、政策、标准等信息资源；

与专利导航需求密切相关的企业、高等学校和科研组织等信息资源。

《专利导航指南 第2部分：区域规划》（GB/T 39551.2—2020）进一步就区域规划类专利导航的信息资源进行了补充：

区域环境相关信息，可包括国内外不同层面区域规划、产业规划、产业政策及产业平台等信息；

区域相关统计数据；

区域相关主要法人及自然人创新活动及市场活动信息；

专利引文数据库。

4.4.2.2 如何进行导航信息资源收集

在区域规划类专利导航中，全面充分地研究和分析区域创新活动情况，尤其是专利技术信息情况，是有效掌握区域创新现状、精准定位区域创新方位、明确创新竞争优势和不足的必要环节，而导航信息资源的收集是研究分析的原材料和基础，是确保导航分析全面、正确的基本保障。那么，获取导航分析所需信息资源的渠道主要有哪些呢？

政策类信息。政策类信息是导航的核心指导思想和准则，尤其是确保区域规划类专利导航理论准确、方向正确的有效保障。政策类信息包括但不限于国家对于创新高质量发展、知识产权工作等的路线、方针和政策，如《知识产权强国建设纲要（2021—2035年）》和国务院印发的《"十四五"国家知识产权保护和运用规划》等，以及各级政府或行政机关关于创新发展、产业规划、企业培育和营商环境优化等的指导意见、规划文件等。政策类信息一般可通过官方通报渠道获取，均具有较强的权威性。

专利数据信息。专利数据是专利导航的基本信息元素，也是专利导航在信息来源上区别于其他决策方法的最核心特征。根据区域创新质量评价体系所涵盖的评价指标，可以重点参考使用的专利数据库包括：中国专利统计数据库、中国专利引文数据库、中国高被引专利数据库、战略性新兴产业专利数据库、国民经济行业专利数据库、高新技术企业专利数据库、上市公司专利数据库、中小企业专利数据库等。

其他信息。区域内各类企业、产业的信息，可以从统计年鉴、企业网站等渠道多方面获取。

此外，目前一些知识产权服务机构基于公告信息和大数据技术开发的商用专利数据平台和相应软件服务在专利数据信息收集、专利导航分析方面也具有较强功能。各具特色的商用专利数据平台是对常规专利数据平台多元化、个性化的有益补充，在导航分析中能够起到较好作用。

4.4.3 第三步：分析区域创新竞争力

区域创新竞争力分析分别对应创新要素聚集、创新产出、创新效益三大项指标，其方法一般包括图4-4-8所示的四个步骤。

步骤一	步骤二	步骤三	步骤四
▲创新要素集聚指标标准化处理及测算	▲创新产出指标标准化处理及测算	▲创新效益指标标准化处理及测算	▲区域创新竞争力综合分析
●研发人员参与发明创造平均次数 ●具有较高创新水平的专利发明人数量或占比 ●重点创新主体数量 ●在所评价时间周期内初次开展专利活动的企业数量	●每万人口发明专利拥有量 ●维持十年以上的有效发明专利拥有量或占比 ●高被引专利数量 ●PCT专利申请量	●专利转让平均金额 ●专利许可备案平均金额 ●专利质押融资平均金额 ●专利运营次数和增速	●"创新要素集聚"综合分析 ●"创新产出"综合分析 ●"创新效益"综合分析

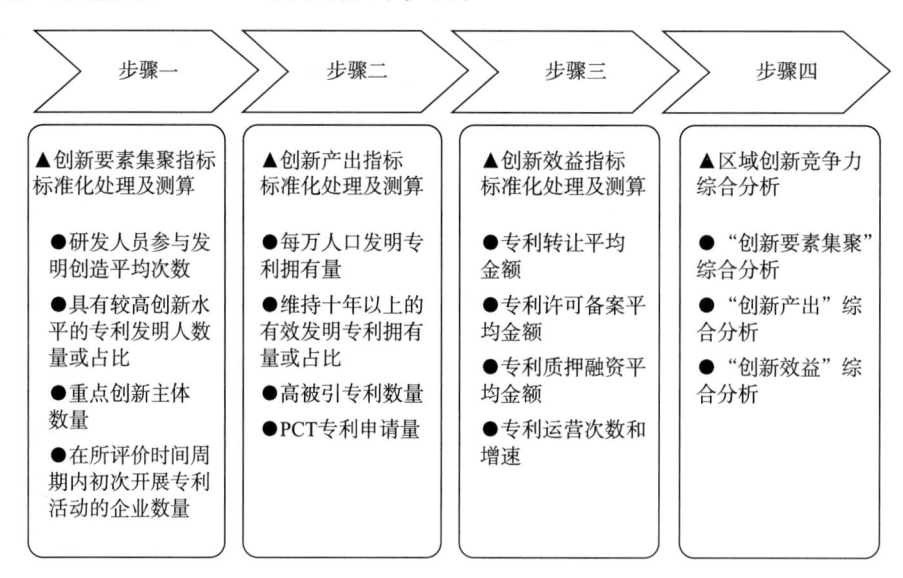

图4-4-8 区域创新竞争力分析步骤

4.4.3.1 步骤一：创新要素集聚指标标准化处理及测算

对表征创新要素集聚的指标进行标准化处理并赋权求和，得到创新要素集聚指数，其中表征创新要素集聚的指标包括但不限于研发人员参与发明创造平均次数、具有较高创新水平的专利发明人数量或占比、重点创新主体数量、在所评价时间周期内初次开展专利活动的企业数量等。其中：

"研发人员参与发明创造平均次数"的计算公式如下：

研发人员参与发明创造平均次数 =（公开公告发明人 & 设计人数量）/研发人员数量

其中，"公开公告发明人 & 设计人数量"和"研发人员数量"可以通过区域发布的相关年度统计年鉴查得，也可以通过相关数据平台以"发明人数量"或类似表达字段进行检索获取。

例如，通过查询分析对象区域所在省2017年的统计年鉴，获知该分析对象区域当年研发人员数量为 47651 人，当年公开公告的发明人及设计人共 131562 人次，则统计周期内该分析对象区域研发人员参与发明创造平均次数为 2.76 次。

"具有较高创新水平的专利发明人占比"的计算公式如下：

$$具有较高创新水平的专利发明人占比 = 高被引发明人数量/发明人数量$$

其中，"高被引发明人数量"和"发明人数量"可以通过研究区域发布的相关年度统计年鉴查得，也可以通过相关数据平台以"高被引发明人数量"和"发明人数量"或类似表达字段进行检索获取。

例如，分析对象区域 2019 年高被引发明人数量为 2055 人，发明人数量为 86022 人，则该年度该分析对象区域具有较高创新水平的专利发明人占比为 2.39%。

"重点创新主体数量"可通过相关专利数据平台筛选区域内类型为"发明授权"、筛选状态为"有效"的专利，导出列表后筛选出权利人类型为企业、大专院校和科研单位的所有专利权人并统计筛选出的上述类型及专利权人名下的有效发明专利数，选取拥有 50 件以上有效发明专利的专利权人，得到重点创新主体名单。

例如，通过该统计方式，查得分析对象区域 2019 年的重点创新主体数量为 29 个，即代表 2019 年该分析对象区域拥有 50 件以上有效发明专利的企业、大专院校和科研单位数量为 29 个。

"在所评价时间周期内初次开展专利活动的企业数量"，可通过相关专利数据平台筛选区域内每个企业最早的申请年，然后统计最早申请年在评价时间周期内的企业的数量，得到该评价时间周期内参与专利申请活动的新企业的数量。

4.4.3.2 步骤二：创新产出指标标准化处理及测算

对表征创新产出的指标进行标准化处理并赋权求和得到创新产出指数，其中表征创新产出的指标包括但不限于每万人口发明专利拥有量、维持十年以上的有效发明专利拥有量或占比、高被引专利数量、PCT 专利申请量等。其中：

"每万人口发明专利拥有量"的计算公式如下：

$$每万人口发明专利拥有量 = 获得授权且在有效期内的发明专利件数/区域内总人口数$$

其中，"获得授权且在有效期内的发明专利件数"和"区域内总人口数"可通过区域发布的相关年度统计年鉴查得，也可以通过相关专利数据平台以"授权发明专利数量"或类似表达字段进行检索获取。可通过相关专利数据平台以"发明授权""有效"为筛选条件导出区域内相应专利列表，筛选统计授权公告日为当年的专利数量即可。其中人口数以万为单位。

例如，通过该种统计方式，可获取并计算得出分析对象区域 2019 年每万人口发明专利拥有量为 14.09 件/万人。

"维持十年以上的有效发明专利占比"的计算公式如下：

$$维持十年以上的有效发明专利占比 = 维持十年以上的有效发明专利数量/有效发明专利总量$$

其中,"维持十年以上的有效发明专利数量"是在专利数据平台中以"发明授权""有效"条件筛选导出列表后获得"有效发明专利总量",进一步对导出列表根据申请日与统计日期求取年份差大于十年的发明专利数量,即可获得"维持十年以上的有效发明专利数量"。

例如,通过该种统计方式,可获得2019年分析对象区域维持十年以上的有效发明专利数量为413件,除以该年度的有效发明专利总量14129件,即可获得2019年该分析对象区域维持十年以上的有效发明专利占比为2.92%。

"高被引专利数量"可在专利数据平台中以"发明专利""被引证次数"为检索条件,筛选"被引证次数"大于或等于1的专利进行排序,排名前1%的专利即为高被引专利,相应的专利数量即为高被引专利数量。例如,通过该统计方式可计算得知2019年分析对象区域拥有高被引专利677件。

"PCT专利申请量"可在专利数据平台中以"当前申请人(专利权人)地址"和"PCT进入国家阶段日"为检索要素,就分析对象区域的专利申请进行检索,即可获得相关专利申请列表,基于获取的数据进行统计分析,得到该分析对象区域统计年份的PCT申请量情况。例如,根据该方式,可以获得分析对象区域2018年的PCT专利申请量为141件。

4.4.3.3 步骤三:创新效益指标标准化处理及测算

对表征创新效益的指标进行标准化处理并赋权求和得到创新效益指数,其中表征创新效益的指标可包括专利转让平均金额、专利许可备案平均金额、专利质押融资平均金额、专利运营次数和增速等。

以上专利运营相关信息可通过专利数据平台在限定区域、时间条件下,在"法律事件(法律状态)"输入口分别限定"专利权转移""许可""质押"等筛选条件,即可获取、统计限定条件下的专利转让、许可和质押的次数和相应金额,从而分别计算获得"专利转让平均金额"、"专利许可备案平均金额"和"专利质押融资平均金额"。

4.4.3.4 步骤四:区域创新竞争力综合分析

对步骤一测算的"创新要素聚集"、步骤二测算的"创新产出"和步骤三测算的"创新效益"这三个指标进行综合分析,得到区域创新竞争力分析结果。例如,可对其分别进行标准化处理并赋权求和得到区域创新竞争力指数。

上述步骤中,对各项指标进行标准化处理的计算方法[1]是:对指标体系中的原始数据采用中位数作为标杆值来进行标准化,中位数为60分,最大值为100分,区间内按比例赋值。对于逆向指标得分,则以100分减去上述方法计算的得分得出相应指数,其他标准保持不变。

---

[1] 国家知识产权局知识产权运用促进司. GB/T 39551《专利导航指南》系列标准解读[M]. 北京:中国标准出版社,2022:117.

将各三级指标按照以下规则标准化，得到三级指标的检测值 d_{ij}，计算公式如下：

$$d_{ij} = \frac{\min[x_{ij}, med(x_{i\cdot})]}{med(x_{i\cdot})} \times 60 + \frac{\max[x_{ij}, med(x_{i\cdot})] - med(x_{i\cdot})}{\max(x_{i\cdot}) - med(x_{i\cdot})} \times 40$$

式中，x_{ij} 为第 i 个二级指标下的第 j 个三级指标，$med(x_{i\cdot})$ 为第 j 个三级指标数据相应的中位数。

若三级指标为逆向指标，则计算公式如下：

$$d_{ij} = 100 - \left\{ \frac{\min[x_{ij}, med(x_{i\cdot})]}{med(x_{i\cdot})} \times 60 + \frac{\max[x_{ij}, med(x_{i\cdot})] - med(x_{i\cdot})}{\max(x_{i\cdot}) - med(x_{i\cdot})} \times 40 \right\}$$

各级指标的权重设置为：各三级指数合成二级指数时采用相同的权重；二级指数合成一级指数时，权重设置为创新要素聚集指数取30%，创新产出指数取30%，创新效益指数取40%。[1]

4.4.4 第四步：分析区域创新匹配度

区域创新匹配度分析分别对应专利与科技匹配度、专利与企业匹配度、专利与产业匹配度三项大指标，其方法一般包括图4-4-9所示的四个步骤。

步骤一	步骤二	步骤三	步骤四
▲专利产出与研发经费和人员投入匹配程度标准化处理及测算	▲专利活动与企业创新主体作用发挥匹配程度标准化处理及测算	▲专利产出情况与产业发展战略匹配程度标准化处理及测算	▲区域创新匹配度综合分析
●每亿元研发投入专利授权量 ●每万人年研发人员专利授权量	●企业有效发明专利占比 ●有专利活动企业占比 ●企业发明专利占三种专利类型比重 ●上市公司发明专利平均拥有量 ●规模以上工业企业发明专利平均拥有量	●战略性新兴产业有效发明专利占比 ●专利密集型产业有效发明专利占比	●"专利与科技匹配度"综合分析 ●"专利与企业匹配度"综合分析 ●"专利与产业匹配度"综合分析

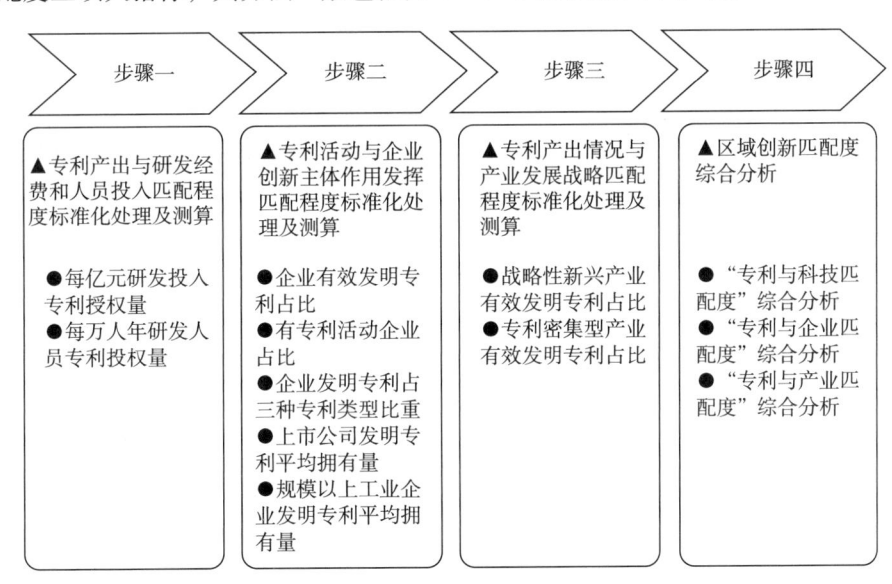

图4-4-9 区域创新匹配度分析步骤

---

[1] 国家知识产权局知识产权运用促进司. GB/T 39551《专利导航指南》系列标准解读[M]. 北京：中国标准出版社，2022：122-123.

4.4.4.1 步骤一：专利产出与研发经费和人员投入匹配程度标准化处理及测算

对表征专利产出与研发经费和人员投入匹配程度的指标进行标准化处理并赋权求和，得到专利与科技匹配度指数。其中表征专利产出与研发经费和人员投入匹配程度的指标包括但不限于每亿元研发投入专利授权量、每万人年研发人员专利授权量等。其中：

"每亿元研发投入专利授权量"的计算公式如下：

$$每亿元研发投入专利授权量 = 本年度专利授权量（件）/上一年度研发经费内部支出（亿元）$$

其中，考虑到研发投入与专利产出之间的时间滞后问题，本统计指标中将专利授权量和研发经费内部支出之间设置了一定的时滞时间（1年），且"专利授权量"和"研发经费内部支出"均可通过区域统计年鉴查得。

"每万人研发人员专利授权量"的计算公式如下：

$$每万人研发人员专利授权量 = 本年度专利授权量（件）/上一年度参与研发的人员数量（万人）$$

其中，考虑到研发活动与专利产出之间的时间滞后问题，本统计指标中将专利授权量和研发人员之间设置了一定的时滞时间（1年），且"专利授权量"和"研发人员数量"均可通过区域统计年鉴查得。

4.4.4.2 步骤二：专利活动与企业创新主体作用发挥匹配程度标准化处理及测算

对表征专利活动与企业创新主体作用发挥匹配程度的指标进行标准化处理，并赋权求和得到专利与企业匹配度指数，其中表征专利活动与企业创新主体作用发挥匹配程度的指标包括但不限于企业有效发明专利占比、有专利活动企业占比、企业发明专利占三种专利类型比重、上市公司发明专利平均拥有量、规模以上工业企业发明专利平均拥有量等。其中：

"企业有效发明专利占比"的获取方式为：首先，在专利数据平台以"发明授权""有效"条件检索并导出考察周期内区域有效发明专利列表，即可获得"区域发明专利总量"；其次，在导出考察周期内区域有效发明专利列表中筛选出专利权人为企业的发明专利，即可获得"区域内企业有效发明专利量"。

例如，通过该计算方式，截至2019年底，分析对象区域企业专利权人拥有8780件有效发明专利，占分析对象区域发明专利总量的43.65%。

"有专利活动企业占比"的获取方式为：首先，在专利数据平台以"专利申请"（包括发明、实用新型、外观设计）条件检索导出考察周期内区域专利申请列表，通过列表统计获得"有专利活动企业数量"；其次，通过区域税务或工商管理部门发布的区域内企业名单统计出"区域内企业总数量"；最后，"有专利活动企业数量"除以"区域内企业总数量"即可获得"有专利活动企业占比"。计算公式如下：

$$有专利活动企业占比 = 有专利活动企业数量/区域内企业总数量$$

"企业发明专利占三种专利类型比重"的获取方式为：首先，在专利数据平台以"专利申请"（包括发明、实用新型、外观设计）条件检索导出考察周期内区域专利申请列表，从中筛选、统计获得"企业三种专利总数量"；其次，在考察周期内区域专利申请列表中进一步筛选、统计出"企业发明专利数量"；然后，"企业发明专利数量"除以"企业三种专利总数量"即可获得"企业发明专利占三种专利类型比重"。计算公式如下：

$$企业发明专利占三种专利类型比重 = 企业发明专利数量/企业三种专利总数量$$

"上市公司发明专利平均拥有量"的获取方式为：首先，通过专利数据平台以"发明授权""有效"条件检索并导出考察周期内区域有效发明专利列表；其次，从区域发布的统计年鉴关于"股票发行情况"或其他官方发布渠道获取该区域上市公司名单；最后，根据上市公司名单，从有效发明专利列表中提取、统计上市公司发明专利拥有总量，通过区域内上市公司发明专利拥有总量除以上市公司数即可算得上市公司发明专利平均拥有量。计算公式如下：

$$上市公司发明专利平均拥有量 = 区域内上市公司发明专利拥有总量/区域内上市公司数量$$

"规模以上工业企业发明专利平均拥有量"的获取方式为：首先，在专利数据平台以"发明授权""有效"条件检索并导出考察周期内区域有效发明专利列表；其次，通过区域发布的统计年鉴或其他官方发布渠道获取规模以上工业企业名单；最后，根据规模以上工业企业名单，从有效发明专利列表中提取、统计该类工业企业有效发明专利拥有总量，区域内"规模以上工业企业发明专利拥有总量"除以"规模以上工业企业数量"即可算得"规模以上工业企业发明专利平均拥有量"。计算公式如下：

$$规模以上工业企业发明专利平均拥有量 = 规模以上工业企业发明专利拥有总量/规模以上工业企业数量$$

4.4.4.3 步骤三：专利产出情况与产业发展战略匹配程度标准化处理及测算

对表征专利产出情况与产业发展战略匹配程度的指标进行标准化处理，并赋权求和得到产业匹配度指数，其中表征专利产出情况与产业发展战略匹配程度的指标包括但不限于战略性新兴产业有效发明专利占比、专利密集型产业有效发明专利占比，专利密集型产业有效发明专利占比等。

"战略性新兴产业有效发明专利占区域有效专利数量的比例"的获取方式为：首先，在专利数据平台以"发明授权""有效"条件检索并导出考察周期内区域有效发明专利列表；其次，通过区域发布的统计年鉴或其他官方渠道（如区域"十四五"发展规划）确定本区域的战略性新兴产业，并同步对应相应战略性新兴产业的IPC分类号；最后，根据战略性新兴产业的IPC分类号，从有效发明专利列表中提取、统计战略性新兴产业有效发明专利数量,"战略性新兴产业有效发明专利数量"与"有效发明专利总量"的比值,即为"战略性新兴产业有效发明专利占比"。计算公式如下:

战略性新兴产业有效发明专利占比=战略性新兴产业有效发明专利数量/
有效发明专利总量

"专利密集型产业有效发明专利占区域有效发明专利数量的比例"的获取方式为:首先,在专利数据平台以"发明授权""有效"条件检索并导出考察周期内区域有效发明专利列表;其次,根据《目录》确定的专利密集型产业,同步对应专利密集型产业的IPC分类号;最后,根据专利密集型产业的IPC分类号,从有效发明专利列表中提取、统计专利密集型产业有效发明专利数量,"专利密集型产业有效发明专利数量"与"有效发明专利总量"的比值,即为"专利密集型产业有效发明专利占比"。计算公式如下:

专利密集型产业有效发明专利占比=专利密集型产业有效发明专利数量/
有效发明专利总量

其中,在专利与产业匹配度分析过程中,还可以按照"专利-相对速度/优势"模型进行分析。

绿色运行区:发明专利授权量相对增速 P-RV1(城市某产业发明专利授权量增速/城市发明专利授权量增速)和发明专利授权量相对增速 P-RV2(城市某产业发明专利授权量增速/全国某产业发明专利授权量增速)均大于1,表示产业专利增长趋势与城市对产业发展定位相匹配。

橙色预警区,发明专利授权量相对增速 P-RV1(城市某产业发明专利授权量增速/城市发明专利授权量增速)或发明专利授权量相对增速 P-RV2(城市某产业发明专利授权量增速/全国某产业发明专利授权量增速)大于1,即产业发明专利授权量相对于城市整体水平或者全国平均水平没有形成相对优势,表示产业专利增长趋势与城市对产业发展定位有一定偏离。

红色预警区,发明专利授权量相对增速 P-RV1(城市某产业发明专利授权量增速/城市发明专利授权量增速)和发明专利授权量相对增速 P-RV2(城市某产业发明专利授权量增速/全国某产业发明专利授权量增速)均小于1,表示产业专利增长趋势与城市对产业发展定位严重偏离。

4.4.4.4 步骤四:区域创新匹配度综合分析

对步骤一测算的"专利与科技匹配度"、步骤二测算的"专利与企业匹配度"和步骤三测算的"专利与产业匹配度"这三个指标进行综合分析,得到区域创新匹配度分析结果,例如,可对其分别进行标准化处理,并赋权求和得到区域创新匹配度指数。

上述步骤中,对各项指标进行标准化处理的计算方法与第三步中采用的计算方法相同。各级指标的权重设置[1]为:各三级指数合成二级指数时采用相同的权重,二级指

---

[1] 国家知识产权局知识产权运用促进司. GB/T 39551《专利导航指南》系列标准解读[M]. 北京:中国标准出版社,2022:122-123.

数合成一级指数时，权重设置为：科技匹配度指数取 30%，企业匹配度指数取 30%，产业匹配度指数取 40%。

4.4.5 第五步：综合分析评价区域创新质量

4.4.5.1 分析角度和方法

综合前述步骤对"区域创新竞争力"和"区域创新匹配度"的分析结果，得到区域创新质量评价结果。分析的角度包括但不限于以下至少其一。

将区域创新竞争力指数和区域创新匹配度指数相乘，得到区域创新质量评价指数。具体而言，横向上，可对比分析对象区域及其对比区域的综合指数排名情况；纵向上，可对比不同时间段分析对象区域创新质量评价指数的排位变化情况。

分别对比分析对象区域及其对比区域的各项三级指标，根据各项指标所表征的方面，确定分析对象区域相应方面的创新发展情况，分析优势与不足。

将分析对象区域不同时间段各项三级指标的变化情况进行对比分析，根据各项指标所表征的方面，确定分析对象区域相应方面的发展变化趋势、潜力与不足。

4.4.5.2 分析示例

下面以分析对象区域的专利数据为基础，如图 4-4-10 所示，通过专利活动所表现的创新要素集聚、创新产出、创新效益等竞争力情况，以及专利活动与科技、企业、产业之间的匹配程度，以区域横向比较和自身纵向比较相结合的方式，通过可量化的

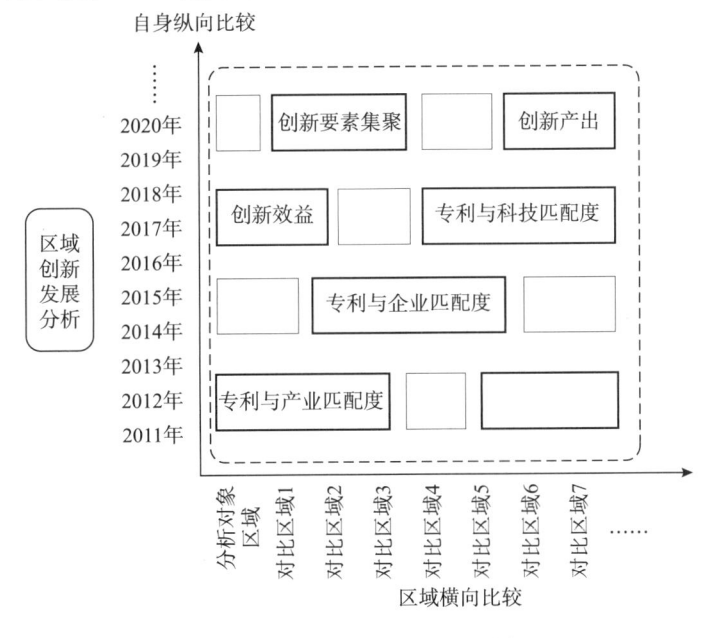

图 4-4-10 区域创新发展分析

区域创新质量评价指数展示如何综合评价区域创新质量。需要特别说明的是，在进行相应数据统计和分析时，不能单独孤立地分析比较最终获得的数据，还应充分利用和挖掘数据统计、整理和总结分析过程中所展现的其他信息，以便客观、全面评价。

1）从横向和纵向两个维度进行区域创新发展竞争力评价

区域创新发展竞争力评价主要基于创新要素聚集、创新产出、创新效益等评价指标，将对象区域与其他同级或同类区域进行横向比较，以确定对象区域创新发展的现状和定位。

（1）创新要素聚集情况评价

产业发展的过程就是先进生产要素和优秀人才向区域集聚的过程，发明创造主体和权利拥有主体的集聚现状均能体现区域当前的创新主体发展状况。

发明创造主体聚集：成事之要，在于得人。各类创新要素中，人才是创新第一资源，创新驱动本质上是人才驱动，创新人才已成为推动区域经济发展、提升竞争力的核心资源。用于表征发明创造主体聚集情况的指标包括但不限于"研发人员参与发明创造平均次数"和"具有较高创新水平的专利发明人数量或占比"。下面以分析对象区域为例进行评价分析。

横向比较上来看，2017年该分析对象区域研究与试验发展人员折合全时当量[1]为47651人年，在八个区域（指该分析对象区域与其他七个对比区域，下同）中排名第七位；同时，由于该分析对象区域当年公开公告的专利发明人及设计人共131562人次，研发人员参与发明创造平均次数为2.76次，在八个区域中排名第三位，且高于八个区域的平均水平（2.06次）。由此可见，虽然该分析对象区域研发人员规模在八个区域中相对小，但研发人员参与发明创造的活跃度在八个区域中位于前列。

通过图4-4-11可以看出，该分析对象区域研发人员参与发明创造平均次数保持较高的增长速度，2017年的年度平均增速达到38.96%，在八个区域中位列第一。拉长周期来看，2017年相较于2015年而言，该分析对象区域的研发人员参与发明创造平均次数增长了32.59%，在八个区域中同样位列第一。通过分析可以看出，该分析对象区域研发人员参与发明创造平均次数增速明显，发展势头迅猛，体现了创新主体的后劲和潜能。

高被引发明人数方面，该分析对象区域2019年高被引发明人数量为2055人，有效发明人数量为86022人，则该年度该分析对象区域具有较高创新水平的专利发明人占比为2.39%，分析对象区域高被引发明人数在八个区域中排第六位，规模数量同样相对不足，但增速相对较快（参见图4-4-12）；具体分析高被引专利的权利人类型，从图4-4-13可以看出，企业占比41.7%，高校占比2.4%，科研单位占比24.5%。图4-4-14进一步显示了高校高被引专利权人情况，即在数量前十名的专利权人中，高校占比为六成。

---

[1] 研究与试验发展人员折合全时当量，是指全时人员数加非全时人员按工作量折算为全时人员数的总和。

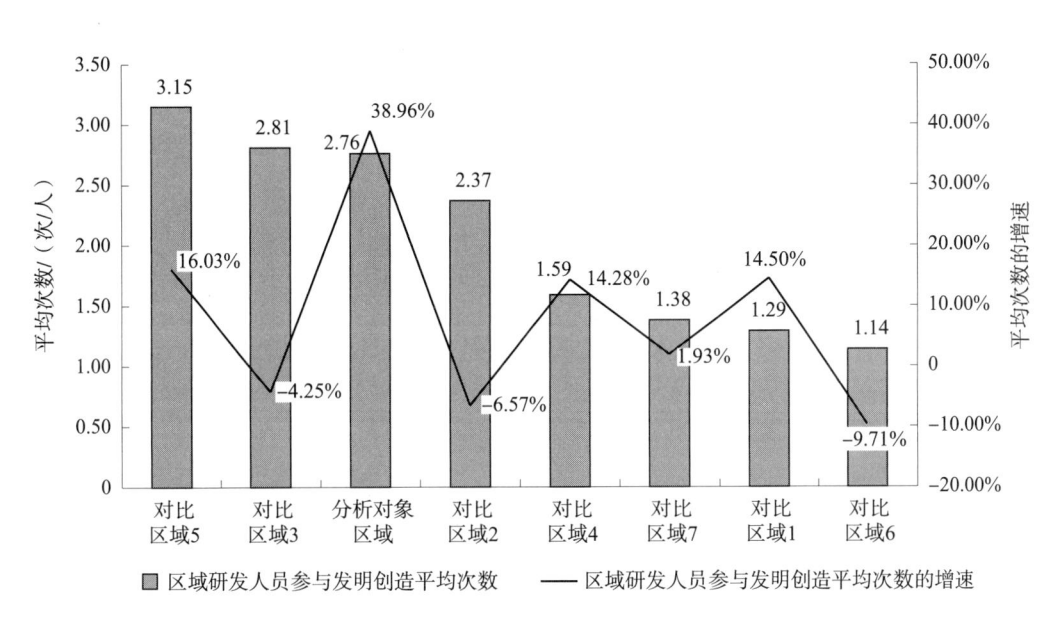

图 4-4-11　2017 年八个分析区域研发人员参与发明创造平均次数及增速对比

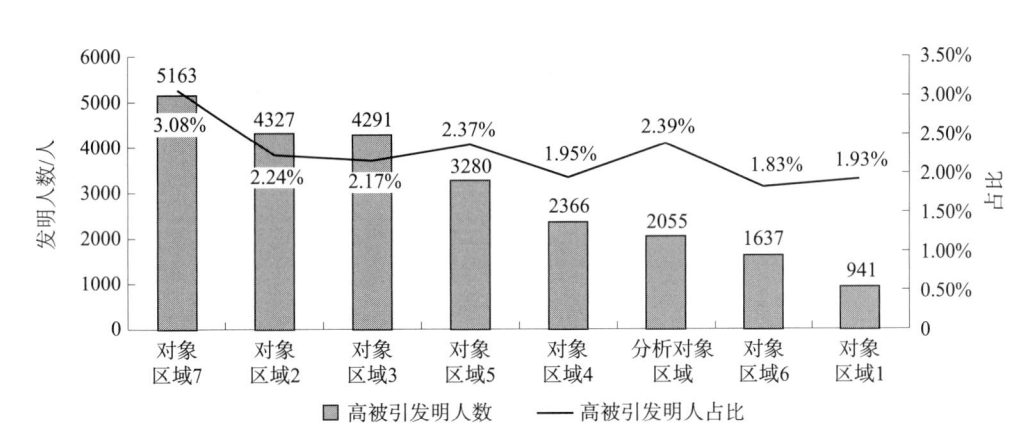

图 4-4-12　八个分析区域高被引人数及占比情况对比

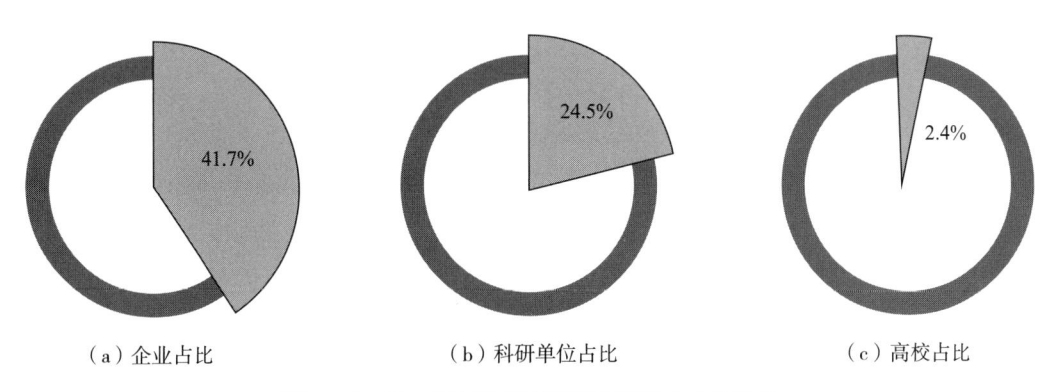

（a）企业占比　　　　　（b）科研单位占比　　　　　（c）高校占比

图 4-4-13　主要类型高被引专利权人占比情况

图 4-4-14　高校高被引专利权人情况

通过对该分析对象区域发明创造主体聚集情况的评价分析可以看出，该分析对象区域研发人员总体规模尤其是高端发明创造人员规模有待扩大，但研发人员参与发明创造的活跃程度较高，高端发明创造人员密度相对较高，占有一定优势，研发人员参与发明创造平均次数增速明显，发展势头迅猛，体现了创新主体的后劲和潜能。该分析对象区域在研发人员参与发明创造的活跃程度、区域发明创造人才集聚能力方面具有一定潜力。

权利拥有主体聚集：区域的创新能力是通过区域各微观创新主体依靠自己的所拥有的创新资源通过彼此之间的协作而形成的，影响这种创新能力的基本因素就是创新主体数量。创新主体通过专利申请获得专利授权后，即为专利权拥有主体，因此，专利权拥有主体的集聚现状能够从一定程度上反映当前区域创新主体的集聚情况。用于表征权利拥有主体聚集情况的指标包括但不限于"重点创新主体数量"和"在所评价时间周期内初次开展专利活动的企业数量"。下面以分析对象区域为例进行评价分析。

2019 年该分析对象区域重点创新主体数量为 29 个，占所在省重点创新主体的 32.6%，重点创新主体数量在八个区域中排名相对靠后。但从重点创新主体数量增长速度上看，该分析对象区域"十三五"期间重点创新主体数量的平均增速为 28.42%，重点创新主体数量的增幅大、增速快。进一步分析重点创新主体组成，其中企业、高校和科研单位的数量占比分别为 44.83%、41.38% 和 13.79%，相应其有效发明专利拥有量占比分别为 29.56%、57.00% 和 13.44%，由此可以看出，该分析对象区域重点创新主体主要集中在企业和高校，且其中高校的专利创新产出相对较高。

通过对该分析对象区域权利拥有主体聚集情况的评价分析可以看出，该分析对象区域重点创新主体集聚能力虽然在省内是具备一定优势的，但与其他七个对比区域相比，在数量与规模上稍显不足；自"十三五"开始，该分析对象区域重点创新主体数量的增速较快、优势明显，表明该分析对象区域重点创新主体虽然数量规模小，但增长后劲足，在未来的知识产权领域具备较大潜力。

（2）创新产出情况评价

区域创新发展最为直接的体现就是创新产出成果，创新产出情况主要由创新产出数量和质量来反映，从专利的角度来看包括专利产出数量和专利产出质量两个方面。

专利产出数量：专利数量直观体现了区域拥有专利的体量，在一定程度上反映了区域创新主体参与技术创新和知识产权保护的热情和活跃度，是知识产权工作尤其是发明创造情况的直接体现。用于体现专利产出数量的指标包括但不限于"每万人口发明专利拥有量"。下面以分析对象区域为例进行评价分析。

每万人口发明专利拥有量方面,如图4-4-15所示,截至2019年底该分析对象区域每万人口发明专利拥有量为14.09件/万人,虽然已经完成《中华人民共和国国民经济和社会发展第十三个五年规划纲要》提出的每万人口发明专利拥有量达到12件的目标,且高于全国平均水平(13.3件/万人),但在八个区域中排名相对靠后。从每万人口发明专利拥有量增速上看,该分析对象区域每万人口发明专利拥有量在"十三五"期间的平均增速为20.10%,"十三五"末相比于"十二五"末的增长幅度在八个区域中排名第二位。

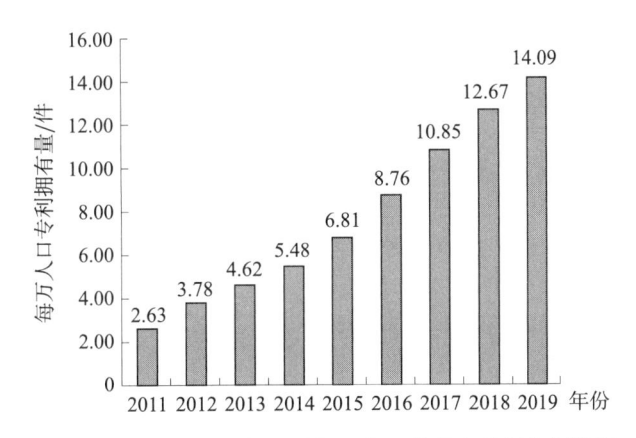

图4-4-15 分析对象区域每万人口发明专利拥有量情况

通过对该分析对象区域专利创新产出数量情况的评价分析可以看出,该分析对象区域在专利产出体量和规模上还存在较大增长空间,但专利增长速度较快,发展势头较好。

专利产出质量:专利产出质量是区域技术创新程度和创新成果价值的重要体现,是区域高质量发展和知识产权保护工作有效贯彻执行的重要保障。用于体现专利产出质量的指标包括但不限于"维持十年以上的有效发明专利拥有量或占比""高被引专利数量"和"PCT专利申请量"。下面以中部某省分析对象区域为例进行评价分析。

维持十年以上的有效发明专利拥有量或占比方面,如图4-4-16所示,2019年该分析对象区域维持十年以上的发明专利拥有量在八个区域中排第七位,规模数量相对不足;从数量占比上来看,维持十年以上的有效发明专利占有效发明专利总量的2.9%,在八个区域中排第四位。从占比的增长趋势来看,维持十年以上的有效发明专利的占比"十二五"期间平均增速为21%,"十三五"期间达到31%,发展势头良好。这说明该分析对象区域有效发明专利的总量规模虽然不大,但其中高质量的专利占比较高且维持较快的增长速度。

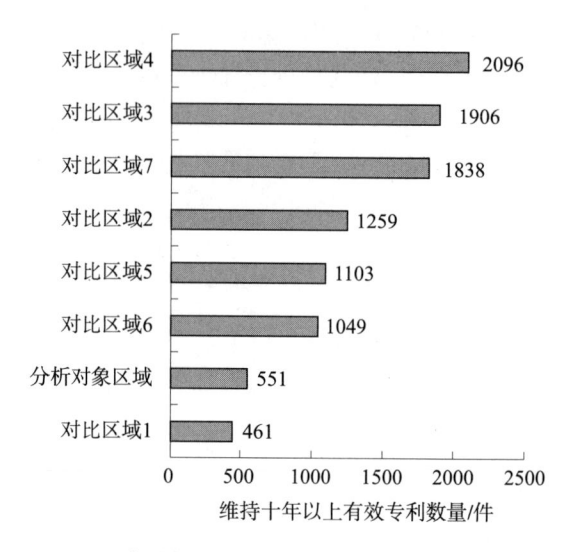

图4-4-16 八个分析区域"维持十年以上有效专利"情况对比

高被引专利数量方面,通过专利数据平台统计计算获得该分析对象区域2019年拥有高被引专利677件,在八个区域中排名第七位,与排名靠前的区域相比,该分析对象区域在高被引专利数量方面存在一定差距。

PCT申请受理量方面,如图4-4-17所示,该分析对象区域PCT申请受理量为530件,在八个区域中排名靠后。但从PCT申请受理量增速来看,"十二五"末分析对象区域PCT申请受理量为122件,"十三五"末申请受理量增长为530件,增长了3.34倍,增速在八个区域中居第二位。

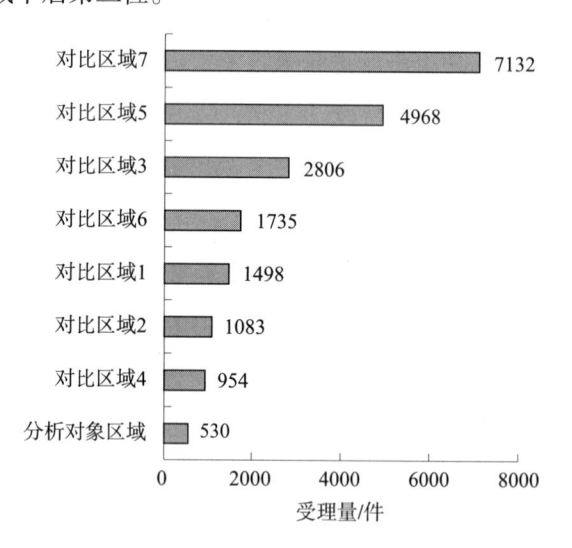

图4-4-17 分析对象区域PCT申请受理量(截至2019年)

通过对该分析对象区域专利产出质量情况的评价分析可以看出,该分析对象区域虽然有效发明专利的总量规模不大,但其中高质量的专利占比较高且维持较快的增长速度，高质量专利从高校、科研单位向企业进行市场转化的资源储备具有一定的潜力和优势。从整体来看，该分析对象区域在专利的产出方面，虽然参与国际竞争的程度和实力还需要进一步强化，但高质量专利增速较快，发展势头良好。

(3) 创新效益情况评价

区域创新发展在促进经济社会发展方面体现为创新效益情况，专利运营情况为其重要的参照指标。专利运营通常理解为专利权的运用和经营，指专利权人和相关市场主体优化资源配置，采取一定的商业模式实现专利价值的商业活动。用于体现创新效益的指标包括但不限于"专利转让平均金额""专利许可备案平均金额""专利质押融资平均金额"和"专利运营次数和增速"。下面以分析对象区域为例进行评价分析。

该分析对象区域自"十二五"以来，在一系列政策和工作的带动下，知识产权运营业态蓬勃兴起，技术交易日趋活跃。如图4-4-18所示，该分析对象区域专利运营次数由2011年的308次增长到2019年的2121次，技术交易活跃度明显提升，整个"十二五"期间，该分析对象区域专利运营次数达3313次，其中专利转让2532次，许可515次，质押266次；"十三五"期间，该分析对象区域专利运营次数达8525次，其中专利转让7557次，许可420次，质押548次。"十三五"期间专利运营次数相比于"十二五"期间，增长了1.57倍。但同时应当看到专利运用还存在较大潜力，以高校和科研单位的专利转让情况为例，截至2019年底，分析对象区域企业拥有的发明专利中来自高校和科研单位转让的发明专利比例仅为4.1%。

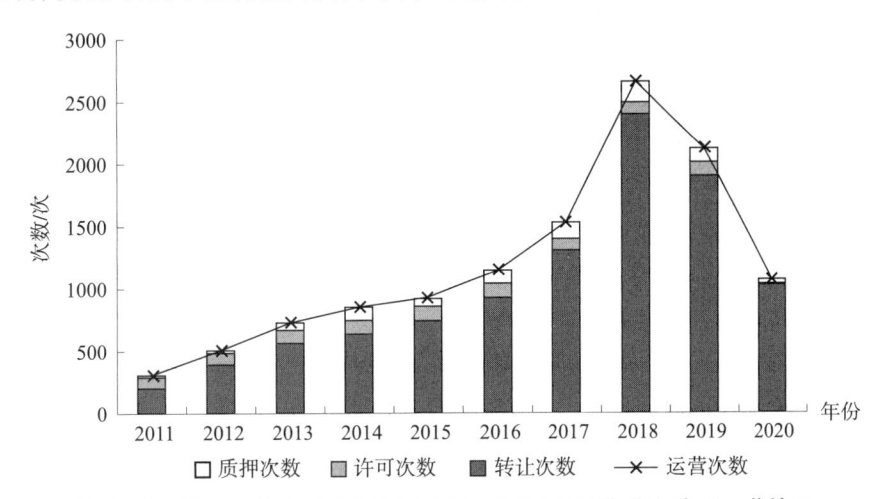

图4-4-18 分析对象区域"十二五"至"十三五"期间专利运营情况

注：由于统计数据的时间滞后性，2019年、2020年数据与实际运营次数存在一定偏差。

通过对该分析对象区域专利创新效益情况的评价分析可以看出，该分析对象区域专利运营次数虽然相对不多，但专利运营次数增速明显，科教专利资源向知识产权优势和产业发展优势转化的转化率仍需进一步提高。

2) 基于横向比较进行区域创新发展匹配度评价

把专利当作经营与生产要素投入经营和生产活动中，以实现企业绩效和产业绩效，衡量的是专利与企业、产业的匹配度。区域创新发展的质量就在于"投入—产出—绩效"过程的良性循环，表现为专利活动与科技、企业、产业发展的高度匹配。

（1）专利与科技匹配度评价

研发是在科学技术领域，为增加知识总量以及运用这些知识去创造性地应用进行的系统的创造性活动，相应的研发资源（包括人力、物力、财力等）投入以及相应产出是衡量区域科技创新活动规模、科技投入水平的重要指标，专利情况与研发资源的匹配分析是评价区域创新能力、创新成果以及专利与科技匹配度的有效方式。用于体现专利与科技匹配度的指标包括但不限于"每亿元研发投入专利授权量""每万人年研发人员专利授权量"。下面以分析对象区域为例进行评价分析。

该分析对象区域2018年研发人员全时当量为5.03万人年，对应的每万人年研发人员专利拥有量为6658.83件，与2015年相比排名上升一位。此外，2014~2019年该分析对象区域每万人年研发人员专利拥有量维持上升趋势，2017~2018年增速明显提升，截至2019年，每万人年研发人员专利拥有量为6759.47件，约为2015年拥有量的1.81倍。

通过对该分析对象区域专利与科技匹配度情况的评价分析可以看出，虽然该分析对象区域研发人员规模在八个区域中相对小，但研发人员参与发明创造的活跃度在八个区域中位于前列，在区域发明创造人才的集聚能力方面具有一定潜力。

（2）专利与企业匹配度评价

在现代社会化大生产的条件下，企业的技术和管理始终处于不断创新发展的变化过程中，技术的创新突破和渐进式积累往往给企业在观念、组织、管理、制度上带来影响，尤其在现有的法律保护和激励手段中，专利权的创造、运用和保护是企业技术竞争力得到的最为安全、持久、可靠保护的有效方式。用于体现专利与企业匹配的指标包括但不限于"企业有效发明专利占比""有专利活动企业占比""企业发明专利占三种专利类型比重""上市公司发明专利平均拥有量"和"规模以上工业企业发明专利平均拥有量"。下面以分析对象区域为例进行评价分析。

截至2019年底，该分析对象区域企业专利权人拥有的有效发明专利占该分析对象区域发明专利拥有总量的43.65%，占比低于全国平均水平（72.95%），在八个区域中排名第七位。从增速方面看，"十三五"期间该分析对象区域企业发明专利拥有量的平均增速在八个区域中排名第三位，"十三五"末企业发明专利拥有量相比于"十二五"末增长了1.4倍，增幅在八个区域中排名第五位，排名居中。此外，"十三五"期间该分析对象区域企业发明专利拥有量平均增速落后于该分析对象区域总体发明专利拥有量平均增速约7个百分点，该分析对象区域仅有26.1%的国家高新技术企业发明专利覆盖度，在八个区域中排名第七位。

通过对该分析对象区域专利与企业匹配度情况的评价分析可以看出，虽然该分析对象区域企业发明专利拥有量的增速较快，但企业发明专利体量不大的情况仍较突出，企业发明覆盖度相对较低，高新技术企业科研技术优势不明显，企业发明授权水平落后于城市发明授权整体水平，表明企业在该分析对象区域整体创新发展中的作用还不够突出。

(3) 专利与产业匹配度评价

创新成果的数量、质量以及其专利化水平、程度和布局，决定了产业的市场地位以及竞争力，也决定了产业链的利益分配格局，因此，专利是构建区域产业优势地位的根本支撑。专利是产业技术发展现状的体现，专利分析对战略性新兴产业的培育和发展、传统产业的转型升级具有引导作用。用于体现专利与产业匹配的指标包括但不限于"战略性新兴产业有效发明专利占区域有效发明专利数量的比例""专利密集型产业有效发明专利占区域有效发明专利数量的比例""主导产业产值与专利产出的匹配程度""发明授权量相对增速 P-RV1"和"发明授权量相对增速 P-RV2"。下面以分析对象区域为例进行评价分析。

根据国民经济行业分类中工业行业的大类，按主要生产活动归类，分析对象区域重点关注如图 4-4-19 所示的"六大产业"，针对该分析对象区域重点关注的六大产业电子信息、汽车及装备制造、现代食品、新型材料、铝加工制品和生物医药的专利活动与产业发展进行匹配度分析。

图 4-4-19 分析对象区域"六大产业"

如图 4-4-20 所示，截至 2019 年底，六大产业发明专利授权量占该分析对象区域发明专利授权量的约 82%，占比较高的产业有新型材料产业（22.89%）、电子信息产业（19.07%）、汽车及装备制造产业（15.58%），六大产业相关创新活动在该分析对象区域整体创新活动中占据主导地位。

(a) 六大产业专利活动分析

电子信息产业：电子信息产业是该分析对象区域战略支撑产业之一。截至 2019 年底，该分析对象区域电子信息产业发明专利授权量占该分析对象区域发明专利授权总量的 19.07%。"十三五"末相比于"十二五"末，该分析对象区域电子信息产业发明专利授权量增长了 1.87 倍，是全国电子信息产业发明专利授权量增速的 6.45 倍。其中，企业发明专利拥有量占该产业发明专利拥有总量的 54.01%。由此可见，该分析对象区域的电子信息产业发明专利拥有量具有较为明显的比较优势，该产业发明专利授权量增速较快，分别高于该分析对象区域发明专利授权量增速和全国电子信息产业发明专利授权量平均增速。

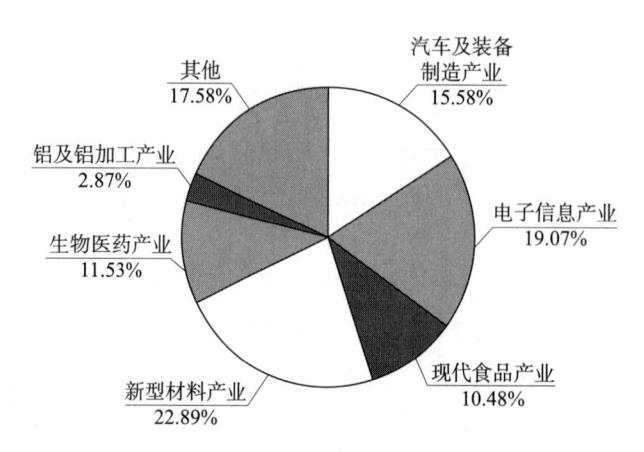

图 4-4-20　六大产业发明专利授权量占比

汽车及装备制造产业：汽车及装备制造产业是该分析对象区域战略支撑产业之一。截至 2019 年底，该分析对象区域汽车及装备制造产业发明专利授权量占该分析对象区域发明专利授权总量的 15.58%。"十三五"末相比于"十二五"末，该分析对象区域汽车及装备制造产业发明专利授权量增长了 1.86 倍，是全国汽车及装备制造产业发明专利授权量增速的 10.33 倍。其中，企业发明专利拥有量占该产业中发明专利拥有总量的 66.96%。由此可见，该分析对象区域汽车及装备制造产业发明专利拥有量具有较为明显的比较优势，该产业企业发明专利拥有量占比超过六成，产业整体发明专利授权量增速较快，增速高于该分析对象区域发明专利授权增速和该产业全国平均水平。

现代食品产业：现代食品产业是该分析对象区域传统优势产业之一。截至 2019 年底，该分析对象区域现代食品产业发明专利授权量占该分析对象区域发明专利授权总量的 10.48%。"十三五"末相比于"十二五"末，该分析对象区域现代食品产业发明专利授权量增长了 0.46 倍，是全国现代食品产业发明专利授权量增速的 2.88 倍，低于该分析对象区域整体发明专利授权增速。其中，企业发明专利拥有量占该产业发明专利拥有量的 62.69%。由此可见，该分析对象区域现代食品产业发明专利授权量具有较为明显的比较优势，企业发明专利拥有量占比超过六成，形成了一批具有专利优势的骨干企业，产业整体发明专利授权增速较快。

新型材料产业：新型材料产业是该分析对象区域战略性新兴产业之一。截至 2019 年底，该分析对象区域新型材料产业发明专利授权量占该分析对象区域发明专利授权总量的 22.89%。"十三五"末相比于"十二五"末，该分析对象区域新型材料产业发明专利授权量增长了 1.31 倍，是全国新型材料产业发明专利授权量增速的 8.73 倍，但略低于该分析对象区域整体发明专利授权增速。其中，企业占该产业发明拥有量的 53.18%。由此可见，该分析对象区域新型材料产业发明专利授权增速高于全国平均水平，但低于该分析对象区域整体发明专利授权增速，企业发明专利拥有量占比超过五成。

铝加工制品产业：铝加工制品产业是该分析对象区域传统优势产业之一。截至

2019年底，该分析对象区域铝加工制品产业发明专利授权量占该分析对象区域发明专利授权量的2.87%。"十三五"末相比于"十二五"末，该分析对象区域铝加工制品产业发明专利授权量增长了1.32倍，低于全国铝加工制品产业发明专利授权量增速和该分析对象区域整体发明专利授权增速。其中，企业发明专利拥有量占该产业发明专利总量的69.07%。由此可见，该分析对象区域铝加工制品产业发明专利授权量较少，产业发明专利授权增速低于该分析对象区域发明专利授权增速和该产业全国发明专利授权增速平均水平，产业发明拥有量相对于全国未形成优势。

生物医药产业：生物医药产业是该分析对象区域战略性新兴产业之一。截至2019年底，该分析对象区域生物医药产业发明专利授权量占该分析对象区域发明专利授权量的11.53%。"十三五"末相比于"十二五"末，该分析对象区域生物医药产业发明专利授权量增长了0.78倍，是全国生物医药产业发明专利授权量增速的3.39倍。其中，企业发明专利拥有量占该产业发明专利总量的48.02%。由此可见，该分析对象区域生物医药产业发明专利授权量相对于全国具有较为明显的比较优势，发明专利授权量快速增长，产业发明专利授权增速高于该产业全国发明专利授权增速平均水平，但低于该分析对象区域整体发明专利授权增速。

(b) 六大产业专利匹配度分析

对该分析对象区域分析的六大产业，按照"专利–相对速度/优势"模型，分析产业目标定位与实际专利趋势的匹配程度。

如表4-4-2所示，分析结果表明，以电子信息和汽车及装备制造产业为战略支撑产业的六大产业中，各个产业与专利活动均存在一定程度差异，具体表现为：

表4-4-2 分析对象区域2019年六大产业定位与专利趋势匹配度

产业	发明授权量相对增速 P-RV1	发明授权量相对增速 P-RV2	状态	产业定位与专利趋势匹配度
电子信息	1.36	6.45	绿色运行	较为匹配
汽车及装备制造	1.36	10.33	绿色运行	较为匹配
现代食品	0.34	2.88	橙色预警	有一定偏离
新型材料	0.96	8.73	橙色预警	有一定偏离
生物医药	0.57	3.39	橙色预警	有一定偏离
铝加工制品	0.96	0.79	红色预警	不匹配

注：发明授权量相对增速P-RV1=分析对象区域某产业发明授权量增速/分析对象区域发明授权量增速；发明授权量相对增速P-RV2=分析对象区域某产业发明授权量增速/全国某产业发明授权量增速。

以电子信息和汽车及装备制造产业为战略支撑产业的六大产业中，电子信息和汽车及装备制造产业处于绿色运行状态，专利增长趋势与该分析对象区域产业发展定位较为匹配，总体发展态势良好，已经具有比较优势。现代食品、新型材料、生物医药产业发明专利授权增速较快，均高于全国平均水平，但发明专利授权增速低于该分析对象区域发明专利授权增速平均水平，产业专利活动与产业定位存在一定偏离，处于橙色预警状态。该分析对象区域铝加工制品产业近年来发明专利授权增速放缓，低于该分析对象区域和该产业全国平均水平，产业的专利活动与产业发展定位存在严重偏离，处于红色预警状态。

4.5　怎样运用专利导航支撑区域创新发展决策

知识产权是区域迈向未来发展的源动力和新引擎。区域规划类专利导航以专利信息情报为分析基础，以区域经济社会创新发展为工作指引，通过区域创新质量评价进行区域创新质量画像，并在此基础上进行区域创新发展路径分析，从而为区域宏观层面的规划决策提供决策支撑和研究支持。

4.5.1　描绘区域创新质量画像

通过对区域创新发展质量的分析评价，从区域创新发展特点和存在的问题两方面对区域创新质量进行画像。

4.5.1.1　区域创新发展特点分析

通过对创新发展特点的分析，可明确区域创新发展优势，有利于"扬长补短"，继续保持并充分发挥优势特点。从区域专利指标体系的角度，可以区域创新质量评价体系中的20余个三级指标进行梳理分析，明确区域在创新发展中存在的优势特点。

下面基于对前述分析对象区域的创新质量评价的结果，给出示例性分析结论。

1）有力巩固三大优势并提升创新发展竞争力

通过对该分析对象区域创新发展竞争力的分析发现，该分析对象区域在发明创造人才活跃程度、高端发明创造人才聚集度、高价值专利产出率三个方面优势较为突出：一是发明创造人才活跃程度高，该分析对象区域研发人员参与发明创造平均次数为2.76次，在八个区域中排名第三位；二是高端发明创造人才聚集度高，该分析对象区域高被引发明人占比为2.39%，在八个区域中排名第二位；三是高价值专利产出率相对较高，截至2019年底，该分析对象区域维持十年以上的有效发明专利占该分析对象区域有效发明专利总量的比重为2.9%，在八个区域中排第四位。

2）企业发明专利拥有量增速势头良好，高校和科研单位具有高质量专利的资源储备

"十三五"末该分析对象区域企业发明专利拥有量相比于"十二五"末增长了1.4倍，平均增速在八个区域中排名第三位，增速优势明显。该分析对象区域重点创新主

体中高校和科研单位占比超过五成,相较于企业,高校和科研单位的主体地位更为明显,高质量专利从高校、科研单位向企业进行市场转化的资源储备具有一定的潜力和优势。

3)产业专利密集度高,产业创新总体态势积极良好

该分析对象区域重点关注的六大产业发明专利拥有量占该分析对象区域发明专利总量超八成,产业专利密集度高。对于电子信息、汽车及装备制造、新型材料和铝加工制品产业,"十三五"时期末发明专利授权量相比于"十二五"时期末分别增长了 1.87 倍、1.86 倍、1.31 倍和 1.32 倍,增速明显,其他产业增速相对较缓。从该分析对象区域产业目标定位与实际专利趋势的匹配程度来看,汽车及装备制造和电子信息产业发明授权量相对增速 P-RV1 和发明授权量相对增速 P-RV2 均大于 1,专利增长趋势与该分析对象区域产业发展定位较为匹配,现代食品、新型材料、生物医药产业发明授权增速均高于全国平均水平,总体来看,该分析对象区域产业发展态势积极向好。

4.5.1.2 区域创新发展问题分析

基于专利导航的区域创新发展,对于区域的创新发展问题分析,可以从创新发展竞争力方面,提出以下问题:创新要素是否聚集?创新成果运用是否充分?创新效益是否显现?也可以从创新发展匹配度方面,提出以下问题:区域产业专利活动是否平衡?区域企业专利能力是否充分?区域研发创新效率是否较高?

下面基于对前述分析对象区域的创新质量评价的结果,给出示例性分析结论。

1)创新主体分布不均衡,数量规模有待扩大

该分析对象区域参与发明创造的主体分布较为集中,分布不均衡,发明创造主体和专利权拥有主体的数量规模有限。该分析对象区域研发人员数量在八个区域中排名第七,重点创新主体数量、拥有发明专利的企业数量在八个区域中排名均为第八位。这也对该分析对象区域实施更加开放的人才政策、进一步加速创新人才汇聚和培养提出了更高要求。

2)高校和科研单位专利转移转化力度有待加强

高校是知识富集区、人才集聚区和自主创新高地,每年产生的大量专利技术被"闲置",处于"沉睡"状态,呈现出有专利无转移、有转移无转化的相对静止状态。截至 2019 年底,该分析对象区域企业拥有的发明专利中,来自高校和科研单位转让的发明专利数量占比仅为 4.1%,高校和科研单位创新成果转化率有待提高,该分析对象区域科教专利资源向知识产权优势和产业发展优势的转化有待加强。

3)企业的创新能力还需加强,技术创新主体地位有待巩固

该分析对象区域专利与企业创新匹配度有待改善,主要表现为企业发明专利占比、企业发明专利覆盖度、发明专利占三种专利类型比重均相对较低。该分析对象区域企业发明拥有量占比约四成(43.65%),在八个区域中排在第七位。该分析对象区域仅 26.1% 的国家高新技术企业拥有发明专利,在八个区域中排名第七。该分析对象区域

企业发明专利占三种专利的比重约一成，专利结构布局有待进一步完善，企业作为技术创新主体的地位有待巩固和加强。

4）产业与专利匹配度有待进一步提升

该分析对象区域产业与专利匹配度总体发展态势良好，但仍需进一步提升。具体表现为两个方面。一是现代食品、新型材料、生物医药产业目标定位与实际专利活动趋势存在一定程度的偏离，上述产业发明专利授权量增速均高于全国平均水平，低于该分析对象区域发明授权增速平均水平，产业专利活动与产业定位存在一定偏离，处于橙色预警状态。二是该分析对象区域铝加工制品产业近年来发明授权增速放缓，低于该分析对象区域和全国产业平均水平，产业的专利活动与产业发展定位存在严重偏离，处于红色预警状态。

4.5.2 提出区域创新发展提升路径

区域创新发展路径分析，就是以分析确定的区域创新质量评价结果为出发点，以区域发展基础、目标定位、产业体系为切入点，结合区域创新发展的需要特点，针对区域创新发展的主要问题，从创新资源配置、创新政策制定与调整、创新活动保障等角度，有针对性地给出区域创新发展的具体提升路径。

因此，可重点从促进区域产业转型升级、提升区域技术创新能力、构建区域内集群优势等视角，梳理相关路径和发展建议。

下面基于对前述分析对象区域的创新质量评价的结果，给出示例性结论建议。

如图 4-5-1 所示，一是基于优势企业培育引导主导产业和特色产业升级改造，促进区域产业转型升级；二是基于专利导航明确优势产业和新兴产业发展方向和具体路径，提升区域技术创新能力；三是基于招商引智打造产业群延伸产业链，构建区域内集群优势。以分析对象区域的创新发展为例，可从以下方面作为切入点，加强知识产权强市建设。

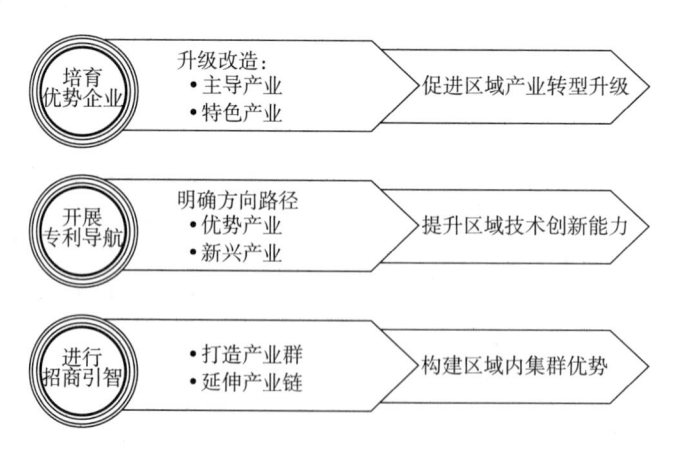

图 4-5-1 区域创新发展路径

1）科学规划布局产业体系，提升创新成果转移转化效率

把握该分析对象区域城市和产业发展规律，增强城市对产业的承载力、产业对城市的支撑力，加快推进汽车及装备制造、新型材料、现代食品等优势产业发展，大力发展生物医药、新能源、大数据等新兴产业，积极培育区块链、量子信息等未来产业，努力构建特色和优势明显的产业体系。充分利用高校和科研单位的创新成果，提升高校和科研单位创新资源与专利资源的投入产出效益，促进该分析对象区域高校和科研单位创新和专利优势向产业现实生产力的转化，将高校和科研单位的专利资源转化为产业发展优势。

2）发挥专利导航作用，助力专利密集型产业培育

加强专利密集型产业培育，建立专利密集型产业调查机制。构建常态化的专利导航城市创新发展决策机制，基于该分析对象区域现有产业发展现状，持续开展包括产业发展在内的创新发展质量评价分析，动态监测该分析对象区域创新尤其是专利活动成果与区域产业发展定位的匹配度，提高区域产业创新宏观管理能力和资源配置效率。充分利用专利导航在区域发展中的积极作用，大力推动专利导航在传统优势产业、战略性新兴产业、未来产业发展中的应用。

3）加速创新主体聚焦集聚，激发创新创业创造活力

将产、城融合的立足点放在创新要素集聚上，以专利分析为手段，聚焦重点领域、重点产业，围绕主导产业和优势产业优化资源配置，推进知识产权强企工程，引导创新要素集聚，尤其是高新技术企业等创新主体聚焦集聚。利用龙头企业发挥的辐射效应，带动区域内中小企业联动发展，横向打造产业群，纵向延伸产业链，增强区域内企业的整合能力与产业结构延伸能力。同时把培育战略性新兴产业与人才队伍建设紧密结合起来，通过人才培养、人才引进和产业政策等措施，以优良营商环境吸引创新人才、集聚创新要素，着力促进创新提升，激发创新创业创造活力。

4.6 本章小结

本章以"专利导航与区域知识产权管理"为主题，面向政府部门管理人员、科研单位和企业管理及科研人员、知识产权服务机构专利导航人员等不同群体，既兼顾全面，又注意侧重，以2020年11月发布的《专利导航指南 第2部分：区域规划》（GB/T 39551.2—2020）关于"区域规划类专利导航"的规定为指引，结合实际开展项目，从以下几个方面进行了区域规划类专利导航的介绍：

首先，从专利导航与区域知识产权管理的关系介绍，让读者明确区域规划类专利导航的目的和意义。

其次，从区域规划类专利导航的目标和定位、包含的类型和内容，以及与其他类型专利导航之间的联系和区别等方面，对区域规划类专利导航进行了全面概要的介绍。

再次，本章着重对以区域创新质量评价为目标的区域规划类专利导航项目的实施

方式进行了介绍。其中4.3节根据区域创新质量评价的指标体系，从创新发展竞争力、创新发展匹配度两个方面，将区域规划类专利导航项目按照实际开展的五个步骤，结合实际案例逐一进行介绍，从而增强本章内容整体框架结构的逻辑性，以及实践操作的可参考性。

最后，本章还专门就如何利用专利导航支撑区域创新发展决策进行了介绍，并具体介绍了通过区域创新质量评价报告对区域进行创新质量画像，以及如何提出区域创新发展路径，从而有效帮助读者在区域规划类专利导航项目实施和学习研究中，既完成区域创新质量评价，又进一步延伸至区域后续创新发展路径规划和政策措施制定，以增强本章内容的可读性和参考使用价值。

总之，本章既有基于标准的理论介绍、框架构建，又有面向实践的步骤介绍、案例示例，具有一定的理论学习、标准解读和实践参照的价值，适于不同类型群体的阅读。

第5章 专利导航与技术研发

5.1 引 言

5.1.1 本章的内容是什么

本章主要阐述了专利导航在技术研发中的适用场景,并介绍了具体的操作步骤。在此基础上,进一步结合国家知识产权局专利局专利审查协作河南中心近年来实施的专利导航项目,详细介绍了在具体场景下如何采用专利导航助力技术研发。具体内容如图 5-1-1 所示。

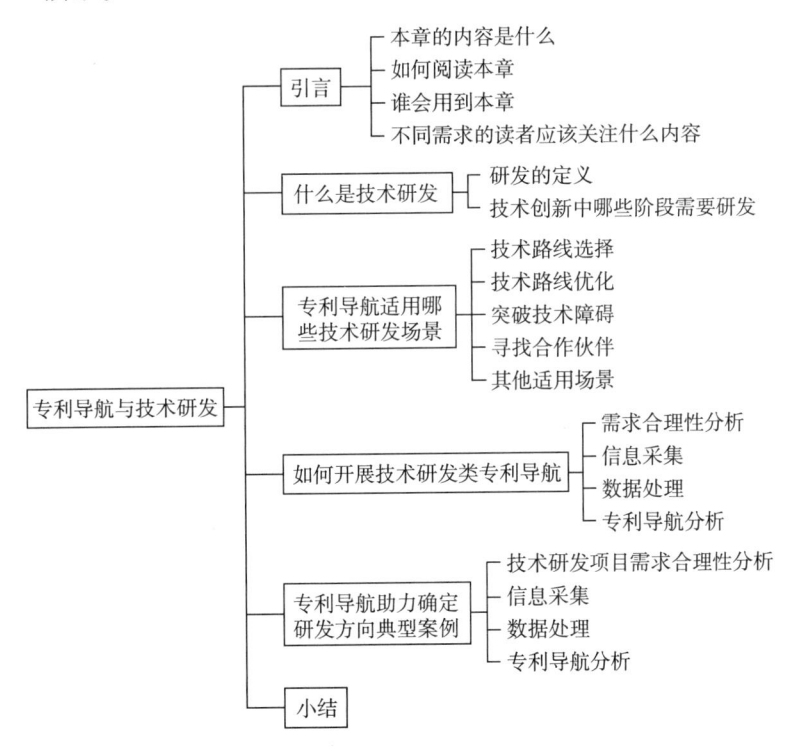

图 5-1-1 本章内容导图

5.1.2 如何阅读本章

本节旨在帮助读者在面临不同需求时有针对性地找到满足上述需求的方式。可以按照如图5-1-2所示的流程进行阅读。

```
                        明确阅读需求
              ┌──────────────┴──────────────┐
        学习如何开展                    解决技术研发
        专利导航                        中的难题
              ↓                              ↓
      阅读5.2节，了解技术            阅读5.3节，了解专利导航
      研发的基本知识                 的具体应用场景
              ↓                              ↓
      阅读5.3节，了解专利导航         将自身需求与应用场景相匹配
      的具体应用场景
              ↓                              ↓
      阅读5.4节，了解专利导航         阅读5.4节，了解专利导航
      的一般操作步骤                  的一般操作步骤
              ↓                              ↓
      阅读5.5节，明确具体场景下       阅读5.5节，参考具体案例中
      如何开展专利导航                的具体操作方式
              ↓                              ↓
      阅读5.6节，加深对专利           阅读5.6节，了解注意事项
      导航工作的认识
                                             ↓
                                    根据自身情况制定技术研发计划
```

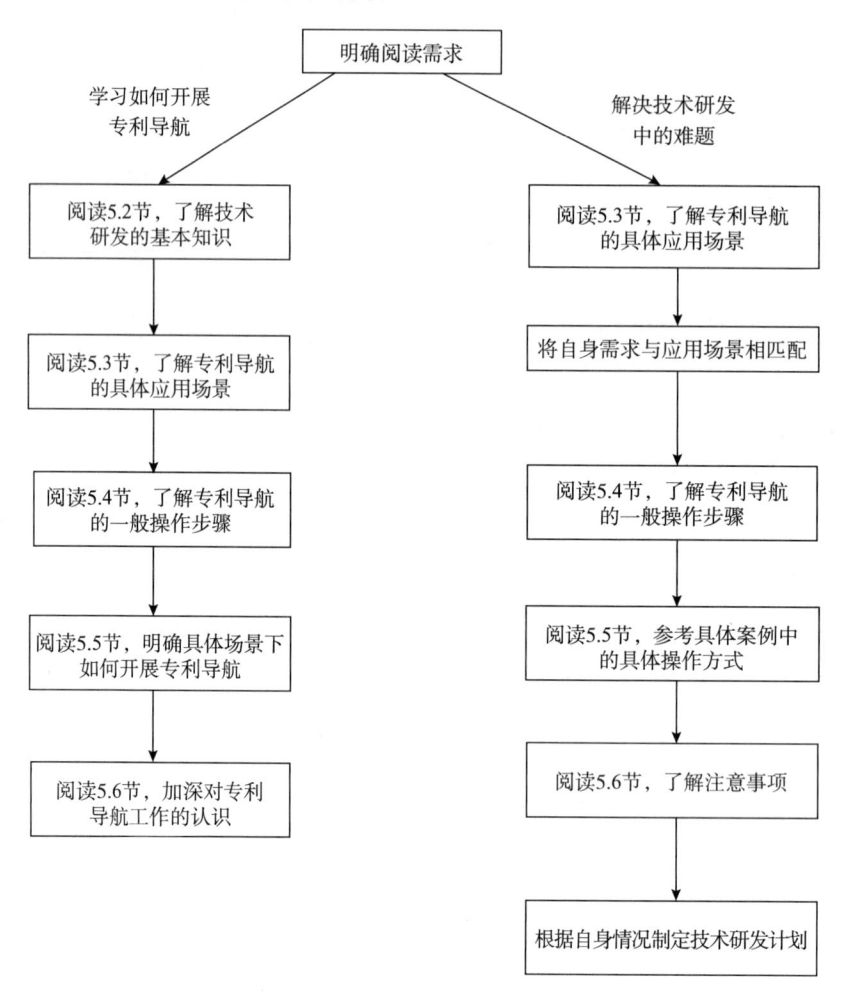

图5-1-2 本章建议阅读流程

如果学习如何开展技术研发类专利导航，读者可以按照本章的撰写顺序，即按照以下步骤：①阅读5.2节，了解研发的定义并明晰技术研发的需求主要存在于哪一阶段；②阅读5.3节，充分了解技术研发过程中面临的问题，即具体的应用场景；③阅读5.4节，了解专利导航的一般操作步骤，每一步骤的主要目的、具体考虑因素、具体操作方法以及各步骤之间的关系；④根据具体的应用场景阅读5.5节，结合具体的应用场景案例加深对专利导航工作的理解；⑤阅读5.6节，了解专利导航过程中的重点环节以及注意事项，加深对专利导航工作的认识。

如果在技术研发中遇到了难题，希望从本书中找到解决问题的方法，可以根据自

己的需求，按照以下步骤进行阅读：①阅读 5.3 节，充分了解技术研发过程中面临的问题，即具体的应用场景；②将自身需求与上述具体应用场景进行比较，确定对应的应用场景；③阅读 5.4 节，了解专利导航的一般操作步骤，每一步骤的主要目的、具体考虑因素、具体操作方法以及各步骤之间的关系；④阅读 5.5 节，参考具体案例中的具体操作方式；⑤阅读 5.6 节，了解专利导航过程中的重点环节以及注意事项；⑥根据自身实际情况作出相应的技术研发计划。

5.1.3　谁会用到本章

技术研发类专利导航主要涉及具体技术的攻关和突破，一般主要面向企业、高校和科研院所，其成果可以作为企业经营、研发活动的重要参考，为具体的技术开发决策提供建议支撑。因此，本章的主要作用，一是可以在企业、高校和科研院所等研发主体介入新行业、新领域，或者解决某一特定问题时参考阅读；二是政府在进行招商引资时，也可以通过专利导航确定企业的具体产品是否属于今后的主流发展方向；三是可供具有初步的专利分析经验但初次参与技术研发类专利导航项目的人员在实施技术研发类专利导航项目时快速入门使用。

5.1.4　不同需求的读者应该关注什么内容

企业、高校和科研院所等研发主体技术研发负责人既需要了解专利导航的基本原理及其用于技术研发的内在逻辑，也需要了解技术研发类专利导航的基本实施方式、每一步骤的考量因素以及各步骤之间的内在联系，以便于结合研发主体自身实际条件，更准确地确定出具体的研发方向；建议阅读 5.3~5.6 节。

政府部门负责招商引资的人员需要了解技术研发类专利导航的基本实施方式、作出导航项目意见结论时的考量因素，以便结合本区域的资源禀赋，确定目标企业是否适合本区域的发展；建议阅读 5.4 节、5.6 节。

专利导航项目的实施人员需要理解专利导航的具体原理，熟悉每一导航目的的具体实现方式、具体实施流程以及实际操作中的一些注意事项，以便能够更好地实现导航目标；建议阅读 5.4~5.6 节。

5.2　什么是技术研发

5.2.1　研发的定义

研究与开发一般可简称为研发。研发是为了获得科学技术的新知识，创造性地运用新知识，并将新知识转化为创新性的产品、材料、装置、工艺和服务的系统性活动。经济合作与发展组织（OECD）对研发的定义为：研发是为了增加知识存量（人力资本、文化和社会资本等）而进行的创造性工作，以及利用现有知识开发新的应用和用途。研发按其目的可以分为三个层次，即基础研究、应用研究和开发研究。

基础研究是指为了获得关于现象和可观察事实的基本原理的新知识而进行的实验性或理论性研究。基础研究揭示客观事物的本质、运动规律，获得新发现、新学说。基础研究不以任何专门或特定的应用或使用为目的，其成果以科学论文和科学著作为主要形式，用来反映知识的原始创新能力。

应用研究是指为获得新知识而进行的创造性研究，主要针对某一特定的目的或目标。应用研究是为了确定基础研究成果可能的用途，或是为达到预定的目标而探索应采取的新方法或新途径。其成果形式以科学论文、专著、原理性模型或专利为主，用来反映对基础研究成果应用途径的探索。

开发研究是指利用从基础研究、应用研究和实际经验所获得的现有知识，为产生新的产品、材料和装置，建立新的工艺、系统和服务，以及对已产生和建立的上述各项作实质性的改进而进行的系统性工作。其成果形式主要是专利、专有技术、具有新产品基本特征的产品原型或具有新装置基本特征的原始样机等。❶

5.2.2 技术创新中哪些阶段需要研发

根据国外的一些实际做法，特别是结合我国企业技术研发运行过程的实际，技术研发过程从逻辑上可分为如下阶段。

构思形成阶段：创新构思的形成主要表现在创新思想的来源和创新思想形成环境两个方面。创新构思可能来自科学家或从事某项技术活动的工程师的推测或发现，也可能来自市场营销人员或用户对环境、市场需要或机会的感受。创新思想的形成环境主要包括市场环境、宏观环境、宏观政策环境、经济环境、社会人文环境、政治法律环境等。

研究开发阶段：研究开发阶段的基本任务是创造新技术，一般由科学研究（基础研究、应用研究）和技术开发组成。企业从事研究开发活动的目的是很实际的，那就是开发可以或可能实现实际应用的新技术，即根据本企业的技术、经济和市场需求，敏锐地捕捉各种技术机会和市场机会，探索其应用的可能性，并把这种可能性变为现实。研制出可供利用的新产品和新工艺是研究开发的基本内容。研究开发阶段是根据技术、商业、组织等方面的可能条件对创新构思阶段的计划进行修正。有些企业也可能根据自身的情况购买技术或专利，从而跳过这个阶段。

中试阶段：中试阶段的主要任务是完成从技术开发到试生产的全部技术问题以满足生产需要。小型试验在不同规模上考验技术设计和工艺设计的可行性，解决生产中

---

❶ 龚仰军. 产业经济学教程[M]. 上海：上海财经大学出版社，2020：201-202.

可能出现的技术和工艺问题，是技术创新过程中不可缺少的阶段。

批量生产阶段：按商业化规模要求把中试阶段的成果变为现实生产力，产生出新产品或新工艺，并解决大量的生产组织管理和技术工艺问题。

市场营销阶段：技术创新成果的实现程度取决于其市场的接受程度，本阶段的任务是实现新技术所形成的价值与使用价值，包括试销和市场营销两个阶段。试销具有探索性质，探索市场的可能接受程度，进一步考验其技术的完善程度，并反馈到以上各个阶段，予以不断改进与完善。市场营销阶段实现了技术创新所追求的经济效益，完成技术创新过程中质的飞跃。

创新技术扩散阶段：创新技术被赋予新的用途，进入新的市场（例如，雷达设备用于机动车测速，微波技术用于微波炉的制造）。

在实际创新过程中，阶段的划分不一定十分明确，各个阶段的创新活动也不仅仅是按线性序列递进的——有时存在过程的多重循环与反馈以及多种活动的交叉和并行，下一阶段的问题会反馈到上一阶段以求解决，上一阶段的活动也会从下一阶段所提出的问题及其解决中得到推动、深入和发展。各阶段相互联结和促进，形成技术创新的统一过程。❶

5.3 专利导航适用哪些技术研发场景

技术研发主要体现在技术方面的创新，应用新知识、新技术或者采用已有知识、已有技术的组合，来开发新产品、提供新服务，进而满足社会需要，以及提出新工艺，进而提高产品的生产效率和生产质量。技术研发在市场经济中扮演着重要的角色，有利于研发主体更好地占据市场并实现更高的社会价值和经济价值。

传统的技术研发过程主要是基于研发主体所面临的技术需求以及所掌握的技术能力而进行的，注重市场调查以及对论文、科技成果的查阅；有时也会查阅一些专利文献，但对于专利文献的关注度相对不足，分析不够全面，尤其是对于产品的生产以及工艺的使用是否会带来知识产权方面的风险关注不够，导致出现重复研发以及侵权风险增大的问题。

技术研发类专利导航是以服务技术或产品研发的全流程或特定环节为基本导向，以专利数据为基础，通过建立专利数据、科研数据、产品数据、市场数据等多维数据的关联分析模型，深入解构研发活动或其特定环节所面临的研发环境、研发风险、研发机遇等关键问题，针对研发活动的研发方向确定、研发风险规避、研发路线优化、研发资源配置等基本问题提供决策支撑的专利导航活动。❷

正如本书第1章所提及的那样，专利文献大多是伴随着技术研发产生的，是研

---

❶ 窦文章，宋丹，赵玲玲. 科技创新产业的区域迭代：中美比较与京津冀科技协同发展［M］. 北京：中国科学技术出版社，2017：100–101.

❷ 国家专利导航试点工程研究组. 专利导航的理论研究与实践探索［J］. 专利代理，2020（3）：3–11.

的重要成果之一。同时，由于专利能够赋予专利权人一定范围内的独占权，能够对研发主体的研究成果进行很好的保护，因此通过专利导航可以辅助解决技术问题、确定研发方向、创新技术方案、引入创新资源等。根据上述作用，专利导航可以适用于技术路线的选择优化、突破技术障碍以及寻找合作伙伴等多种技术研发场景，具体可以参见图5-3-1。

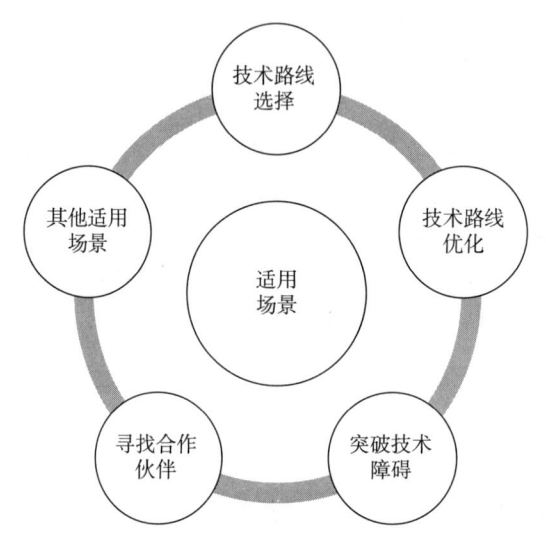

图 5-3-1 专利导航在技术研发中的适用场景

5.3.1 技术路线选择

研发主体在进入一个新行业时，往往不具备该行业的技术储备。如何在新进入的行业中快速站稳脚跟，推出适应自身条件且具有市场竞争力的产品或服务至关重要。此时研发主体需要慎重选择自己的技术路线，明确从哪一角度介入进行技术研发可以取得更好的研发成效。此时一般需要对整个行业领域的所有技术方向进行细致的分析，准确找到行业领域的技术热点和空白点，结合企业自身的资源情况，明确后续的研发方向。

此种情况一般需要分析的内容较多，基本上涉及了技术研发类专利导航的方方面面。例如，需要通过分析宏观趋势的变化来佐证当前的产业环境是否良好、是否值得进入该行业。通过分析行业领域的技术分支，包括产品、生产工艺、生产设备、应用领域等，来进一步明确需要突破的方向。通过分析每一技术分支的技术演进路线，可以明确该技术分支中的关键技术专利、技术演变方向以及当前的研究方向，还可以根据关键技术专利的归属初步判断研发主体在该细分领域中所处的技术地位。通过分析具体的关键技术专利，可以判断当前专利的有效情况、专利壁垒情况以及技术规避的难易程度等。通过分析主要研发主体，可以初步判断当前技术的主要归属。通过分析发明人情况，还可以初步判断当前的技术领头人，为后续的人才引进或合作打下基础。

通过分析研发主体的技术分布,可以明确研发主体的技术优势,为后续的技术合作、技术引进或技术规避打下基础。本章在 5.5 节通过一具体案例介绍此类场景下如何开展专利导航活动。

5.3.2 技术路线优化

当研发主体有一定技术储备时,为了进一步提高产品质量、生产效率或提供更好的服务,一般需要对已有的技术路线进行优化。此时研发主体需要明晰当前的主要技术路线有哪些、每一种路线的发展趋势、自己所拥有的技术所处的技术地位、当前每种技术路线的主要核心技术专利等,进而结合研发主体自身情况选择合适的技术路线优化方向,减少因为方向选择错误造成的时间和资金上的浪费,节省研发资源。

此种情况下分析的内容与技术路线选择情形中相比,需要重点聚焦的内容相对较少,更加侧重于与自身技术相关的技术分支,同时对技术分支,尤其是对核心专利技术,需要更加细致的分析。通过分析主要技术路线,可以明确替代技术、每一种技术路线的发展趋势、技术热点和技术空白点,可以对当前的技术研发发展趋势以及面临的技术难题给予初步的指引。通过分析每种技术路线上的核心技术专利,可以评估技术规避的难易程度、是否存在潜在的合作机会或侵权风险等。具体分析方式与技术路线选择类似,在此不再举例说明。

5.3.3 突破技术障碍

研发主体在进行技术研发时不可避免地会遇到技术难题,如何从现有技术中寻找攻克难题的启示尤为重要。专利文献中有时会公开解决该技术问题的技术方案以及该技术方案所能达到的技术效果。通过专利导航可以查找与技术难题相关的技术问题和技术效果,可以有效地确定他人在面临相同或相似的技术难题时所采用的技术方案;研发人员可以从中得到解决技术难题的启示,有助于提高研发效率。此外,通过借鉴已经失效专利的技术,或者与专利权人进行授权许可、专利转让等,可以有效避免重复研发,节约技术研发的成本,缩短研发周期。

此种情况下可以从所要解决的技术问题出发,通过分析专利技术中涉及解决上述技术问题的主要技术分支,对这些技术分支逐年进行分析,逐步明确主要的技术研发热点——一般情况下技术研发热点具有较高的解决技术问题的概率。通过分析每一分支技术的优缺点,可以更加聚焦后续的研究方向。通过对每一技术分支下重点核心专利的分析,再结合研发主体的自身情况,最终可给出较为稳妥的研究方向建议。有时还会对主要竞争对手进行分析,一方面可以明确竞争对手在相关技术方面的专利布局情况,及时调整自己的专利布局方向;另一方面也可以针对他人的重点专利进行外围专利的布局,从而及时介入具有良好发展前景的技术方向。下面以 D 公司的专利导航为例,简要介绍如何突破技术障碍。

D公司的主营业务之一是塔杆的生产与安装，拥有常规地区的塔杆生产安装技术。然而与常规地区不同，因为冻土区特殊的地质环境，在该地区埋设的接触网基础由于土壤冬季的冻胀、夏季的融沉等问题，会产生倾斜和下垂，从而影响电气化机车的正常运行。D公司对于冻土区地理环境下的塔杆生产安装技术储备不足，在冻土区接触网基础技术方面面临着研发思路不清晰、摸不准研发方向等难题。

在进行专利导航时，首先针对冻土区接触网基础抗冻融类型专利进行分析，以接触网基础实现抗冻融的技术分支为出发点进行了技术分解（参见图5-3-2）。

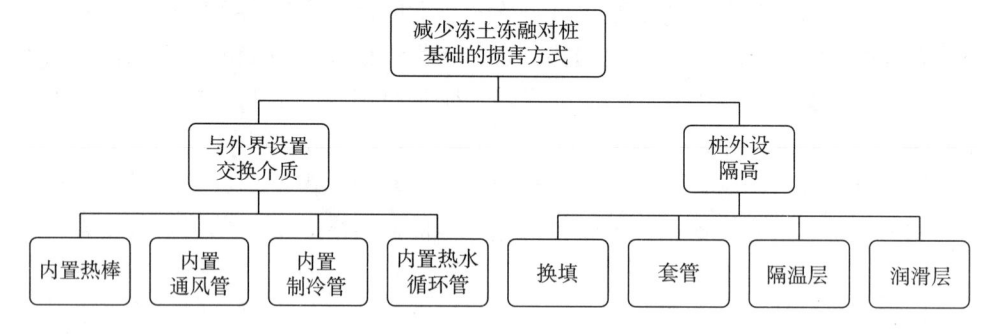

图 5-3-2 抗冻融方式技术分解

其次，对各技术分支进行了逐级分析。初步确定在桩外设置套管是主要改进方向，此外在桩体中内置制冷管、内置热棒、内置热水循环管以实现对桩基温度的主动控制也是重要的研发方向。

再次，综合考虑各技术分支的优缺点。例如桩体外置套管不仅可以隔绝桩体和桩周土体的热量交换，还可以提供缓冲层，防止永久冻土上层的季节性冻胀和融沉对桩体的损害，具有施工简单、成本低的优点；热棒由于内置有蒸发剂，具有单向传热功能，操作控制简单，并不需要额外的能源供能，其缺点在于只能冬季工作；而桩体上内置制冷管、内置热水循环管可以有效地对桩体温度进行控制，可以更好地、持续性地控制桩体温度。

最后，分析各技术分支下的重点核心专利，包括专利有效性、技术规避的难易程度等，再结合D公司的具体情况，最终提出了采用"套管结合内置制冷循环管"等多种解决建议，对于克服基础网基础倾斜和下垂这一技术障碍起到了积极作用。

5.3.4 寻找合作伙伴

在技术研发时，有时研发主体会面临硬件设施不足、技术储备较少、人力资源匮乏等问题，需要借助其他研发主体的资源来完成技术研发任务。此时需要明确具有技术优势的研发主体，以期寻求技术合作。另外，研发主体在技术研发时，主要目的在于经济价值的实现。由于专利具有一定的垄断性，即使新技术、新产品是研发主体自己独立研发出的，只要他人在先获得了专利权，自身也会存在侵权风险。因此，通过专利导航可以明确他人已有的在先权利，为后续的专利转让、专利许可合作打下基础。

此种情况下可以重点分析本领域的主要申请人和重点核心专利。一般而言，主要申请人在该技术领域有较多的专利布局，具有一定的技术优势。通过分析主要申请人的技术构成，可以更好地寻找契合技术需求的合作对象。重点核心专利的申请人一般也具有较强的研发实力，也需要进行重点关注。为了提高分析的准确性，有时还需要查阅一些期刊文献来对技术研发实力进行评估。至于具体的分析内容，可以根据时间成本等因素综合考虑。需要注意的是，单纯的专利数量多，并不能直接认定为技术占优势。这是因为技术优势不仅与专利数量相关，而且还与专利质量以及所掌握的技术秘密等相关，一般还需要分析主要申请人的技术构成、专利质量等。下面以Y公司的一项专利导航项目为例，简要介绍如何寻找合作伙伴。

Y公司主营油炸果蔬脆片的生产，生产中存在果蔬脆片含油量高的问题。为了解决上述问题，Y公司希望能够寻找技术合作对象。

通过对油炸食品脱油技术领域的申请人进行分析，根据申请量进行排序，具体参见图5-3-3。从中可以看出江南大学、华中农业大学的申请量相对较多，并且与Y公司存在竞争的可能性相对较小，属于值得进一步分析的重要申请人。

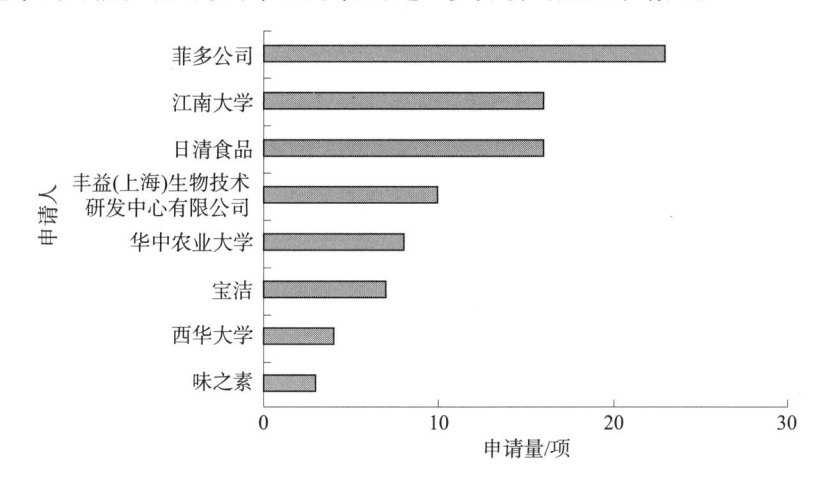

图5-3-3　油炸食品脱油技术主要申请人申请量

在初步确定了重要申请人之后，通过分析申请人的主要申请趋势，可以判断出申请人近些年来是否仍然关注这一领域的技术研究。下面以江南大学为例进行分析。图5-3-4展示了江南大学油炸食品脱油技术的专利申请趋势。根据2020年的检索结果，可以看出江南大学的专利申请主要集中于2010~2017年，2018年之后没有检索出专利申请，可能是由专利申请公开的滞后性而导致的。说明近年来江南大学一直持续关注这一领域的研发。

由于高校申请几乎都属于职务发明，还需要对具体的科研团队进行进一步分析，以便找到更为准确的合作对象。图5-3-5对江南大学油炸食品脱油技术专利申请的发明人进行统计，可以看出张慜教授课题组在降低油炸食品油含量领域申请了较多的专利，达到了10项。此外，对这10项专利的申请人和发明人进一步分析，发现其中6项属于和企业的联合申请，且均获得了授权，同时郑正足、祝银银、石永文、张卫明等均是与张慜合作的发明人。对张慜教授发表的期刊文献进行检索，发现其有较多的相关文章发表。以上信息说明张慜教授课题组在该领域有较强的研发实力，且校企合作经验丰富，属于潜在的合作伙伴。

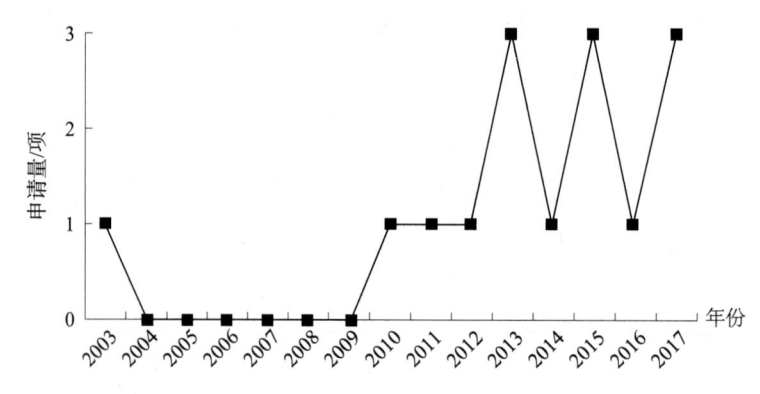

图 5-3-4　江南大学油炸食品脱油技术专利申请趋势

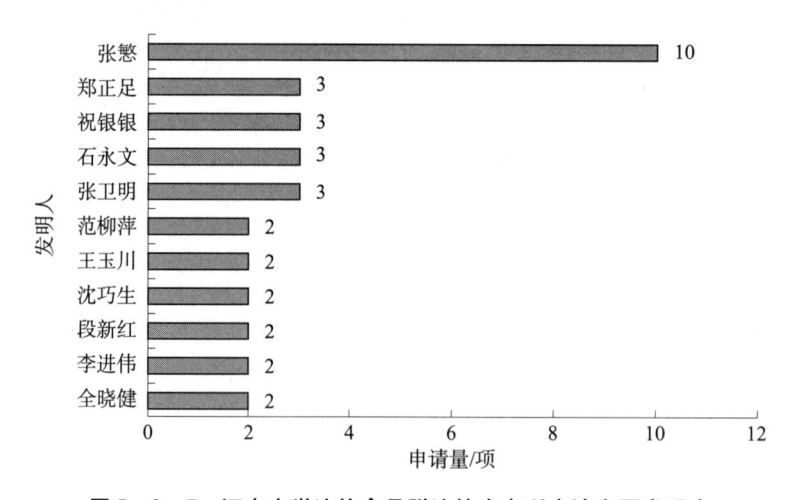

图 5-3-5　江南大学油炸食品脱油技术专利申请主要发明人

5.3.5　其他适用场景

通过专利导航分析还可以适用于其他方面，例如研发人才精准引进、合理配置研发资源等。

为了实现研发人才的精准引进，通过统计分析该行业领域的主要发明人以及主要发明人申请量的变化趋势等，可以初步确定该行业领域的技术专家。通过分析技术专家的专利申请质量以及与其他发明人的合作情况等信息，可以发现该技术领域的核心专家。通过分析核心专家历年在技术分支的专利申请量，可以初步判断该核心专家的研发兴趣变化以及技术优势，进而为后续精准引进人才打下基础。

在初步确定研发方向时，为了更好地做好人力、设备以及技术等资源配置，通过分析该研发方向中的专利文献的技术内容，可以确定在研发时所需要测定的技术指标、所采用的试验设备、所需要的技术人才等，可以更好地做好资源配置，更加准确地制定研发经费的预算工作。

5.4 如何开展技术研发类专利导航

开展专利导航时，在完成需求合理性分析的基础上，一般按照信息采集、数据处理以及专利导航分析的步骤给出研发方向的建议。信息采集是实现项目需求的基础，专利导航分析是实现项目需求的关键，而数据处理是连接信息采集和专利导航分析的桥梁。在后环节中遇到的问题应及时向在前环节进行反馈，通过对在前环节的修订，不断满足在后环节的需求，最终实现项目需求。具体而言，可以按照如图5-4-1所示的流程开展专利导航。

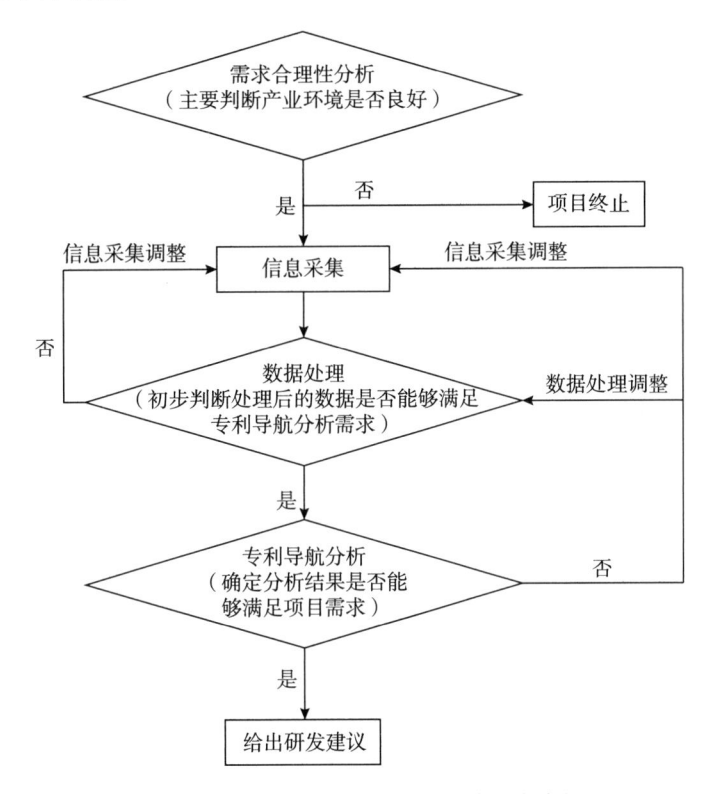

图 5-4-1 技术研发类专利导航工作流程

第一步，需求合理性分析。主要判断该技术研发项目所处的产业环境是否良好。当产业环境不好时，可以直接终止该技术研发项目；当产业环境优良时，进入下一操作步骤。

第二步，信息采集。通过初步检索获取行业内的部分技术信息以及主要的市场主体信息，包括技术综述等学术文章以及主要市场主体的重点产品、市场地位等。通过阅读相关信息制定相应的检索策略，最终采集到所要进一步处理的专利数据信息。

第三步，数据处理。对获取的专利数据信息进行规范化处理，根据研究目的确定相应的技术分支，然后再去除噪声并且对专利数据进行标引。在进行数据处理时，需要重点关注处理后的数据是否能够满足后续专利导航分析的需求。经过初步分析，如果尚不足以满足需求，则需要对信息采集步骤进行适应性调整，例如调整检索策略等，从而保证查准查全。如果能够满足需求，则进行下一步的专利导航分析。

第四步，专利导航分析。专利导航分析主要是为了获得相应的技术热点、技术空白点以及重要申请人的专利布局情况，是获得后续结论建议的关键。在分析过程中，需要根据创新研发的目的进行针对性考虑。如果通过分析不能给出合理的研发建议，则需要对前述的数据处理步骤进行调整，例如增加更加详细的技术分支并进行标引等，甚至还需要对信息采集步骤进行优化，以获得更加全面的专利数据信息。

第五步，给出研发建议。通过专利导航分析中发现的技术热点、技术空白点、重要申请人的专利布局等内容，结合研发主体的自身情况，给出相应的研发建议。

5.4.1 需求合理性分析

技术研发的主要目的是实现经济效益和社会效益的最大化。对于企业而言，经济效益几乎是最重要的考量因素，因此在进行技术研发时，需要重点考虑将要进入的产业环境是否良好、所要解决的技术难题是否属于产业痛点。一般可以通过专家评价、研发主体访谈、现有技术分析等方式，从政策导向、技术发展趋势以及市场前景空间等方面进行考量（参见图5-4-2）。

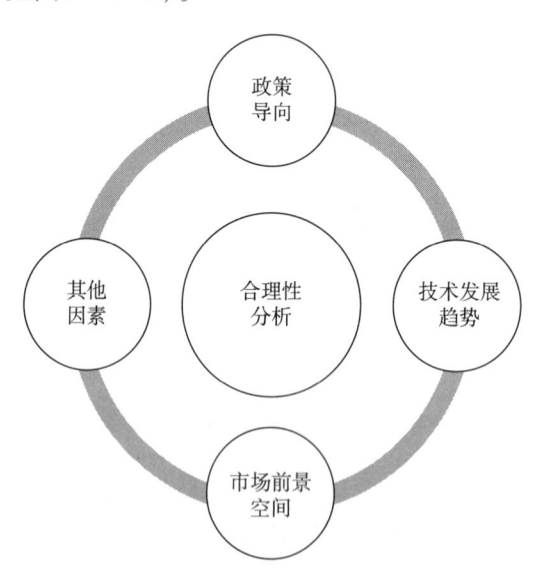

图5-4-2 需求合理性分析

5.4.1.1 是否符合当前及今后的政策导向

与其他类型专利导航类似，政策信息也是开展技术研发类专利导航必需的内容。政策信息主要是指由国家部委、地方政府等部门出台的与产业相关的政策、法规等官方文件以及行业协会出台的文件，可以通过查询政府部门以及行业协会等官方网站获取。政策信息有助于把握当前产业的发展规划、行业地位及发展趋势。通过将项目需求与政策信息进行匹配，如果符合当前以及今后政策鼓励的方向，一方面可以争取政策支持，另一方面也说明该方向具有较好的市场发展前景。

与其他类型专利导航稍有不同，技术研发的项目需求基本上是本领域的研发主体或对该领域具有浓厚兴趣的研发主体提出的。对于上述需求主体，尤其是本领域研发主体而言，它们更加了解本行业领域的相关政策，对于政策的把握相对较为准确。因此，对于项目需求的合理性分析可以不必像其他专利导航那样投入过多的精力去研究是否符合当前及今后的政策导向。

5.4.1.2 是否符合技术的发展趋势

随着科技的进步，技术一直处于更新迭代过程之中。技术的发展趋势不仅与技术本身所具有的优缺点有关，而且与市场需求相关。追求更环保、更节能等属于技术本身的发展趋势，而市场的偏好也决定了技术的发展趋势。符合技术发展趋势的技术研发项目一般能够取得更大的经济效益。

对于技术研发类专利导航，技术发展趋势的分析至关重要。但在专利分析之前，还很难从专利的申请趋势等进行判断。所以技术发展趋势可以通过综述性文章以及一些商业机构出具的行业研究报告获得，也可以通过对专利文献的简单检索阅读来进行初步的判断，还可以通过商业性专利数据库对所要技术研发的方向进行统计分析，然后进行简单的判断。通过将项目需求与技术发展趋势相比较，来判断技术研发需求是否符合当前的技术发展趋势。

5.4.1.3 是否有足够大的市场前景空间

市场信息数据可以从一定程度上反映行业的景气程度以及未来的发展空间。可以通过国家宏观统计部门、行业协会以及商业机构获取市场信息。通过对市场空间的预判，可以较好地反映投入与产出，有助于研发主体预判是否值得进入某一行业或特定行业的具体领域。一般而言，市场空间较大、未来成长空间较大的行业更值得研发主体进入。

对于技术研发类专利导航，在判断行业的市场空间时，还需要判断市场空间与技术贡献之间的关系是否紧密。只有技术研发的方向符合市场的需求，所研发出的技术才能更好地为研发主体带来更加丰厚的市场利益。例如，新能源汽车是当前汽车领域的热门发展方向，有较大的市场空间，然而就目前来看电动汽车是当前市场最主要的发展方向，其后还有氢能源汽车，而太阳能汽车等市场空间较小，将有限的研发资源投入电动汽车或氢能源汽车的研发，相对于投入太阳能汽车可能会获得更大的经济利益。

5.4.1.4 其他因素是否能够满足项目需求

技术研发的主要目的在于获得新技术，并且所获得的新技术能够使得研发主体在市场上获利或者取得一定的社会效益。研发主体是否能够提供技术研发所需要的资金、人力等资源，当前的市场是否存在技术垄断，突破技术垄断的代价是否可以承受等，都是需要着重考量的因素。

5.4.2 信息采集

5.4.2.1 信息检索

通过初步检索获取行业内的部分技术信息以及主要的市场信息。在技术研发类专利导航中，除了更加侧重于技术信息的检索，该步骤与常规专利导航中的信息采集基本相同，在此不再赘述。

5.4.2.2 初步制定技术分解表

技术分解在专利导航中起着举足轻重的作用。通过技术分解表，相关人员能够对产业从宏观的整体结构到微观的技术分支都有准确的把握。技术分解表一方面要得到业内从业人员的认可，避免专利导航与产业实际脱节；另一方面也要服务于专利导航工作的开展，例如便于研究人员进行专利信息标引以及数据分析研究等。

通过参考相关的产业报告、期刊文献，同时咨询产业从业人员或产业专家，确定初步的技术分解表。技术分解表一般包括多个层级，具体需要根据专利导航项目的工作量以及创新研发的目的而定。

5.4.2.3 专利检索

专利检索是专利导航分析的基础，通过优化检索策略可以确保检索结果的准确性和全面性，有助于后续专利分析的准确性，确保分析结果与产业实际相匹配。与图1-4-5数据检验流程类似，在进行技术研发类专利导航的专利检索以及数据验证时，基本上可以按照上述的流程进行，在此不再赘述。但技术研发类专利导航的专利检索也具有一定的特殊性。下面对专利检索的注意事项进行说明。

1）建立查全样本专利文献集合

在技术研发类专利导航的专利检索时，需要着重考虑技术信息检索的全面性。由于检索人员有时对技术分支的了解不够充分，可能会存在检索关键词和分类号使用不准确、扩展不充分等问题，从而产生对某一技术分支文献的遗漏。为了保证技术分析的全面性，一般需要建立查全样本专利文献集合。

查全样本专利文献集合由本领域典型的专利文献组成，其中的专利文献要求具有一定的代表性，能够尽量涵盖本领域中主要的技术分支，一般通过追踪本领域重要申请人获得，以本领域多个重要申请人为入口，必要时可以配以少量的关键词和分类号进行检索，对检索结果进行人工去噪，以获得入选标准库的专利文献。其中关键词和分类号的选取需要根据信息采集步骤中获取的资料进行选择，要求所希望检索的目标专利文献尽可能都含有上述关键词和分类号。有时在一些技术文献中还会提及某些重点专利，这些专利也一并纳入标准库中。

2）制定检索策略

根据技术研发的目的以及技术文献，提取准确的关键词和分类号，通过优化检索式表达方式，进而获得初步的检索结果。

在进行检索策略的制定时，需要根据技术研发的目的来进行扩展检索要素。除了使用正面描述的关键词，有时还需要从技术问题、技术效果等进行扩展，以期获得更加准确完整的检索要素。例如，在进行冻土区接触网基础检索要素的制定时，对于"冻土"这一技术要素，不仅用"冻土"本词进行表达，还可以进行相关关键词的扩展，如"永冻""冻结""冰层""寒冷"等；从技术问题进行扩展，如"冻胀""冻融""冻结""融沉""融冻""热融"等；从技术效果扩展，如"抗冻""防冻"等。至于具体的关键词，可以通过阅读本领域的期刊文献、专利文献资料等获取。

3）查全率与查准率评估

在进行检索结果评估时，一般要求在满足查全率要求的情况下尽可能提高查准率，不过也需要根据技术研发需求以及检索结果中专利文献的数量来平衡查准率和查全率。可以通过评估查全样本专利文献集合中的漏检专利与技术研发需求的紧密程度，来判断是否有必要进一步提高查准率。当检索结果中专利文献数量较少时，即使全部进行标引，也不会浪费过多的时间，此时可以为了进一步提高查全率而适当牺牲查准率。

5.4.3 数据处理

5.4.3.1 数据清理

由于每一个数据库对文献进行标引时都有其自身的标引规则，在得到检索后的专利数据之后，还需要对上述专利数据进行规范化处理才能作进一步的数据分析。❶ 数据清理的方法可以参见1.4.4.1节的内容，在此不再赘述。

技术研发类专利导航还需要根据技术研发的目的来进行特殊的数据清理。例如有时会存在不同申请人联合申请的情况。为了统计主要的申请人或者分析不同市场主体的合作情况，需要将不同的申请人分别标注。高校、科研院所以及企业的专利申请往往都由多个发明人共同研究提出，一般一件专利申请有多个发明人。为了寻找本领域的技术专家，或者寻找高校、科研院所中的潜在合作对象，也需要将不同的发明人分别进行标注。

---

❶ 国家知识产权局专利局审查业务管理部. 专利申请人分析实务手册［M］. 北京：知识产权出版社，2018：131.

5.4.3.2 确定技术分解表

需要根据技术分解表进行数据标引，但有时初步制定的技术分解表并不能很好地适用于数据标引，因此在进行数据标引之前还需要对技术分解表进行最终的确定。对于技术分解表的确定，第1章进行了简要介绍。本节将按照图5-4-3所示的技术分解表制定流程，介绍具体的制定步骤。

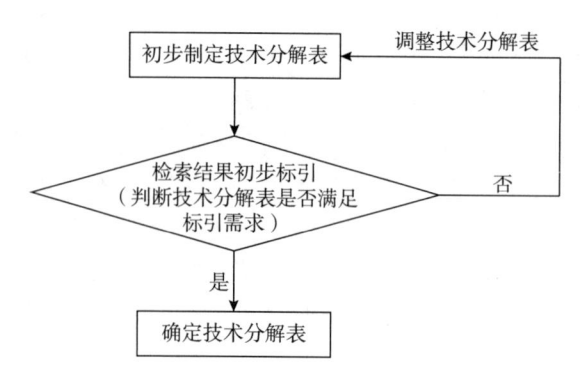

图5-4-3 技术分解表制定流程

第一步：初步制定技术分解表。具体见5.4.2.2节的内容。

第二步：检索结果初步标引。从检索结果中随机抽样一部分专利文献，采用初步制定的技术分解表进行标引，记录在进行标引时发现的问题。例如，某一技术分支文献量过大，需要作进一步的技术分解；某一技术分支分解不合理，技术分支之间的边界不清晰等，导致较多的专利文献不能分入具体的分支中。针对上述问题需及时调整技术分解表。

第三步：确定技术分解表。通过不断优化，最终获得既能满足产业分类要求，又适合进行专利导航研究的技术分解表。

5.4.3.3 数据标引

根据确定的技术分解表，首先去除与研究内容不相关的专利文献，然后再根据专利文献的内容进行数据标引，具体可以参见1.4.4.2节，在此不再赘述。需要注意的是，有时一件专利申请可能涉及多个技术分支，一般情况下需对每一技术分支进行标引。

相比于其他类别的专利导航，技术研发类专利导航的数据标引更加关注技术细节和微观细节，因此在数据处理过程中不仅要确保较高的准确率，更要对重点专利或其他重点数据进行深入解读并提炼有价值的信息进行标引。[1] 每一件专利申请都含有大量的信息，为了避免不必要的信息对工作进度的影响，技术研发类专利导航的数据标引需要根据技术研发的目的进行选择。

---

[1] 国家知识产权局知识产权运用促进司. GB/T 39551《专利导航指南》系列标准解读［M］. 北京：中国标准出版社，2022：253.

5.4.4 专利导航分析

专利导航分析是实现导航项目需求的关键。通过产业技术发展整体态势、各技术分支发展态势分析，可以充分挖掘当前的技术研发热点以及技术空白点，对主要研发主体技术竞争态势分析，可以明确当前主要研发主体的关注重点，确定潜在的合作对象以及规避研发风险，进而结合企业自身情况，确定最终的研发方向。具体可以参照图5-4-4所示的流程进行。

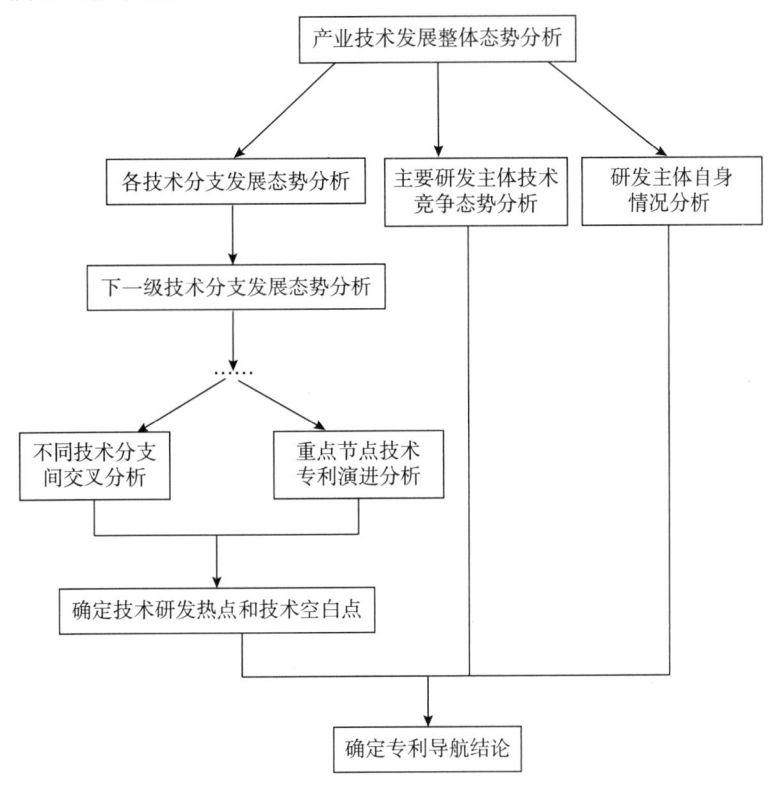

图5-4-4 专利导航分析工作流程

5.4.4.1 第一步：产业技术发展整体态势分析

通过对整个产业的技术发展趋势进行分析，可以初步判断出产业发展的整体情况。一般可以通过专利申请总量以及年度专利申请量的发展趋势分析来进行判断。

当专利申请总量较大，且每年申请量增长明显时，可以初步判断出产业处于快速发展期。越来越多的研发主体认可该产业的发展前景，投入该领域的技术研发之中。

当专利申请总量较大，近几年的申请量在高位进行波动时，可以初步判断出该产业处于成熟期。研发主体对于该产业的投入热情不减，仍然有较好的发展前景。

当专利申请总量较大，但近几年的申请量下滑时，可以初步判断该产业经过前期的技术发展之后进入了瓶颈期或者衰退期。尽管研发主体一直持续增加研发投入,但技术产出变少,或者研发主体不看好该产业而逐步退出或减少研发投入。

当专利申请总量较小,且申请量一直在低位波动时,可以初步判断出该产业处于萌芽期。研发主体对于该技术的应用前景并不明确,或者现阶段存在成本高、产业化难、技术门槛高等多方面问题,导致研发主体对该产业的兴趣不高或者缺乏进入该产业的技术实力。

当专利申请总量较小,但近几年申请量增长较快时,可以初步判断出该产业属于新兴产业。研发主体快速涌入导致申请量的增长,或者刚突破了技术瓶颈期而导致相关的技术产出迅猛增加。

5.4.4.2 第二步:各技术分支发展态势分析

产业技术发展整体态势的发展并不代表产业的各技术分支都处于相同的发展阶段,为了更加明确各技术分支的发展趋势,需要针对每一技术分支继续分析。分析的内容主要包括每一技术分支下专利数量在产业总量中的占比、每一技术分支的专利申请量以及申请趋势的变化、每一技术分支下的重要专利以及技术演进路线等。

5.4.4.3 第三步:下一级技术分支发展态势分析

为了进一步明确每一技术分支的发展趋势,根据专利导航项目的需求,可以选择部分技术分支进行更进一步的研究。具体而言是将上级的技术分支继续细分出多个下级技术分支,而对下级技术分支的分析内容与上级技术分支类似——如有需要,还可以再对下一级技术分支继续分解,直至实现专利导航项目需求。

5.4.4.4 第四步:不同技术分支间交叉分析

通过不同技术分支间的交叉分析,可以更准确地发现技术热点和技术空白点。通过对重点节点技术专利演进的分析可以明确特定技术分支中的核心专利,为后续的规避设计打下基础。

5.4.4.5 第五步:确定技术研发热点和技术空白点

结合各技术分支的发展态势,可以明确技术研发热点和技术空白点,为后续研发主体明确研发方向打下基础。技术研发热点和技术空白点可以按照以下一个或多个方面确定得出。

1)各技术分支申请量变化趋势

申请量逐年增多一般表示技术热度相对较高。申请量逐年下滑一般表示技术热度正在减退或技术发展进入了瓶颈期。

2)各技术分支在申请总量中的占比

占比较高的技术分支一般具有较高的研发热度,而占比较低的技术分支可能属于技术空白点。

3) 专利申请量和申请人数量变化趋势

专利申请量和申请人数量的变化可以作为判断技术研发热点和技术空白点的依据之一。技术研发热点通常会集中大量研发主体进行研发并产生较大数量的专利申请。通过绘制和比对各技术分支专利申请量和申请人数量变化趋势，可以初步判断研发主体对各技术分支的研发热情和关注程度。

4) 研发主体类型演进

研发主体一般可以分为高校、科研院所、企业以及个人等多种类型。随着技术的发展，研发主体的分布存在一定差异。一般而言，一项技术的生命周期可以分为基础研究阶段和应用研究阶段。在基础研究阶段，由于该技术的应用前景可能不够明朗，主要的研究主体会集中于高校和科研院所。随着技术走向成熟，企业会进行更多的投入，进入应用研究阶段。因此通过研发主体类型的演进，可以更好地推测当前技术的发展阶段。当企业申请人的占比相对于高校、科研院所逐步增高时，可能该技术会进入广泛应用的阶段，可以作为判断当前研究热点的依据之一。

5) 重点专利分布情况

一般涉及专利转让、专利许可、专利无效、专利诉讼和专利权维持时间较长、专利同族较多以及被引用频次较高的专利属于产业中关注度较高的重点专利。重点专利较多的技术分支一般属于当前的技术研发热点。

6) 重要研发主体的专利布局情况

一般而言，行业内的龙头企业和技术领先的研发主体都属于本领域重要申请人，其对技术发展的趋势判断相对更加准确。因此，可以通过对重要申请人相关重点专利按照时间序列进行梳理，绘制重点专利技术演进图，判断当下重要申请人的研发方向。进而结合技术占比、申请趋势等因素，确定当下技术研发热点和可进行布局的技术空白点。

7) 交叉分支间专利申请量分布

如表5-4-1所示，对不同技术分支交叉点的专利申请量分布进行统计，可以在一定程度上判断技术研发热点和技术空白点，其中表格中的数字表示专利申请量。

表5-4-1 交叉分支间专利申请量分布　　　　单位：件

技术分支2	技术分支1									
	提高纯化效果			提高生产效率			提高操作安全性		
	2010年之前	2011~2017年	2018年至今	2010年之前	2011~2017年	2018年至今	2010年之前	2011~2017年	2018年至今
搅拌装置	2	3	2	16	24	36	5	11	16
电磁设备	0	1	3	2	3	4	23	37	43
冷凝装置	13	22	25	4	7	13	11	23	34

注：■表示技术重点区，■表示技术薄弱区，□表示技术空白区。

根据专利申请量的分布，可以粗略地将不同技术分支交叉点划分为技术重点区、技术薄弱区和技术空白区，由此可以较为直观地判断出技术研发热点以及技术空白点，即对专利申请量较多的交叉点可以初步判断为技术研发热点。但需要注意的是，不同技术分支的选择一般为能够从不同维度进行划分的技术分支。例如从不同的技术手段以及所能达到的技术效果进行划分的技术分支。在判断是否真正属于技术空白点时，还需要考虑不同技术分支之间的关系——可能存在某一技术手段一般不用于解决某项技术问题的情况，这需要结合本领域的专业技术知识进行合理判断。

8）商业软件的自动分析结果

部分商业软件可以实现3D专利地图、技术热点分析，也可以作为判断技术研发热点和技术空白点的参考依据。

5.4.4.6　第六步：主要研发主体技术竞争态势分析

通过分析本领域中主要研发主体的技术分布，可以有利于明确当前各技术分支技术垄断情况、所需要突破的竞争对手专利壁垒，以及潜在的合作对象，对后期确定研发方向具有重要参考作用。

5.4.4.7　第七步：研发主体自身情况分析

不同研发主体所具有的优势、不足以及所能投入的资源不尽相同，技术研发过程中扬长避短有利于取得更好的研发成效。

5.4.4.8　第八步：确定专利导航结论

结合第五至七步的分析结论，确定出专利导航结论，即给出研发主体技术研发工作建议。

5.5　专利导航助力确定研发方向典型案例

研发方向是研发各方为解决技术创新问题而确定的共同努力方向。关于研发方向的识别，较常见的是以文献识别出的前沿问题作为研发方向，专利作为重要的创新成果，常用于技术创新研究。[1] 因此，通过充分利用专利数据开展专利导航，有助于研发主体锁定目标研发领域，以此作为企业研发方向。

下面以H公司为例，介绍如何通过专利导航来确定公司的研发方向。H公司为传统的制造型企业。随着行业逐渐趋于饱和，市场竞争加剧，H公司在原有业务的基础上，迫切需要进入新的行业。3D打印技术是近年来的发展热点，其中金属零件3D打印技术作为整个3D打印体系中最为前沿和最有潜力的技术，是先进制造技术的重要发展方向。因此，H公司计划进入3D打印金属粉末领域的研发。然而，H公司对于该领域的研发态势、技术发展的方向、技术研发热点、技术空白点等不够清楚。在此情况下，H公司通过专利导航成功确定了今后的研发方向。

---

[1] 吴菲菲，李睿毓，黄鲁成. 基于多源数据的企业研发方向识别与评估［J］. 情报杂志，2018（10）：82-89.

5.5.1 技术研发项目需求合理性分析

参照 5.4.1 节，通过查阅相关的政策文件以及相关文献报道，可以确定出 3D 打印属于当前政策支持的产业，3D 打印用于工业生产时，对于 3D 打印金属粉末的需求巨大，其有广阔的市场发展前景，整体而言有良好的产业环境。

5.5.2 信息采集

信息采集的步骤与常规专利导航中的信息采集基本相同。

5.5.2.1 信息检索

通过初步检索获取行业内的部分技术信息以及主要的市场信息。该步骤与常规专利导航中的信息采集基本相同。

5.5.2.2 初步制定技术分解表

通过参考相关的产业报告、期刊文献，同时咨询产业从业人员或产业专家，基本确定了 3D 打印金属粉末领域主要涉及产品（3D 打印金属粉末）、产品的制备方法（3D 打印金属粉末的制备方法）以及产品的应用（3D 打印金属粉末的具体应用领域）。其中 3D 打印金属粉末按照合金类型又分为多种类型，3D 打印金属粉末的制备方法对 3D 打印金属粉末的性能有较大的影响，因此也有必要将性能进行单独标注。因此，根据上述查阅的技术信息初步制定了技术分解表。

5.5.2.3 专利检索

1）建立查全样本专利文献集合

经过前期市场调查、查阅相关报道，确定国内的西安欧中材料科技有限公司，国外的美国通用电话电子公司、日立金属、大同特殊钢株式会社、Arcam 公司、EOS 公司、Renishaw 公司、Optomec 公司、Trumpe 公司、Voxeljet 公司等属于本领域较为重要的申请人。另外，国内部分高校和科研院所，例如北京科技大学、北京有色金属研究院等也有较多的研究。因此，以上述公司、高校和科研院所为检索入口进行检索，然后人工筛选去噪，同时根据技术综述中关于重点专利的报道，选择了部分重点专利，最终建立了标准库。

2）检索结果的确定

检索的目标文献是所有关于 3D 打印金属粉末的专利文献，采用的数据库是 CNABS 数据库、DWPI 数据库和 VEN 专利文献数据库。根据 3D 打印金属粉末的领域特点，查阅分类号，其主要包括三方面的分类号：一是金属粉末的加工和制造，例如 B22F（金属粉末的加工；由金属粉末制造制品；金属粉末的制造）、C25C 5（电解法生产金属粉末或多孔金属）；二是合金，即 C22C（合金）；三是 3D 打印金属粉末的具体应用场景，例如 A61L 27（假体材料或假体被覆材料）、A61F 2/02（能够移植到体内的假体）、A61C 13（牙科假体或者制造方法）、A61F 3/00（自然腿的延长段）、A61F 5（骨骼或关节非外科处理的矫形方法或器具，护理器材）、A61C 8（装到颌骨上用以压实天然牙或将假牙装在其上的器具；植牙；植牙工具）、A44B（服饰缝纫用品或珠宝；纽扣，别针，带扣，拉链或类似物）、A44C（珠宝，手镯，其他人身装饰品，硬币）、B22C 9（铸型或型芯）。

根据分类号的种类，制定了以下检索策略。对于金属粉末的加工和制造方面，检索思路：B22F and 3D 打印的关键词；B22F and 球形的关键词 and 等离子/雾化关键词；C25C5 and 3D 打印关键词；C25C5 and 球形关键词。对于合金方面，检索思路：C22C and 3D 打印的关键词；C22C and 球形关键词 and 粉末关键词 and 等离子/雾化关键词。对于 3D 打印金属粉末的具体应用场景方面，检索思路：（A61L27 or A61F2/02 or A61C13 or A61F3/00 or A61F5 or A61C8 or A44B or A44C or B22C9）and 3D 打印关键词 and 金属粉末关键词。

通过不断优化检索策略，在保证一定查全率的基础上，尽量提高查准率。最终检索结果如表 5 - 5 - 1 所示。

表 5 - 5 - 1　3D 打印金属粉末检索结果

检索结果		检索截止日	
中文库/件	外文库/项	中文库	外文库
6267	6390	2016 - 09 - 15	2016 - 09 - 15

以检索结果为测试样本，以标准库为母样本，通过计算测试样本中所包含在母样本中的专利数量以及占母样本的比例来计算查全率；测试样本/母样本×100% = 查全率，查全率为 95.8%，抽样统计查准率约为 20%。

5.5.3　数据处理

5.5.3.1　数据清理

为了进一步规范不同数据库来源的数据的标引规则，对检索后的专利数据进行规范化处理，主要是统一申请日、公开日以及申请人的表达方式等内容。通过初步浏览检索结果，发现有较多的联合申请。为了统计主要的申请人情况，将不同的申请人分别标注。

5.5.3.2　确定技术分解表

采用初步制定的技术分解表进行标引。根据初步标引发现的问题对技术分类体系进行优化，最终获得既能满足产业分类要求，又适合进行专利导航研究的技术分解表。3D 打印金属粉末技术分类体系如图 5 - 5 - 1 所示。

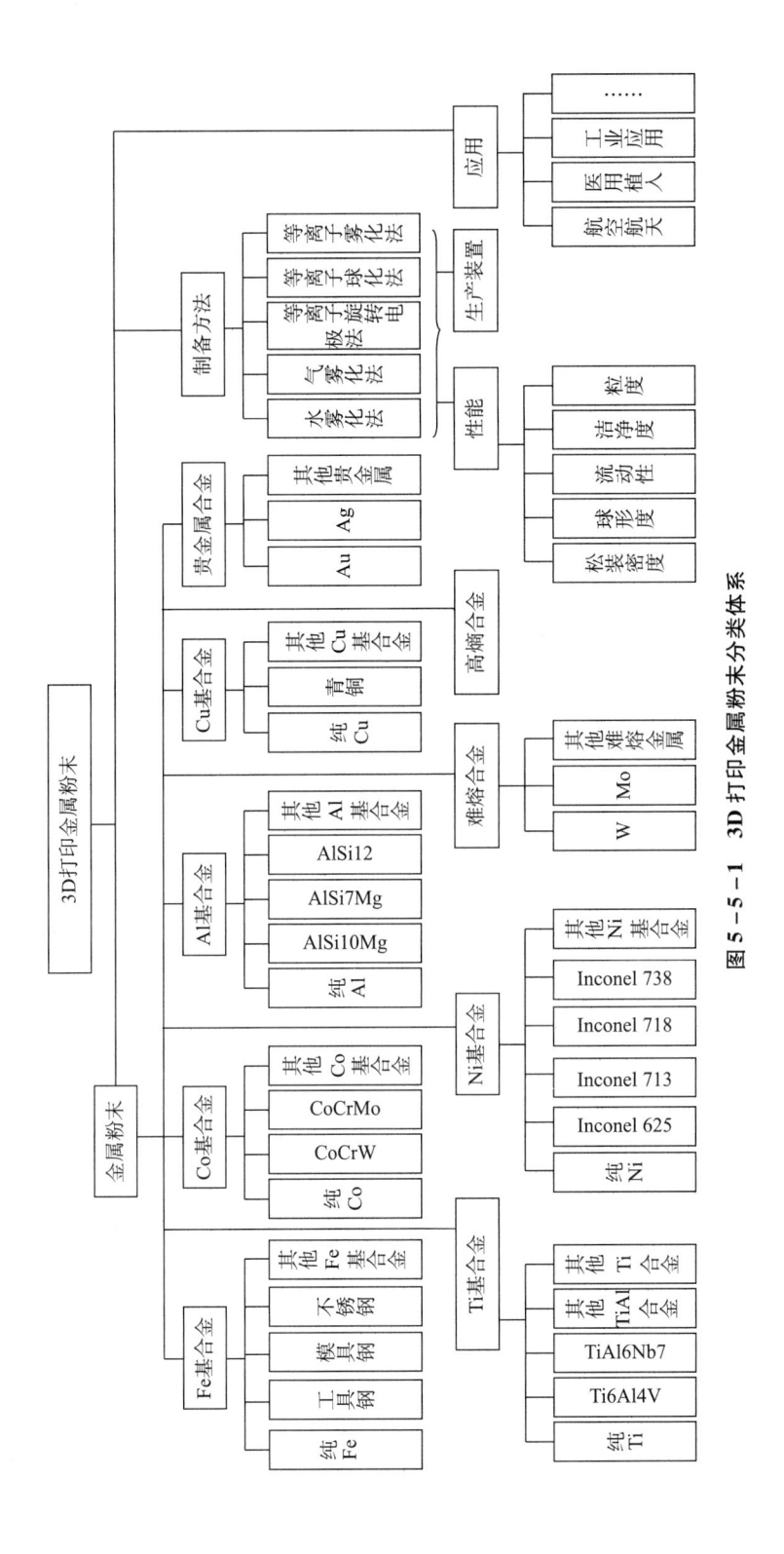

图 5-5-1　3D打印金属粉末分类体系

5.5.3.3 数据标引

一份专利文件中可能既涉及3D打印金属粉末产品,又涉及制粉方法、产品应用、性能指标等,因此有必要对专利数据采用多重标引的方法。多重标引把文献内容从不同角度重复标引,可提供更多的检索途径。企业在进一步的研发过程中,可根据标引的内容对文献进行聚类与梳理,以快速查找所需要的相关专利文献。

标引时标出该专利文件涉及的所有技术分解表中的条目,并对技术分解表中分入"其他"条目的专利文件进行备注,备注中标明该专利文件涉及的具体内容。另外,对于明确记载了制得粉末的粒度、球形度、流动性、洁净度、松装密度等技术指标的专利文件,在备注中注明具体的参数指标。

5.5.4 专利导航分析

根据5.4.4节的步骤,对标引后的专利文献进行分析。

根据技术研发项目的目的,在进行专利导航分析时,制定了分析方法。即按照提出问题—解决问题的原则进行,按照总—分的方法进行分析,先进行宏观分析,从宏观分析中确定出当前的问题,再根据发现的问题进一步细致分析,最终根据研发目的以及继续分析的必要性等因素适时终止。鉴于本书篇幅的限制,本章仅对每一分析过程的部分分析维度进行介绍。

5.5.4.1 产业技术发展整体态势分析

产业技术发展的整体态势对于判断该行业领域的发展趋势具有重要的作用。通过分析整体的专利申请量变化趋势,可以与技术研发项目需求合理性分析部分的内容相互印证,进而判断该行业领域的发展前景,佐证技术研发项目开展的必要性。

对产业技术发展态势的分析方式有多种。该案例分析了全球总体申请量的变化趋势以及各技术分支的申请量,以期初步确定当前的研究热点。

1) 全球总体申请量态势分析

一般通过全球总体的申请量变化趋势,可以初步判断出技术领域当前所处的阶段。为了进一步分析国内外申请人对该技术领域的关注程度,该案例还对国内申请人和国外申请人的专利申请量变化趋势作了进一步分析,可以更好地判断出当前研发主体对于该技术领域的关注程度。

图5-5-2和图5-5-3分别表示全球3D打印金属粉末相关技术专利申请趋势和国内申请人及国外申请人有关3D打印金属粉末相关技术的专利申请趋势。

从1969年出现第一件相关专利以来,3D打印金属粉末相关技术大致可分为2个发展阶段:技术萌芽期(1969~2011年)和技术发展期(2012年以后)。2012年以后,国内外申请人3D打印金属粉末相关技术专利申请数量出现迅猛增长。无论是国内申请人还是国外申请人,在3D打印金属粉末领域的申请量均处于高位,尤其是国内申请人的申请量增长更为明显,再结合技术研发项目需求合理性分析部分的内容,可以看出 3D 打印金属粉末领域处于较快发展阶段,产业前景良好。

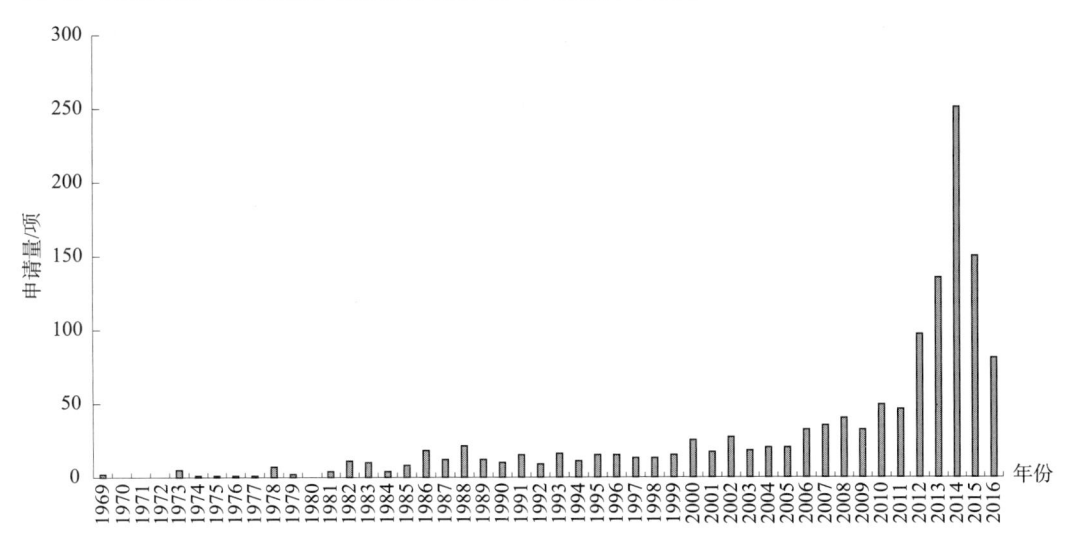

图 5-5-2　全球 3D 打印金属粉末相关技术专利申请趋势

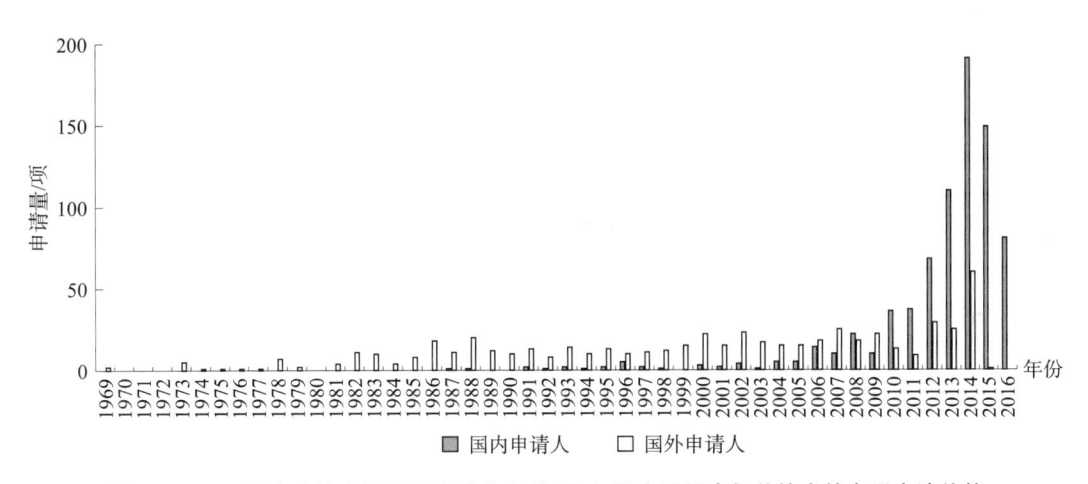

图 5-5-3　国内申请人及国外申请人有关 3D 打印金属粉末相关技术的专利申请趋势

需要注意的是,尽管图中显示出 2015 年、2016 年的专利申请量有下降的趋势,但是由于该专利导航分析的检索截止日为 2016 年 9 月 15 日,在未要求提前公开的情况下,专利申请一般在申请日后 18 个月才进行公开,因此 2015 年和 2016 年的专利申请存在未完全公开的情况,故本节所列图表中 2015、2016 年的相关数据不代表这两个年份的全部申请,以下再出现涉及对不同年份申请量的分析时,2015 年、2016 年的相关数据也存在同样的问题。

2) 全球专利技术分类及其申请趋势

在 3D 打印金属粉末专利整体趋势分析后,还不能确定出是否所有的技术分支都属于当前的技术研发热点,因此有必要对具体的技术分支进行分析,以确定各技术分支的研究趋势，为后续更细分支的分析打下基础。

图 5-5-4 表示全球 3D 打印金属粉末专利技术分类，可以看出全球有关 3D 打印金属粉末产品的专利申请有 1110 项，有关 3D 打印金属粉末制备方法的专利申请有 795 项，有关 3D 打印金属粉末产品应用的专利申请有 734 项，有关 3D 打印金属粉末制备设备的专利申请有 266 项。其中涉及产品的专利占比较高，这是由于无论是 3D 打印金属粉末的制备方法还是产品应用都离不开产品本身，因此，产品的相对申请量比其他分类要多，而关于制备设备的申请量相对较少。需要注意的是，四个技术分支下的专利数量之和大于全球 3D 打印金属粉末相关技术的专利申请，主要是因为在多个专利中，都会同时涉及两个或者多个技术分支。

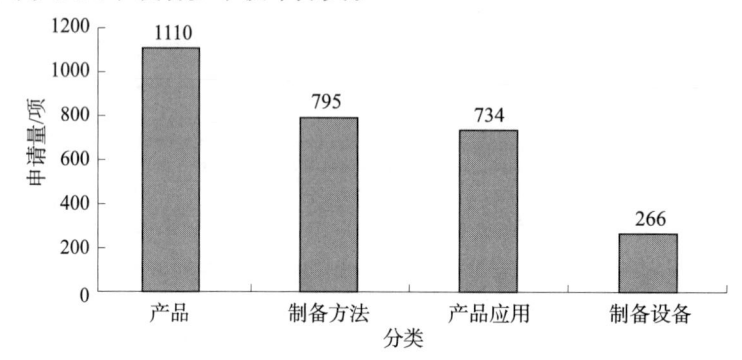

图 5-5-4　全球 3D 打印金属粉末专利技术分类

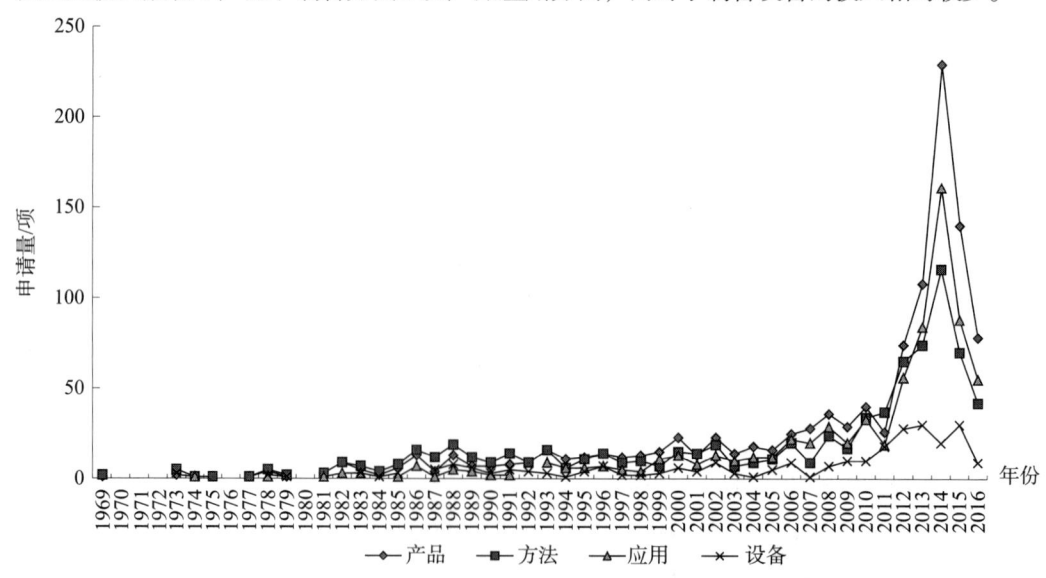

从图 5-5-5 全球 3D 打印金属粉末专利技术分类申请趋势可以看出，全球有关 3D 打印金属粉末的产品、制备方法、产品应用以及制备设备在前期申请量均比较少，有关 3D 打印金属粉末的产品、制备方法和产品应用的申请量趋势比较一致，都呈现稳步的增长。到 2011 年以后，呈现爆发式增长，而制备设备增长相对缓慢。可见全球有关技术的研发主要投入放在了产品、制备方法以及产品应用方面，而对于制备设备的投入相对较少。

图 5-5-5　全球 3D 打印金属粉末专利技术分类申请趋势

5.5.4.2 技术分支发展态势分析

根据上述整体态势分析,可以看出3D打印金属粉末的产品、制备方法、产品应用属于当前的热门研发方向,有必要分别对上述三个技术分支继续进行分析。尽管3D打印金属粉末的制备设备申请量整体较低,但在近几年也有较快的增长,并且制备设备对于3D打印金属粉末的生产具有重要作用,目前的专利布局相对较少,说明可以查找出较多的技术空白点。因此也有必要进行一并研究。

1) 3D打印金属粉末产品

在明确了3D打印金属粉末产品的申请量处于上升趋势之后,有必要对于当前技术分支下的竞争态势、不同合金类型的发展趋势、热点合金类型的技术发展方向等进行更加细致的分析。

(1) 专利申请量和申请人数量变化趋势

在明确了3D打印金属粉末产品的申请量处于上升趋势之后,该技术分支的竞争态势如何,研发主体的投入是否积极,是否形成了技术垄断。这些信息都会对技术研发方向的选择产生重要影响。因此,该案例分析了专利申请量和申请人数量变化趋势。通过分析可以判断该技术分支处于何种发展阶段,进而可为研发、生产、投资等提供决策参考。如果随着申请量的增长,申请人的数量也在不断增长,说明越来越多的研发主体看好这一技术分支,在此分支下可以较为容易地找到技术热点。如果随着申请量的增长,申请人数量的下降,说明该技术分支下的技术正在逐步掌握在少数申请人手中,此时需要关注是否形成了技术垄断。

如图5-5-6所示,可以得知在2011年之前3D打印金属粉末产品申请量以及申请人数量均在低位徘徊,申请总量低于40项,处于萌芽阶段;2012年之后该领域专利申请人及申请数量呈现激增态势,进入快速成长期。2014年,专利申请量达到229项,申请人数量超过169名,数目均较大。近年来,该领域每年都有大量的新技术分支涌现,这也进一步证实3D打印金属粉末产品正处于快速发展时期,3D打印金属粉末产品的研发投入在快速增长。

同时,通过分析发现申请人的数量大于专利申请量,说明在现有阶段中对于3D打印金属粉末的研究还处于摸索阶段,申请人为减少研发风险,往往采取多个申请人共同申请的策略。结合实际发展现状可见,该领域技术处于快速生长期,并未完全成熟。

以上数据表明3D打印金属粉末相关技术目前已经进入快速发展的活跃期,行业发展前景广阔,目前开展研发布局有利于今后在该领域取得良好的经济收益。

(2) 不同合金类型发展态势分析

如图5-5-1技术分解所示,3D打印金属粉末的合金类型多种多样,研发主体切入哪些合金类型的研发才能获得较好的收益,此时还需要对不同种类的合金进行更加细致的分析。

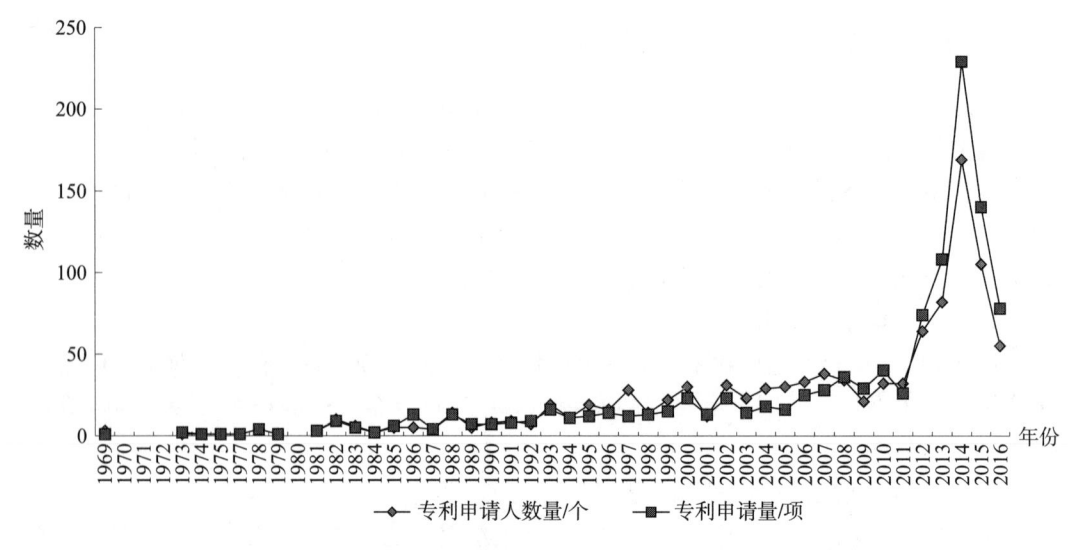

图 5-5-6　全球 3D 打印金属粉末产品申请量和申请人数量变化趋势

由图 5-5-7 可以看出，3D 打印金属粉末可分为 Ti 基合金、Al 基合金、Ni 基合金、Fe 基合金、Cu 基合金、Co 基合金、难熔合金、高熵合金、贵金属合金以及其他类合金。申请量排名前四位的是 Fe 基合金、Ti 基合金、Ni 基合金、Al 基合金，由此可见，上述四种合金属于该领域的重要研发方向。

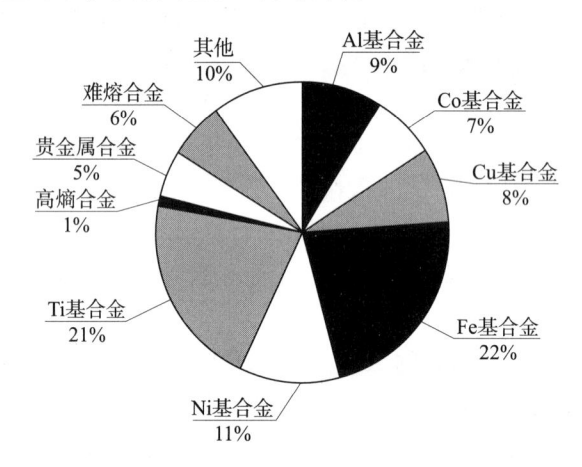

图 5-5-7　全球 3D 打印金属粉末合金分类

基于时间成本等因素的考虑，难以对各种类型的合金均进行细致的分析，因此选择了上述四种处于重要研发方向的合金进行进一步的研究。专利申请总量大还难以说明其属于当前的技术研发热点，还需要根据申请趋势做进一步判断。

图 5-5-8 给出了四种合金申请量变化趋势。可以看出，在 2011 年以前，Al 基合金、Fe 基合金、Ni 基合金和 Ti 基合金的每年的申请量都比较低，呈缓慢的上升趋势，但是在 2012 年以后这四类合金的申请量都进入快速成长期。2010 年以前，Ti 基合金每年的申请量都要低于 Fe 基合金的申请量。2011 年以后，Ti 基合金每年的申请量超过了

Fe 基合金的申请量。这可能与近年来 Ti 基合金的广泛应用有关，增大了 Ti 基合金的需求，而 Al 基合金、Ni 基合金每年的申请量相较于 Fe 基合金、Ti 基合金的每年申请量要低一些。

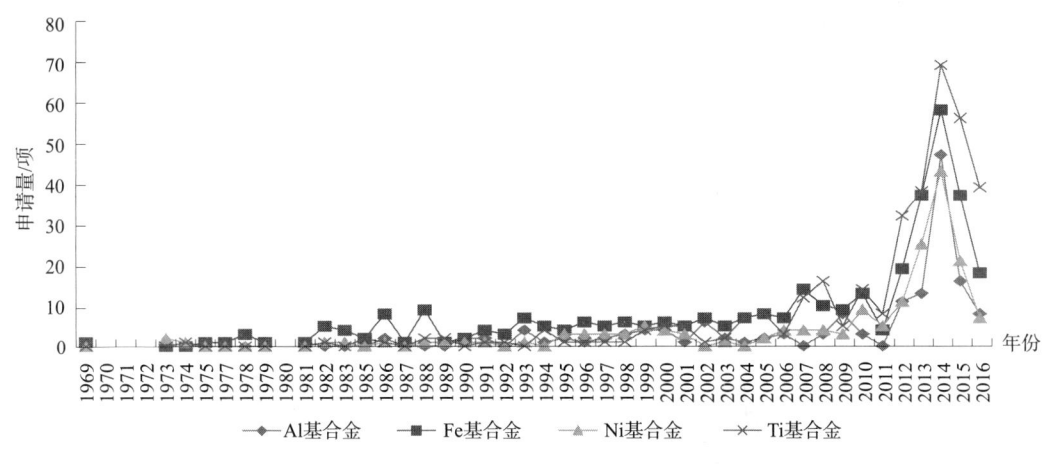

图 5-5-8　全球主要 3D 打印金属粉末合金发展趋势

由此可见，上述四种合金均属于当前的技术研发热点。

（3）热点合金类型技术热点分析

为了更好地确定出四种合金的技术热点和技术空白点，还可以对四种合金中的具体种类做进一步的分析，以进一步确定每种合金中的细分热点和空白点。

图 5-5-9 显示了四种热点合金的主要技术热点。其中，Fe 基合金可分为不锈钢、工具钢、纯 Fe、模具钢、其他 Fe 基合金。其中合金形式占据 95%，纯 Fe 仅占 5%。不锈钢研究较多，占据 Fe 基合金申请量的 46%。

Ti 基合金可分为纯 Ti、Ti6Al4V、Ti6Al6Nb7、其他 TiAl 合金、其他 Ti 基合金。其中合金形式占据 70%，纯 Ti 占 30%。TiAl 合金研究较多，占据 Ti 基合金申请量的 37%。

Ni 基合金可分为纯 Ni、Inconel 625、Inconel 713、Inconel 718、Inconel 738、其他 Ni 合金。其中合金形式占据 75%，纯 Ni 占 25%。

Al 基合金可分为纯 Al、AlSi10Mg、AlSi7Mg、AlSi12、其他 Al 合金。其中合金形式占据 69%，纯 Ni 占 31%。

可见，在 3D 打印金属粉末中，Fe 基合金中不锈钢，Ti 基合金中 TiAl 合金，Ni 基合金中纯 Ni、Al 基合金中纯 Al 属于研究热点。然而合金形式的 Ni 和合金形式的 Al 占比均超过了纯 Ni 和纯 Al。

（4）不同技术分支间交叉分析

在 3D 打印方法中，主要采用激光和电子束作为能源进行 3D 打印。其中采用激光作为能源的打印方法包括选择性激光熔化法（SLM）和激光近净成型法（LENS），采用电子束作为能源的打印方法主要是电子束熔融法（EBM）。对 3D 打印金属粉末产品与 3D 打印方法进行分析，建立两者之间的关系，也有助于企业根据自身优势明确今后的研发方向，可以根据研发主体现有的资源确定重点研发的合金类型。

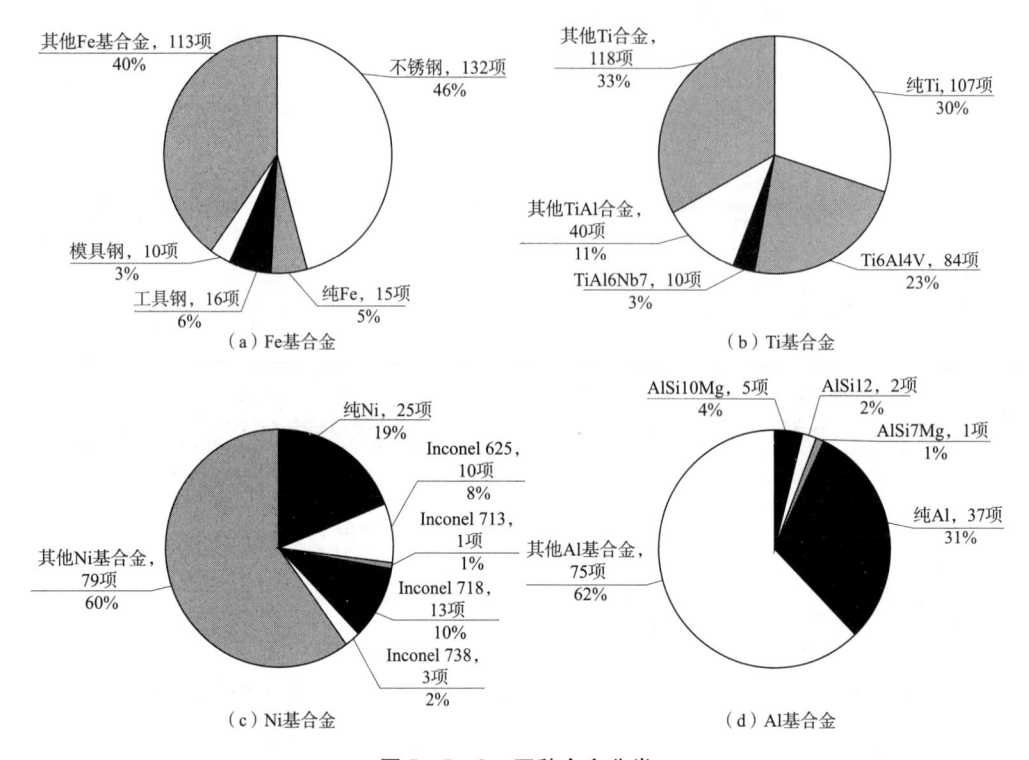

图 5-5-9 四种合金分类

由图 5-5-10 可以看出 Ti 基合金、Al 基合金、Ni 基合金、Fe 基合金、Cu 基合金、Co 基合金、难熔合金、高熵合金、贵金属合金这九类合金均能采用激光和电子束作为能源进行 3D 打印。而高熵合金申请量较少，暂时未有专利记载其以电子束能源进行 3D 打印。这九类合金均倾向于采用激光作为能源进行 3D 打印，而采用电子束作为能源的相对较少。

由图 5-5-11 可以看出不同的金属粉末倾向于使用不同的成型工艺。Co 基合金更倾向于使用 EBM，次之使用 SLM，其他的八类合金都更倾向于使用 SLM 的成型方式。其中 Ti 基合金、Al 基合金、Ni 基合金、Fe 基合金、难熔合金这五类合金其次使用 EBM 方式，Cu 基合金、贵金属合金这两类合金其次使用的是 LENS 方式。整体而言，采用 SLM 方式成型的较多，其次为 EBM，LENS 相对较少。主要是由于 SLM 不仅具有选区激光烧结工艺优点，而且成型后金属致密度高，力学性能好，能够解决制造金属零件复杂的困扰。而 EBM 可制造出高品质的产品，非常高的能量密度使它能够产生完全致密、无缝隙的部件。但是 EBM 生产速度较慢，LENS 可实现非均质和梯度材料零件的制造。不过该工艺成型过程中热应力大，成型件容易开裂，成型件精度低。

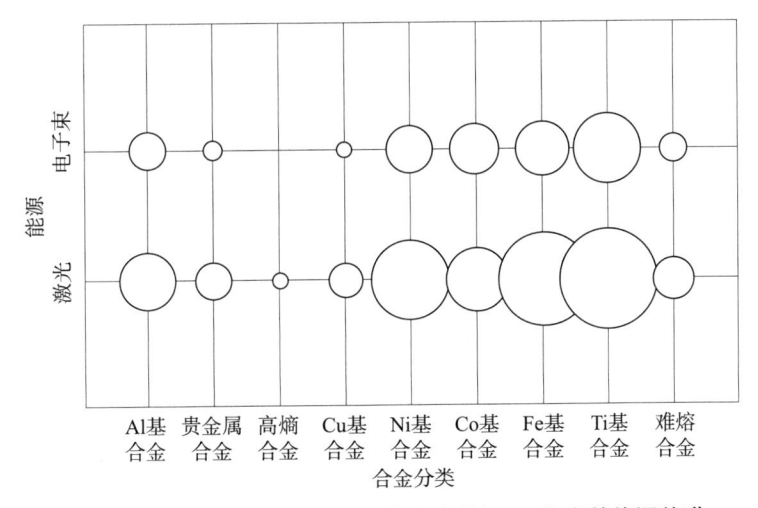

图 5-5-10　3D 打印金属粉末合金分类与 3D 打印的能源关联

注：图中气泡大小表示申请量多少。

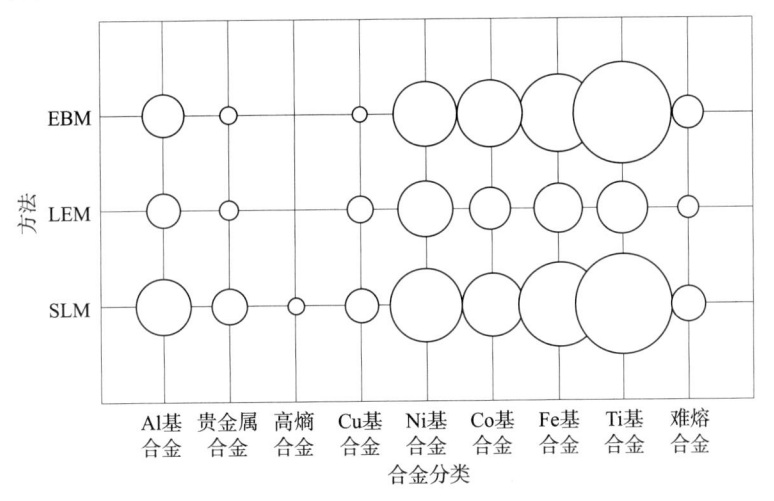

图 5-5-11　3D 打印金属粉末合金分类与 3D 打印方法关联

注：图中气泡大小表示申请量多少。

2）3D 打印金属粉末制备方法

与 3D 打印金属粉末产品的分析方法类似，该案例还对 3D 打印金属粉末制备方法的技术热点和技术空白点进行了分析。以下仅描述具体的分析过程和分析结果，对于分析原理不再赘述。

(1) 申请量和申请人变化趋势

对涉及制备方法的专利申请数量及专利申请人数量变化趋势进行分析。根据图 5-5-12，可以得知在 2008 年之前涉及 3D 打印金属粉末制备方法的申请量以及申请人数量均在低位徘徊，申请总量低于 20 项。并且申请人数和申请量呈现几乎相同的趋势，且数目差别不大。可以得知，在此之前更多的是处于探索阶段，申请分散，未形成具有领先地位的申请人。

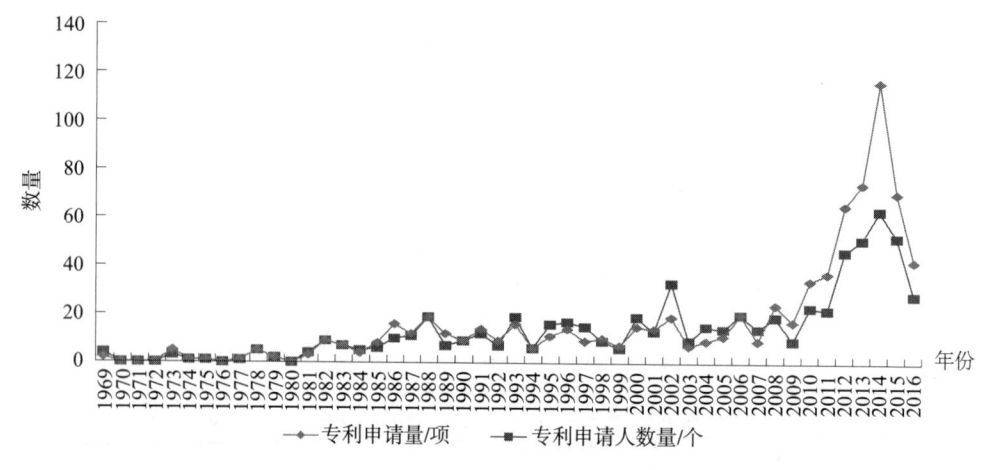

图 5-5-12　3D 打印金属粉末制备方法的申请量和申请人变化趋势

但在 2009 年后，申请量以及申请人数迅速上升，有关 3D 打印金属粉末制备方法的技术处于快速发展期。并且可以预期，在未来的几年中其仍处于快速发展期。同时在 2009 年后越来越多的申请人开始关注该技术，并开始进行专利布局。但与此同时，申请量与申请人数的数量差距开始逐渐增加，说明申请开始逐渐集中到主要申请人上。

（2）不同制备方法发展态势分析

3D 打印金属粉末材料的制备方法，主要包括气雾化法、水雾化法、等离子旋转电极法、等离子雾化法、等离子球化法。

由图 5-5-13 可以看出，气雾化法的申请量均占据了绝大部分，具有绝对优势。说明其在过去一直是技术研究和专利布局的重点。与气雾化法相比，其他四种制备方法的申请量相对较少且相互之间申请量基本相当。

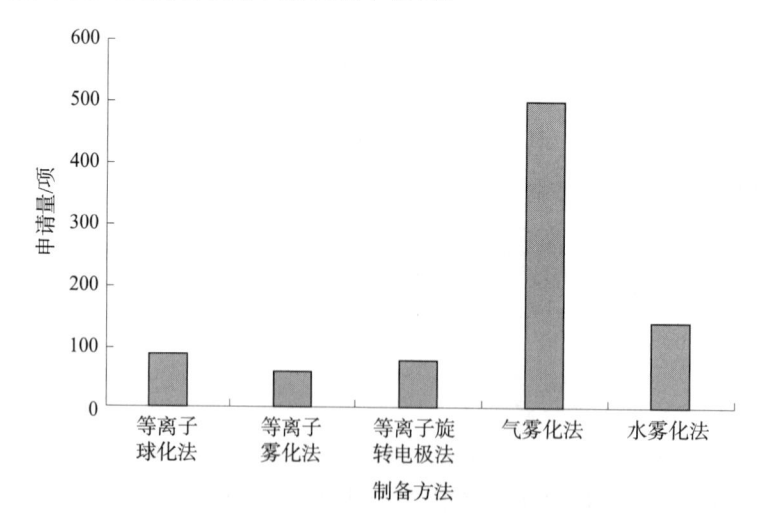

图 5-5-13　3D 打印金属粉末制备方法的申请量分布

图 5-5-14 表明在 2009 年之前，除了气雾化法外其余四种方法的全球申请较少，

各制备方法的研发都处于萌芽阶段。气雾化法从1969年申请开始出现到1980年，申请量较少且有间断。但1981~2009年，申请量开始缓慢且持续增加。自2009年以来，主要制备方法的专利申请量处于高速增长阶段。各制备方法中，气雾化法和水雾化法的增长速度最快，申请量随年份有较显著的增长。等离子旋转电极法、等离子雾化法、等离子球化法申请量虽略有上升，但一直保持在较低水平且增长缓慢。

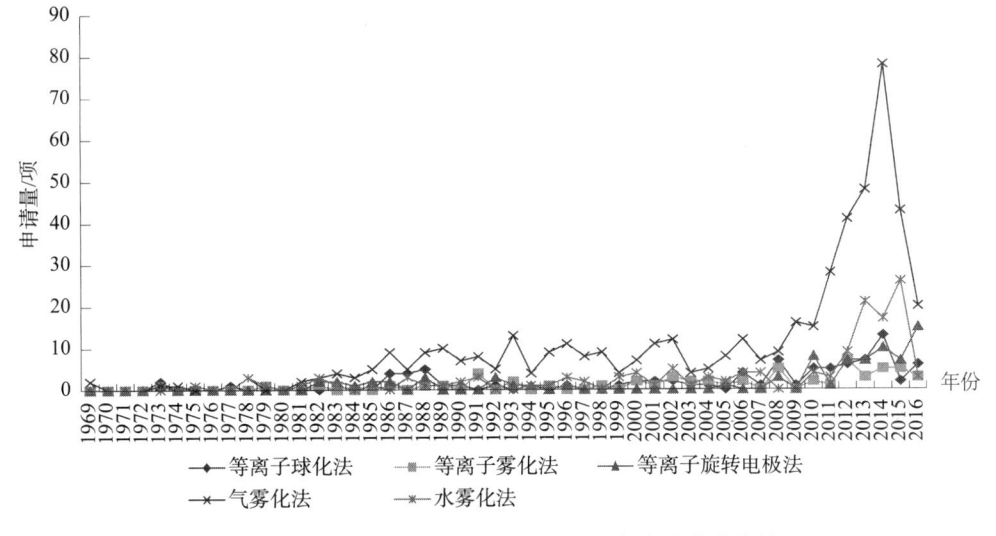

图 5-5-14　3D 打印金属粉末不同制备方法申请趋势

从上述分析可见，制备方法的研究创新和专利布局的热点一直集中在气雾化法。并且从增长趋势来看，在未来相当一段时间内其仍然会处于快速发展的阶段。离子旋转电极法、等离子雾化法、等离子球化法申请量一直处于较低水平。

（3）不同技术分支间交叉分析

图 5-5-15 为合金种类与制备方法的关系。总体来看，在这几种制备方法中，涉及气雾化法的申请最多。各个合金中，Fe 基合金、Al 基合金、Ti 基合金相关的申请较多。从各个合金种类的申请来看，Al 基合金和 Co 基合金、贵金属合金主要使用气雾化法制备，Cu 基合金、Fe 基合金、Ni 基合金主要使用气雾化法和水雾化法制备。对于 Ti 基合金，除水雾化法外，其余四种方法的申请量相差不多。高熵合金只有使用气雾化法进行制备的申请。难熔合金的申请主要集中在等离子球化法和气雾化法。

从各个制备方法的申请来看，气雾化法最多，应用也较为广泛。对于气雾化法而言，用于制备 Fe 基合金的申请最多，Al 基合金、Ti 基合金和 Ni 基合金相关申请也较多。对于水雾化法而言，相关申请主要集中在 Fe 基合金、Cu 基合金、Ni 基合金。对于等离子球化法而言，申请主要集中于难熔合金和 Ti 基合金。对于等离子雾化法，申请较为分散且基本各个合金种类均有涉及。对于等离子旋转电极法，申请最多的为 Ti 基合金。

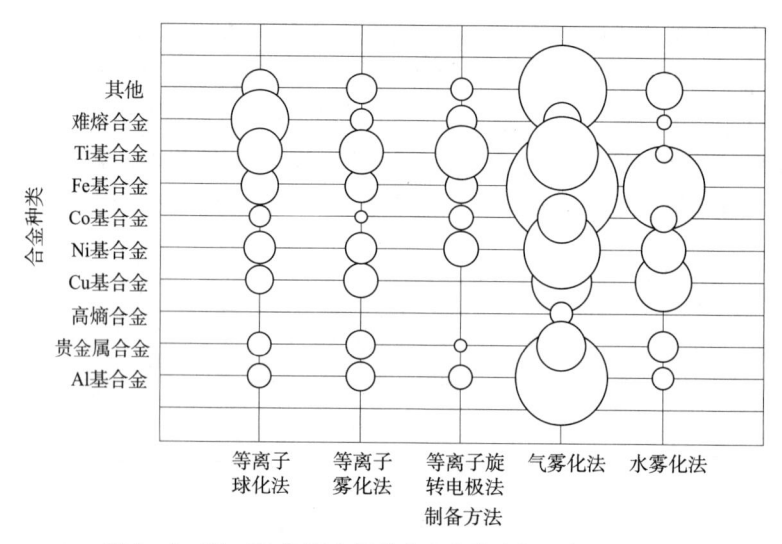

图 5-5-15　3D 打印金属粉末合金种类与制备方法关联

注：图中气泡大小表示申请量多少。

对 3D 打印金属粉末的制备方法和其关注的性能关系进行分析。从图 5-5-16 中可以得出，申请人最关注的性能为粒度和球形度，各个方法中关于这两种性能的申请均最多。这也是对 3D 打印金属粉末的基本性能要求。对于粒度、球形度，关注最多的制备方法为气雾化法，其他四种方法的申请量相近。对于洁净度，关注最多的制备方法为气雾化法，流动性主要集中在等离子球化法和气雾化法，松装密度主要集中在气雾化法和水雾化法。对于各制备方法的关注重点，气雾化法主要集中在粒度、球形度和洁净度。水雾化法、等离子旋转电极主要集中在球形度和粒度上。而等离子球化法、等离子雾化法主要集中在球形度、粒度和洁净度上。等离子雾化法对于松装密度和流动性的关注较少，等离子旋转电极法对于松装密度、洁净度和流动性的关注最少。

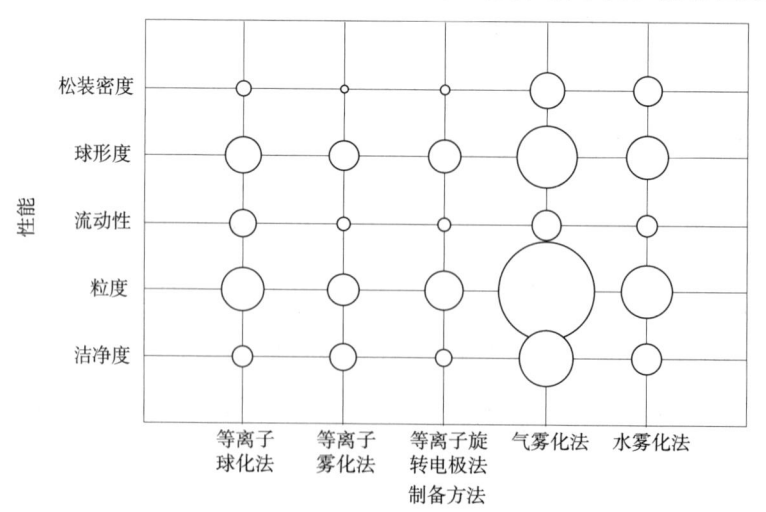

图 5-5-16　3D 打印金属粉末性能与制备方法关联

注：图中气泡大小表示申请量多少。

3) 3D打印金属粉末制备设备

与3D打印金属粉末产品的分析方法类似，该案例还对3D打印金属粉末制备设备的技术热点和技术空白点进行了分析。以下仅描述具体的分析过程和分析结果，对于分析原理不再赘述。

(1) 专利申请量和申请人数量变化趋势

对涉及制备设备的专利申请数量及专利申请人数量的变化趋势进行分析。从图5-5-17可以看出，在2008年之前，涉及3D打印金属粉末制备方法的申请量以及申请人数量均在低位徘徊。并且申请人数和申请量数呈现几乎相同的趋势，且数目差别不大。可以得知，在此之前更多的是处于探索阶段，申请分散，未形成具有领先地位的申请人。同时在1996年和2002年，申请人数目甚至比申请量更多，说明许多申请采取多申请人策略，以降低风险。

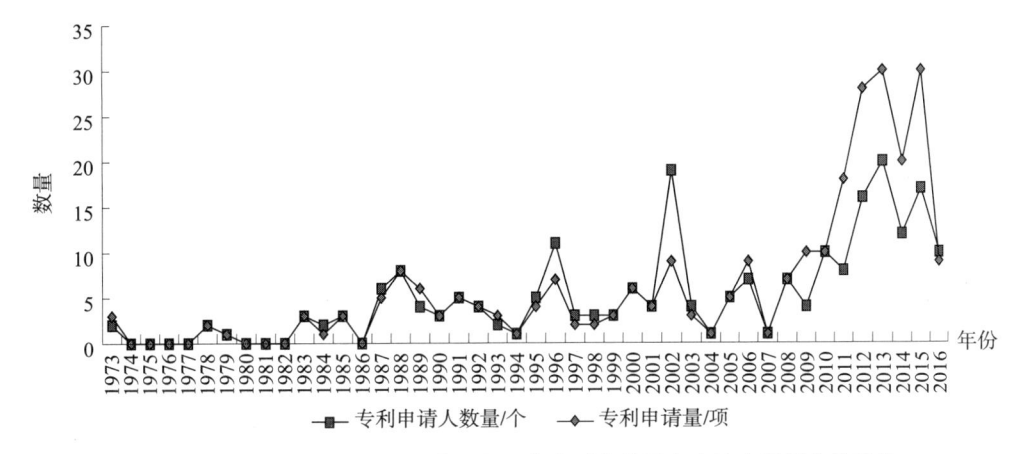

图5-5-17 3D打印金属粉末制备设备专利申请量和申请人数量变化趋势

在2009年后，申请量以及申请人数迅速上升，有关3D打印金属粉末制备设备的技术处于快速发展期。并且可以预期，在未来的几年中其仍处于快速发展期。同时在2009年后，越来越多的申请人开始关注该技术，并开始对其进行专利布局。但与此同时，申请量与申请人的数量差距开始逐渐增加，说明申请开始逐渐集中到主要申请人上。

(2) 不同制备设备发展态势分析

对气雾化法、等离子旋转电极法、等离子球化法、等离子雾化法、水雾化法相关设备的专利申请情况进行分析。并对不同制备方法设备的改进重点以及主要制备设备的技术发展趋势等方面进行详细分析。

对五种制备方法所涉及的设备的技术构成进行分析。根据图5-5-18，可以看出对于等离子旋转电极法，技术改进主要集中在旋转供给系统和等离子发生器上，分别为12项和6项。这两种技术也是等离子旋转电极法的核心技术，因此研究重点主要集中于此。此外，等离子旋转电极法设备中气体供给系统有1项申请，其他有4项。对于等离子球化法的设备，技术改进主要集中在球化室（7项）和等离子发生器（6项）上，对收粉系统、喂料系统和气体供给系统的关注较少，只有1~2项申请。对于气雾化法设备,有关雾化系统的专利申请占据总申请量的一半左右,有 109 项。这也说明雾化系统是决定气雾化法相关设备的性能的决定因素,因此申请人在此技术上大量布局。此外,对于气雾化法,收粉系统和熔炼系统也是重要的技术方向和改进点,分别有 37 项和 29 项。而对于其他技术,如气体供给系统,申请量相对较少(14 项)。真空系统和气站的专利申请量非常少,只有 3 项和 1 项。对于水雾化法的制备设备,有关雾化系统的申请最多,而收粉系统的申请量次之,熔炼系统申请较少。对于等离子雾化法的相关设备,重点改进方向为等离子发生器,有 7 项申请。收粉系统、雾化室和原料供给系统的申请量相近,有 3~4 项,喂料系统只有 1 项申请。总体来看,有关制备方法设备的申请还是围绕各技术的核心改进方向进行的。

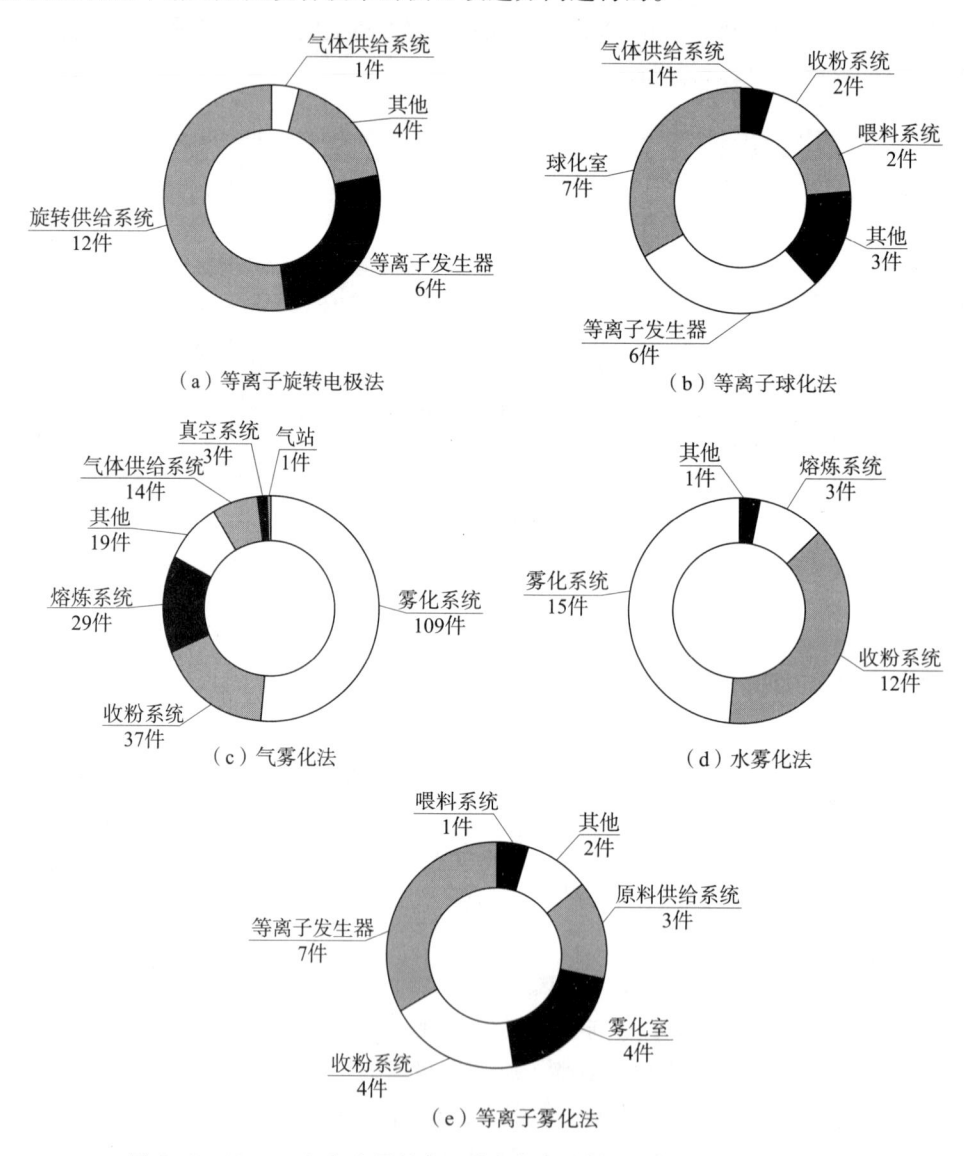

图 5-5-18　3D 打印金属粉末五种制备方法相关设备的技术构成分析

图5-5-19为制备方法相关设备的全球申请量变化。从中可得出，在2007年之前，从1973年到1986年，偶尔会有关于制备方法相关设备的申请，且申请量较低。从1987年到2007年，申请量略有增加但一直保持在较低水平，且变化不大。自2008年开始，申请量迅速上升，可以看出关于制备方法相关设备的研发投入和专利布局开始迅速增加。有关气雾化法的制备设备一直是申请的主流，占据了关于五种方法的制备设备的申请的多数。关于水雾化法、等离子球化法、等离子雾化法和水雾化法的设备申请偶尔出现，并且所占比例较少。

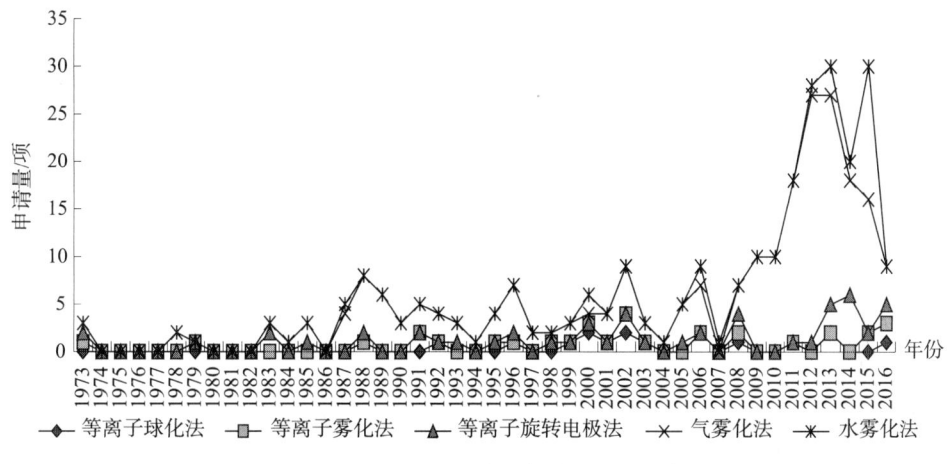

图5-5-19　3D打印金属粉末制备方法相关设备申请趋势

（3）主要制备设备技术热点分析

为了进一步考察每种制备设备的研究重点和技术演进路线，还可以继续对每种制备方法的技术分支进行进一步的分析，并且查找其中的重点节点技术专利并形成技术专利演进图，有助于更好地了解每一技术分支的发展方向。下面以气雾化法涉及的设备为例进行分析。

首先，制作技术专利演进图。

根据专利引证频次、同族规模、技术方案筛选出了气雾化法制备技术的重点节点技术专利。筛选出的28项重点节点专利，具体参见表5-5-2。

表5-5-2　气雾化法制备技术专利引证频次与同族规模

序号	专利公开号	被引证次数	同族规模/件	序号	专利公开号	被引证次数	同族规模/件
1	US4544404A	62	5	6	EP1385634A1	22	7
2	DE3311343A	61	5	7	FR2366077B2	18	9
3	US5084091A	46	10	8	DE19758111A	16	9
4	US5125574A	37	7	9	JP2007056332A	16	8
5	DE3730147A1	28	6	10	CN1631586A	15	1

续表

序号	专利公开号	被引证次数	同族规模/件	序号	专利公开号	被引证次数	同族规模/件
11	DE3345983A1	14	8	20	US5855642A	4	1
12	CN101596601A	13	1	21	CN2202601Y	4	1
13	SE8704906A	12	10	22	CN101966589A	4	1
14	CN1071614A	11	1	23	CN102029397A	2	1
15	US4793853A	8	1	24	DE102013022096A1	0	6
16	JPH03107404A	7	1	25	CN201960136U	0	1
17	US4869469A	6	1	26	CN105618773A	0	1
18	US2002125591A1	13	6	27	CN102990074A	0	1
19	US2006162495A1	4	3	28	CN105436509A	0	1

通过阅读上述重点节点技术专利，根据技术内容对其进行分类，并按照时间轴绘制重点节点技术路线图，具体参见图5-5-20。

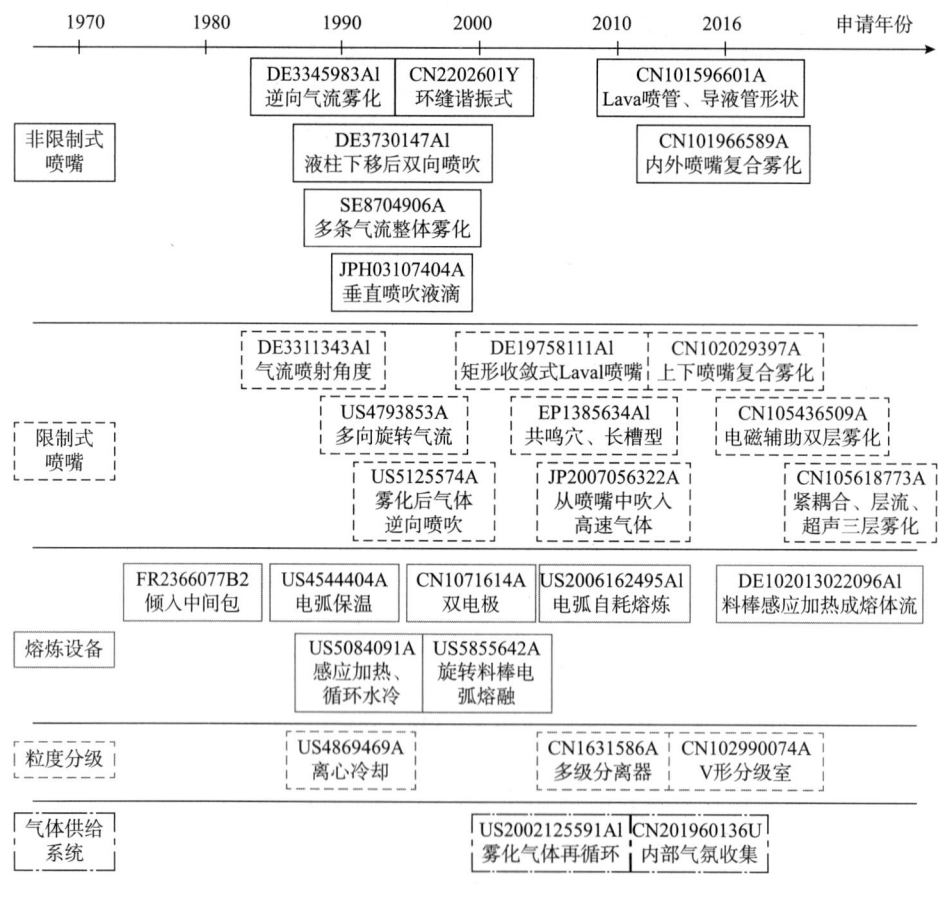

图5-5-20 气雾化法制备设备技术路线

整体来看，制备球形金属粉末的气雾化法技术萌芽于20世纪70年代，在此时期形成了现代化气雾化制粉技术的基本工艺流程。但专利申请量较小，技术发展缓慢。20世纪80年代，国外迎来了气雾化制粉技术的大发展时期，专利申请量显著增加，技术改进不断涌现。相关研究重点在于喷嘴结构的改进，限制性喷嘴、非限制性喷嘴、熔炼设备、收粉设备等技术领域均出现了不少有价值的技术，核心技术展现出多元化发展的态势。20世纪90年代后，国外气雾化法专利申请量呈现下降趋势，重点专利集中于限制性喷嘴技术和熔炼设备的改进上。国内重点节点技术专利最早出现于20世纪90年代，其发展显著滞后于西方发达国家。进入21世纪，国内相关研究显著增加，尤其在限制性及非限制性喷嘴结构领域出现了不少创新成果，国内气雾化法喷嘴技术已呈现出快速追赶的趋势。但在熔炼设备领域，国内研究仍处于落后状态。

其次，对气雾化法核心部件进行技术分析。

针对重点节点技术专利的主要内容进行阅读分析，可以找到一系列专利的研究规律。通过总结分析，可以确定出具体的研究方向。由于本书篇幅的限制，下面仅以熔炼设备进行举例说明。

金属原料配置后，熔体一次进入熔炼炉、保温炉、雾化塔制备得到气雾化粉末。在本部分中，将熔体进入雾化塔之前的熔炼炉、保温炉作为熔炼设备的范畴。涉及熔炼设备的核心专利共7项。从核心专利的时间分布来看，法国和美国核心专利时间较早，而德国专利DE102013022096A1代表了熔炼设备的最新技术。熔炼设备重点节点专利的技术发展整体趋势如图5-5-21所示。

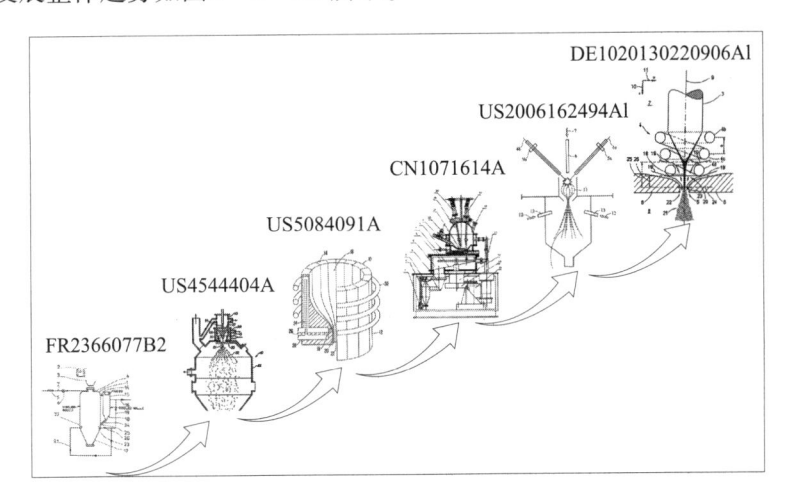

图5-5-21 熔炼设备重点节点专利的技术发展整体趋势

FR2366077B2为气雾化法的早期专利申请，其最早优先权日为1973年12月20日，专利申请人为法国的Creusto - Loire公司。其熔炼采用高频感应熔炼，熔炼后将熔体倒入中间包中。雾化时，熔体由中间包进入雾化设备中。

美国Crucible Materials公司的公开号为US4544404A、最早优先权日为1985年3月12日的专利申请在中间包中设置了保温装置。该保温装置为电极，在熔体流入雾化设备前采用电极棒进行电弧加热，以准确控制熔体温度。

美国 Crucible Materials 公司于 1989 年 11 月 9 日申请了公开号为 US5084091A 的专利申请，对坩埚的结构作了改进。该坩埚用铜制成，内部有循环水冷管道，外部采用感应加热，其内部为上粗下细的漏斗状，上部与下部均为圆柱形，中间采用弧形过渡。

中南工业大学于 1992 年 10 月 7 日申请了发明名称为"双极电弧熔炼二次雾化装置"的专利申请，其公开号为 CN1071614A。该发明设计了主副电极，将水冷金属坩埚设计成双球冠形，其中第一坩埚球形半径较大，主要用于熔炼物料，第二坩埚球形半径较小，底部中心设有漏嘴。两个坩埚间采用焊接或冲压方式连成一体，而且第一坩埚有一定倾斜度，便于熔体自然流入第二坩埚。该设计采用主电极熔炼、副电极保温，克服了熔体因冷凝停滞和堵嘴的问题，还能够起到节约能源的效果。

来自中国台湾地区的"工业技术研究院"于 2002 年 12 月 27 日申请了发明名称为"纳米结构金属粉末及其制备方法"的专利申请，其公开号为 US2006162495A1。该发明采用双金属线材电弧熔炼，在常温常压的氩气环境下，将欲制备金属粉末的一对金属线材作为正负电极，然后在正负电极之间施加直流电压以产生电弧，电弧将金属线材的尖端熔化形成熔融金属，并使用气流将熔融金属打散。该双金属线材电弧熔炼过程中电弧温度控制在该金属线材的熔点和沸点之间，避免金属液滴气化，并采用线材引导装置用以连续或间断地推进金属线材，使得熔炼能够持续进行。

德国那诺沃有限两合公司于 2013 年 12 月 20 日申请了公开号为 DE102013022096A1 的专利申请。该专利申请提出了一种用于无坩埚熔化材料、雾化融化的材料及制造粉末的装置。该装置包括雾化喷嘴和具有绕组的感应线圈，绕组至少部分在朝向雾化喷嘴的方向上变窄，将料杆至少部分引入感应线圈中，使用感应线圈熔化料杆以产生熔体流。采用该装置制备金属液时不必使用坩埚，避免了坩埚材料对熔体的污染。

从熔炼设备的重点节点技术的整体演进发展路线来看，对温度及熔体洁净度控制是熔炼设备研究的重点方向。20 世纪八九十年代，对熔炼设备的改进主要集中在对坩埚本身的完善上。近年来，将固体原料在控制下直接熔化后流入雾化室成为熔炼设备发展的最新趋势。

同时，各制粉方法之间呈现渗透、融合的趋势。例如公开号为 US5855642A 的专利申请采用等离子法熔化旋转的电极，并在电极熔体飞散处进行气雾化法的气流喷吹。既保留了等离子旋转电极法熔体洁净度高的优点，又提高了制粉效率。

4）3D 打印金属粉末产品应用

与 3D 打印金属粉末产品的分析方法类似，该案例还对 3D 打印金属粉末产品应用的技术热点和技术空白点进行了分析。以下仅描述具体的分析过程和分析结果，对于分析原理不再赘述。

（1）专利申请和申请人数量变化趋势

分析全球 3D 打印金属粉末产品应用专利申请量和申请人数量变化趋势，如图 5-5-22 所示。可以得知在 2011 年之前 3D 打印金属粉末产品应用的申请量以及申请人数量均在低位徘徊，申请总量低于 40 项，处于萌芽阶段；2012 年之后该领域专利申请人及申请数量呈现激增态势,说明3D打印金属粉末产品应用正处于快速发展期,应用研发投入在快速增长,推动3D打印金属粉末产品应用范围不断扩大。

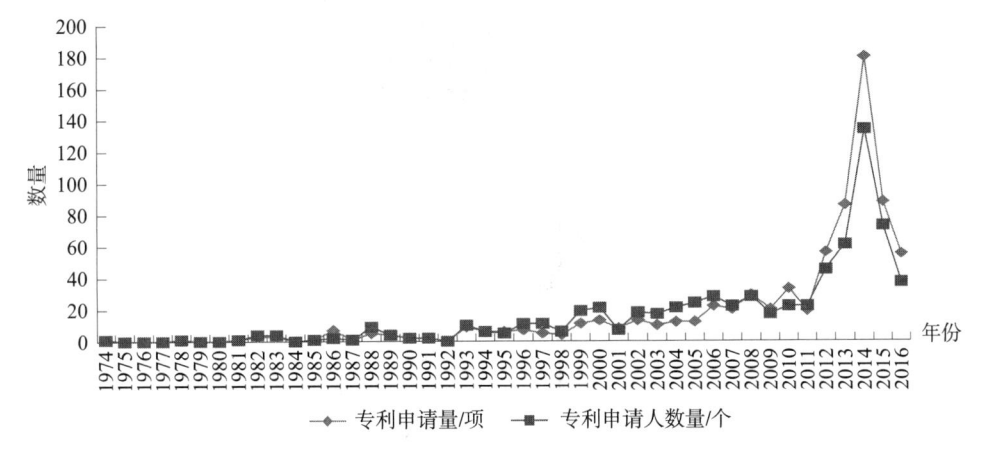

图 5-5-22　3D打印金属粉末产品应用专利申请量和申请人数量变化趋势

同时通过分析发现,在2006年之前,基本上申请人的数量大于专利申请量。说明在当时,对于3D打印金属粉末产品应用研究还处于摸索阶段,申请人为减少研发的风险,往往采取多个申请人共同申请的策略。在2006年之后,申请人对3D打印金属粉末产品应用有了一定的技术积累,共同申请的情况有所减少,3D打印金属粉末产品应用领域中在一定程度上出现了技术集中的情况,即部分申请人在3D打印金属粉末产品应用领域加大了研发或生产力度,占有一席之地。结合实际发展现状可见,该领域技术处于快速发展期,并未完全成熟。可以预期,在未来的几年中3D打印金属粉末产品应用仍然处于其生命周期中的快速增长阶段,部分申请人的申请将会更加集中。

（2）不同应用方向发展态势分析

图 5-5-23给出了全球3D打印金属粉末产品应用的分类。由图可以看出,3D打印金属粉末产品应用可分为医用植入、航空航天、电子电器、冶金工业、汽车、能源动力、模具工具、军工、饰品以及其他。申请量排名前四的是医用植入、航空航天、电子电器和冶金工业。其中医用植入的申请量（207项）最多,占总量的21%；其次是航空航天和电子电器,申请量分别为165项和162项,均占总量的17%；冶金工业的申请量为87项,占比9%。这四种应用的申请量之和占据总申请量的一半以上,为3D打印金属粉末产品主流应用领域。其主要原因是,一方面,3D打印金属粉末产品本身的性能决定了其在以上这些领域的广泛应用；另一方面,这些应用领域属于目前研究较热的方向。而汽车（68项,占比7%）、能源动力（61项,占比6%）、模具工具（58项,占比6%）、军工（42项,占比4%）、饰品（16项,占比2%）申请量相对较少,主要是3D打印金属粉末产品的性能、打印的难度决定了其在这些方面的应用相对较少。

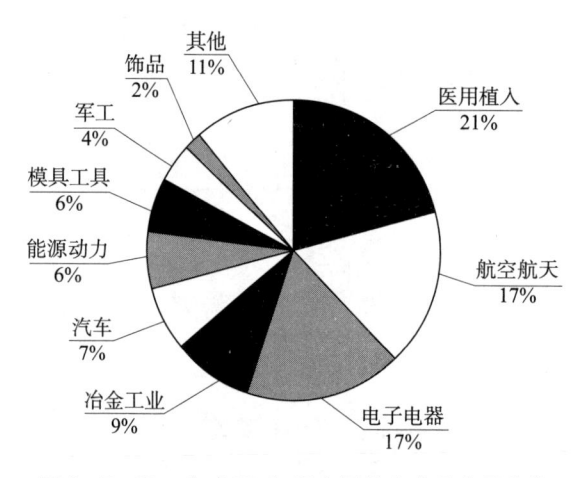

图 5-5-23 全球 3D 打印金属粉末产品应用分类

从图 5-5-24 中可以看出，全球 3D 打印金属粉末产品的主要应用为医用植入、航空航天、电子电器及冶金工业四大类应用，最早涉及全球 3D 打印金属粉末产品主要应用的申请出现在 1974 年，其公开了将 3D 打印金属粉末产品用于航空航天和冶金工业。1978 年在医用植入领域得到应用，在电子电器领域的应用开发于 1982 年。在之后的几年时间里，各技术分支的申请量增长缓慢，至 2012 年开始出现快速增长，到 2014 年全球申请达到峰值，其中医用植入 40 项，航空航天 44 项，电子电器 29 项，冶金工业 14 项。可见，航空航天和医用植入是目前主流的应用领域。整体上看，全球涉及 3D 打印金属粉末产品在医用植入领域中应用的专利申请共 207 项，在航空航天领域中应用的申请共 165 项，在电子电器领域中应用的申请共 162 项，在冶金工业领域中应用的申请共 87 项，说明 3D 打印金属粉末产品在医用植入领域的应用日趋广泛。这主要与医用植入领域所需金属件形状复杂、难以进行传统机械加工有关。

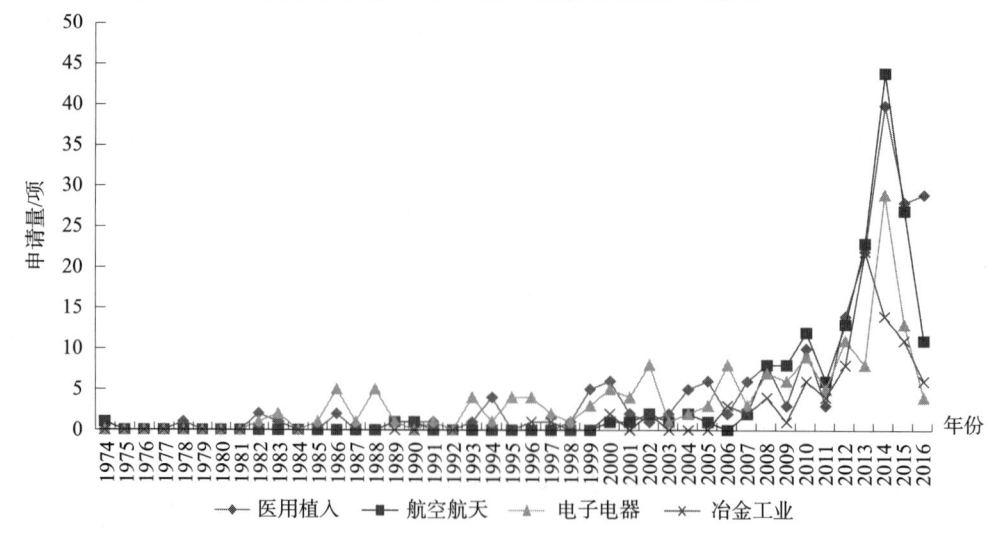

图 5-5-24 全球 3D 打印金属粉末产品主要应用申请量变化趋势

(3) 不同技术分支间交叉分析

图 5-5-25 为全球 3D 打印金属粉末产品/应用专利申请关联情况。针对全球 3D 打印金属粉末产品的应用方向，对各种金属合金种类的申请量进行分析。此图表明，申请量较多的应用方向为航空航天、医用植入、电子电器和冶金工业，模具工具、汽车、能源动力方面的应用相对较少，而军工和饰品方面的应用最少。Ti 基合金、Ni 基合金、Fe 基合金在应用方向上的申请分布较为相似，在各领域均有一定的应用分布。其中 Ti 基合金主要集中在航空航天和医用植入，Ni 基合金在医用植入和能源动力分布较多，Fe 基合金在电子电器和医用植入分布较多，应用的领域基本是由金属本身的性质决定的。比如 Ti 合金，具有强度高、耐蚀性好、耐热性高等特点，因而被广泛应用于各个领域。Al 基合金重量轻，其申请主要集中在航空航天和汽车应用方面；Co 基合金的申请主要集中在医用植入方面；Cu 基合金主要集中在电子电器方向；高熵合金只在航空航天、军工、能源动力和其他应用方向有申请；对于贵金属合金，其主要分布在饰品、医用植入和电子电器方面；难熔合金主要集中在航空航天、医用植入和电子电器应用方面。

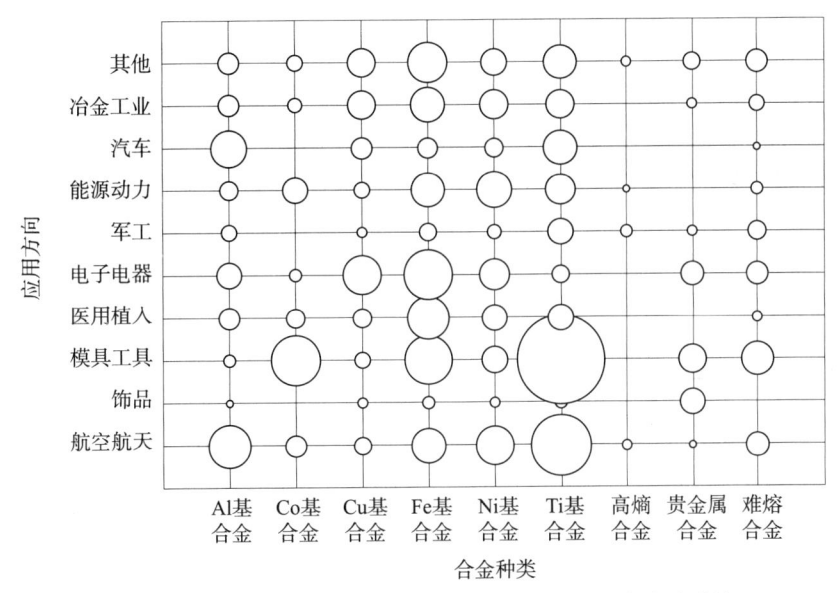

图 5-5-25 全球 3D 打印金属粉末产品/应用专利申请关联情况

注：图中气泡大小表示申请量多少。

在航空航天应用方面，申请最多的为 Ti 基合金，并且 Al 基合金、Ni 基合金、Fe 基合金申请也相对较多，难熔合金、Co 基合金和 Cu 基合金在航空航天方面也有部分申请，高熵合金和贵金属合金在航空航天应用方面申请非常少。医用植入应用方向主要是 Ti 基合金、Fe 基合金和 Co 基合金。电子电器应用方面，应用最多的是 Fe 基合金和 Cu 基合金。冶金工业应用最多的是 Fe 合金。汽车应用方面，最多的是 Al 基合金和 Ti 基合金。能源动力应用方面，应用最广的为 Fe 基合金和 Ni 基合金。军工应用领域研究的热点为 Ti 基合金。模具工具应用领域最多的是 Fe 基合金，常见的为采用钢制造模具等。饰品应用主要涉及贵金属合金。

5.5.4.3 技术研发热点、技术空白点分析

1）产业技术发展整体态势

全球3D打印金属粉末相关技术专利随着时间推移呈稳步上升的趋势。2012年以后，全球3D打印金属粉末相关技术专利申请数量出现迅猛增长。国内申请人申请起步比较晚，大体趋势与全球3D打印金属粉末相关技术专利一致。全球3D打印金属粉末专利技术主要分类为3D打印金属粉末产品、3D打印金属粉末制备方法、3D打印金属粉末产品应用和3D打印金属粉末制备设备，这四类的专利申请随时间呈稳步上升的趋势。从产业技术发展整体态势也可以印证3D打印金属粉末具有广阔的市场发展前景，整体而言具有良好的产业环境。

2）3D打印金属粉末产品

2012年之后专利申请人及申请数量才呈现激增态势，该领域技术处于快速生长期，并未完全成熟。可以预期，在未来的几年中3D打印金属粉末产品仍然会处于快速增长阶段，部分申请人的申请将会更加集中。

3D打印金属粉末产品主要以Fe基合金、Ti基合金、Ni基合金、Al基合金为主，且其申请量呈现逐年增加的趋势，属于当前的技术热点。具体而言，Fe基合金以不锈钢研究较多，Ti基合金以TiAl合金研究较多，Ni基合金和Al基合金中，均涉及多种具体的合金类型，没有申请量明显较多的合金种类。Cu基合金、Co基合金、难熔合金、高熵合金、贵金属合金研究相对较少，尤其是高熵合金。

Ti基合金、Al基合金、Ni基合金、Fe基合金、Cu基合金、Co基合金、难熔合金、高熵合金、贵金属合金这九类合金均倾向于采用激光作为能源进行3D打印，Co基合金更倾向于使用EBM，其次使用SLM，其他的八类合金都更倾向于使用SLM的成型方式，其中Ti基合金、Al基合金、Ni基合金、Fe基合金、难熔合金这五类合金其次使用EBM的方式，Cu基合金、贵金属合金这两类合金其次使用的是LENS。

3）3D打印金属粉末制备方法

气雾化法、水雾化法、等离子旋转电极法、等离子雾化、等离子球化等五种粉体制备技术的申请量以及申请人数迅速增加，都处于快速发展阶段，但气雾化法从申请量上看一直是发展的重点，水雾化法近年来也有较大的发展，其他三种生产方法的申请量相对较小，并且三者之间的研究热度相差不大。

对于气雾化法而言，用于制备Fe基合金的申请最多，Al基合金、Ti基合金和Ni基合金相关申请也较多。对于水雾化法而言，相关申请主要集中在Fe基合金、Cu基合金、Ni基合金。对于等离子球化法而言，申请主要集中于难熔合金和Ti基合金。对于等离子雾化法，申请较为分散且基本各个合金种类均有涉及。对于等离子旋转电极，申请最多的为Ti基合金。

对于各制备方法涉及的性能，申请人最关注的性能为粒度和球形度，各个方法中关于这两种性能的申请均最多。对于粒度、球形度，关注最多的制备方法为气雾化法，

其他四种方法的申请量相近。对于洁净度，关注最多的制备方法为气雾化法。流动性主要集中在等离子球化法和气雾化法，松装密度主要集中在气雾化法和水雾化法。等离子雾化法对于松装密度和流行性的关注较少，等离子旋转电极法对于松装密度、洁净度和流行性的关注最少。

4）3D 打印金属粉末制备设备

从专利申请的整体趋势来看，雾化系统（限制性喷嘴及非限制性喷嘴）是气雾化法最核心的技术。随着对金属粉末产品洁净度、粒度要求的提高，熔炼设备系统也在不断进行技术升级。熔炼系统的发展可分为两个阶段，第一阶段采用坩埚或中间包进行熔炼或保温，金属盛放于坩埚或中间包中，并由其底部滴落或流出；第二阶段采用非接触式熔炼，料棒经电弧、电场、等离子体等进行熔化，金属液直接滴落，避免了金属液盛放时引入杂质。目前国内外对熔炼系统的研究仍在进行，技术更新尚未完成，可在其相关设备或方法中进一步寻找技术空白点。

5）3D 打印金属粉末产品应用

基于全球 3D 打印金属粉末产品应用发展态势可以看出，2012 年之后该领域专利申请人及申请数量才呈现激增态势。可以预期在未来的几年中 3D 打印金属粉末产品应用仍然处于其生命周期中的快速增长阶段，部分申请人的申请将会更加集中。

3D 打印金属粉末产品主要的应用领域为医用植入、航空航天、电子电器和冶金工业，且其申请量呈逐年增加的趋势。而汽车、能源动力、模具工具、军工、饰品等应用领域的申请量相对较少。

从产品种类和应用专利申请关联情况来看，航空航天应用方面申请最多的为 Ti 基合金，且 Al 基合金、Ni 基合金、Fe 基合金申请也相对较多；医用植入应用方面，申请主要涉及 Ti 基合金、Fe 基合金和 Co 基合金；电子电器应用方面，应用最多的是 Fe 基合金和 Cu 基合金；冶金工业应用最多的是 Fe 基合金。

5.5.4.4 主要研发主体技术竞争态势

主要的研发主体基本上都会具有一定的技术优势。分析主要研发主体的情况，有助于寻找潜在的合作伙伴和竞争对手，而且分析主要研发主体的技术构成，可以较好地判断每一研发主体的研发重点和技术优势，从而为后续规避设计或技术合作打下基础。

在进行主要研发主体判断时，专利申请量是一个重要参考指标，但也不能完全依赖于专利申请量，还需要参考专利的授权量、专利质量等，有时还需要根据市场占有率等商业信息予以判断。对于研发主体的分析，可以包括方方面面，例如，分析专利申请量、授权量、专利质量等可以判断主要的研发主体。通过分析研发主体的技术分布，能够确定研发重点和技术优势。通过分析主要研发主体的联合申请，尤其是高校、科研院所与企业之间的联合申请，可以更好地判断出高校、科研院所的技术在市场中的认可度。具体的分析指标选择，需要分析人员根据工作量的大小、技术研发的需求等因素综合考虑。

该案例主要是通过分析专利申请量、市场信息等因素,判断出主要的研发主体,然后对研发主体的申请趋势进行分析,确定目前活跃的研发主体,通过分析主要研发主体的技术分布,初步确定出了主要研发主体的技术优势,为今后的技术合作以及规避设计打下基础。

1) 主要研发主体分析

在对主要研发主体进行判断时,首先根据申请量列出了全球的主要申请人,具体如图 5-5-26 所示。结合商业信息、期刊论文等信息,基本确定了上述的主要申请人即为本领域的主要研发主体。

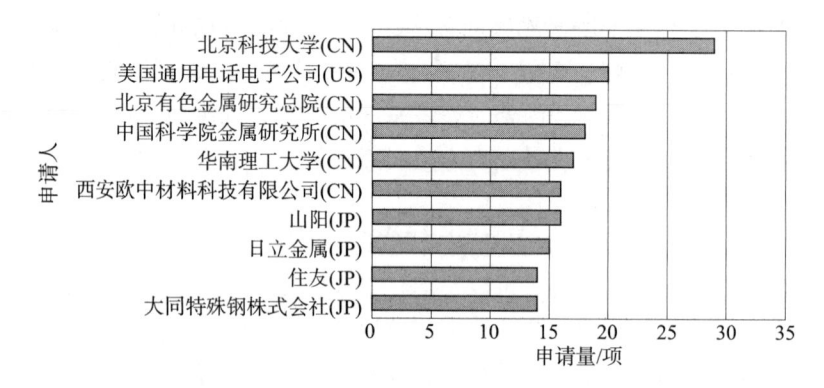

图 5-5-26　3D 打印金属粉末申请人全球排名

全球主要申请人的国别构成形成了中日美三足鼎立的 3D 打印金属粉末专利申请格局。全球 3D 打印金属粉末专利申请量排名前十名中,中国申请人有 5 位,包括 2 家企业、2 所大学和 2 家科研院所;国外申请人主要来自日本和美国,其中日本有 4 家企业申请人,美国有 1 家企业申请人。总体来看,中国申请人占有很大比例,这说明中国的企业和研发机构均意识到了 3D 打印金属粉末的潜在市场价值,对 3D 打印金属粉末的研究投入了较多关注,并且积极申请专利保护来争取技术领先,从而抢占未来的市场份额,尤其是中国的大学和科研院所,在该领域布局了大量专利。

2) 主要研发主体申请趋势分析

单独的申请量尚不足以表明研发主体当前的技术实力,通过分析主要研发主体的申请趋势变化,可以更好地判断研发主体对这一领域的投入情况和重视情况。同时对主要研发主体的技术分布进行分析,可以更好地判断出技术优势所在,为后续的技术合作、技术规避以及专利布局等打下基础。

图 5-5-27 为主要研发主体申请趋势,各研发主体进入这一领域的时间大不相同,投入的持续时间也存在差异,在不同时间的专利产出差异明显。国外申请人在早期进行了大量的专利布局,然而近些年来国内申请人的申请量开始迎头赶上。

分析比较主要研发主体的申请行为,特别是比较不同研发主体对重点技术领域的关注,对于判断 3D 打印金属粉末相关技术分支未来的发展方向和发展重点具有一定的作用。

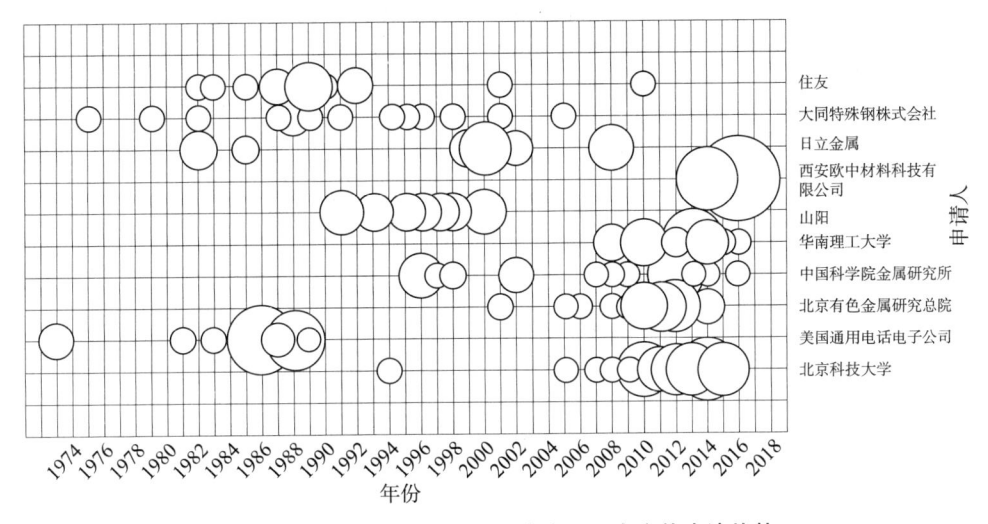

图 5-5-27　3D 打印金属粉末主要研发主体申请趋势

注：图中气泡大小表示申请量多少。

表 5-5-3 为主要研发主体重点关注的技术领域，从中可以看出不同的申请人重点研发的制备工艺不相同。

表 5-5-3　3D 打印金属粉末主要研发主体重点关注技术领域　　单位：项

主要研发主体	气雾化法	等离子球化法	等离子旋转电极法	水雾化法	等离子雾化法
大同特殊钢株式会社	8	0	0	6	0
住友	5	0	0	5	1
日立金属	1	5	1	2	4
山阳	0	0	0	14	0
西安欧中材料科技有限公司	0	1	15	0	0
华南理工大学	1	1	2	0	0
中国科学院金属研究所	11	0	1	0	0
北京有色金属研究总院	14	2	0	0	0
美国通用电话电子公司	1	13	1	0	2
北京科技大学	11	10	0	2	0

气雾化法利用高速气流将液态金属流破碎成小液滴并凝固成粉末，具有氧含量低、粉末粒度可控、球形度高等优点，已成为高性能及特种合金粉末制备技术的主要发展方向。气雾化法是国内目前主要的制备方法，北京有色金属研究总院有 14 项专利技术

涉及气雾化法，北京科技大学和中国科学院金属研究所有 11 项相关专利。在国外，大同特殊钢株式会社有 8 项专利申请涉及气雾化法。

等离子球化法利用等离子体炬将金属颗粒加入熔化，熔融颗粒由于表面张力作用形成球形度高的液滴并凝固成粉末，具有球形度高、粒径分布均匀、杂质少、制备快速等优点，但是成本高。国内的研发单位中，北京科技大学有 10 项相关专利申请。在国外，美国通用电话电子公司有 13 项相关专利申请。

等离子旋转电极法是将金属或合金作为电极棒，电极断面受电弧加热而熔融为液体，通过电极旋转的离心力将液体抛出并粉碎成细小液滴，继之冷凝为粉末。其制备得到的金属粉末纯度高，特别适用于高温合金粉末，但对电极规格要求严格。目前，国内的西安欧中材料科技有限公司有 15 项相关专利技术。

水雾化法原理同气雾化法，其以水为雾化介质，但是由于水的比热容远大于气体，因此在雾化过程中，被破碎的金属熔滴由于凝固过快而变成不规则形状，使粉末的球形度不易控制，同时水的存在会提高粉末的含氧量。目前，日本山阳在水雾化法方面拥有最多的专利申请，达到 14 项。

等离子雾化法是以等离子炬为加热源将金属粉末熔化之后再雾化的方法。目前国内外对于该法的研究较少，在全球排名前十的国内申请人中，没有申请人对于该项技术进行研发。

5.5.4.5　研发主体自身情况分析

在确定了当前的技术研发热点以及技术空白点之后，研发主体应当根据自身的特点选择研发突破口。总体而言，就是要将技术研发热点和技术空白点进行梳理，明确所要投入的资源，同时对自身所具有的优势与不足进行相应的匹配，以便在具体研发过程中扬长避短，尽力提高研发的成功率。

H 公司重点从产品市场规模、已有研发人力资源、已有相关研发设备、已有关联技术、高校和科研院所合作资源、潜在竞争对手和合作对象、研发经费预算等方面，对自身的情况进行了详细分析，找出了自身存在的优势、不足，以及潜在的法律风险。

5.5.4.6　研发方向的确定

企业根据上述技术研发热点以及技术空白点，结合自身情况，充分发挥自身优势，避开自身短板，最终确定了今后的重点研发方向。

5.6　本章小结

确定研发方向是技术研发类专利导航工作最主要的目的之一。本章先理论介绍了专利导航如何助力于技术研发，采用流程图的方式介绍了开展专利导航的具体步骤，然后通过一个具体案例对具体的流程进行了更为具体的说明。

采用专利导航助力于技术研发时，需要重点关注以下几个方面。

1）确定合理的专利导航项目需求

专利导航项目需求的大小对于按时保质完成专利导航具有至关重要的作用。如果一味追求对产业的全面覆盖，将会导致专利导航分析任务过重，给后续的信息采集、数据处理以及专利导航分析等环节带来较大的困难。需要投入更多的人力资源，并且对数据分析人员的能力也有更高的要求。如果对于产业覆盖较小，可能会导致专利数量偏少，难以从宏观上把握技术的发展趋势。

2）专利检索需要平衡查全率和查准率

专利检索是专利分析的基础。一般而言，查全率越高，对于产业的分析越准确，但一味地追求查全率，会导致查准率的下降。即，检索出的文献中会包含有更多与产业关联度不大的噪声文献，进而导致在后续数据标引过程中工作量的增大。

3）技术分支的划分要合理

技术分支的划分在专利导航中起着举足轻重的作用。通过技术分支的分解，相关人员能够对产业从宏观的整体结构到微观的技术分支都有准确的把握。一方面，技术分支要得到产业内专家的认可，体现出产业规划的专业性；另一方面，也要服务于专利导航工作的开展，例如便于研究人员进行专利信息的检索等。

技术分支并不是一成不变的，在具体的专利导航分析时，如果需要根据分析过程中发现的问题进行更加深入的分析，可以在原有技术分支的基础上继续细化技术分支，并进行相应的研究。如果技术分支下的专利文献较少，此时也可以将技术分支进行调整或合并，以避免偶然因素对于宏观数据的影响。

4）分析结论的作出需要相互印证

与其他分析工作类似，单一因素的分析有时会带来分析结论的偏差。因此需要尽量从不同角度进行分析，通过交叉印证，才能作出更加准确的分析结论。

5）慎重确定研发方向

一般而言，技术研发热点和技术空白点属于重要的研发方向，技术研发热点具有较为明确的成功预期。但也需要注意竞争对手的专利布局，以避免研发的技术侵犯他人已有的权利。在技术空白点有所突破有利于形成研发主体的技术护城河，但确定技术空白点作为研发方向，可能需要面临更大的技术障碍以及较高的生产成本。

6）灵活调整专利导航步骤

每一项技术研发都具有一定的特殊性。在采用本章介绍的理论知识以及具体操作步骤开展专利导航时，需要根据每一项目的具体情况进行灵活调整。

第 6 章 专利导航与高价值专利培育

6.1 引 言

6.1.1 本章的内容是什么

本章主要以系列国家标准《专利导航指南》为依据，以通俗的语言阐述高价值专利的概念与内涵及其系统组成、专利导航与高价值专利的内在联系，归纳高价值专利培育的方法和路径，并以真实的案例来阐释如何依托专利导航开展高价值专利培育工作。在此基础上，进一步结合国家知识产权局专利局专利审查协作河南中心近年来实施的专利导航项目，详细地介绍高价值专利培育的路径和方法。具体内容如图 6-1-1 所示。

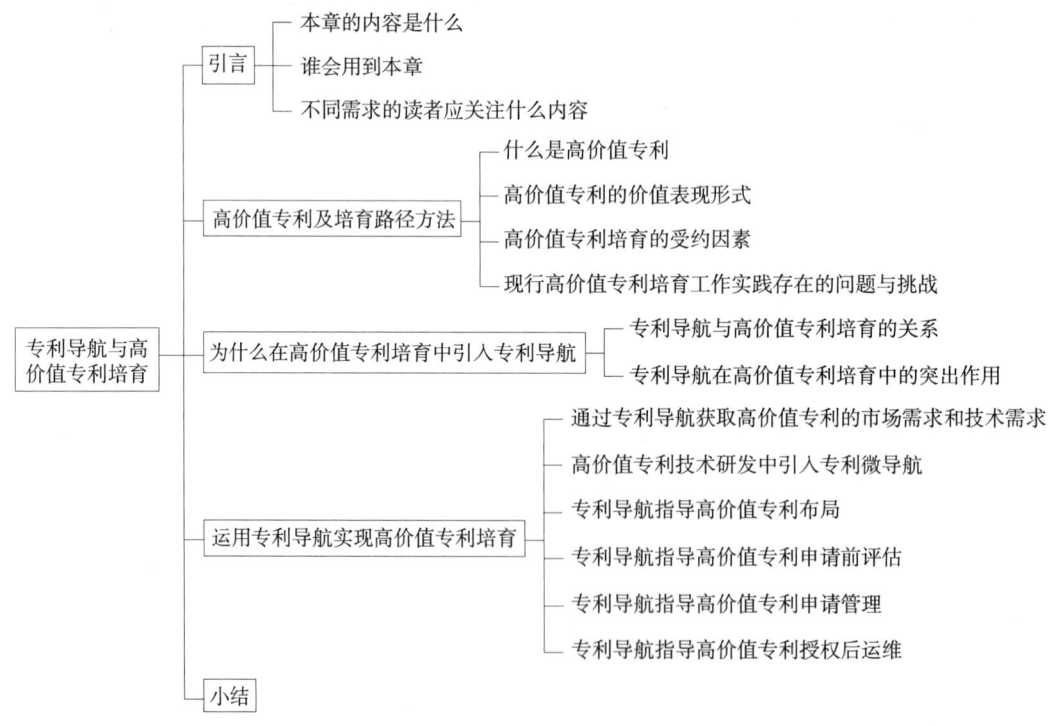

图 6-1-1 本章内容导图

6.1.2 谁会用到本章

高价值专利是国家高质量知识产权的重要支撑,高价值专利的培育可以有效促进地方技术创新和研发投入,高价值专利培育体系同时是创新主体内部管理中重要的体制建设,是知识产权管理的重要环节。因此,本章一方面可以供政府产业主管部门或行业机构在推动高价值专利申请、质量把控、专利运营等方面政策规定和管理办法落地时参考阅读;另一方面,可以帮助创新主体了解到如何利用专利导航在创新源头促进高价值专利的孕育产出,在高价值专利培育工作中,充分利用专利导航确定和校正研发方向,配置投入资源,做好科研项目中高价值专利培育的全过程跟进和保障工作。此外,知识产权服务机构可以通过阅读本章,了解在提供高质量的专利代理或专利创造、保护、运用相关服务时如何在高价值专利培育方面提供指导性意见,以及如何利用专利导航对高价值专利培育工作进行积极指导,通过专利导航更加深入地了解客户技术方案和相关技术的技术发展脉络,以便提供更高质量的服务。

6.1.3 不同需求的读者应关注什么内容

政府部门或者区域知识产权管理职能部门肩负着对高价值专利培育工作的提出和实施给予政策支撑和实践导向的职责。政策是高价值专利培育的土壤,相关管理部门主要起到工作引导和环境打造的作用。因此,其需要关注的具体内容包括推动高价值专利申请、质量把控、专利运营等方面的政策规定和管理办法落地,建设与完善相关制度和搭建公共型知识产权服务平台等,建议阅读本章6.2~6.4节。

企业、高校和科研院所等研发主体技术研发负责人作为创新的发起者,位于高价值专利培育的发源端,决定着专利培育起点工作的部署和开展。其需要关注的具体内容包括在专利导航工作指导下确定研究方向,配置投入资源,对专利及非专利文献进行查新、检索和分析,以及跟进和保障科研项目的全过程,建议阅读本章6.3~6.4节。

专利代理机构的工作人员应该关注在帮助创新主体进行专利挖掘布局时,如何利用好专利导航,充分检索现有技术,针对撰写专利技术文本涉及的技术背景、技术发展脉络和技术方案本身形成较为清醒的认识与理解。因此,专利导航中的专利信息检索和专利信息分析是专利代理方需重点把握的工作,建议这类读者阅读本章6.2~6.4节。

6.2 高价值专利及其培育路径方法

6.2.1 什么是高价值专利

专利的价值可以从法律、经济、技术等多个维度进行评判，那么什么样的专利算是高价值的专利呢？

在认识或界定高价值专利时，就涉及如何理解专利价值。一般认为，专利价值就是专利权人可根据自己的使用目的，能够在一定时间内、一定地域范围内、一定法律保护范围内获取垄断性的权益，此权益既可以表现为专利运营过程中获得的直接的经济收益，也可以表现为专利运用过程中传递出来的潜在价值，还可以表现为上述两类经济价值的加权之和——这就是专利的价值。

高价值专利从狭义上应被理解为具有高的经济价值的专利或专利组合，最终应体现为能够为权利人带来经济价值，但实现经济价值的前提是该专利或专利组合具备相当的法律价值和技术价值。法律价值体现在专利或专利组合本身的保护范围、剩余保护时间、保护地域等相关法律特征的质量，即通过专利相关法律赋予专利或专利组合以特定时间、地域内的排他性独占权。技术价值则体现在专利或专利组合与技术创新的匹配程度及技术创新的水平上。法律价值和技术价值最终都能够通过经济价值来体现，而无法为权利人带来直接或间接经济效益的专利或专利组合则不能被定义为高价值专利或专利组合。

从狭义的高价值专利概念中可以获知专利或专利组合的法律价值和技术价值能够通过经济价值来体现，由此可以得出高价值专利或专利组合的经济价值的本质是其法律价值和技术价值（如图6-2-1所示）的结论。因此高价值专利应当是在法律维度、技术维度和经济维度均有良好表现或仅在其中若干个维度有良好表现的专利或专利组合。实质上，高价值专利的确定过程中无法将三个维度完全割裂。如某项专利或专利组合具有较高的技术价值，但缺少完善的法律价值，则有可能在遭遇无效宣告请求或侵权诉讼等行政确权或民事诉讼过程时将价值殆尽；而在遭遇无效宣告请求或侵权诉讼之前，该项专利或专利组合可能已经为企业创造了直接或间接的经济价值。

技术价值是指专利作为承载技术创新的重要载体，包含了高密度的创新信息。每一件专利都包含了能够解决技术问题的技术方案，但不是每一种技术方案都有实际应用价值，比如当有更好的替代性技术时，该专利技术价值就会降低。此外，有些技术先进性很高的专利由于缺少配套技术而很难实现——这样的专利也不能成为高价值专利。从技术维度评价是否为高价值专利，主要从技术先进性、技术成熟度、技术独立性、不可替代性以及应用广度等指标出发进行评价。

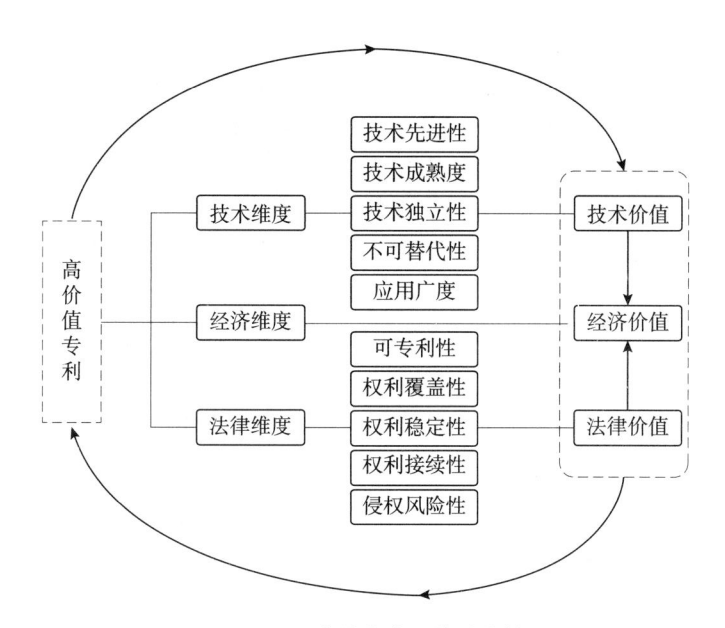

图 6-2-1 高价值专利的价值体现

专利权的核心在于排他性。专利权人通过拥有一定时间、一定地域内的排他权利取得垄断性收益。专利权是法律上的一种私权。专利权的法律保护是一件专利技术实现其真正价值的保障。专利的法律价值是专利权能够存在并发挥价值的根基，是专利技术价值以及市场价值的保障。技术的可专利性、权利覆盖性、权利稳定性、权利接续性、不可规避性和侵权风险性是衡量法律价值的重要方面。在申请专利之前，如果从经济评价的角度得出结论，认为此专利申请具有很高的价值，但是没有最终获得专利权，那就无法达到所预计的经济价值。可见，专利权利的法律保护坚实程度是一件专利技术实现其真正价值的保障。

从广义上说，高价值专利应当包含两个互相联系的方面：一是专利具有"有益性"，它的存在，对于企业发展乃至一个地区、国家的经济社会发展有重要的作用或战略意义；二是专利具有"有用性"，能带来高价值增长预期和收益回报。[1] 有学者认为，专利的价值应当结合特定历史条件来考察，体现为专利的客观属性对市场和社会公众所发生的效应和作用以及市场和社会公众对它的评价和认可。还有学者认为，结合产业发展而言，高价值专利是指战略性新兴产业、特色优势产业中，以企业为主体，整合各类创新资源，积极开展产学研紧密协作创新，并将创新成果形成具有较强前瞻性、能够引领产业发展、有较高市场价值的高质量、高水准专利或者专利组合。[2]

高价值专利是一个动态变化的过程。专利价值的高低还与权利人自身有着重要的关系。权利人基于不同的立场和目的，对专利高价值的认定并不一样。

不同的判断主体，因为对专利的持有或使用目的不同，立场不同，对高价值专利

---

[1] 何炼红. 多维度看待高价值专利 [N]. 中国知识产权报，2017-06-02 (1).
[2] 支苏平. 高价值专利培育路径研究 [M]. 北京：知识产权出版社，2018：14.

的认识也不尽相同。比如,对于技术创新主体而言,能够使其在技术上占据主导地位的专利即为高价值专利;对以营利为主要目的的市场运营主体而言,能为其带来高收益的专利即为高价值专利;而对于区域宏观管理的管理者而言,能较好地促进辖区内经济社会发展和科学技术进步的专利即为高价值专利。

即使是完全相同的专利,在不同的权利人手中,体现出来的价值也可能完全不一样。技术价值高、权利稳定性强、市场控制力好、应用前景好的专利(或专利组合),通常会被认定为高价值专利,但在实际运用中能否实现真正的高价值,关键在于怎么用。一件高价值的专利,如果不能被合理地使用,就很难形成事实上的"高价值专利",因为对于不同的运用主体,由于受其自身条件和需求的限制,如专利运营水平、技术转化能力、资金实力、市场渠道资源、运用目的等诸多因素的影响,专利的价值会表现得大小不同、高低各异,并非绝对不变,关键得看持有人是否能够很好地运用这些专利。

众所周知,专利价值同时具有时间属性和空间属性。即使在获得保护的国家或地域内、在专利权的保护期内,专利的价值也可能随着时间、空间和拥有者的变化而发生变化。例如,同一项专利技术,随着其成熟度不断增加,其专利价值可能会相应地增加;同样的专利,由于专利权利的转移,同其他专利形成有效的专利组合或专利池,其价值也可能产生价值倍增效应;相反,如果某项专利的相似技术或替代技术不断涌现,则该专利的价值也可能会因为可替代性而发生贬值。

具备高经济价值属性的高价值专利是被市场检验出来的。专利制度的出现就是为了保护权利人的合法权益、促进经济社会发展,因此,专利的经济价值只有放到商业运营活动、市场经济活动中才能被真实地反馈出来。但值得注意的是,从专利技术出现到技术成果的转化或产业化实现是需要一个过程的,经过了市场检验的高价值专利才更具有说服力,因此,高价值专利在商业运用活动中往往表现出一定的滞后性。❶

6.2.2 高价值专利的价值表现形式

专利的价值体现在专利运用活动中传递出来的商业价值。专利开发、专利保护和专利运用构成了专利活动的主线。专利价值的高低因权利人所持目的不同而不同。基于专利运用目的的不同,高价值专利往往表现为成果识别价值、市场防御价值、市场进攻价值、专利运营价值、技术整合价值和专利战略价值等多种形式。❷

1)成果识别价值

专利活动的过程是专利技术对外显现的过程。通过专利的开发获取垄断权,专利技术的新颖性、创造性及实用性得到了国家知识产权管理部门的审查确权,成为彰显权利人科技创新成果的有效形式。取得专利权意味着在法律上确定了发明创造的权利

---

❶ "云南光电行业专利信息应用实践"课题组. 企业专利工作应用手册 [M]. 北京:知识产权出版社,2018:198.
❷ "云南光电行业专利信息应用实践"课题组. 企业专利工作应用手册 [M]. 北京:知识产权出版社,2018:200.

归属关系，获得了专利保护期限内发明创造成果的市场独占地位，对竞争对手起到技术禁止的宣告作用，从而可以最大限度获得经济利益和市场竞争优势。

2）市场防御价值

企业在强化专利意识的前提下，利用专利制度建立并适时扩大自己的技术阵地，筑起坚固的防线，保护本企业的新产品、新技术长期占领市场，争取更大的经济利益。它的出发点在于使本企业避免受到他人专利的攻击，或在受到他人专利限制或威胁时采取自卫手段保护企业利益。通过有策略的专利申请与布局，将其他竞争对手阻隔在市场之外或提高新进者的准入门槛，从而保障自我经营，实现专利的市场防御目的。

3）市场进攻价值

专利权人将其技术公开，换取相应专利保护期限的市场垄断权，并以此作为市场进攻的武器，通过专利抢占市场先机。对处于优势地位的市场主体而言，可通过警告、谈判、诉讼、许可等手段将竞争对手逐出市场或直接获取价值赔偿。对处于相对劣势地位的竞争者而言，可通过专利研究，针对强势竞争对手的专利布局漏洞，精心构筑专利防火墙，充分利用自己的专利作为防御工具，进而通过谈判、诉讼对冲争取市场准入或交叉许可的机会，从而与强大对手抗争。

4）专利运营价值

专利运营价值体现在将专利权作为投入要素，直接参与到商业运作和经营活动中，通过专利资本的各种市场运作提升专利竞争优势，最大限度地实现专利权经济价值的市场行为。高价值专利的"高价值"很重要的表现形式就是能否在专利运营体系中发挥重要作用。专利运营可以让高价值专利的价值进一步放大。

5）技术整合价值

专利的价值还体现在专利资源的整合及相互补充。在同一技术领域内，不同的专利常常会出现障碍性关系或互补性关系。障碍性专利往往产生于在先的基础性专利和以之为基础后续开发的专利之间。后续开发的专利缺少了基础专利可能就难以实施；相反，基础专利没有后续开发专利的辅助往往难以进行优质的商业化开发。所以，障碍性专利间的交叉许可就显得尤为必要。在交叉许可活动中，专利权人利用自有专利资源作为谈判筹码，寻求与他人合作，可降低专利开发、维护的成本，还可以在需要对方专利时获得相应许可，从而实现专利技术资源的整合，弥补自身技术短板，实现合作共赢。

6）专利战略价值

专利战略价值表现为上述专利价值形式的综合应用提升，是创新主体在面对复杂多变、挑战严峻的市场环境时，主动利用专利制度有效地保护自己、综合运用专利情报信息、研究分析竞争对手情况、推进新技术开发、把控专利产品市场，为取得专利竞争优势、谋求可持续发展而进行的总体性战略规划。专利战略就是创新主体的决策者或最高决策机构对自身未来技术发展和专利运用的全局性的筹划、安排。创新主体的专利战略有赖于顶层设计、创新挖掘、高质量专利申请、高水平专利保护、高效能专利运用等环节协调作用。专利权人应高度重视每一项专利的创造、保护和运用，洞察产业链上的每一个创新点的产生和创新发展动向以及可能发生侵权的行为,从而进行预判并及时调整专利策略,服务于自身的经营发展战略。

6.2.3 高价值专利培育的受约因素

高价值专利培育一般包含高价值专利的创造、识别、筛选与评估等内容。高价值专利培育是一项专利(或专利组合)从无到有再到优的过程。高价值专利的识别则是对已有专利的价值发现或挖掘的过程。在高价值专利培育路径方面,在业内,比较具有代表性的观点是面向高价值专利过程各个节点的活动内容进行培育,即高质量创造、高质量申请、高标准授权和高水平遴选与评估。针对发明人、专利代理人员、培育主体,应充分进行技术检索,了解技术全貌和发展趋势;重视针对特定技术领域的专利信息分析,制定专利布局方案,有能力的可以形成专利全生命周期管理平台,用于高价值专利培育;针对高价值专利培育环境,应加强高价值专利宣传与培训,充分激发高价值专利培育市场——培育一批高水平的专利市场服务机构是营造良好培育环境的重要组成部分。针对管理部门,应基于高价值专利培育过程中的信息需求,给出资金支持、人才培养、技能提高和团队建设等利于高价值专利培育的服务政策。

高价值专利的培育过程是一个非常复杂的过程,受多种制约因素影响,主要包括培育环境因素、培育主体因素、培育资源因素。因此大多数人认为培育主体、培育环境、培育资源是高价值专利培育的切入点,通过改变优化影响高价值专利产出的三大因素,进而培育高价值专利(参见图6-2-2)。

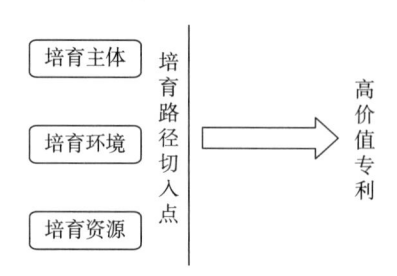

图6-2-2 高价值专利培育的一般方式

1)高价值专利培育主体

从专利权的生命周期上来看,专利权的产生主要经历创造、申请、审查、权利维持、专利实施/许可等几个主要阶段,就如同植物培育一样,需要经过播种、除草、施肥、浇水等一系列环节,通过在各个环节的精细照顾,最终获得理想的成果,而这每一个环节都离不开培育人员的悉心照料。一份高质量专利的最终成形需要发明人、专利代理人员及专利审查员各自付出相应的努力。发明人或申请人、专利代理人员和专利审查员看似"敌对"的工作所形成的博弈效应才能够使得专利的质量获得提升。[1] 发

---

[1] 赵建国. 广东:高价值专利激活创新"一池春水"[N]. 河南科技,2017-08-09(22).

明人提出有创新的技术方案，在企业知识产权人员或知识产权咨询人员辅助下进行专利挖掘与布局，继而交由专利代理人员进行高质量的专利申请文件的撰写，再由专利审查员对申请文件进行高质量审查，整个过程就是一场高价值专利培育的接力，每一个环节都与参与人员的水平和职业素养息息相关。❶

2）高价值专利培育环境

高价值专利的政策环境和创新社会环境是影响高价值专利培育的宏观影响因素。高价值专利培育尤其是在起步阶段有赖于政府政策的激励引导。创新主体内部的知识产权管理制度以及激励制度是否健全有效，也是高价值专利培育成功与否的关键因素。尤其对于企业类创新主体来说，创新是企业生存和发展的灵魂。企业创新的原动力来自企业竞争力的提升、生产管理手段的改进，企业高价值专利培育必须围绕企业创新来进行，只有建立比较完善的知识产权管理制度，才能保障企业创新机制的正常运行，才能为高价值专利培育提供制度基础。企业的知识产权管理包括宏观和微观两个层面，前者体现为综合性的管理制度，主要包括作为公司战略重要组成部分的企业知识产权管理规划和知识产权管理总体制度；后者体现为专项规范企业知识产权行为的管理制度。❷

3）高价值专利培育资源

从培育资源来看，在高价值专利培育中需要投入必要的资金、建设知识产权信息化平台及获取情报资源等。对于中小型企业，由于受到规模、技术方面的限制，在知识产权管理方面通常存在粗放、管理架构不完善、知识产权质量不高等一系列问题，通过知识产权信息化平台能够规范化知识产权管理，从而提升知识产权管理质量，发挥出知识产权的重要价值。❸ 另外，专利信息作为一种重要的企业竞争情报资源，在高价值专利培育中也起到重要作用。在企业研发选题时，可通过专利信息了解当前技术现状以及技术发展方向，避免重复研究。在专利申请前，通过专利检索对新申请专利的技术方案进行预评估，能够极大提升专利申请的质量。❹

6.2.4 现行高价值专利培育工作实践存在的问题与挑战

培育高价值专利，促进知识产权高质量发展，是我国深入实施创新驱动发展战略、建设知识产权强国、实现经济社会高质量发展的必然要求和重要任务。高价值专利培育作为一项致力于知识产权高质量发展的创新性工作，在研究和实践中还存在诸多问题与挑战。

1）高价值专利"价值"具有动态性

专利权本身就是受法律保护期限严格限制的垄断权。出于平衡专利申请保护范围

---

❶ 马天旗. 高价值专利培育与评估［M］. 北京：知识产权出版社，2018：16.
❷ 冯晓青. 企业知识产权管理制度与激励机制建构［J］. 南都学坛，2016，36（5）：65-72.
❸ 万小丽. 专利价值的分类与评估思路［J］. 知识产权，2015（6）：78-83.
❹ 马天旗. 高价值专利培育与评估［M］. 北京：知识产权出版社，2018：17.

与公众利益的目的，专利权具有严格的时间性。按照现行中国法律规定，发明专利的保护期限为 20 年，实用新型专利的保护期限为 10 年，外观设计专利的保护期限为 15 年，都是自申请日起计算。同时，即使在法定保护期限内，专利权能否维持，还取决于是否持续足额缴纳年费等因素。因此，从法律维度看，高价值专利的"高价值"是有时间限制的，而且是动态的。从技术维度看，随着本领域科学研究、产业的发展，高价值专利的技术价值也随之变化，同时专利技术的先进性、技术地位也在不断变化，每项技术均有其生命周期，技术的先进程度、成熟度、独立性、应用范围这些动态变量因素均会影响高价值专利的"价值"。

从市场维度看，市场的接受度、市场喜好、市场应用效果直接影响高价值专利的价值体现。市场风云变幻，只有经得住市场考验，专利产品在市场上受到消费者青睐，相关的专利才能实现高价值。随着专利自身法律属性的变动（失效、无效等变化），其价值也是动态变化的。

2）高价值专利培育具有复杂性和系统性

高价值专利的价值是专利的技术价值、法律价值和市场价值等多重因素的综合体现。在专利的创造、保护和运用的全链条上，每一个环节都会影响专利价值的高低。因此，高价值专利培育是一个环环相扣的系统工程，非常之复杂，需要全链条涉及的多方主体，包括政府、企业、高校、科研院所和服务中介等机构和人员通力合作才能实现。❶

高价值专利培育不是一件简单的、依靠单一组织或个人就能实现的工作，而是由多主体跨组织、跨部门深度融合，共同完成的系统性工作。实施高价值专利培育项目，需要从项目初始就认识到该项工作的系统性和复杂性。要坚持产学研服协同创新，联合组建管理机构，从创新和专利全过程系统培育高价值专利。从始至终都要加强对合作成员、管理规范、资金支持的全面协调。

目前高价值专利培育环境营造依然缺乏整体规划，呈现碎片化，对政策、平台、人才、信息、技术、资金等要素还缺乏积极有效的对接和协同。

3）高价值专利培育具有结果不可预测性

对于高价值专利能否通过定向培育来获得这个问题，目前尚存争议。采用预定的高价值专利培育路径培育出的专利，未来是否一定能够实现高价值，这在很大程度上是个未知数。高价值专利培育是一个系统工程，通过采用一定的高价值专利培育方法并制定相应的培育路径，在统计意义上无疑能够极大提升高价值专利产生的概率，未来能够产生更多的高价值专利的组合。但是对于单个专利来说，其价值实现受到多种因素的影响，有时还具有一定的偶然性，有可能进行了大量的投入，但是却未能达到预期效果。因此，高价值专利培育结果具有一定的不可预期性。❷ 彩电行业的发展是一个典型的例子。20 世纪 90 年代彩电行业蓬勃发展，随着市场需求多样化，国内彩电业

---

❶ 孙智，冯桂凤. 高价值专利的产生背景、内涵界定及培育意义 [J]. 中国发明与专利，2020（11）：37 - 44.

❷ 马天旗. 高价值专利培育与评估 [M]. 北京：知识产权出版社，2018：4.

巨头像长虹、康佳、创维等在技术创新方面下足了功夫并进行了一系列专利申请。然而，随着20世纪末国外技术发展引发市场需求的急剧变化，液晶电视、等离子电视的需求激增，传统彩电的市场需求量急剧下降。以往的专利申请效用降低，相关专利的预期价值随之降低，中国彩电行业的专利产出也随之经历了一个过山车式的变化。❶

4）高价值专利培育具有高投入性与持续性

在高价值专利培育的过程中，为了保证培育的质量，需要提升创新主体的发明创造水平，在创新主体内部建立完善高效的知识产权管理体系，同时在培育过程中引入优质的外部知识产权服务资源等。无论是提高发明创造的档次还是提高专利的成果转换效率，这些都需要较高的投入。此外，一件专利（或专利组合）从技术交底、申请、审查、授权到最终的价值实现，需要较长的周期，因此高价值专利培育是一个相对长期的过程，必须有一定的持续性，在这个过程中也需要持续性高投入，这也是高价值专利培育的难点。

尽管高价值专利培育还有许多挑战且存在一些亟待解决的问题，鉴于高价值专利在企业和国家创新发展中日益凸显的地位和作用，结合当前的时代背景，科学合理地开展高价值专利培育工作，是企业竞争、产业升级的迫切需要，更是实现经济转型、创新发展的必由之路，意义十分重大。

6.3 为什么在高价值专利培育中引入专利导航

6.3.1 专利导航与高价值专利培育的关系

在知识产权强国建设战略的推动下，知识产权事业的发展诉求已经从单纯的数量向质量转变。在高铁、核电等知识密集型产品或服务"走出去"的同时，我们需要的是"高质量"的知识产权为产业发展保驾护航，用"高质量"的知识产权来彰显中国人民的智慧，用"高质量"专利来检验企业、产业的创新实力和大国崛起。❷

为深入贯彻落实《知识产权强国建设纲要（2021—2035年）》和《"十四五"国家知识产权保护和运用规划》，国家知识产权局在2022年底发布了《国家知识产权局等17部门关于加快推动知识产权服务业高质量发展的意见》，明确提出了鼓励知识产权机构深度挖掘高精特新中小企业需求、帮助企业开展高价值专利布局。这也反映出经济新常态背景下，我国专利事业发展对"高价值专利"的呼唤。

培育获得高价值专利对企业和产业的发展至关重要。高价值专利已经成为现阶段经济发展的核心要素，培育高价值专利是提升我国产业竞争力的必然路径。

---

❶ 王罡. 市场—政府双元力量对企业专利产出的作用机理［M］. 武汉：武汉大学出版社，2017：84.
❷ 韩霁. "知识产权强国"强在哪里［N］. 经济日报，2015-12-03（3）.

专利导航可以为高价值专利的培育提供前瞻性的研判、数据化的分析和科学化的分解。

从技术价值的维度来看，专利的技术先进性程度也是决定其价值的重要因素，同时也是基础因素。专利的先进程度表现为解决行业技术问题的相应技术方案以及达到的技术效果相对于传统技术具有显著进步的程度。对于技术先进性的判断，需要我们在实际工作中掌握行业技术发展动向、技术更新速度、产业竞争方式，充分利用现代化的分析方法、信息检索工具进行评估分析，提炼专利在技术、产业和市场中的内在联系，开展专利导航，借此帮助我们明晰行业动态、提取重要的技术信息，为专利技术的开发创造，尤其是高价值专利的培育，提供重要指导。因此，培育高价值专利必须有一定的洞察力和前瞻性。

从法律保护维度来看，如何构建强大而稳定的专利权利保护范围是专利保护需要考虑的核心问题。要将技术研发人员提出的技术创新方案转化成具有法律效力的专利申请文件，最终实现技术创新成果法律化、权利化的转变，获得法律赋予的垄断性专利保护。需要从获取法律保护全局宏观的层面来进行观察并准确选取切入点和重点。要从产业链的整体结构上寻找并发现具有较高重要度的技术节点；要从对技术发明点本身的有效保护出发，梳理并准确把握需要进行专利保护的关键重点并获得尽可能大的保护范围；要从有效构建和完善强化专利组合的角度有针对性地进行专利布局挖掘；同时要有高度敏感的专利风险意识，对专利布局挖掘过程中发现的相关专利予以足够重视，及早识别、发现专利风险并予规避应对。

从市场价值的维度来看，在评价专利价值的三个维度中，技术价值是基础，法律价值是保障，市场价值是核心。没有市场价值的专利不能说是高价值专利，有市场价值的专利一定有较高的技术、法律价值。因此，市场价值是培育高价值专利的起点和终点。高价值专利培育必须解决以往在专利创造和运用中存在的"创新与市场脱节""重申请轻实施"等问题，按照"以终为始"的原则，从市场需求和市场应用出发，来进行科技创新、专利申请和专利运营。[1]

在高价值专利培育系统中，科技创新、专利申请、专利运营作为三个相对独立而又紧密联系的关键环节，很大程度上决定了高价值专利的技术价值、法律价值和市场价值。如何根据市场运营需求进行科技创新、如何对创新成果进行高质量专利保护、如何对专利进行市场化运营成果应用，是高价值专利培育需要解决的三个关键问题。

专利导航通过综合运用专利技术信息分析和市场价值分析手段，结合对经济数据等信息的分析和挖掘，准确把握专利在整个产业发展中所体现的内在规律及影响程度，从而帮助解决高价值专利培育中的以上三个问题（参见图6-3-1）。

---

[1] 王会丽. 高校高价值专利培育的实践模式和常态化机制研究［J］. 中国发明与专利, 2022 (2)：44-47.

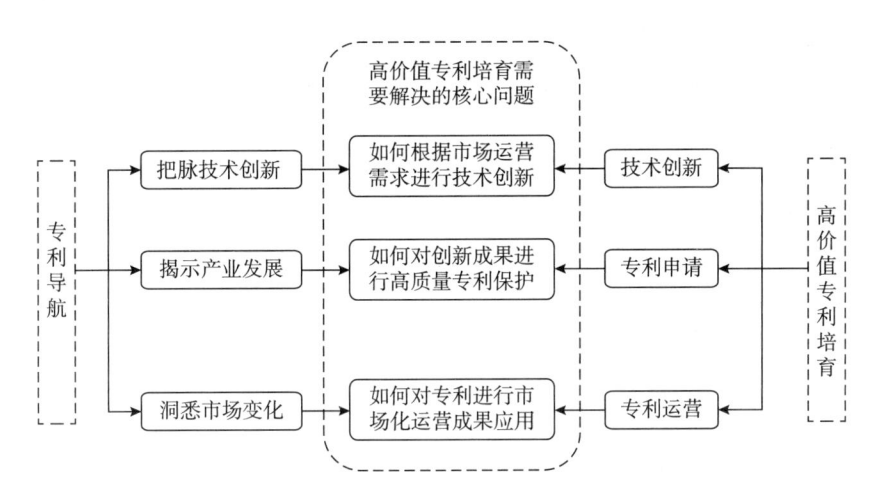

图 6-3-1　专利导航对高价值专利培育要解决的核心问题的解答

专利导航可以充分发挥专利制度对产业创新资源的配置力，引导创新资源主要向影响产业发展的关键领域、关键技术倾斜和聚集，引导创新机构和人员瞄准未来专利市场进行创新，提高创新资源的利用效率。

专利导航可指引创新主体强化专利保护对产业竞争市场的控制力，依托产业技术优势，基本掌握对相关产业发展具有较大影响的若干关键技术的核心专利并形成保护严密的专利组合，对创新成果形成高质量的专利保护。

专利导航可提升专利运用对产业运行效益的支撑力，有效收储能够支撑产业发展需求的专利资源，依托专利运用协同体，建立有利于集中管理、协同运用的专利运营商业模式，促进专利的战略性运用和价值实现。

培育高价值专利、做实专利的高价值，就要回答好高价值专利培育需要解决的核心问题——这些都是当前需要业内不断研究和探索的课题。专利技术的水平是决定其法律地位和经济价值的基石，也是成就其市场价值的基础。专利技术的法律地位和经济价值也是反向验证专利技术水平的重要标尺。市场是检验专利价值的试金石。

通过专利导航可以从专利的三大属性出发，从技术把关、经济指引、法律支持、战略规划等多个层面打造专利的高价值——这些需要各方和各个环节的努力，贯穿高价值专利产生的整个过程。

专利导航是以专利信息资源利用和专利分析为基础，引导和支撑产业科学发展的探索性工作，是践行新发展理念的重大改革创新举措。近年来，随着专利导航理念的不断深化、内涵外延不断丰富、关键技术不断突破、适用场景不断拓展，其由最初导航产业创新发展重大项目分析评议、区域创新资源分布等，发展到被广泛适用于区域规划、产业规划、企业经营、研发活动、标准运用和人才管理等应用场景，形成了多层次、开放式、立体化的方法体系，并紧贴创新发展需求继续发展完善。❶ 专利导航在

---

❶ 贺化. 专利导航典型案例汇编 [M]. 北京：知识产权出版社，2020：2.

高价值专利培育工作中同样发挥着举足轻重的作用。广东省出台的《高价值专利培育布局工作指南》（DB44/T 2363—2022）和江苏省出台的《高价值专利培育工作规范》（DB32/T 4308—2022）均在规范中有力地纳入了专利导航工作。这两项标准均以规范高价值专利培育活动、支撑高水平科技创新为目标，围绕高价值专利培育的支撑条件和关键环节，提出了高价值专利培育的原则、流程、基础条件以及全流程规范，将专利导航嵌入到规范流程中，指引高价值专利培育工作。

6.3.2 专利导航在高价值专利培育中的突出作用

本书提出了针对高价值专利被赋予高水平创造、高水平保护、高标准布局等特性，将专利导航嵌入到专利创造、专利申请、专利授权和专利运营等专利生命周期主线内，将专利导航工作深入融合到高价值专利培育全过程中，涉及的培育主体包括不同阶段的活动者或相关专业机构，即创新主体、专利代理机构、专利审查机构、专利运营机构，由此形成了高价值专利培育全过程中不同发力端、各个培育阶段和各类活动主体相互对应的关系，如图6-3-2所示。

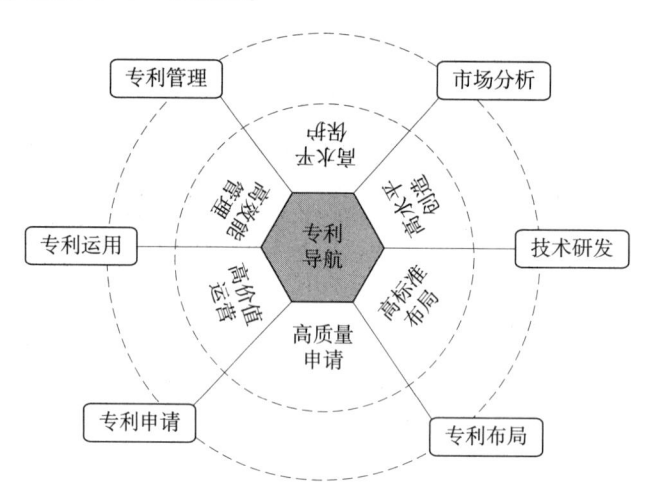

图6-3-2 专利导航在高价值专利培育各流程中的应用

从高价值专利培育的政策背景与实践基础来看，高价值专利培育活动不仅是一个系统性工程，还是一项对专业度有较高要求的活动，因此，统筹上述各个层级视角，构建高价值专利培育全链条模型，遵循全局统筹的系统性规律，合理且有效地发动专业力量，方能实现培育全过程专利"增值"的良好局面。

高价值专利培育是创新主体以市场需求或技术需求为导向，利用专利导航、专利分级分类管理工具，通过专利挖掘、专利布局、专利申请技术交底评估、专利申请文件形成、专利文件质量检查、专利申请规划管理、专利授权后的运维等手段，将研发成果或预期研发成果转化为高价值专利的过程。在此过程中应充分利用专利导航工作的优势，支撑和影响高价值专利培育的各环节，如图6-3-3所示。

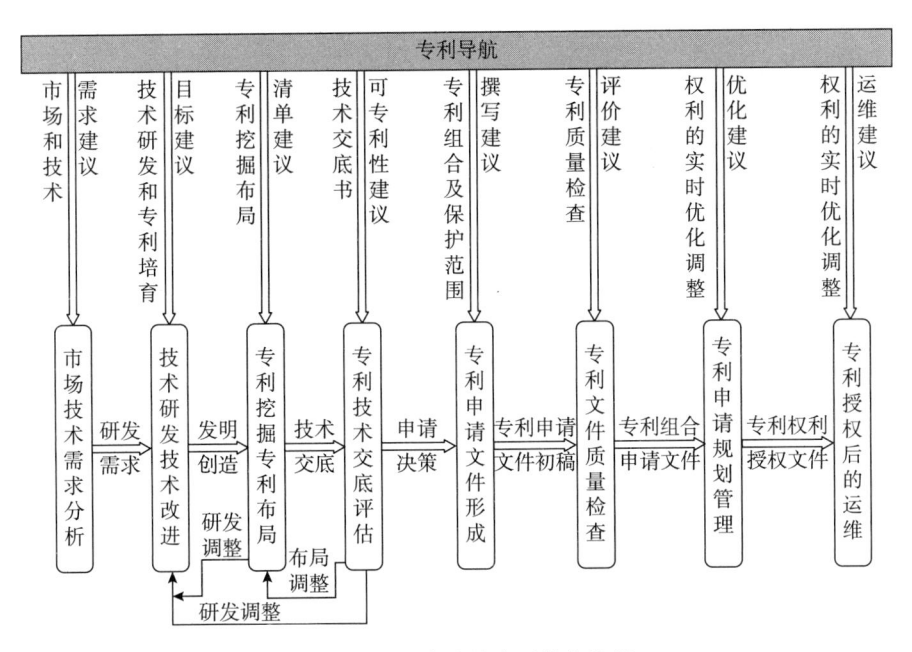

图 6-3-3　高价值专利培育流程

高价值专利培育是一项系统工程。创新主体应建立健全高价值专利培育工作的规划、决策、沟通、实施机制，应在充分挖掘内部创新潜力基础上积极整合外部优势服务资源，协同开展市场技术需求分析、技术研发、技术改进、专利挖掘、专利布局、专利技术交底评估、专利申请文件形成、专利申请文件质量检查、专利申请规划管理、专利授权后的运维等工作。❶

下面以 G 公司高价值专利培育项目作为研究对象，遵循提出问题、分析问题、解决问题的研究思路，对 G 公司及其目前的高价值专利培育项目进行简要介绍。

G 公司主要从事高端装备配套的关键零部件的研发、生产及销售，生产大型铸钢件、铸铁件。铸造作为一种传统的金属加工工艺，在工业生产中占据着举足轻重的地位。传统的铸造技术对模具有很高的依赖，但是传统的模具制造方式存在加工精度低、工作量大、耗能高、污染大等缺点。国内复杂箱体类零件的研发和铸造仍较多使用传统的木模或金属翻砂工艺，无法满足当下日益增长的市场要求。由此，如何将传统的铸造行业与新兴技术加以结合，成了当下的研究重点。

增材制造是近年来得到蓬勃发展的一项制造技术，该技术结合了计算机辅助设计，以 3D 模型作为基础，通过软件与控制系统将材料逐层堆积，实现复杂零件的制造，❷具有制造快捷、适应任何复杂零件、原材料广泛的优点。由于其加工精度高、材料选择范围广、可以制造形状复杂的零部件等优势，在诸如铸造、航空、医疗、汽车、建

---

❶ 参见《高价值专利培育布局工作指南》（DB44/T 2363—2022）。
❷ RENGIER F, MEHNDIRATTA A, TENGG – KOBLIGK H, et al. 3D printing based on imaging data: review of medical applications [J]. International Journal of Computer Assisted Radiology and Surgery, 2010, 5 (4): 335 – 341.

筑、教育及军工等诸多行业中都得到了广泛应用，尤其是在工业生产中的应用不仅逐年增长，而且在减少能源消耗方面有很大潜力。❶

将增材制造与传统铸造技术相结合，❷可充分发挥增材制造的技术优势，提高铸造柔性，从而极大降低产品研发创新成本，缩短创新研发周期，提高新产品投产的一次成功率，拓展产品创意与创新空间——无需任何模具就能制造出传统工艺无法加工的零部件，极大增强了工艺的实现能力，对推动传统铸造的发展与转型具有重要的理论与实际意义。但该技术在国内的工业级铸造上还处于发展的萌芽期。

G公司准备在工业级铸造增材制造上发力，而增材制造技术的分支众多。目前应用于铸造领域的增材制造技术主要包括喷射黏结成型（3DP）、激光选区烧结成型、光固化成型等。G公司选择的细分领域为3DP，但其面临的问题是：①除了3DP领域的市场信息、产品信息外，对3DP领域的技术分布格局不清楚；②不清楚预研和在研的3DP产品的专利风险；③不了解在3DP细分技术分支上需要重点布局的技术及专利。

G公司开展了3DP技术专利导航、3D打印智能生产系统专利导航、砂型处理技术专利导航、精整与再加工专利导航等多项专利导航项目，同时围绕以上专利导航项目，在后续研发过程中又进一步细化地开展了3D成套设备侵权预警分析、G公司打印机头专利稳定性分析、清洗装置竞品与专利匹配度分析，在自身专利布局工作开展前开展了陶瓷粉末3D成型技术查新、3D打印机用墨水或黏合剂查新、3D打印陶瓷材料用黏土基技术查新、增材制造组件技术比对等一系列的技术查新和技术比对。

在研发项目立项前，通过专利导航项目中披露的铸造领域中3D打印技术发展路线、3D打印技术持有人、3D打印技术来源和3D打印技术特点等信息，获取了辅助技术创新的基础信息，并通过专利导航项目对基础专利和外围专利技术的专利分布情况进行了追本溯源，帮助企业更好地了解3D打印技术、专利和产业发展的内在关系，便于G公司的战略制定及调整。

在技术研发的过程中，时刻关注专利导航项目给出的3D打印技术技术路线演进中的关键专利，正确识别并找出关键专利及持有人，多项专利导航项目对研发路径的调整在专利陷阱的规避上起到了有力的指导作用，G公司开发设计人员在现有技术基础上按照专利导航提供的指引开展了侵权规避设计。

在专利挖掘布局阶段，通过专利导航中对现有专利布局的情况分析，清楚地看出3D打印技术在铸造工业领域的布局并非全面性的。专利导航项目将技术分解表中的各技术分支布局从结构效果维度上进行矩阵化，可以清晰地看出专利技术的热点和空白点。G公司结合自身的研发实力以及技术实际可行性进行研判，标定自己在该领域的专利布局点位，匹配自身的产品开发。专利导航工作科学地评估了3D打印技术在铸造工业领域的技术集中度和活跃度，为G公司长远的专利布局战略奠定了基础。

---

❶ HETTESHEIMER T, HIRZEL S, ROB H B. Energy savings through additive manufacturing: an analysis of selective laser sintering for automotive and aircraft components [J]. Energy Efficiency, 2018, 11: 1227–1245.

❷ 董云菊，李忠民. 3D打印及增材制造技术在铸造成形中的应用及展望[J]. 铸造技术, 2018, 39（12）: 2901–2904.

在申请保护阶段，通过专利导航延展项目的实施，进一步调整专利布局的均衡性和针对性，通过对拟布局申请的专利进行系列的查新，对与其技术有交叉的现有专利进行稳定性分析，帮助 G 公司深度了解该领域重要专利权人的专利动向、专利布局意图，进而调整自身的专利布局。G 公司在专利导航项目的指引下更加全面地综合考量研发投入、专利布局地域、布局技术点位、经费运用等因素，充分评估调整专利战略，实现资源利用最大化。

在专利获权后的维护及运营阶段，G 公司更新了专利导航项目的数据基础，调整优化了导航内容，并开展了与首次导航的对比分析，同时着重开展了关于专利运营方向的导航内容，针对获权专利开展了专利预警分析，制定了专利诉讼预备应对机制，通过预警分析查找可能侵权或被侵权的专利，重点分析深入标引，对可能产生的侵权风险进行评估判断，明确侵权风险发生的概率，并根据侵权风险的等级、企业的市场和成本需求制定应对方案，最大限度地降低风险事件发生时带来的利益损失。同时，G 公司在专利导航总体项目的开展下，又细化开展了专利许可与转让分析、专利技术与标准开发的评估、专利融资计划。

G 公司在深入开展专利导航工作过程中，探索实践 3D 打印、机器人等创新技术和绿色一体化智能工厂的铸造转型升级之路，攻克了铸造 3D 打印材料、工艺、软件、设备等方面的技术难题，已提交专利申请近 700 项，其中获得授权的 300 余项，研制出大尺寸、高效率铸造砂型 3D 打印设备，建成万吨级铸造砂型 3D 打印数字化工厂，颠覆多品种、小批量传统砂型铸造生产方式。通过专利导航提高利用创新资源效率，形成推进行业转型升级的新机制、新模式的同时，G 公司开始推进国家、行业的标准制定工作，截至目前，已经发布的标准有 17 项，其中国家标准 6 项、行业标准 4 项、团体标准 7 项；已经立项并正在制定的标准有 18 项，其中还包括了 1 项国际标准的制定，2021 年完成标准草案预立项的有 10 项，规划到 2025 年主导起草的标准要超过 110 项。

6.4　运用专利导航实现高价值专利培育

6.4.1　通过专利导航获取高价值专利的市场需求和技术需求

企业的技术创新活动在市场因素方面包含两种驱动因素，一种是技术推动，另外一种是需求拉动。市场需求和技术创新需求并非不可以被追踪和检测的。尤其是在技术路线选择不确定性和技术产业化的不成熟性比较突出时，专利导航的作用就显得尤为重要。专利导航可以结合技术未来可能的发展方向以及可能出现的市场转换信号，开展与技术预研发相互对应的高价值专利培育规划。通过专利导航工作获取重要的相关市场信息，通过市场信息来判断技术的可能发展方向以及生命周期，做好未来一段时间内的技术预见工作，并基于此，及时调整企业发展战略和企业专利战略，适应多变的市场发展格局。

市场需求是市场上一切供给的指向灯。企业开展专利活动最基本的目的即是进行商业化、市场化，从而在市场中拦阻竞争者，获取市场垄断收益。对专利产出和高价值专利培育而言，市场需求甚至被认为是比研发投入更为重要的因素。

从申请专利的战略动机上讲，市场需求波动一方面刺激企业进行技术创新，另一方面又迫使企业必须进行技术创新。企业申请专利是为了给竞争对手设置专利墙并阻拦竞争对手在此基础上申请相关的专利，提升企业与其他厂商进行商业谈判时的地位。这些竞争战略得以实现的基础是市场需求；如果没有相应的需求，专利带来的这些战略性作用将无用武之地。当一个市场的需求相对稳定时，市场相对有限；随着市场需求波动的增大，市场会相应扩大。因此从专利的申请动机上讲，用户需求变化有利于企业获得专利的战略性功能的实现。具体而言，市场需求波动意味着新的商业机会的产生，进而吸引企业去进行技术创新来抓住商机、满足变化的用户需求。变化的市场需求在为企业带来新的商业机会的同时，也使企业现有的技术或商品逐渐变得没有市场。在这样的情况下，企业如果不继续创新就很难生存下去。

创新主体基于市场需求、行业发展态势、自身商业目标，进行相关的技术研发需求分析，形成产品迭代路线、技术发展路线。产品迭代路线、技术发展路线可用于指导技术研发与商业目标匹配，并指引高价值专利培育工作。

普通商品可能会出现若干年后"起死回生"的现象，技术商品则不然。某种技术一旦被新的技术代替，其市场需求会马上下降而且不可逆转。技术商品的发展是一种螺旋形爬升式的模式。不过，在新技术面世初期，会有一段新旧技术共存的过渡时期。对于技术开发主体来说，在整个研发过程中，尤其在确定研发项目时，必须分析技术环境，做好技术预测，防止技术在开发出来后已经或濒临淘汰。❶

针对专利中需求的提取，可基于专利导航数据基础，采用多阶段提取方法，将专利技术信息转变为产品功能需求，将产品功能需求转变为产品设计需求，将产品设计需求最后转变为产品需求（参见图6-4-1）。

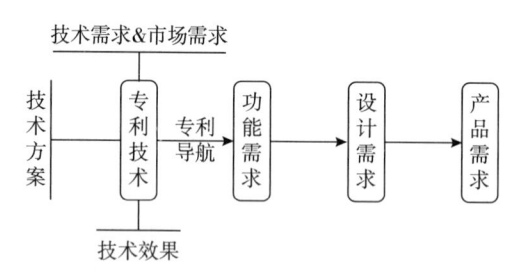

图6-4-1 通过专利导航获取产品需求

专利导航应用在产品需求分析阶段是从海量的专利中检索出隐藏于其中并有着特

---

❶ 熊焰，刘一君，方曦. 专利技术转移理论与实务 [M]. 北京：知识产权出版社，2018：111.

殊关联性的需求信息的发现过程。将检索到的专利信息经过整理、加工、综合和归纳后，以图形、表格和图像等形式对专利分析的全部结果进行可视化表达。通过对可视化结果的对比、分析和研究，作出预测和判断，从而达到可利用的水平。该阶段的应用主要是挖掘出市场需求的动态和发展趋势等信息，为企业确定开发目标和相应的高价值专利培育方向以及制定经营战略等服务。

对于以上产品需求转换，可以采用专利文献价值挖掘的思想加以研究。如图6-4-2所示，一般分析过程如下：主题的确定、专利检索及下载、专利数据清洗、专利数据分析、关键数据提取、产品需求转化，进而开展上述产品需求转换工作。这个过程主要是分析提取专利中的主要专利技术，依据专利技术确定产品需求。

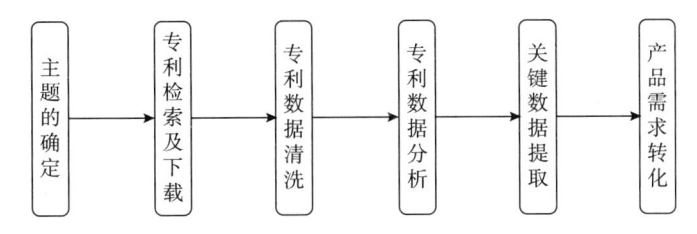

图6-4-2 依据专利技术确定产品需求的过程

下面以面条机产品需求提取为例进一步说明。图6-4-3是面条机产品需求提取的转变过程，此专利技术可以转化为对面条机新增加功能的需求。面条作为一种古老的食物，前期主要以手工制作为主，在大众对面条需求的逐渐发展过程中，食用者和制作者就希望能够设计出一种设备来代替传统手工制面过程，在提高方便性的同时尽可能地保留手工制面的独特口感。面条机随着人们对面条的需求而产生，面条机技术的出现改变了传统的制面方式和人们的生活方式。随着面条机技术的发展和推广，面条机逐渐实现了商业化销售，现状及前景都被研究人员所看好。

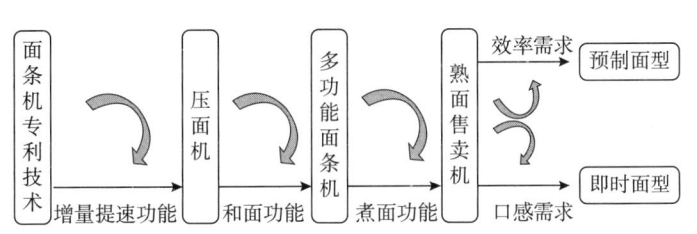

图6-4-3 面条机产品需求提取转变过程

最开始，面条机主要为手动按压式，而越来越多的专利技术披露该技术面临的挑战是如何提高出面量和提高出面效率，于是在原有面条机基础上改进出了压面机。压面机解决了出面量和出面效率的问题，但和面依然需要人工完成。此时，无论从市场需求还是从技术改进需求看，和面功能都成了产品改进新需求，于是市场需求进一步推动研发，产生了多功能面条机。多功能面条机可以实现和面、压面、切面，从面粉直接做出各种类型的面条。随着人们生活节奏的加快以及对生活品质的追求，面条机朝着产业化方向一步步迈进。带有煮面功能的熟面售卖机应运而生，因市场需求不同又分化出了两种不同类型的熟面售卖机：一种是从面粉开始进行面条加工和面条煮制，配合汤汁，实现新鲜即食的熟面售卖；另一种由半成品面加工，对已经加工成形的面条进行冷冻或其他方式的保存，在用户需要时，配合汤汁进行煮制，或以现有的方便面、波纹面等速食面为材料，进行冲泡或煮制，以实现即食的熟面售卖。预制面型的熟面售卖机也就是半成品售卖终端，是在兼顾用户口味和便捷性的基础上产生的；考虑到面条加工过程会造成用户等待时间长的问题，为了保证用户能快速获取熟面，从半成品面开始进行熟化的终端实现起来较为方便，能够大大缩短用户的等待时间，但面条口感相较即时面稍差一些。即时面型的熟面售卖机在用户需要时，由面粉开始，加工成面条后再进行煮制，能保证面条的口感和新鲜性，但同时也会带来加工时间长和实现起来复杂的问题。以上技术的演进如图6-4-4所示，可通过专利导航工作进行清晰的展现，便于研发人员锚定市场需求与技术需求。

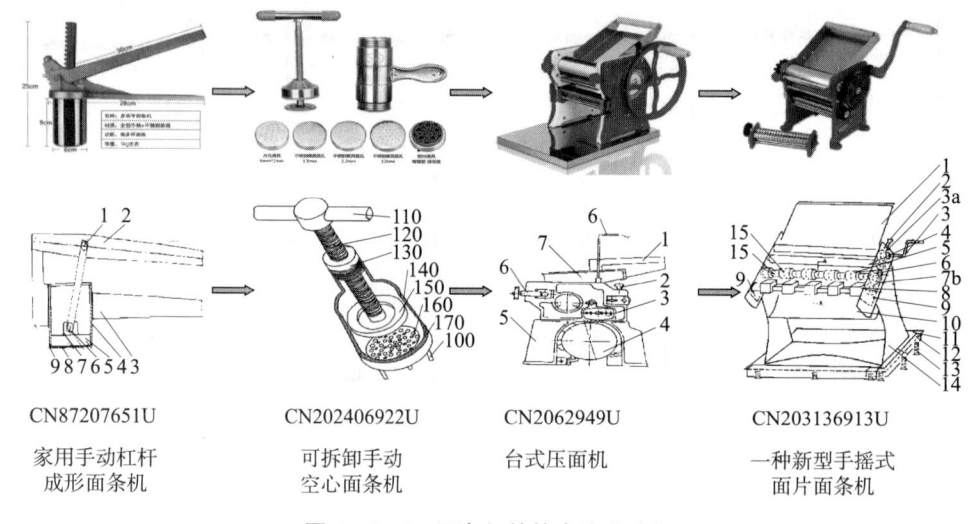

图6-4-4 面条机的技术演进过程

6.4.1.1 专利导航获取市场需求助力高价值专利布局典型案例

G公司选择的细分领域为3DP，但关于该技术的市场前景以及主要的技术需求仍然存在疑问。该领域的技术迭代速度决定了企业是否适宜长线重仓投入；技术需求的分布广度决定了企业是应多点发力齐头并进还是攻其一点逐级发力。

通过专利导航中的全球3DP总体态势（参见图6-4-5）分析可知，1996年以前，专利技术较少，属于无品牌竞争阶段，国内厂商主要为跨国品牌负责其产品销售业务。3DP技术在经过1974~2010年的技术萌芽期后进入快速发展期。从1974年第一项3DP技术专利出现至2013年，外国申请占据了主导地位，国内创新主体通过与跨国公司或海外的模块供应商合作，在跨国巨头统治的市场缝隙中寻找发展机会，但是自2014年起，有关3DP技术的中国申请急速增加。加之3DP专利技术问题呈现多样化、细分化，还有诸多技术难题有待解决优化，预测3DP技术技术迭代会提速，但未来相当长时间内依然是产业研究热点，依然是一片蓝海。

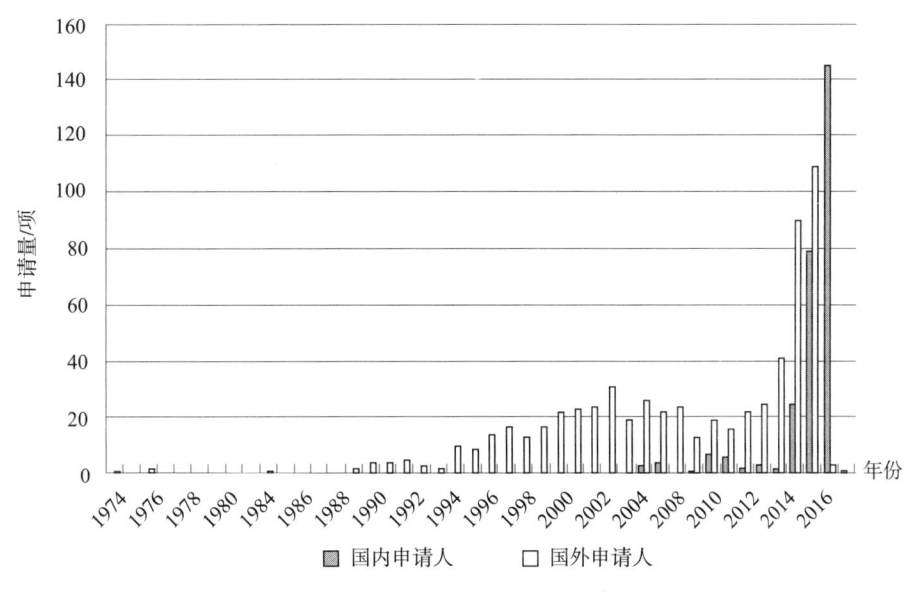

图 6-4-5 国内外申请人 3DP 技术专利申请趋势

6.4.1.2 专利导航获取技术需求助力高价值专利培育典型案例

当时 G 公司处在技术、产品转型初期，对 3DP 技术的多个技术分支进行试探性开发，但技术储备均比较薄弱，通过 3DP 专利导航项目分析，将 3DP 技术分解成六个技术分支，分别为：打印方法、电气、打印头、辅助设备、工作箱、铺砂、整机。对这六个技术分支的全球申请量变化趋势（参见图 6-4-6）以及占比进行分析可知，打印方法、电气的专利申请最多，占比为 36.2%，铺砂、打印头、辅助设备、工作箱、整机占比分别为 30.8%、7.4%、13.3%、7.5%、4.8%。与打印方法、电气和铺砂相关的专利申请最多，从申请数量上来看，为申请人重点进行研发和布局的技术方向。

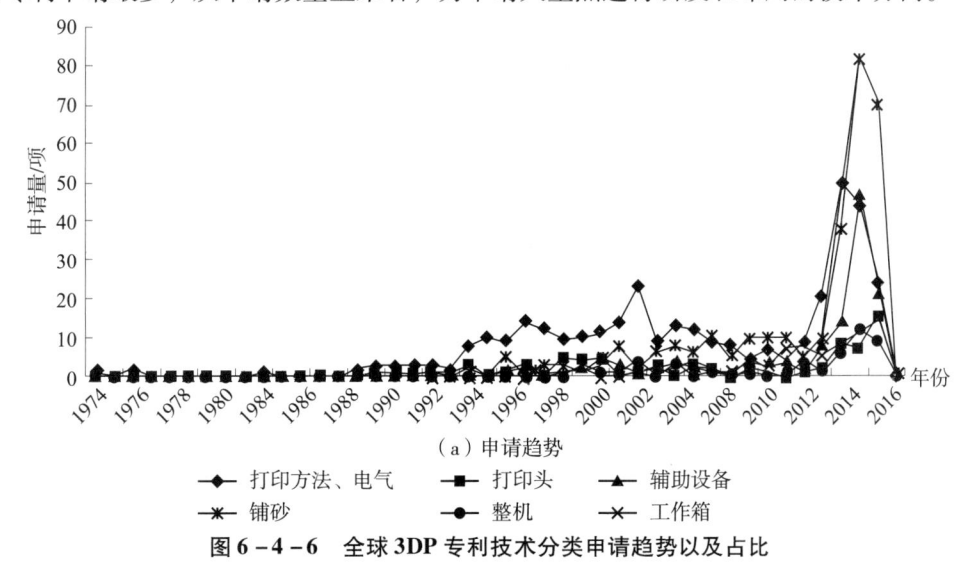

(a) 申请趋势

图 6-4-6 全球 3DP 专利技术分类申请趋势以及占比

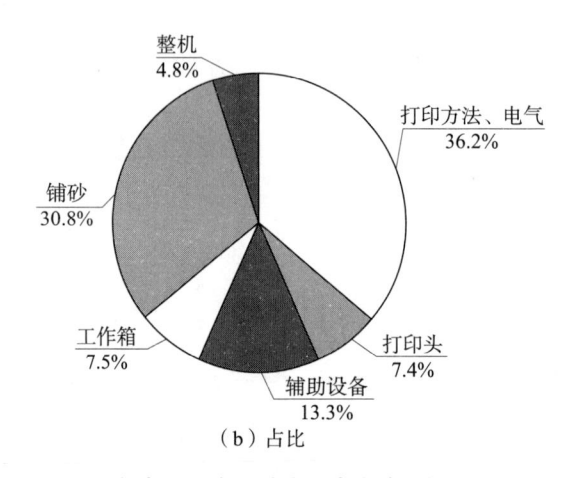

整机 4.8%
打印方法、电气 36.2%
铺砂 30.8%
工作箱 7.5%
辅助设备 13.3%
打印头 7.4%

(b) 占比

图 6-4-6 全球 3DP 专利技术分类申请趋势以及占比（续）

6.4.2 高价值专利技术研发中引入专利微导航

利用专利导航挖掘专利数据蕴含的技术信息，梳理相关产业及业界主要企业的技术及研发力量分布变化情况，其本身就可为企业研发提供大量的研发基础资料，从而构成技术专利数据库，提高企业研发的起点，如表 6-4-1 是从铺砂技术专利数据库中提取出的核心基础专利，给出了根据专利引证频次、同族规模、技术方案筛选出了铺砂技术的重点节点技术专利，筛选出的 27 项重点节点专利中，技术来源国是中国的有 3 项，德国 11 项，美国 4 项，日本 4 项，法国 4 项，英国 1 项，上述分布基本反映了各国在该技术领域的技术实力。从中可以看出，德国是该技术领域的领先者，中国的技术实力发展较慢，并且通过对具体技术的进一步深入分析可以看到，中国专利的被引证次数整体偏低，且大部分被本国专利引证，在被引证数量和质量上均落后于美国和德国。同时也需要考虑到影响引证数量的另一因素即提出申请的时间，年代较早的专利公开的时间较久，各国技术人员有足够的时间在其基础上进行进一步研究，其被引证次数也会相应增加。例如，对于 US6375874B1 与 US6046426A 这两件专利，其被引证次数在 200 次以上，远超其他专利，这说明该专利所代表的技术内容是铺砂技术领域中的核心技术。

表 6-4-1 铺砂器技术专利引证频次与同族规模

序号	专利公开号	技术来源国	被引证次数	同族规模/件	序号	专利公开号	技术来源国	被引证次数	同族规模/件
1	US6375874B1	US	275	5	3	DE10216013A1	DE	55	5
2	US6046426A	US	232	0	4	US6174156B1	US	51	0

续表

序号	专利公开号	技术来源国	被引证次数	同族规模/件	序号	专利公开号	技术来源国	被引证次数	同族规模/件
5	DE10222167A1	DE	45	4	17	DE102007029052A1	DE	9	1
6	US7045738B1	US	33	0	18	DE102004008168A1	DE	9	4
7	DE10236907A1	DE	29	0	19	DE19813742C1	DE	8	3
8	DE102007006478A1	DE	21	1	20	FR2948044A1	FR	8	4
9	JP2006205456A	JP	20	0	21	FR2856614A1	FR	5	5
10	JP2001334581A	JP	17	1	22	CN103737932A	CN	5	0
11	EP2502729A1	GB	14	0	23	EP2202016A1	DE	5	1
12	FR2802128A1	FR	14	5	24	FR3039437A1	FR	3	1
13	JP2010208069A	JP	13	1	25	JP6077715B2	JP	1	3
14	CN102514950A	CN	11	0	26	DE10117875C1	DE	0	5
15	EP2399695A1	DE	10	0	27	US2013186514A1	CN	0	1
16	DE102006041320A1	DE	9	1					

专利导航工作通过对产业某一时间节点上的专利申请所涉及的技术领域深入分析，可以了解产业技术构成及其主流研发团队、研发人员等研发力量的基本情况，这些情况是产业技术研发资源分布现状的重要指标。通过动态监控产业专利反映出的技术分布情况，可以在长期连续时间内观察产业技术发展热点、重点以及研发产出效率等，为技术创新及研发力量的整合提供决策依据。例如，通过分析国际某龙头企业的专利申请现状及历史数据，可以清晰地分辨其技术发展路线、当前技术研究热点以及主要研究单位和研究性人才情况，进一步对比分析这些资源与自身资源情况，可以观察主流技术研发方向，把握核心技术研发趋势，找出技术研发的空白点。专利导航工作有利于创新主体调控产业研发布局，避免重复研发导致的资源浪费，同时也有利于与企业合作，汇聚资源，协同研发完成单体企业没有能力完成的重大科技项目研发，实现共性技术突破。

6.4.2.1 专利导航揭示技术发展路线助力高价值专利培育典型案例

从实际情况来看，目前专利导航基本都会涉及某些特定技术研发资源的分布态势研究，这些研究成果在企业技术研发布局及技术发展路线的设计中已经发挥了积极作用。例如图6-4-7是根据公开的锂离子电池三元材料改性专利数据绘制的技术路线图，根据专利文献中披露的技术问题、技术方案、技术效果，按照时间维度绘制出三元材料改性技术的发展脉络，三元材料改性的技术路线是以混合活性材料或非活性材

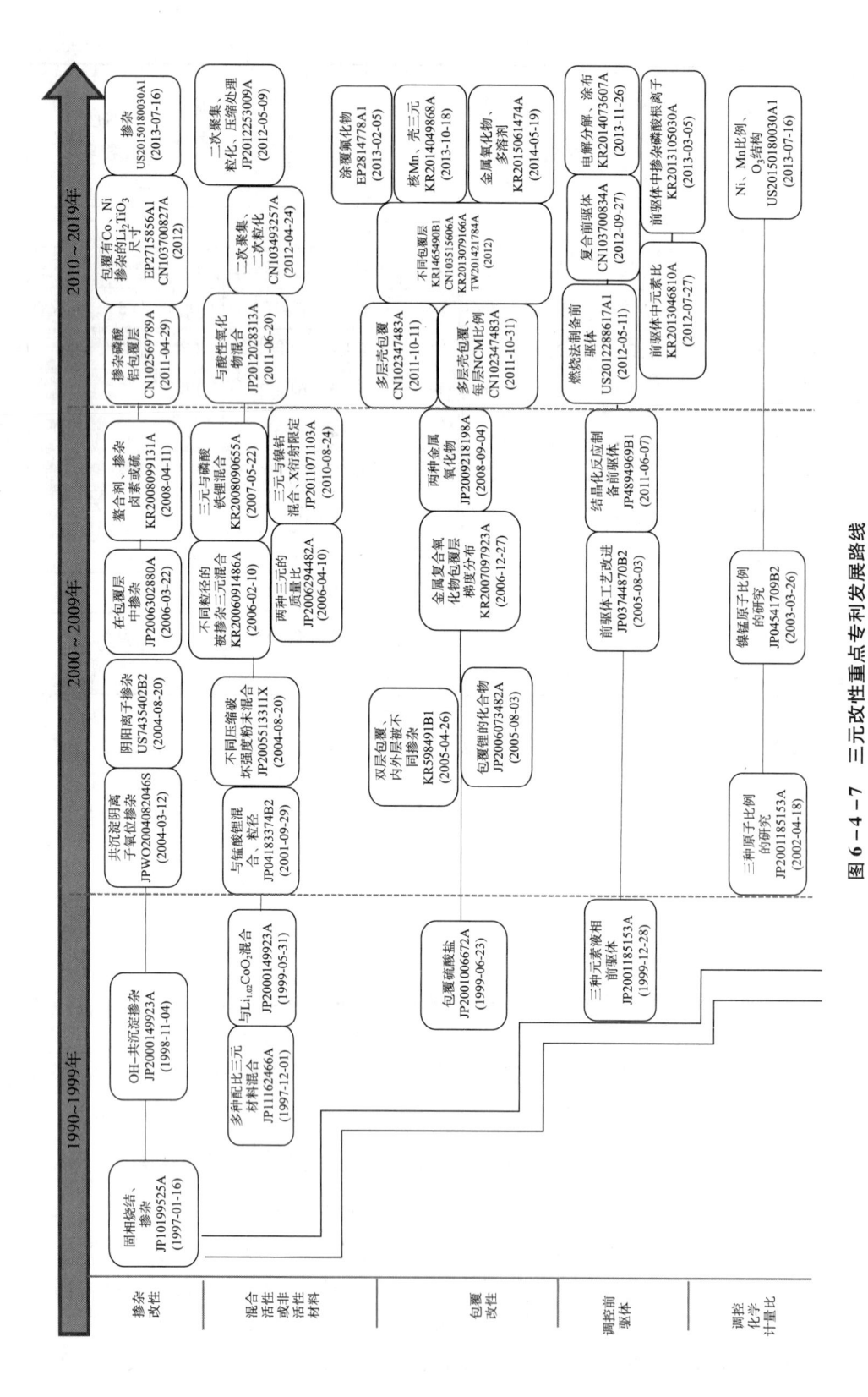

图 6-4-7 三元改性重点专利发展路线

料以及包覆为主要的改性手段快速发展，与此同时，以掺杂改性和调控前驱体为代表的改性手段稳步发展，以调控前驱体为代表的改性手段缓慢发展的多种改性手段齐头并进的发展路线。

三元材料通常会遇到充放电效率低、高温存储性低、导电率低、循环性差和团聚造成能量密度降低等问题，为提高三元材料的各项性能，在实际应用中，通常会以图6-4-7所示出的掺杂改性、混合活性材料或非活性材料、包覆改性、调控前驱体、调控化学计量比等方式对三元材料进行改性。在20世纪90年代末期出现的重点专利中，首先出现的对三元材料改性的手段是掺杂改性，专利JP10199525A记载了通过固相烧结的方式实现掺杂的技术方案，掺杂是稳定三元材料结构、抑制热效应的有效方法之一，也是目前研究较多的改善三元材料性能的方法之一。

对三元材料的掺杂主要包括阴离子掺杂、阳离子掺杂和复合掺杂三种，由于三元材料中各元素之间具有紧密的协同作用，在通过掺杂改进某一性能时通常会伴随着另一性能的降低。

阳离子的掺杂能够改变三元材料的晶格结构，三洋的专利JP10199525A中记载了Y、B、Al、Si、Ti、Fe、V、Cr、Cu、Zn、Ga、Ge、Rb、Rh、Pd和W作为阳离子对三元材料的掺杂，富士的专利JP2000149923A中记载了Al对三元镍钴锰的掺杂；松下的专利JP2006302880A记载了Al、Mg、B、Zr、W、Nb、Ta、In、Mo和Sn的掺杂，优美科的EP2715856A1、3M的US20150180030A1也均记载了对三元材料的掺杂改性技术。可知，用Mg元素部分取代Co或Mn在增加材料的不可逆容量的同时有效抑制了阳离子的混排，也提高了振实密度；用Al元素部分取代材料中的Co可稳定材料晶格，减少阳离子混排以及不可逆容量，并在一定程度上提高材料的倍率和安全性能；用Cr元素部分取代Co减小了材料在循环过程中电子转移阻抗的增加。从上述专利中可知，被认可的真正有实际效果的掺杂通常局限在Mg、Al、Ti、Zr、Cr、Y、Zn这几种，通过对Li[Ni，Co，Mn]O$_2$进行适当的阳离子掺杂，可使层状结构更完整，有效地抑制Li/Ni的阳离子混排，也有助于减少首次不可逆容量，并且可提高材料循环性、倍率性能和热稳定性。通过分析可知，选用不同的掺杂元素会对三元材料带来不同的影响，因此，在今后的研发中应集中精力探寻合适的掺杂元素以及掺杂方式，并做好合理的专利布局。

从20世纪90年代至今，掺杂改性围绕着阳离子掺杂、阴离子掺杂以及混合掺杂慢速稳步发展，可以预测，在接下来的专利申请中应当有更多的专利涉及有效的阳离子掺杂改性，以满足产业对高性能三元材料的需求。

通过上述分析可知，掺杂改性的重点专利主要掌握在三洋、松下、优美科和3M的手中，如三洋的JP10199525A、松下的JP2006302880A、优美科的EP2715856A1、3M的US20150180030A1；包覆改性的重点专利主要掌握在索尼、LG、巴斯夫和三星手中，如索尼的JP2001006672A、LG的KR2013079166A、巴斯夫的EP2814778A1、三星的KR2014049868A和KR2015061474A；调控化学计量比的重要专利主要掌握在三洋、3M和汤浅手中，如三洋的JP2001185153A，汤浅的JP04541709B2，3M的US20150180030A1、US6660432B2；混合活性材料的重点专利主要掌握在三洋和三星的手中，如三洋的

JP11162466A 和 JP04183374B2、三星的 KR2006091486A 和 KR2008090655A；调控前驱体的重要专利主要掌握在三洋、住友和 LG 手中，如三洋的 JP2001185153A、住友的 JP4894969B1、LG 的 KR2013105030A 和 KR2014073607A。

  专利微导航相较于常规的专利导航，更加聚焦，舍弃了行业专利导航分析中更为宏观的导航分析策略，针对具体的产品或技术进行分析和评估。一方面降低了专利导航分析的工作量，可以有效减轻企业负担；另一方面也更加贴合企业的实际需求，问题从企业实际工作中来，解决问题的办法也最终落在了企业实际工作中去，能够提高企业对于专利信息的利用率，切实解决企业在专利信息利用方面的难点，同时也有利于专利布局策略的实现和高价值专利的挖掘及产出。

  微导航分析需要聚焦核心产品或技术，此核心产品或技术并非行业重点关注的核心产品或技术，而是在企业某个阶段内按照专利布局的整体规划需要进行布局的核心产品或技术，可能在企业长期发展规划中并不占据核心地位，但具体到当前阶段内可称之为核心产品或技术。针对该核心产品或技术，需要从技术构成、技术功效、技术活跃度等维度进行分析，从而判断出该核心产品或技术目前的发展情况，并分析出该核心产品或技术的关键技术问题和解决该关键技术问题的核心技术手段，此处基本与常规导航分析保持一致，仅关键技术问题更为具体化和实际化，不再赘述。而且，微导航分析需要根据前序工作中专利分析的结果来识别并分析竞争对手，主要通过识别分析竞争对手来获取竞争对手的专利布局以及竞争对手针对该关键技术问题所采取的研发方向。

6.4.2.2 专利导航指引技术研发主要方向和攻关重点助力高价值专利培育典型案例

  G 公司在 3D 打印项目启动之初，在具体立项决策和技术研究方向上遇到了困难，针对 3D 打印技术在燃气轮机和航空发动机精密部件中的应用成立了专利微导航项目组。针对该需求，项目组经过充分检索分析，得到 6267 篇中文专利文献和 6390 篇外文专利文献，通过人工阅读对检索结果进行数据标引，在此基础上对全球 3D 打印精密航空部件专利技术进行宏观分析，针对重点技术进行微观分析，给出了 3D 打印技术在燃气轮机和航空发动机精密部件上的应用前景和研发建议，通过专利导航分析可知：3D 打印技术用于燃气轮机和航空发动机是从 2006 年才开始。由图 6-4-8 可以看出，3D 打印技术的发展类型为树枝扩散型。首先为基础专利的提出，DE102006058949A1 在 2006 年首先提出了采用激光选区熔融工艺制备和修复透平，这是该领域最早申请的专利，以后的发展都是在此基础上进行的。US2009028697A1 在 2007 年首次提出采取选区激光烧结生产透平，以后的发展也是在此专利的基础上进行的。2011 年以后申请量开始快速增长，以后申请的专利核心技术展现出多元化发展的态势，大致可以分为五个分支，即生产构件、修复、3D 打印设备、3D 打印方法、粉末改进。在以上技术领域均出现了不少有价值的技术。项目组甄选出设计熔炼设备的核心发明专利技术，为 G 公司指明了未来技术研发的主要方向和攻关重点，提供了 3D 打印应用在燃气轮机和航空发动机部件中的专利保护策略。

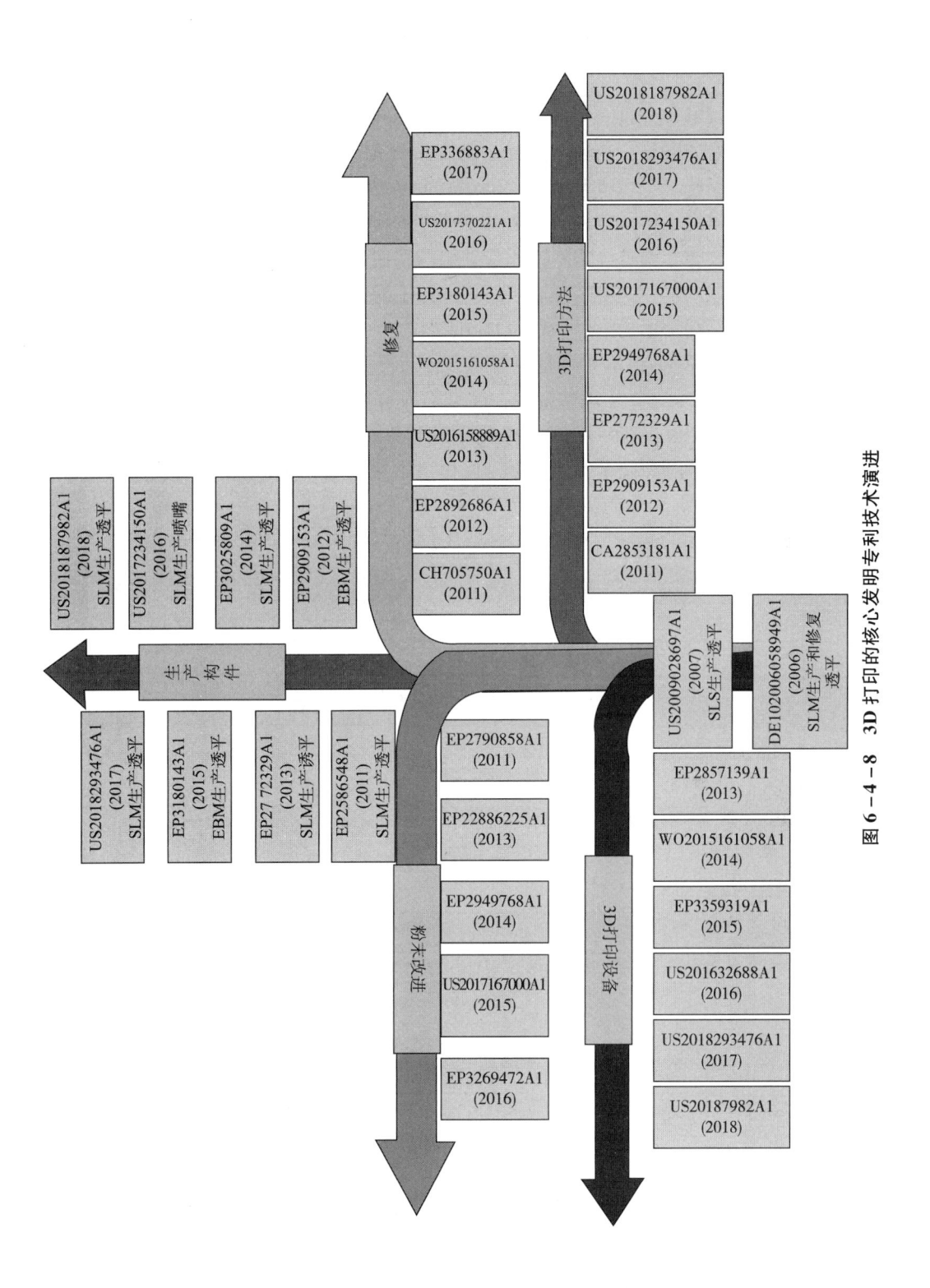

图 6-4-8　3D 打印的核心发明专利技术演进

6.4.3 专利导航指导高价值专利布局

企业的专利布局行为只有对象和目标清晰、策略和方法得当，才能带来大量具有实际运用价值的专利资源。专利布局是一种需要考虑产业、市场、技术、法律等诸多因素，结合技术领域、专利申请地域、申请时间、申请类型和申请数量等诸多手段的策略性专利培育申请工作。专利布局需要企业更多地瞄准未来市场中的技术控制力和竞争力。任何形式的专利布局都不是凭空架构的，而是依据一定的技术保护和市场竞争需求开展和完成的。这个过程中，既会涉及企业内部的各种资源的分配和利用，还会涉及外部环境的评估和考量，更会涉及对自身的定位和对技术、产业长期发展态势的预判。然而专利布局过程中涉及的因素和信息复杂性，使得企业在制定专利布局规划和实施专利布局行为时，有时会迷失正确的方向，或是陷入盲目的申请行为中。❶ 通过专利导航工作，可以在分析企业现有专利储备格局的基础上，结合企业发展现状和重点产品开发策略，围绕企业产品和技术发展目标，优化企业专利布局策略，如图6-4-9所示。

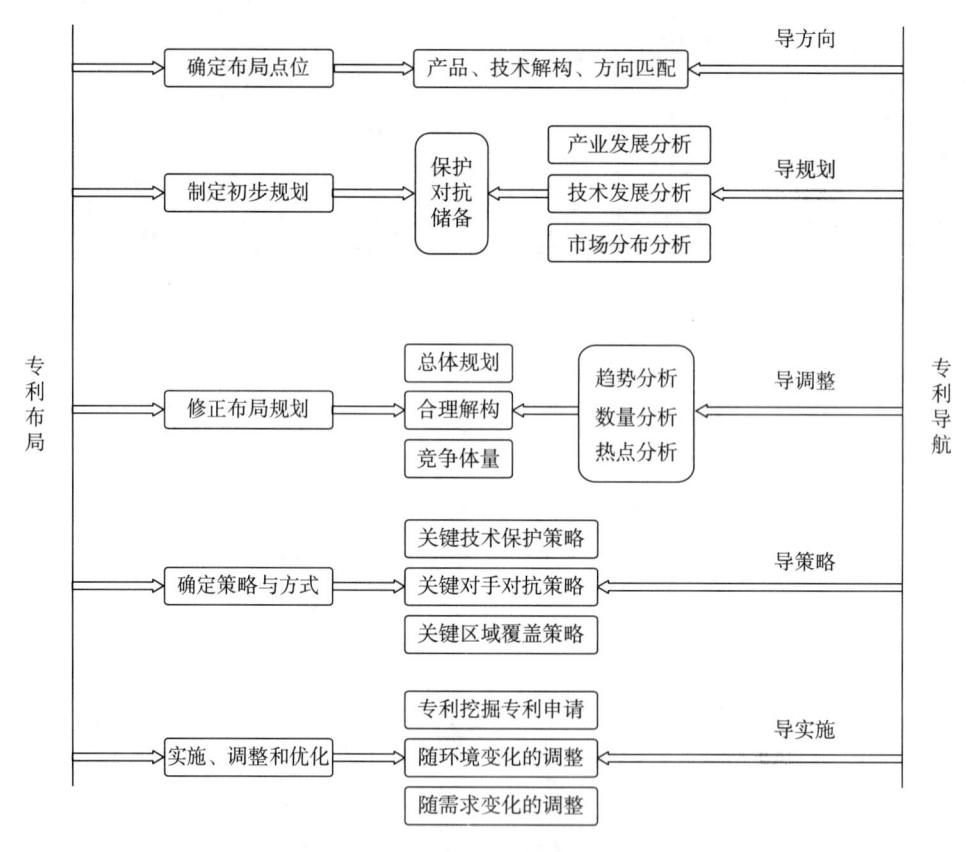

图6-4-9 专利导航指导专利布局

---

❶ 杨铁军. 企业专利工作实务手册[M]. 北京：知识产权出版社，2013：90.

在确定布局点位时,要从剖析现有技术的基础出发,并进行企业自身的产品结构和相关技术开展产品和技术的解构,进而确定企业可能进行专利布局的点位。此时,充分利用专利导航,一方面可对大量现有技术进行分析,帮助企业找出创新的技术方案与现有技术的差异,并聚焦此差异点、布局点。确定技术创新方案对于现有技术的真正贡献,同时借鉴现有技术的研发思路和研发手段。另一方面只有充分利用专利导航才能从产业链和技术链的高度出发,用全局的视野精准确定布局点,利用专利导航对所属技术领域进行相对宏观的整体观察,可明显提升专利布局的整体性与前瞻性,充分利用专利导航,需要既考虑技术创新点本身,又考虑技术创新点在产业链和技术链中的地位、作用以及价值。

在确定初步规划时,应根据企业发展战略、企业市场竞争战略、产业宏观方向、产品定位,结合通过专利导航分析出的产业专利现状、产品市场竞争态势、市场竞争格局等,从研发项目的技术、产品、价值、地域、时间、类型、权利和来源等方面给出专利布局的初步规划。

在修正专利布局规划方面,基于专利导航的分析结果对照初步规划并作出调整,实时的专利导航可以给出产品应用场景上下游布局、产品市场前景的国际性布局建议,进一步指导调整专利布局规划中的技术和产品结构。通过专利导航中的技术竞争力分析,调整关键技术布局模块;通过专利导航中的市场控制力分析,调整优化专利布局的整体结构;通过专利导航中的专利风险预警分析,加强对抗专利的布局强度。

确定布局策略与方式时,要对企业的专利布局进行宏观上的筹划,制定严密的布局策略,通常包括布局的类型、数量、领域、地域、时间等内容,可通过专利导航分析出未来市场、潜在应用场景、潜在功能需求、下一代技术等内容,进行前瞻性布局,锁定未来的控制力和竞争力;通过专利导航中的技术功效分析辨别相应技术领域中的技术热点和空白点,设定专利布局的力度、强度和密度。

专利布局的实施、调整和优化,在具体实施过程中,须紧跟研发进展情况,不断通过专利挖掘提供高质量的专利交底书,并通过合理设计和选择权利结构获得高质量的专利。同时,根据竞争环境的变化、技术的更迭、产业政策的调整以及短期商业目标的需求,不断调整专利布局规划的方向、具体结构和数量。

对铺砂器各技术分支与性能关系进行分析,如图6-4-10所示。将铺砂器分为八个技术分支,分别为:送砂机构、刮平装置、振动紧实结构、双向铺砂结构、角度调整机构(换向及角度调整)、下砂量调节装置、清洗装置、铺砂其他;3DP技术中主要关注的技术性能或效果为:降低成本、提高打印效率、提高打印精度、提高打印质量、提高铺砂精度、提高适用性、环保。

对于铺砂器的各个技术分支,其中申请量占比较大且申请人较为关注的是送砂机构和刮平装置,分别占据了22.8%和19.2%的专利申请;下砂量调节装置、振动紧实结构也有一定的申请,而清洗装置、双向铺砂结构、角度调整机构(换向及角度调整)申请较少,如图6-4-11所示。对于铺砂器的改进中,最主要关注的性能是提高打印效率、提高打印质量、提高铺砂精度以及降低成本，环保方面的改进最少。在铺砂器的各个技术分支中，对于送砂机构和刮平装置而言，除了环保外，对其余各个性能均有关注，但是主要为提高打印效率，其他性能关注也较多且相差不大；对于振动紧实结构，其主要用于提高铺砂精度、降低成本、提高打印效率；下砂量调节装置主要用于提高打印效率、提高打印精度、提高打印质量、提高铺砂精度；清洗装置主要用于提高打印效率、提高打印质量、降低成本；双向铺砂结构的改进主要为了提高打印效率、降低成本；角度调整机构（换向及角度调整）主要改进方向为提高铺砂精度、提高适用性。

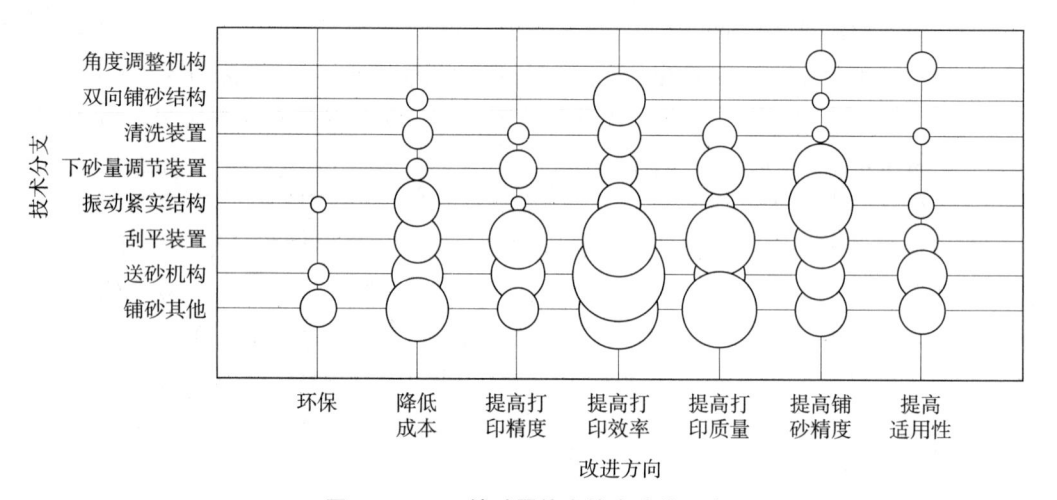

图 6-4-10 铺砂器技术技术功效矩阵

注：图中气泡大小表示申请量多少。

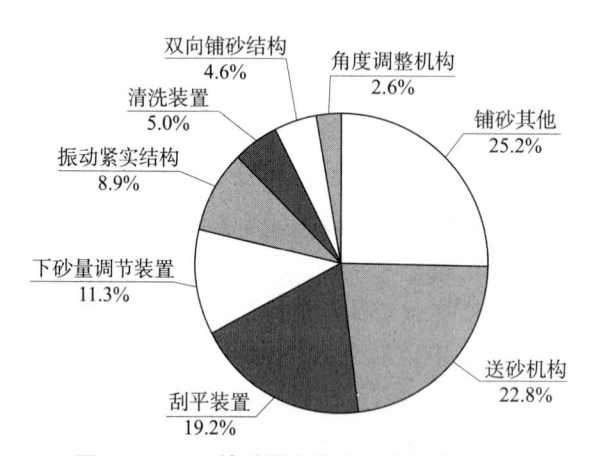

图 6-4-11 铺砂器各技术分支申请量占比

注：由于图中数字进行了修约，因此图中数字之和可能不等于100%。后文相同情况不再赘述。

Exone 作为专利导航分析龙头企业，其利用专利布局情况进而指导专利布局策略制定的做法值得借鉴。

在 Exone 正式成立后，其加大了对打印设备的研究，其中铺砂器的研究投入最多。

如图 6-4-12 所示，从 2010 年开始，Exone 申请了多件涉及铺砂器的专利，较早的专利 DE102009056689A1 使用了计量室来对下砂量进行控制，实现精准铺砂，解决了铺砂精度不高的技术问题，该专利对铺砂器结构进行了较完整的描述，其也成为 Exone 在铺砂器研究方面核心专利。在此基础上，Exone 不断对铺砂器进行研发和改进，其在刮平装置（US2012266815A1）及下砂送砂控制（US20170066190A1、WO2016176432A1、DE102014112454A1）的研究上多有创新，得益于 Exone 在生产实践上的丰富经验，其发现料斗震动下砂时会影响铺砂的精度，在此基础上，其通过改进铺砂器的内部结构，实现了下砂和铺砂的隔离，使得料斗的震动不会影响到铺砂的运行，巧妙地解决了精度不高的技术问题（DE102014112450A、US9486962B1），由此可以看出，Exone 非常重视铺砂器的研究，并且在铺砂器领域具有很强的技术实力，其对铺砂技术的研究同样是基于核心专利，改进核心专利存在的技术问题以及对内部结构进行优化，围绕核心专利进行专利布局。

6.4.4 专利导航指导高价值专利申请前评估

无论是专利申请还是后期的运维都需要较高的、持续的资金投入，这样促使以保护为目的的创新主体着重从源头上提升申请的质量。提升专利申请质量的核心就是辨别知识产权价值，也就是在申请专利前对欲申请专利的发明创造进行评估。由于知识产权的本质就是无形，难以定义和选择，而且专利还有技术创新特性，价值评估就更加困难了，更何况要在专利申请前对技术发明进行评估，而与专利价值相关的许可、诉讼、收购或其他活动，都发生在发掘创新申请专利的若干年以后。[1]

识别潜在高价值的发明涉及技术、商业、法务等部门的综合性知识和分析，需要各方面专家参与。对于专利申请前的评估，根据申请数量、申请重要程度等情况，可以成立常设或临时的评估组织，该组织需要邀请技术专家、经营管理者、专利工程师参与，在保密措施严密的情况下，企业也可以邀请企业外的专家参与评估。技术专家掌握相应领域的专业技术知识，可以在技术的前瞻性发展方面，给出有价值的评估意见。其中，经营管理者包括项目企划、市场营销、财务部门的主管，他们了解如何将一个发明（或专利组合）嵌入公司的业务计划，解决客户需求，遏制竞争对手或向投资者证明一项专利（或专利组合）的价值。专利律师或公司法务人员能从法律的角度帮助企业分析申请专利的必要性和申请专利后保护的强度，并提供法律规划方案，用最经济的方式争取最大的法律保护效力。在此过程中，可以通过专利导航，了解产业内主流技术的演变情况，掌握热点技术、关键技术、技术壁垒、空白技术以及前瞻或先导技术的发展方向，进而明确自身技术在业内的定位，判断自身技术的先进程度、市场属性，科学评估自身技术的成熟度，进而开展专利申请前的整体评估。

---

[1] 陈飚，王晋刚. 专利之剑："中国创造"走向世界战略新工具［M］. 北京：经济日报出版社，2012：71.

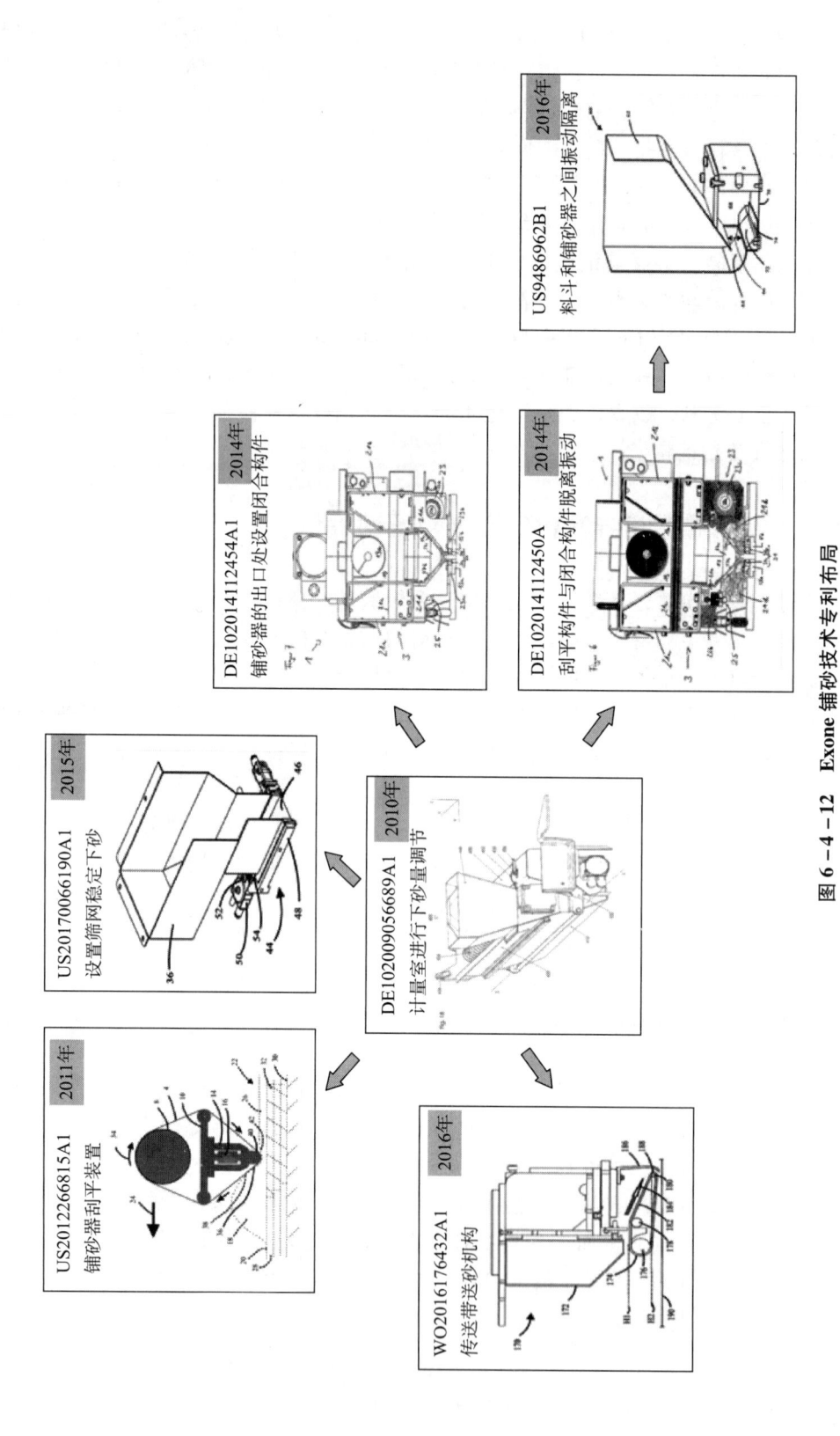

图 6-4-12 Exone 铺砂技术专利布局

6.4.4.1 基于技术方案先进性、市场属性、可专利性的申请评估

专利申请前要对照专利导航的分析成果，分析预申请专利的技术方案的技术先进性、市场属性、可专利性，技术先进性评价指标包括但不限于：①研发类型是独创设计还是回避设计；②相关产品技术是否实施或者预计实施；③技术专用的难易程度；④技术的前瞻性；⑤技术规避的难易程度。市场属性的评价指标包括但不限于：①市场前景；②产品寿命；③是否销售以及销售情况；④产销国家/地区。技术方案的可专利性评价指标包括但不限于：①专利法规定的新颖性；②专利法规定的创造性；③专利法规定的实用性。

根据评价结果可以对技术方案进行等级划分，如表6-4-2所示，例如划分为高价值技术方案、重要技术方案、一般技术方案、低价值技术方案，针对高价值技术方案，应按照高价值专利培育布局流程进行后续操作；针对一般技术方案，可补充内容，完善其可专利性后按照常规专利申请流程进行；针对低价值技术方案，可选择放弃。

表6-4-2 专利评估对照

技术先进性	市场属性	可专利性
高价值技术	市场前景好	良好专利性
一般技术	市场前景一般	创造性缺陷
低价值技术	基本无市场前景	明显无可专利性

6.4.4.2 基于技术成熟度的申请评估

对于高价值专利而言，技术成熟度是一个非常重要的考察指标，技术尚未成熟到一定程度会存在较大的技术和管理风险。然而，技术成熟度是一个相对的概念，因应用目标与应用时间而不同。例如，当下不成熟的技术未来一定时期内可能成熟，对A企业而言不成熟的技术未必对B企业而言也不成熟。因此，在实际工作中需要借助一定的评价方法来判断。技术成熟度等级评价是对技术成熟度进行度量和评测的一种标准，可用于评价特定技术的成熟程度，也可判断不同技术对目标的满足程度。国家标准《科学技术研究项目评价通则》（GB/T 22900—2009）给出了按项目类型，编制相应的科研项目的技术就绪水平量表和技术创新就绪水平表。

国际标准化组织（ISO）2013年11月正式出版了由欧洲宇航局/欧洲空间研究与技术中心（ESA/ESTEC）组织编写的标准《航天系统：技术成熟度等级及评价准则定义》（ISO 16290），其对国际航天领域的技术成熟度活动进行了规范。这是世界范围内的第一份国际性的技术成熟度标准，是技术成熟度方法在全球科研管理中推广应用的重大事件，标志着技术成熟度思想与方法已在世界范围内得到广泛认可。

ISO 16290将技术成熟度等级（TRL）定义为9级，对各级要点给出了技术成熟度等级定义的简要描述（参见表6-4-3）。对ISO 16290定义的技术成熟度等级稍加变

通，可用于计算机领域、生物医学领域及制造业等大多数行业领域的技术成熟度评估。❶

表6－4－3 ISO 16290 技术成熟度等级定义

TRL	定义
1	基本原理清晰
2	技术概念和应用设想明确
3	技术概念和应用设想通过可行性验证
4	以原理样机为载体通过实验室环境验证
5	以原理样机为载体通过典型模拟使用环境验证
6	以演示样机为载体通过典型模拟使用环境验证
7	以工程样机为载体通过典型使用环境验证
8	以生产样机为载体通过使用环境验证和试用
9	以产品为载体通过实际使用

实际工作中，很多专利技术在申请时都处于构想阶段，判断专利申请的提交时机需要参考相关技术方案的成熟度。

TRL1 阶段：技术成熟度最低，技术状态处于理论和原理阶段，这个时候没有具体的技术方案，还不适合申请相关专利。

TRL2 阶段：此阶段提出了一定的技术方案和相应的模型，是产生基础专利的重要阶段，但技术尚未成熟需要进一步研究和完善。在此阶段能抢在竞争对手之前申请相关领域的基础专利，且这个阶段鲜有类似的现有技术，容易获得授权。但在该阶段申请的专利也有潜在的风险，可能由于技术过于超前，在产业化应用高峰来临前专利已过期。此外，TRL2 阶段技术方案的稳定性不高，后续可能会有较大变化，过早地公布方案容易被竞争对手抢先申请有价值的外围专利，因此需要结合具体的商业策略灵活把握。

TRL3 阶段：该阶段已经进行了真正的产品开发，技术方案已通过实验验证，收集消费者和市场的需求，根据反馈改善技术方案，这个时候的技术方案更加成熟，可以进一步对具体的技术细节申请专利，开展基础专利的外围布局。

TRL4 阶段：进行实验室环境下的部件和（或）原理样件的功能验证，这个阶段已经考虑制造和供应商的问题，进行相应的关键零部件和制造工艺的专利布局。

TRL5、TRL6 阶段：在相关环境下用模型演示技术单元的关键功能，验证技术单元的关键功能，收集应用反馈，进一步改善系统，这个时候已经基本完成专利的布局。

TRL7、TRL8、TRL9 阶段：相应产品已经基本成型，这个时候专利申请已经公开了完整的优选实施方式，对产品性能和生产工艺的优化可以进行外围专利申请。

以上是对应每个技术成熟度等级（TRL）阶段的专利创造培育活动的简述。需要注意的是，每个行业和产品的生命周期不同，创新主体可以根据自己的商业策略调整

---

❶ "云南光电行业专利信息应用实践"课题组. 企业专利工作应用手册［M］. 北京：知识产权出版社，2018：203.

专利申请的时机，以免由于专利公开带来对其他商业活动的不利影响。在实际的高价值专利培育过程中，成熟度越高则获得收益的可预见性就越高。我们基于技术成熟度进行专利技术价值发掘和专利申请时，首先要确定申请基础专利的时机，其次确定申请整体架构和核心技术专利的时机，再次开展相关外围专利布局，最后要密切关注行业的发展动态，为全流程的系统性的高价值专利的培育提供指导。

6.4.5 专利导航指导高价值专利申请管理

专利申请是一项专业性较强的工作，对申请的动机、申请的内容、申请的范围、公开的时间、申请的组合都要统筹管理、合理规划，从而实现最优的保护效果。

6.4.5.1 专利申请公开

专利公开分为保护性公开和防御性公开，保护性公开需要充分考虑申请的可专利性，考虑专利的新颖性和创造性影响因素，同时还需要考虑如何持续保持技术活力的问题。防御性公开则需要权衡好防御专利的双刃性，防御性公开既可以制衡对手，也同样影响自身的相关专利后续布局。

保护性公开中的系列申请往往包含多件相互关联的专利申请，可能专利申请的时间跨度也较大，因此在高价值专利培育过程中，要充分考虑在先申请的公开对在后申请的影响，例如对在后申请新颖性或创造性的破坏。同时为了通过专利申请策略保持和延长一项技术成果的生命力，不断挖掘和开发其商业价值，就要做好高价值专利公开的梯度分布，通过相关专利的接力保护，进而保持业内领导和垄断地位。通过专利导航，获取拟公开专利技术所在领域的主要发展技术路径和关键技术节点，认清自有技术所处的实际位置，了解已公开现有技术的技术水平，了解竞争对手的技术实力与研发动向，预测市场潜在的准公开技术，进而制定适合自身的专利申请、公开策略，引导高价值专利的公开策略制定，延长高价值专利的生命力。申请人可以自主控制申请时间进而控制公开节奏，也可以申请后提交提前公开或延迟公开申请以及有效利用PCT申请等形式实现专利公开时间的把控。

在防御性公开中，通过专利导航分析获知竞争对手的研发动向和专利申请策略后，综合判断在相应的领域，自身是否难以有效地通过专利形成制衡对手的专利布局，如果是，或者该领域技术具有普遍性，为了防止他人占先，可以采用专利率先申请的防御公开，有利于提供在先技术公开证明，破坏他人在该点布局专利对自身企业未来发展的影响。日本企业在防御性公开上应用较为广泛，很多日本企业的专利仅在本国提出申请，并未向国外进行专利布局。[1]

为了达到防御性公开的目的，还可以配合使用非专利文献的防御公开，例如印度于2000年开始了传统知识数字图书馆（TKDL）数据库项目的建设。该项目负责搜集、

---

[1] 贺化. 专利导航产业和区域经济发展实务 [M]. 北京：知识产权出版社，2013：132.

整理印地文、梵文、阿拉伯语、波斯语、乌尔都语、泰米尔语等各种语言记载的印度现有技术，以及印度公开使用而未有文字记载的一些现有技术，还负责把上述技术翻译成 5 种国际语言：英语、日语、法语、德语、西班牙语。TKDL 数据库已包含印度数量众多的天然药物和作物技术发明，以及天然药物处方发明，TKDL 的电子数据库设立了强大的搜索引擎，可供各国专利局检索使用。印度政府可以向其添加任何现有技术资料，或者把可以申请专利的大量技术创新抢先在 TKDL 中实现防御性发表，从而节省专利部署费用。这样，TKDL 就会成为一个大型的非专利防御性公共数据平台，在各国专利审查中发挥重大作用。

6.4.5.2 专利类型的选择

专利申请时，应该依据专利法对保护客体的要求、保护周期、费用、专利的稳定性等多方面进行比较、权衡利弊后，选择合适的专利类型。

各种类型的保护客体不同。对于发明专利和实用新型专利，需要注意的是，"新的技术方案"，必须是解决了技术问题，采用了技术手段，取得了技术性的效果，三者必须同时满足，否则就不能算是技术方案，不能获得专利权的保护。此外，实用新型专利只保护产品技术方案，不保护方法技术方案，对于涉及使用新材料、材料的处理方法、加工方法的技术方案只能申请发明专利保护。对于外观设计专利，"适于工业应用"，就是能够被工业化批量生产，能够被标准化复制。此外，不能单独保护颜色。

在稳定性方面，发明专利由于经过了实质审查，其权利获得后比较稳定，专利转让过程中可信度比较高，相对的含金量也比较高。而实用新型专利由于没有经过检索和实质性检查，授权后的稳定性相对较弱。此外，专利权转让过程中的可信度也相对比较低。反过来看，对于产品的技术方案，选择实用新型专利的好处在于公开早、授权快、费用低。选择发明专利的好处在于权利稳定、保护期长、含金量高。

利用优先权制度还可以实现专利类型的转化。如果申请人在申请实用新型专利申请之后，希望获得权利更加稳定的发明专利权，可以在实用新型申请日起 12 个月内，通过提出发明专利申请，并要求实用新型优先权的方式加以实现。

借助专利导航，可以分析相关技术的专利申请类型，洞悉技术引领者和推动者充分利用各专利类型实现交叉保护、保护期接续的策略，掌握行业巨头对核心技术不同点位的专利申请密度和专利类型分布，进一步选择趋同或差异化的专利类型。

6.4.6 专利导航指导高价值专利授权后运维

6.4.6.1 做好高价值专利运营的核心基础是打通技术链、产业链、市场链

企业将拥有的有效专利或专利技术进行策划、分析、买卖、集成，形成面向产业的专利组合，并通过转让、许可、投资、诉讼等模式实现专利运营，进而获得相应的经济价值。这是运营者将专利权作为投入要素直接参与到商业化运筹和经营活动中，

通过专利资本的各种技巧性市场运作提升专利竞争优势,最大限度地实现专利权经济价值的市场行为。

专利的品质与价值是衡量专利作为一种资本或商品的经济属性的最重要指标,它决定了能够参与运营的专利的竞争力。低价值的专利难以为企业或者运营主体提供预期的经济利益,可能会白白地消耗企业或运营主体的专利维护、维持以及管理费用;更为严重的是,低价值的专利可能在运营过程中被宣告无效而丧失权利,造成资源的浪费。因此,可以认为在一定程度上,专利质量、专利价值的高低显著影响了专利运营可选择的模式、运营成本和可供调控的资源水平。当然,高价值专利要通过专利运营实现价值最大化,还要有许多条件,因为它还与技术及市场的商业价值密切相关,通常反映在以下几个方面:一是一般要处于全球产业价值链的上端和关键地位;二是要进入各类技术标准及专利联盟,强势运营专利,加速技术全球商品化及产业化;三是在全球供应链中拥有自主权与分配权;四是在全球销售产品中获得更高的营业利益;五是在主要国家主导的新兴产业中占据核心的地位,能获取高额资本得利;六是活跃于全球无形资产市场的许可和转让,能够获取相当数额的权利金和价金,或是能够进行交互授权以减免权利金支出;七是积极主张权利以获取巨额侵权损害赔偿金或转为权利金。专利价值的凸显还需要有组织、人才、策略、步骤、系统及商业模式等各项配套,并加上经营的技能,才能实现其真正价值。❶

作为一种特殊的权利范畴,专利的技术性使得专利的寿命并不完全取决于专利本身的自然属性,即专利寿命的长短并不完全取决于其法律赋予的权利时间,同时还会受到技术进步、产业变革、所属权利人控制力等多重外界环境因素的影响。由此可知,因为专利运营的客体——专利权的特殊性,运营者想要获得最大运营收益,就必须建构在产业发展、产业链、价值链、供应链、技术结构、产品组合、营收结构、规模经济及全球竞争的基础上,而专利导航在分析产业发展、技术迭代、竞争格局,以及匹配产业链、价值链、供应链资源上有天生的优势,专利导航正是通过对特定研究对象在相关领域面临的国际国内专利技术发展趋势及竞争全景进行深入分析,明晰自身技术或自身持有专利技术在产业链、技术链、市场链中所处的发展定位及优劣势。

高价值专利运营能否成功受到多方面因素的影响,例如专利质量、产业定位、市场运作、运营人才、架构制度等,其中专利的质量、技术基础是根本,市场运作和产业定位是核心(参见图6-4-13)。只有把握住专利运营的核心要素,专利运营才有可能达到较好的运营效果。

在高价值专利运营之前,应当对所要运营专利从技术层面进行审核,必须保证

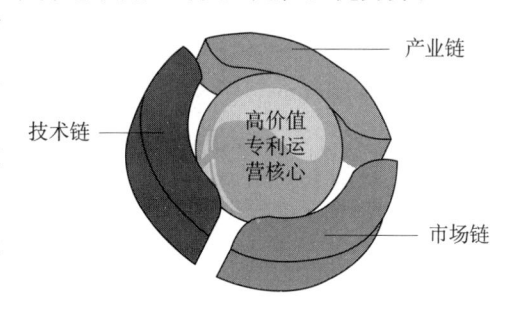

图6-4-13 高价值专利运营核心影响要素

---

❶ 毛金生,陈燕,李胜军. 专利运营实务[M]. 北京:知识产权出版社,2013:43.

高价值专利技术层面的基本条件，保证高价值专利运营的技术稳定性，明晰拟运营专利或专利组合的技术稳定性后，要确定拟运营专利或专利组合与产业链的关联性以及其在产业链中的地位，同时要把握市场规律，明确拟运营专利或专利组合在市场中的地位，同时适应市场，不断促进高价值专利的价值改善。

技术链是指各种技术之间存在的承接关系，即一种技术的获得和使用必须以另一种技术的获得和使用为前提，因此相关技术之间形成了一种链接关系。从技术链上而言，最重要的是专利技术的独立性，技术的独立性越好，越容易进行专利运营。技术链的本质是产业发展过程中涉及的一系列相关技术的序列链接，这些技术支撑着整个产业活动的完整开展。而核心技术链即是这一系列支撑产业活动的技术中关键环节的链接，核心技术链是支撑核心产业链运行和发展的基础，是与核心产业链相对应的核心技术的链接。在产品生产加工过程中，核心技术链由关键制造技术、核心元件技术和产品架构技术三个环节组成。❶

产业链是指从一种或者多种资源通过若干产业层次逐渐向下游产业转移直至到达消费用户端的路径。产业链的链条始于自然资源，终于消费市场，但是起点和终点并非固定不变的。就产业链而言，最重要的是专利技术与产业链的关联性和其在产业链中的位置。在专利技术与产业链的关联性上，通常要考虑的就是技术成熟度等级等。从专利运营视角而言，技术的成熟度越高，越是贴近市场，专利越受欢迎，第三方更容易理解和明白技术的价值。而技术成熟度越低，越是贴近实验室的技术，第三方越难以接受，也就越难以实现专利运营。从专利技术在产业链的位置上来看，通常要考虑的就是拟运营专利在产业链中的具体位置。从专利运营视角而言，产业链的上游为整个产业的基础环节，掌握着更高的技术含量的技术，下游产品的技术水平受制于上游的技术水平。

一般认为，当专利权所蕴含的技术信息占据产业链上游时，专利权能覆盖较广的产业范围，并通过向后延伸参与中下游的产业活动，进而获得更大的经济利益以及占据重要的产业地位；当专利权所保护的技术位居产业链中下游时，专利权的覆盖范围相对较窄，就相对地缩小了专利运营的可操作空间。所以，产业链中的定位是专利运营的核心要素。

如果专利技术处在上游，也就是占据了产业链的基础环节和竞争制高点。所以处在上游的专利技术更应该申请一些基础性的高价值专利，可能是制备方法专利和设备专利。而处在中下游的专利技术更应该申请一些改进专利，往往是不同情境的应用专利。所以，上下游不同的技术申请不同的专利，采用不同的运营策略来实现高价值。❷ 专利运营效果的好坏与产业定位密切相关，这是因为专利权的覆盖范围取决于其所处的产业链阶段。

专利运营是在以市场为导向的经济运行环境逐步形成的过程中产生的，建立以

---

❶ 黄西川. 产业集群化与创新能力提升机制研究［M］. 北京：北京邮电大学出版社，2018：99.
❷ 马天旗. 高价值专利培育与评估［M］. 北京：知识产权出版社，2018：170.

"市场链"为纽带的专利运营系统是实现专利高质量运营的关键。通过高价值专利的有效运用，促进知识产权与经济社会发展的深度融合，实现知识产权的市场价值，是我国实施知识产权战略的重要环节。当前，我国经济发展总量不断增长，经济发展质量越来越高，经济发展结构日趋合理，离不开我国知识产权运用的有力支撑，知识产权运用转化的成功案例在全国各地不断上演。❶ 从高价值专利培育的市场维度来看，就是要打造市场发展前景好、竞争力强的高价值专利，进一步凸显高价值专利的市场应用。

市场信息的变化会对高价值专利的运营产生巨大影响，其中，政策环境、产业技术的发展等最为突出。部分行业内的新技术可能会将已有技术予以彻底替代或进行颠覆式技术革新，被替代技术的价值会在短时间内大幅降低。此外，部分技术在特定行业内的发展因客观原因而暂停或被放弃，也是创新主体专利战略性发展的"不可抗拒"性阻碍因素。创新主体需要提前展望、预估和防备换代性技术涌现和产业特定技术变化，并为此预先作出准备，以排除和降低相关情况的出现对专利技术价值的影响。❷

专利进入资本、技术交易市场是为了以知识产权换取金融资本，这一过程的成功与否与效率高低均取决于专利持有人或运营者对资本、技术交易市场的了解程度和对市场运作规律的把握，须在此基础上结合运营思想制定出合理的商业运作战略和执行模式。只有符合市场规律的运作模式，才能最大限度地降低运营成本，实现良好的收益。专利运营的市场运作还含有对专利价值的市场化评估，价值评估的准确与否通常决定着运营效果的优劣。专利进入资本、技术交易市场的过程实际上是将该项专利资本化、商品化然后扩散的过程，能否为所运营的专利制订正确合理的价格不仅会直接影响到专利的资本化、商品化的接受度，还会影响运营者盈利目标的实现与否和在市场中的竞争力，进而影响专利的运营效果。当专利定价偏低时，相应的商业价值被低估，就无法实现收益最大化；当专利定价过高时，在市场上的竞争力被削弱，也无法实现收益最大化。所以，对专利进行相对准确的评估，制订比较合理的价格，是顺利进行后续商业化运作的关键。

6.4.6.2 专利导航对产业链、技术链、市场链要素的影响

专利导航的核心功能就在于，站在产业发展的高度，去深刻理解专利在产业发展中的影响力和作用方向，结合产业发展规律和市场发展趋势，发挥专利在技术创新中的促进作用，以技术创新带动企业和产业整体能力提升，增强市场竞争力，实现产业的可持续发展。

专利导航可以从国内外产业发展动向、核心技术链、龙头企业链和市场竞争环境入手，进行目标产业的发展定位，从而准确地发现专利分析需求以及专利政策重点支持方向。

---

❶ 张少波. 加强知识产权保护和运用的价值取向［N］. 中国知识产权报，2016－05－20（8）.
❷ 马天旗. 高价值专利培育与评估［M］. 北京：知识产权出版社，2018：178.

1）产业链分析

专利导航主要从产业链、价值链以及产业发展动向上，了解产业发展历史，以产品生命周期来推测产业演进，从萌芽期、成长期、成熟期和衰退期的发展过程预测产业发展变化。了解产业竞争者框架，能够对竞争对手的现行战略、未来目标以及拥有的能力进行初步掌握。了解市场信号变化趋势，能够从市场信号中得到竞争者意图、动机或目标内在的潜在行动。

2）企业链分析

专利导航可从企业链上，了解产业链上、中、下游主要企业的基本状况，清楚区分技术引领者、市场主导者、产业跟随者和新进入者，找准目标产业龙头企业在国内和国际上的发展定位和专利策略，研究主要竞争者的市场策略。

3）技术链分析

专利导航可从技术链上，了解产业形成过程中主流技术的演变情况，初步掌握热点技术、关键技术、空白技术和前瞻或先导技术的发展脉络，以及这些技术持有者的类型、产业影响力和市场控制力，对技术交易、技术转移、技术许可等技术流向和形成因素有初步了解。

4）市场竞争分析

市场环境方面，专利导航通过充分的市场调研，了解市场竞争要素，以及市场对产业发展的反馈影响，总结现有企业间的竞争、替代技术或替代品的威胁、新进入者的威胁，成本、人才、技术、资源等要素在市场竞争中的平衡点和交叉点，找到促使市场出现拐点的主要因素，对目标产业在市场中的战略定位进行初步规划。

6.5 本章小结

本章通过对高价值专利培育和专利导航两者进行系统的思考，高价值专利的"高价值"主要体现为技术价值、法律价值、市场价值，高价值专利往往表现为成果识别价值、市场防御价值、市场进攻价值、技术整合价值和专利战略价值等多种形式。

通过对高价值专利培育的路径和方法，以及高价值专利培育工作时间中存在的问题与挑战进行分析，高价值专利培育具有动态性、复杂性和系统性，同时具有高投入性和不可预测性。想要做好高价值专利培育工作，就要解决好如何让科研人员根据市场需求和未来专利运营的需要进行科技创新、如何对创新成果进行高质量的专利保护、如何运用产出的专利进行市场化运营和推动创新成果应用三大问题。而专利导航正是基于与生俱来的优势，对这三个问题给出了回应，诠释了为何要在高价值专利培育中引入专利导航工作。

在高价值专利培育全流程中，说明专利导航如何指导市场需求分析、技术研发、专利布局、专利申请评估、专利申请文件质量、授权后运维，并结合项目，解释了专利导航与高价值专利培育融合的过程。

第7章 专利导航与专利风险规避

7.1 引 言

7.1.1 本章的内容是什么

本章主要以系列国家标准《专利导航指南》（GB/T 39551—2020）为依据，以通俗的语言阐述专利导航与专利风险规避的基本内涵、类型和如何认识专利风险，并以真实的案例来阐释利用专利导航规避专利风险的可操作性。读者可通过图 7-1-1 快速了解本章内容。

图 7-1-1 本章内容导图

7.1.2 谁会用到本章

专利导航通常包括区域规划类专利导航、产业规划类专利导航和企业经营类专利导航。通过专利导航分析，可以提前预知相关专利风险。区域规划类专利导航的专利风险规避主要面向政府部门。产业规划类专利导航的专利风险规避主要面向政府部门和行业组织，成果可以作为产业规划导航、企业经营、研发活动、标准运用和人才管理等专利导航的前置输入和重要参考。如果您是政府的决策者或产业园区的管理者，可以通过本章了解如何通过专利导航准确定位风险所在，从而制定形成益于发展的技术路线。企业经营类专利导航的专利风险规避主要面向各类企业，内容涵盖了企业市场化运营活动中的投融资活动、产品布局、技术创新等应用场景。如果您是负责企业经营活动的人员或研发创新人员，可以借由本章所提到的专利风险类专利导航的基本实施方式，提前明确潜在风险，在产品生产或上市之前做到未雨绸缪。此外，如果您是专利导航项目的实施人员，可以借助本章掌握如何针对性地分析和规避不同类型的风险。

7.1.3 不同需求的读者应该关注什么内容

对于政府的决策者或产业园区的管理者，既需要了解专利风险的形成机理，也需要了解专利导航导风险规避的内在逻辑和基本实施方式，以便于其准确判断专利风险、正确制定相关技术分支的发展战略和产业政策；建议阅读7.2~7.4节、7.5.1节。

对于负责企业经营活动的人员或研发创新人员，需要了解如何确定潜在的专利风险以及如何通过专利导航实现针对性风险规避；建议阅读7.2节、7.4~7.5节。

对于专利导航项目的实施人员，需要重点关注利用导航项目实现专利风险规避的具体实施流程以及实际操作中的一些注意事项；建议阅读7.4~7.5节。

7.2 什么是专利风险

7.2.1 专利风险的内涵

顾名思义，风险是指可能发生的危险，是一种表征可能性的潜在状态。作为专利制度的伴随性风险，专利风险不单是存在于专利制度实施的时间、空间和市场主体之中，更是贯穿专利活动的全流程，表现于专利制度运行的各个阶段。专利风险往往由国家、区域、行业或企业等不同的主体承受。部分情况下专利风险是系统风险，不仅仅是一家企业的风险，而是整个产业链或者一个产业的风险。与此同时，在主体本身与其他主体之间往往存在相互作用的专利风险。例如，某企业面临的专利风险，既可能是对竞争对手专利侵权的风险，也可能是自身专利被竞争对手侵权的风险，还可能是在竞争中自身专利运用能力不足所带来的风险。本章将专利风险的内涵作最广义的阐释，即在技术创新和产业发展过程中某特定主体所承受的与专利相关的各类风险都被视作专利风险。

专利风险是专利制度的内生风险，其本质上所反映的是一种发展态势。由于这种风险的存在，使得专利制度在促进创新、支撑产业发展的同时，也可能在一定时期、一定范围内给技术创新和产业发展带来负面影响。专利风险已经成为技术创新和产业发展最主要的风险之一。然而，我们不能因噎废食地因为专利风险的引入而否定专利制度本身，而是应当在专利制度的框架之下分析专利风险产生的原因，总结规律认识，寻求风险规避和有效应对之策。

专利风险的特征分为以下几个方面（参见图7-2-1）。

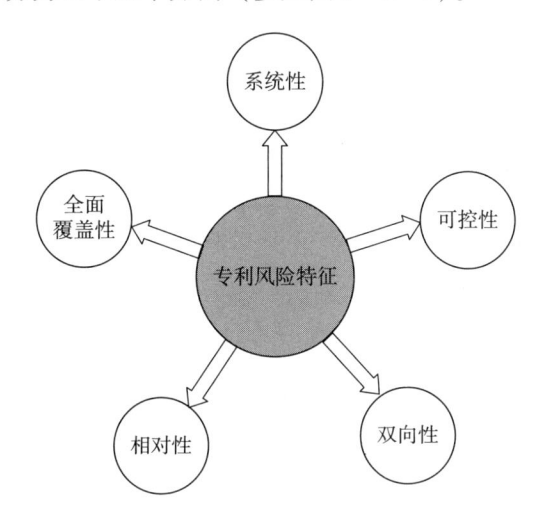

图7-2-1 专利风险特征

1) 系统性

专利风险贯穿于专利的全生命周期，存在于专利技术创造、专利申请布局、专利实施和运用等各个环节。更进一步地，以专利技术创造为例，从技术研发起步、技术发展、技术成熟到技术衰落，每一阶段都有不同程度的专利风险，而专利技术创造后续的专利申请布局、专利实施和运用更是如此。

2) 全面覆盖性

从专利风险的作用对象来看，宏观层面可能是国家、区域、行业，微观层面可能是企业、科研院所、个人，并且不论其是专利权人还是专利技术实施者，都可能面临专利风险。纵然，专利风险是专利制度的内生风险，其往往存在于专利制度实施的区域，甚至于不实施专利制度的国家或地区也不得不面临产品出口到其他国家或地区时的专利风险。

3) 相对性

由于在主体本身与其他主体之间存在相互作用的专利风险，因此专利风险无论于主体本身而言还是于其他主体而言，都并非一成不变的。专利风险往往随着相关利益主体在竞争中比较优势的变化而发生强弱或者地位的变化。往往各利益相关主体参与技术创新和专利布局的专利实力的此消彼长会引起市场竞争多方之间专利风险态势的动态变化。例如，A和B两个公司存在市场竞争关系，A公司掌握一批可对B公司形成牵制的专利技术，而B公司随着不断优化研发方向和强化专利布局之后，顺利实现了对A公司的反超，A公司进而出现在某些方面开始受制于B公司的专利行为的情况，那么在这个过程中，A和B两个公司的专利风险就产生了换位。

4）双向性

俗话说，危中有机，化危为机。专利风险从来就不是孤立存在的。专利制度在促进技术创新、保护研发成果的同时，相应也会带来专利风险。专利风险存在的同时伴随着机遇或利益。由于正反两方面始终处于动态变化，因此专利风险呈现双向性。

5）可控性

专利风险的汇聚、发展、积累往往不是转瞬之间可以形成的。由风险演变为危机是一个客观变化的过程，有一定规律可循。因此，把握其规律，跟踪其过程，可以将专利风险转化为一种可以预见的风险。专利风险并不绝对是一种对抗性风险。通过合作实现风险态势双方专利技术资源共享、协同创新发展，已日益成为专利风险防控的有效途径。针对风险的来源，可以分析原因并加以防控。如果风险显现内源性特点，也即风险源于自身原因，可以通过提高自身能力而降低风险；如果风险显现外源性倾向，也即风险源于主体之外，还可以通过寻求合作的方式来实现共赢发展。[1]

7.2.2 专利风险的类型

由于专利风险呈现出的多样性，对专利风险可以从不同层面和角度加以分类。本书将根据风险波及范围及其所呈现的伴随性特点，将专利风险分为宏观竞争风险、中观发展风险和微观应用风险，具体可参见图7-2-2。

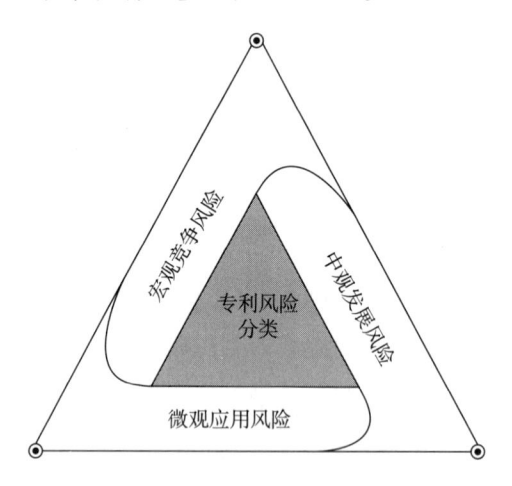

图7-2-2 专利风险类型

---

[1] 张勇. 专利预警：从管控风险到决胜创新［M］. 北京：知识产权出版社，2015：10-13.

1）宏观竞争风险

专利具有较强的战略资源属性，其拥有量是国家、区域科技创新力的重要表征。专利资源分布的不平衡性是国家、区域层面专利风险的主要来源，其是一种宏观的内源性或外源性的竞争风险。比如，国外在一定时期内对于个别行业在我国的快速布局，意味着未来我国市场竞争将十分激烈，将产生较大的专利风险。

2）中观发展风险

中观发展风险指的是产业所面临的专利资源分布及其在更大的产业发展背景中的资源拥有定位情况，包括产业专利布局的薄弱环节等。

3）微观应用风险

微观应用风险主要针对具体的创新主体，其在技术研发和专利布局、运用的过程中所可能被面临的形式有研发创新专利风险、专利申请风险、市场运用风险、成果保护专利风险、综合管理专利风险等（参见图7-2-3）。

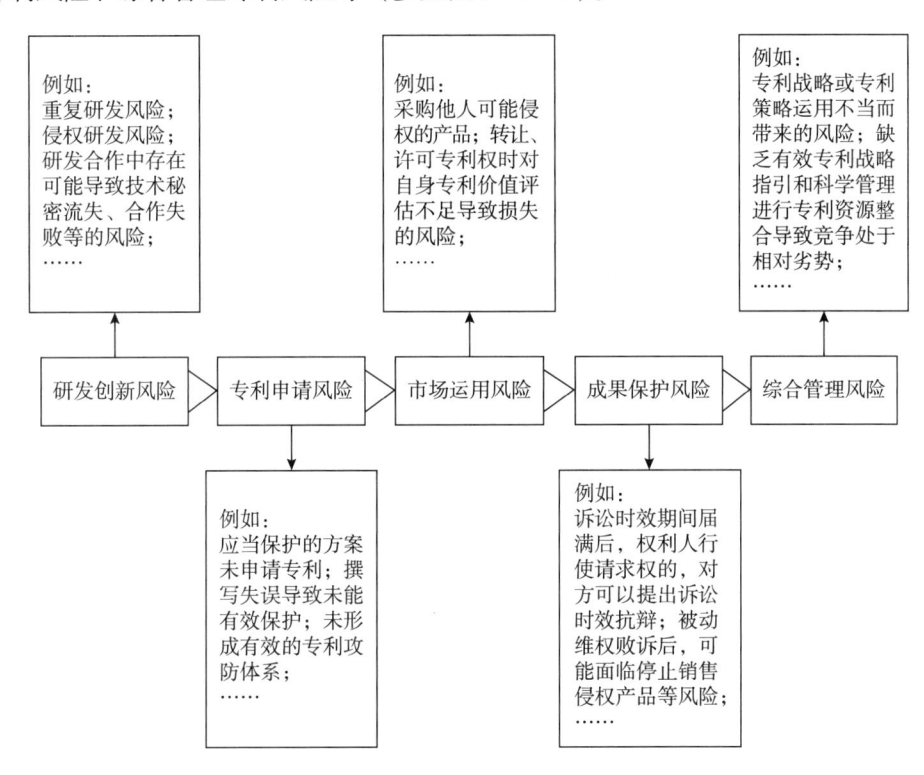

图7-2-3 微观应用风险

研发创新专利风险主要涉及：研究立项决策失误导致重复研发的风险；立项和研发阶段研究不足，导致陷入对手已经设定的专利雷区的风险；研发合作中出现可能导致技术秘密流失、合作失败、自树竞争对手等的风险。

专利申请风险主要涉及：没有对成果充分地专利挖掘，导致应当保护的技术方案未申请专利的风险；撰写失误导致未能有效保护的风险；整体布局策略不当使得系列的专利申请未能形成有效的专利攻防体系，削弱了专利布局防御和进攻力量的风险。

市场运用风险主要涉及：与技术相关的物化产品在市场交易中的专利风险，包括采购他人可能侵权产品的专利风险、自身产品侵犯他人专利权的风险以及自身专利权被他人市场交易活动侵犯的风险，例如小米手机出口到印度市场面临的侵权风险；专利运营风险，例如购买他人专利技术时可能存在的对技术先进性和可替代性、专利权的法律状态、专利权的稳定性评估不足而导致损失的风险；与专利相关的其他市场活动中面临的专利风险，例如企业兼并重组等商业活动中，对双方专利价值的评估不充分带来的风险。

成果保护风险主要涉及：主动维权时可能面临的诉讼时间风险、败诉风险、专利无效风险、证据不足风险、被告应诉风险等；被动维权时可能面临的被诉风险、诉讼决策风险、败诉风险、专利许可风险、出口业务风险等。

综合管理风险主要涉及：国家、区域、行业和企业由于专利战略或策略运用得不当带来的专利风险，例如一个企业，如果没有明确的专利战略作为指引，只是盲目地追求专利数量，没有布局策略，没有质量考量，则长远而言，必将置企业于专利管理险境；一个区域、一个行业，如果不能通过有效的专利战略指引和科学的管理来进行专利资源整合，形成区域或行业风险应对和技术发展合力，则可能在竞争中处于相对劣势而为区域产业发展带来专利风险。

7.3 专利导航为何可导专利风险规避

7.3.1 专利导航与专利风险的关联

在第一章所提及的各类型专利导航中，蕴含了对于相应类型专利风险的分析。基于对专利信息等数据资源的分析，能够明晰产业发展格局、技术创新方向、企业专利布局等，实现对专利风险的预期和针对性的防控，排查主要风险点并做好风险控制预案，当专利侵权风险高时，评估规避设计突破专利壁垒的可行性等。具体地，可以通过专利挖掘布局能力的提高而有效防控专利风险。若面临竞争对手的专利布局风险，一方面可以通过技术研发加强专利布局、改变力量对比以防控风险，另一方面也可以通过购买专利技术、接受专利许可、交叉许可等方式实现合作进而防控风险。

专利导航过程中蕴含的信息包括法律信息（包含权利信息、申请人信息、法律状态信息等）、技术信息（比如可以分析产业发展态势、预测产业风险和专利侵权风险）、市场信息（预测竞争产品或者诉讼产品布局的市场、预测产品销售或者生产风险）。专利导航与专利风险的关联如图 7-3-1 所示。

在知识产权越来越成为市场竞争的基本规则时，专利信息所包含的关于技术、市场和法律方面的信息已经成为竞争情报的重要来源。通过专利导航提取出这些竞争情报，对于国家、区域、行业和企业等不同层面的决策规划都具有重要的辅助支持作用，从而保障管理者作出的发展规划和资源配置方向决策的合理性。

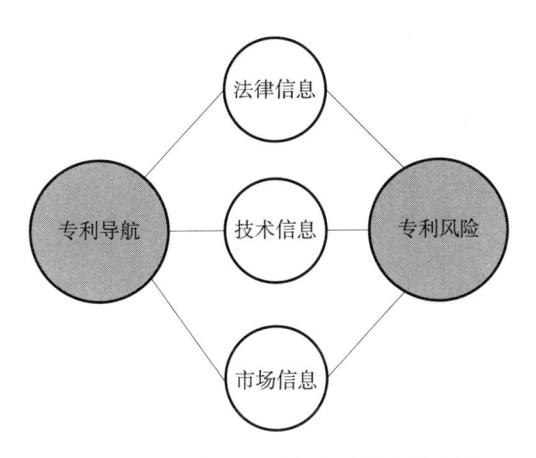

图 7-3-1 专利导航与专利风险的关联

7.3.2 专利导航在专利风险规避中的作用

以技术信息为例，通过专利导航分析，可以提前预知相关专利风险。例如：通过产业发展态势分析，获知整体技术领域的宏观专利风险，了解技术领域的专利整体布局情况、主要竞争者、专利布局热点等外源性风险以及项目实施方的国内外专利布局、核心技术掌握情况等内源性风险；通过技术领域内各技术分支信息分析，获知潜在重复研发风险，选择研发项目的创新路径和突破口；通过技术方案信息分析，获知具体研发方案的专利侵权风险，了解科研项目重点技术方案未来成果实施是否存在专利侵权的可能性。

通过专利导航，可以明确专利风险来源，了解自身实力，从而保障国家、行业或企业在不同层面的技术创新、市场拓展中尽可能地穿越或绕开专利布局雷区，不打专利遭遇战。例如，国家在重大产业布局规划之前，通过专利导航明确自身在国际产业链中的基本定位，了解技术发展的最新动向，最终选择了另一条与欧美发达国家不同的技术发展路线，以期实现风险完全规避之目标；企业在技术研发之前，通过专利导航可以发现诸多竞争对手已经在一些研发方案可能涉及的技术点上进行了专利布局，就能通过调整研发方向、重新设计方案等方式，避开竞争对手的专利布局，达到规避风险的目的；企业在产品生产或上市之前做到未雨绸缪，提前开展专利导航，可以及时地发现产品生产中潜在的侵权风险，并及时给予清除或做好应对准备，保证企业的正常生产，为企业做大做强打下坚实的基础。

7.4 专利导航如何导专利风险规避

进行有效专利风险规避的前提是分析风险的具体情况，例如有哪些风险、风险存在的层次和方面等。在掌握了具体情况的基础上，我们才能针对不同类型的专利风险制定出具有针对性的风险分析和规避策略。通过专利导航分析，可以从大量专利数据中提取关于竞争环境、竞争对手等的情报信息，对这些情报可以从宏观和微观两个层面整合为战略性竞争情报和战术性竞争情报。在进行风险分析时，根据不同的风险规避需求，可以选择采用系统分析方法、局部分析方法或交叉分析方法。

7.4.1　不同类型专利风险分析和规避要点

对于前述的专利风险类型，在对风险进行分析和规避时，角度有所不同。

其中，对于宏观竞争风险中的国家层面的风险分析，主要包括两个角度：①通过对一定时期内本国专利申请人专利申请数量、专利授权数量、技术领域分布、核心技术掌握情况、申请类型分布、申请人类型结构、主要申请来源区域等情况的分析，从宏观层面上了解本国专利布局动向，分析潜在的内源性专利风险；②在了解本国专利资源分布态势的基础上，进一步分析同期国外进入本国的专利申请数量、专利授权数量、技术领域分布、核心技术情况、主要来源国家、技术优势企业等，一方面获知国外最新技术研发动向，另一方面提醒我国，国外企业在我国的专利布局动向，并通过对比，分析我国产业发展面临的专利风险，提出包括寻求内部、外部合作在内的各种风险应对指导意见或政策措施。

对于宏观竞争风险中的区域层面的风险分析，与国家层面的风险分析类似，也包括两个角度：①通过对一定时期内本区域创新主体专利申请数量、专利授权数量、技术领域分布、核心技术掌握情况、申请类型分布、申请人类型结构、主要申请来源区域等情况的分析，从宏观层面上了解本区域专利申请布局态势，发掘背后关于企业、技术、人才等创新资源分布的潜在信息，预警区域产业发展内在风险；②通过将本区域与其他同类区域或包含本区域在内的更大区域进行专利资源分布对比分析，获取关于竞争定位的情报，了解专利风险，获取发展情报，例如可以了解其他同类产业区域的专利资源分布及布局态势，进而分析其创新资源的分布规律，做到知己知彼，防范发展风险，寻找区域互补机遇。

对于中观发展风险的分析，可通过专利资源的技术分布情况分析产业技术资源的分布现状，例如通过专利资源在同一产业内的不同地理区域、不同企业的分布，了解专利资源对应的技术在行业内不同空间聚集区域和技术研发主体上的分布现状，从而了解产业内不同区域、不同研发主体在技术研发上的进度、重合度、互补度和空白点等。可从专利信息中提取产业内的竞争者、竞争技术、竞争区域、竞争产品等信息，发现产业竞争的热点、重点和焦点，确定竞争优势、劣势和风险，例如通过专利申请数量、质量、时间连续性、空间分布情况扫描产业链各主要环节的主要竞争者，结合产业、市场信息以及专利诉讼、许可、流转等，分析竞争涉及的核心技术，判断研发风险。

对于微观应用风险的分析，其包括的情形较多，主要涉及研发风险、竞争风险、成果保护风险以及市场运用风险等方面的分析。

其中，对于研发风险，可通过检索、数据清洗和标引等手段获取目标专利文献，进行宏观层面的专利布局技术分布分析，总体评估研发路径的风险或寻找潜在的研发方向，从微观层面的技术问题、技术手段、技术效果分析，寻找具体的突破点。

对于竞争风险分析，一是识别与自己形成竞争关系的竞争者，即分析识别与企业当前或拟研发技术高度相关的专利文献，发现其技术拥有者，区分其技术领先程度；二是跟踪竞争者的专利布局，分析获取其技术研发和经营战略情报，辨识专利风险；三是寻求竞争中共存、合作和取胜的策略。

对于成果保护风险，主要考虑的一是专利挖掘分析，避免应保护而未保护的风险，即从宏观层面，根据当前专利布局形势，分析技术发展趋势，选择挖掘路径，把关注点放在重点方向、关键技术上，降低挖掘风险；二是把好专利申请关，避免未能以最大范围保护技术方案的风险，即从创新点入手，分析技术构成要素，在与现有技术对比的基础上形成技术方案；三是做好专利布局，避免保护力度不够的风险，即从技术角度，通过对当前专利技术布局整体情况及重点技术路线的分析，在不同国家或地区进行有选择、有重点的专利布局。

对于市场运用风险，其中，以产品投产投放为例，针对具体的技术方案产品进行侵权检索，寻找高度相关的有效专利或专利申请，判断是否构成侵权或存在侵权的可能。

7.4.2 系统分析方法

系统分析方法是指对国家、区域、产业或企业所面临的整体专利态势进行分析，也就是对基本风险面进行分析。从操作角度讲，主要是通过对专利文献的著录项目等信息进行统计分析和比较来发现并描述风险，一般不涉及具体的技术分析和比对。系统专利风险分析不具有微观主体和技术方案的针对性，但具有一定范围的普适性。例如，针对我国动力电池行业的系统专利风险分析，对于政府部门、产业聚集区域、企业等都具有广泛价值。

具体地，可以从时间、区域、申请人、法律状态、技术、其他六个维度进行整体专利风险分析（参见图7-4-1）。

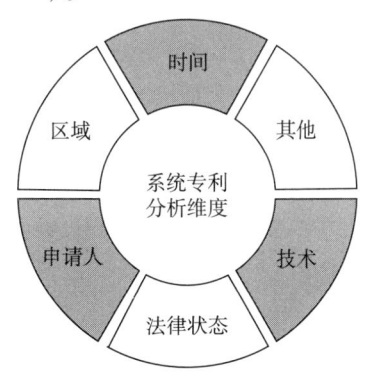

图7-4-1 系统专利分析维度

1）时间维度

解析技术整体及各技术分支的发展趋势：①了解技术的历史发展趋势和当前特点，为研发投入、战略制定提供参考；②了解技术的整体发展态势及其各重要技术分支的发展态势；③了解产业所处的技术生命周期，如技术萌芽期、发展期、成熟期、衰退期、复苏期等。

2）区域维度

解析区域专利布局及构成对比：①了解各国家/地区的研发实力及对比情况；②了解最受重视的目标市场，为制定专利的区域保护策略提供参考。

3）申请人维度

识别最重要的竞争对手，解析重要竞争对手的竞争力、专利布局重点、近期活跃情况等各种产出情况对比：①业内的主要竞争对手；②主要竞争对手的研发重点、研发实力、入行时间、近年活跃情况；③主要竞争对手各自侧重寻求专利保护的主要国家/地区；④重要专利申请人间的合作关系特点及开展合作的主要技术分支，以帮助挖掘潜在技术合作伙伴；⑤研发创新人才和各自擅长的技术方向，为人才引进提供支撑。

4）法律状态维度

解析技术整体及各技术分支的专利法律状态，了解各技术分支有效专利、失效专利及失效原因。

5）技术维度[1]

解析技术整体及各技术分支的当前热点及核心。

6）其他信息

解析除上述五个维度之外，可为形成系统专利分析结果提供帮助的其他信息，如专利政策、专利人才储备等。

7.4.3　局部分析方法

局部分析方法主要针对较为具象的分析需求，如针对特定技术分支开展局部层面的风险分析，例如专利侵权风险、专利技术引进风险、某一专利申请能否获得适当保护的风险等，其包括的方面比较多。以下以侵权风险评估为例，围绕企业重点发展的产品，分析当前面临的专利壁垒情况，评估专利侵权风险程度以及通过产品设计规避侵权专利的可行性。

1）专利壁垒分析

在关键技术整体专利竞争态势分析基础上，聚焦相关基础性核心专利及其关联专利，评估存在的专利壁垒强弱程度。

---

[1] 朱月仙，张娴静，朱敏. 研发项目专利风险分析及预警方法研究［J］. 情报探索，2018（5）：39-45.

2）专利侵权风险分析

针对企业研发的产品或正在实验的技术方案进行相关专利检索，发现可能的侵权专利，进行特征对比，评估侵权的可能性。

3）专利可规避性设计

当重点产品专利侵权风险较高时，深入分析侵权专利的权利要求结构和覆盖范围，评估通过规避设计突破专利壁垒的可行性。❶

7.4.4 交叉分析方法

交叉分析方法主要结合系统和局部分析方法，针对特定需求，开展一定范围内的系统分析，旨在通过诸如个案的专利运用行为反映指定范围内的态势发展情况。从 7.3 节所述专利导航与专利风险规避的关系中，我们知道专利导航通过对法律、技术和市场方面的信息的综合运用与分析，可实现专利风险规避。如市场竞争格局分析便是交叉分析法的一种典型应用。在知识经济和信息社会时代，知识产权作为一种重要的财产权利，其地位和作用日益明显提升，因知识产权问题引发的纠纷日益增多，其中的一个主要表现形式为专利诉讼，尤其在企业不断发展壮大和走出国门的过程中，涉及的专利纠纷问题日益凸显，同时涉及专利诉讼的技术通常也是申请人比较关注、行业内比较敏感的热点技术，同时专利诉讼也是迫使进行利益再分配的一个重要武器。通过从市场竞争格局和竞争主体出发，开展对诉讼案件的分析和梳理，能够有效帮助我们明晰基于专利诉讼和运营模式的系统现状。

7.5 专利导航导专利风险规避典型案例

7.5.1 产业专利风险分析与规避典型案例

以下以锂离子电池隔膜材料案例展示如何对于产业进行专利风险分析，案例数据检索截至 2016 年 6 月 30 日。

7.5.1.1 整体分析流程

该案例采用图 7-5-1 所示的流程步骤开展整体分析流程。

---

❶ 周肇峰. 新型烟草制品专利微导航探索与实践［M］. 北京：知识产权出版社，2019：9.

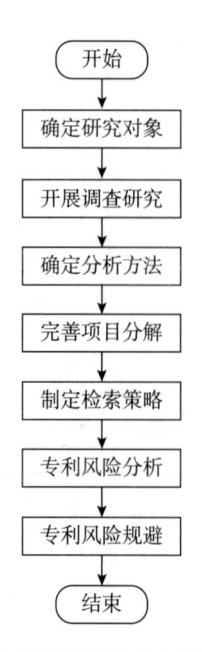

```
        开始
         ↓
     确定研究对象
         ↓
     开展调查研究
         ↓
     确定分析方法
         ↓
     完善项目分解
         ↓
     制定检索策略
         ↓
     专利风险分析
         ↓
     专利风险规避
         ↓
        结束
```

图 7-5-1　产业专利风险分析与规避整体分析流程

1）确定研究对象

锂电池是新能源汽车和新材料两大新兴战略产业的重要产业。动力锂电池产业的发展，一方面可以带动我国制造业和材料产业的发展，促进我国相关产业的结构调整，提升我国的核心竞争力；另一方面也是我国大力发展低碳经济、环保经济的重要举措，对改变我国能源消费结构具有重要的意义。隔膜是锂电池四大关键材料之一，利润和研发成本均是四大关键材料之首，为此，将"锂离子电池隔膜材料"作为研究对象，希望通过对其产业和研发方向系统的专利分析，及时发现该区域在该领域存在的风险和不足以及未来可以优先发展的重点技术，为该区域锂电池产业的顺利发展提供有力的知识产权保障。

2）开展调查研究

对该区域的重点企业和研究人员进行深入的调研。通过了解相关技术的发展情况，一方面确定了本次研究的重点内容，为正确进行项目分解提供产业和研发角度的依据；另一方面可以充分掌握本区域的技术情况，有针对性地对其开展重点专利筛查，确定知识产权风险研究的对象。

除赴企业调研外，还通过座谈的形式与产业技术专家就锂离子电池隔膜材料技术国内外发展情况及其中的知识产权问题进行了深入的交流，为把握研究方向确立了坚实的基础。

3）确定分析方法

采用定量分析和定性分析相结合的方法，利用系统分析法对锂电池隔膜材料领域的专利布局和专利态势等情况进行分析，其中包括对锂电池隔膜材料各技术重点的分类研究，以确定该重点技术的现状、趋势和专利策略等。利用局部分析法对该领域中各技术点的重点专利、技术路线进行了对比研究,此外还从专利诉讼和专利运营模式方面进行了分析。

4）完善项目分解

基于以前期调研、专家交流和技术研究等多种形式对锂电池隔膜材料领域的了解,最终确定项目分解如图7-5-2所示。

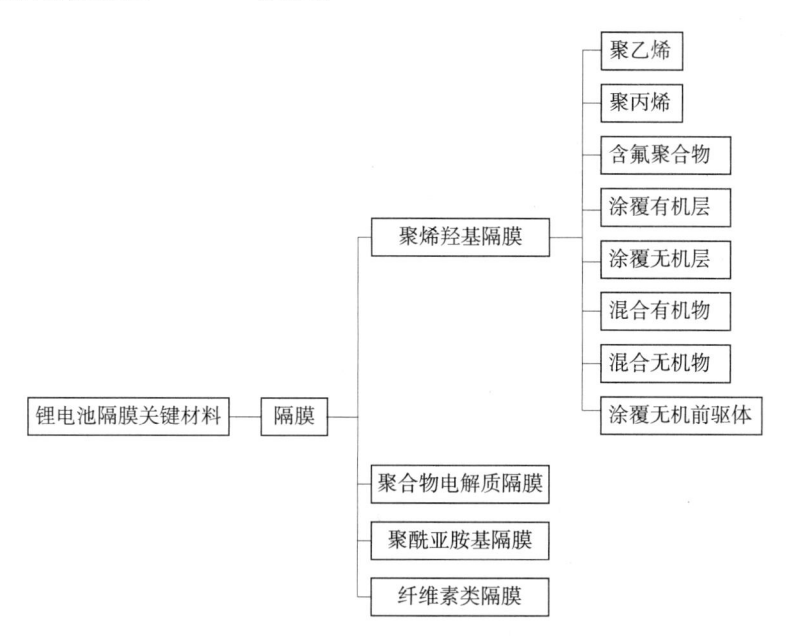

图7-5-2 锂电池隔膜领域项目分解

5）制定检索策略

根据对前期准备阶段确定的项目分解情况,对锂离子电池隔膜进行了细分。为此,在制定检索策略时,将总量数据和各技术点数据分别作为检索入口,其中主要结合了分类号与关键词。

6）专利风险分析

通过对锂电池隔膜材料总体专利情况的研究以及细分技术点的深入剖析,对发现的重点专利和需要及时关注的专利进行重点挑选,为该区域相关产业在发展的过程中有意地规避或是采取绕道设计的方式提供参考。此外,专利风险分析还对一些可能存在侵权风险的专利从司法角度的侵权判定入手,进行初步的探究,及时发现潜在的风险并作出适当的预警。

7）专利风险规避

根据专利风险分析情况,制定预前措施,针对性地给出风险规避措施。

7.5.1.2 专利风险分析重点

该案例从两个方面进行重点剖析:一是挖掘需要关注的重点专利;二是对重点专利进行风险评估。

1）重点专利筛选

重点专利是指相对于一般专利而言，属于取得技术突破或重大改进的关键技术节点的专利，或者是行业重点关注的、涉及技术标准以及诉讼专利。[1] 重点专利通常包含特定技术的重点专利、特定公司的重点专利、特定领域的重点专利，其中特定技术的重点专利涉及技术前沿专利、技术基础专利、技术诉讼专利等，特定公司的重点专利涉及重点布局专利、重要发明人专利、重要经营活动相关专利等，特定领域的重点专利涉及特定产品相关专利、标准相关专利、许可相关专利等。

在综合分析锂电池关键材料领域的技术特点后，对国内重点申请人、国外来华主要申请人的重点专利以及全球主要申请人未来华重点专利进行筛选与阅读，并按照一定标准筛选出来需要关注的重点专利。在确定需要关注的重点专利时，主要遵循以下标准：

被引证指数，通常以一件专利被其他专利所引用的频次来表示，如果引用次数越高，则说明专利在该领域的重要性程度越高；

同族专利，是指就同一项发明在多个国家或地区进行专利申请而形成的一组内容相同或基本相同的专利族，通常一项专利同族数量的多少可以表示该专利的重要性程度，如果同族越多，说明该专利的重要性程度越高；

专利有效性，通常以专利或其同族的法律状态维持有效时间长短来判断，如果时间越长，则说明该专利的重要性程度越高；

保护范围大小，是以专利权利要求为依据判断权利要求保护范围的大小，一般来说，基础性较强的专利要求的保护范围也较大；

公认技术，是对该领域中公认的重点技术或前沿技术的专利表示形式进行重点分析；

是否形成专利群；

是否为开创性发明。

2）专利风险评估

以下从四个方面进行专利风险分析和评估：

重点分析锂离子电池隔膜材料各技术分支的技术路线，对比国内发展的技术路线，对该区域发展聚烯烃各技术分支进行风险分析；

重点分析锂离子电池隔膜材料涂覆体系的技术路线，对比国内发展的技术路线，针对该区域发展无机材料涂覆的专利存在的问题提出应对策略；

基于锂电池隔膜专利诉讼和企业专利运营模式分析，提出该区域锂电池企业面临的挑战和可能的应对策略；

对比锂电池隔膜的主要申请人和主要的生产企业，提醒该区域锂电池企业应该加快专利布局和专利竞争力。

---

[1] 马天旗，黄文静，李杰. 专利分析：方法、图标解读与情报挖掘［M］. 北京：知识产权出版社，2015：157.

在方式上，采取系统分析和局部分析相结合的方式。在系统分析方面，统计了隔膜材料的各个技术分支的国内和国外来华专利的有效量、在审量、授权率等数据，利用这些数据计算风险参考值。这里的风险参考值为国外来华专利数量与国内专利数量之比，"专利数量"的概念指的是专利有效量加上在审中预计产生的专利量，考虑专利有效量的原因是如果申请人申请后视撤、驳回、主动撤回或者获得专利权之后选择主动放弃，那么这些申请/专利就进入公有领域，不再受专利的保护，这部分申请/专利将不会存在侵权或者被侵权的风险，因此在计算时不再考虑这部分。此外，在审的专利申请将来会有部分被授权，其也会构成潜在的侵权和被侵权风险。计算风险参考值的目的是考虑数量的因素。数量是最基本的因素，没有数量做基础，就没有抵御侵权风险的可能性。还统计了各个技术分支国内和国外来华申请的活跃度。这里的活跃度指的是近三年的申请量与近十年的各个技术分支申请量的比值。这里考虑的是时间的因素，活跃度高时，技术创新对技术分支的贡献明显较高，而活跃度低，则说明技术创新对技术分支的贡献较低。提高技术活跃度能加速技术分支产业升级。

在系统分析专利风险时，用到了风险参考值的概念，因此首先介绍风险参考值的计算方法。

风险参考值的计算方法如下：

风险参考值 = 国外来华专利数量/国内专利数量 = ($A1 + A2$)/($B1 + B2$)

其中，国外来华专利有效量用 A1 表示；

国外来华专利申请在审中预计授权量用 A2 表示：

A2 = 国外来华专利申请授权率×国外来华专利申请在审量 = [国外来华专利申请授权量/（国外来华专利申请量－国外来华专利申请在审量）]×国外来华专利申请在审量；

国内专利有效量用 B1 表示；

国内专利申请在审中预计授权量用 B2 表示：

B2 = 国内专利申请授权率×国内专利申请在审量 = [国内专利申请授权量/（国内专利申请量－国内专利申请在审量）]×国内专利申请在审量；

上述计算方法中的预计授权量是根据该技术分支的授权率预估该技术分支下在审案件将产生的专利量而得到。

系统风险分析能够从各个技术分支整体的角度给出某技术分支的风险参考值和活跃度情况。风险参考值体现的是国外来华专利数量是国内专利数量的倍数，反映某技术分支整体的国外来华和国内的专利布局强度关系。活跃度体现的是近三年专利申请数量与近十年专利申请量的比值，反映近三年来国内和国外来华的专利布局强度。综合分析这两个因素，可以判断出各个技术分支的风险情况，为锂离子电池隔膜材料的从业者和政府管理部门提供基础数据，便于政府和从业者准确判断专利风险，正确制定锂离子电池隔膜材料的发展战略和产业政策。

然而，任何事物都有两面性。系统专利风险分析的不足之处在于虽然从整体能够看出某技术分支国内和国外来华的专利布局情况，例如风险参考值能够体现出国内专利数量（有效量加上在审的预计授权量）的多少或者专利申请的时间先后，体现出这个分支的专利风险程度,但风险究竟在哪里,系统专利风险分析不能给出答案。为了克服该缺陷,选择了隔膜材料的某些技术分支进行深入的局部分析,即找出国内重点专利所代表的技术方案,将其与国外来华的重点专利进行对比,从而找出这些技术分支中风险的具体所在并力求找出国内规避风险的对策。由于隔膜材料某个具体技术分支的重要申请人少,重要申请人的申请量也少,因此对隔膜材料的某些技术分支从重要申请人和专利审查情况入手进行了进一步的分析。

7.5.1.3 系统专利风险分析

首先对锂离子电池隔膜材料领域进行系统专利风险分析,即通过统计分析隔膜材料各个技术分支的风险参考值和国内、国外来华申请活跃度,给出各个技术分支的系统专利风险情况。

根据上述风险分析规则,计算中国锂离子电池隔膜材料领域各个技术分支的风险参考值以及国内、国外来华申请活跃度的数据。

表7-5-1体现了隔膜材料领域各个技术分支的风险参考值和国内、国外来华申请活跃度情况。可以看出,隔膜材料各分支国内申请的目前活跃度均大于国外来华申请的活跃度,说明近年来中国申请人重视隔膜的研发,加强对隔膜的专利布局。在聚烯烃领域,混合有机物改性的风险参考值最高,达到2.32;其次,聚乙烯、聚丙烯以及混合无机颗粒改性的风险参考值在1.5左右,其中,混合有机物改性分支的风险主要来自日本东燃、旭化成、SK等,混合无机颗粒改性的风险来自旭化成、日立等,需要引起行业注意。聚乙烯和聚丙烯是比较成熟的隔膜材料。2008年以前,国内聚乙烯分支的申请量都比国外来华的申请量小,因此该分支需要关注国外来华的早期专利申请。其最早的专利申请的保护期即将届满,可以利用。聚乙烯的风险主要来自日本东燃、SK。而聚丙烯在2004年以前国内申请量都比国外来华申请量少。2004年以后,聚丙烯国内申请量迅速增加,发展速度较快。无机颗粒涂覆改性和有机层涂覆的风险参考值为0.8左右。然而,从申请量趋势来看,无机颗粒涂覆和有机层涂覆分支在2010年以前国外来华申请量均远大于国内申请量。而在专利数量相当的情况下,专利申请时间早且申请量大意味着前期专利布局强,而前期的专利布局强将在专利的保护上占很大优势。在无机颗粒涂覆改性分支,其风险主要来自LG、德国德古萨、旭化成。在有机层涂覆分支,日本东燃、美国思凯德布局较强。而在纤维素、含氟聚合物、有机无机共涂覆、有机无机共混合领域,风险参考值或申请量较低,风险均相对较低。

聚酰亚胺是新开发的材料,国内虽然起步稍晚,但专利数量差距不大。由于聚酰亚胺还没有大规模产业化,因此国外来华布局不多,风险较低。聚合物电解质隔膜与聚酰亚胺类似,在此不再赘述。

第 7 章 专利导航与专利风险规避

表 7-5-1 锂离子电池正极材料各技术分支风险等级

技术分支		全球申请情况	国外来华申请	国内申请情况	风险参考值	专利申请趋势	活跃度
聚烯烃	聚乙烯	525 件申请；旭化成 93 件，日本东燃 78 件，日本电工 42 件	99 件，60 件授权（产品 32 件），22 件待审（产品 1 件）；日本东燃 20 件（14 件授权，3 件待审），韩国 SK 12 件（9 件授权），日本帝人 9 件（9 件授权）	77 件，36 件授权（产品 0 件），27 件待审（产品 7 件）；上海恩捷 4 件（4 件授权），深圳冠力 4 件（4 件授权），中国科学院化学所 4 件（4 件授权）	1.39		国内 0.359 国外来华 0.302
	聚丙烯	348 件申请；旭化成 36 件，日本东燃 34 件，东丽 22 件	64 件，33 件授权（产品 22 件），19 件待审（产品 1 件）；东丽 16 件（14 件授权，1 件待审）；日本积水化学 4 件（2 件授权）	58 件，19 件授权（产品 7 件），23 件待审（产品 1 件）；南京工业大学 3 件（3 件在审），深圳星源 6 件（6 件授权）	1.5		国内 0.585 国外来华 0.41
	有机层涂覆改性	742 件申请；日本帝人 51 件，日本东燃 50 件，三菱 41 件	156 件，81 件授权（产品 77 件），25 件待审（产品 36 件）；日本东燃 17 件（15 件授权，2 件待审）；美国思凯德 7 件（7 件授权）；日本电工 9 件（9 件授权）	149 件，89 件授权（产品 36 件），34 件待审（产品 4 件）；比亚迪 4 件（4 件授权），深圳冠力 3 件（15 件授权，16 件待审）	0.83		国内 0.457 国外来华 0.333

续表

技术分支		全球申请情况	国外来华申请	国内申请情况	风险参考值	专利申请趋势	活跃度
聚烯烃	混合有机物改性	501件申请；日东电工61件，旭化成51件，日本东燃46件	97件，35件授权（产品30件），6件待审（产品1件）；日本东燃10件（5件授权）；旭化成6件（5件授权）；韩国SK6件（3件授权）；美国思凯德4件（2件授权，1件驳回，1件视撤）	43件，10件授权（产品5件），16件在审（2件产品），江西先材2件（2件在审）；比亚迪2件（2件授权）	2.32		国内 0.541 国外来华 0.329
	无机颗粒涂覆改性	535件申请；日立21件，LG20件，德国德古萨19件	102件，60件授权（产品31件），26件待审（产品25件）；LG21件（15件授权）；德国德古萨10件（8件授权，1件视撤）；旭化成10件（10件待审）	141件，60件授权（产品22件），56件待审；比亚迪4件；北京化工大学4件（4件授权）；深圳星源4件（4件撤回）	0.81		国内 0.587 国外来华 0.442
	有机无机共涂覆	341件申请	47件，13件授权，21件待审；索尼10件（3件授权，1件驳回，6件在审）；东丽5件（2件授权，3件在审）	151件，46件授权，51件在审；深圳冠力20件（20件在审）；深圳星源6件（1件实用新型授权，5件在审）	0.34		国内 0.783 国外来华 0.671

续表

技术分支		全球申请情况	国外来华申请	国内申请情况	风险参考值	专利申请趋势	活跃度
聚烯烃	有机无机共混合	77件申请	6件，1件授权，2件实审，住友2件（1件授权，1件在审）	17件，10件在审，5件授权；深圳星源2件（2件在审）；长兴东方红2件（2件授权）	0.08		国内0.813 国外来华0.667
	混合无机颗粒改性	305件申请；旭化成22件，三菱12件	69件，19件授权（产品8件），8件待审；旭化成4件（3件授权，1件在审）；日立5件（3件授权，1件视撤，1件待审）	29件，11件授权（产品9件），9件待审；上海双奥2件（2件在审）；深圳星源3件（3件在审）	1.31		国内0.393 国外来华0.327
聚酰亚胺		180件申请；宇部23件，比亚迪15件，日本帝人6件	20件，8件授权（产品3件），6件待审；环球油品2件（1件驳回，1件撤回）；纳慕尔杜邦3件（2件授权，1件在审）	81件，29件授权（产品20件），33件待审（产品1件）；天津工业大学5件（3件在审）；深圳星源3件（3件在审）；上海交通大学3件（3件在审）	0.23		国内0.474 国外来华0.125

297

续表

技术分支	全球申请情况	国外来华申请	国内申请情况	风险参考值	专利申请趋势	活跃度
聚合物电解质隔膜	740件申请；日东电工27件，三菱21件，松下18件	61件，27件授权（产品20件），6件待审（产品5件）；三星6件（6件授权）；LG5件（3件授权，2件撤回）	146件，58件授权（产品40件），21件待审（产品13件）；深圳星源10件（10件在审）；中航锂电3件（3件撤回）；深圳中兴3件（3件撤回）	0.44		国内0.313 国外来华0.235
含氟聚合物	433件申请；日东电工21件，旭化成19件，松下14件	68件，36件授权（产品30件），8件待审（产品4件）；日本吴羽14件（7件授权中止，4件授权利成7件（4件授权利中止，3件待审）	140件，43件授权（产品20件），39件待审（产品10件）；深圳星源4件（4件授权利终止）；比亚迪3件（3件授权）；东莞魔方4件（4件授权）	0.69		国内0.28 国外来华0.344
纤维素	16件申请	11件，5件授权；日本瑞翁2件（2件授权）；旭化成2件（2件撤回）	5件（1件授权；中国科学院青岛过程研究所3件（1件授权）	5		国内0.615 国外来华0.286

298

7.5.1.4 局部专利风险分析

隔膜材料相对于其他三种关键材料来说申请量少，但是隔膜是保证电池安全性的一个重要部分。国内隔膜的产业化程度最低，为了了解隔膜材料领域的部分技术分支的专利风险情况，对隔膜材料部分技术分支的专利申请、审查和授权情况进行了具体分析，包括所分析的技术分支的重要申请人的申请情况、已审申请的审查情况、法律状态等，尤其是梳理了已审申请中审查员引用对比文件的情况，以期通过隔膜材料领域部分技术分支的分析，从技术方案的角度了解专利的申请方向。其中国外来华重要申请人是根据申请量选择的，国内重要申请人的选择除列出了申请数量多的申请人之外，还重点梳理了已审专利申请的审查情况（并非涵盖所有申请人），参见表7-5-2。

由表7-5-2可以看出，在隔膜聚烯烃领域混合有机物改性分支，国内排名前三位的申请人中，新乡格瑞恩和新乡中科科技在2011年提交了3件申请，其中2件授权，但在审查中引用了对比文件，其分别为旭化成在美国申请且已有中国同族授权的专利文献和日本东燃在日本公开的文献，1件驳回，审查中引用的对比文件为深圳星源的一篇已授权的文献。深圳富易达申请2件均视撤，审查中引用的对比文件为美国思凯德和LG在中国申请并公开的文献。佛山塑料提交了2件申请，1件授权，但在审查中也引用了LG和SK在中国申请并公开的文献，另一件申请已驳回失效，在审查中引用了国内的一篇文献和日本东燃的一篇在中国公开并授权的文献。国内的其他申请人的申请量基本均不足2件，可见在混合物有机物改性分支，国内没有一定的专利有效量，更不用谈专利布局。而国外申请人在中国的专利布局很强，其前三位申请人的申请情况列于表7-5-3中，可以明显看出与国内申请人的巨大差距，国内的专利申请遭遇国外来华申请所形成的专利壁垒。

由表7-5-3统计的隔膜材料聚酰亚胺分支可以看出，国内申请人中排在第一位的是比亚迪。其在2006~2008年提交了15件申请，有11件授权，其中3件没有引用对比文件即授权，4件被驳回。该技术分支的2位国内重要申请人共有20件专利申请已审，有15件引用对比文件，共引用15件。其中，3件（20%）为国外来华专利，且国外来华专利中有1件处于授权维持状态，1件权利终止，1件处于视撤状态；5件（33%）为国外公开专利，未进入中国；2件（13%）为引用申请人自己的专利；4件（26%）为引用国内其他申请人的专利。国外来华申请人中排名前两位的申请人情况列于表7-5-3。日本东洋和美国环球油品分别申请了2件，只有日本东洋授权了2件，国外申请人没有在中国大量申请聚酰亚胺材料相关专利。通过对比可以看出，国内在聚酰亚胺分支占有一定的优势，专利风险较低。

表7-5-2 中国隔膜聚烯烃领域混合有机物改性分支国内和国外来华重要申请人对比

申请人类型	重要申请人情况	已审公开号	申请技术方向	法律状态	引用对比文件	主要发明人
国内重要申请人	1. 新乡格瑞恩；新乡中科科技（2011年申请3件，2件授权，1件驳回）；	CN102267229A	聚烯烃中加入高沸点或高闪点孔型修饰剂	授权	US2007221568A1（日本旭化成，US、CN、JP、KR均已授权）；	袁新豪、古继峰
		CN102290549A	聚烯烃中加入聚芳酯和抗氧化剂	授权	JP2004161899A（日本东燃，授权）	袁新豪、古继峰
		CN102320133A	聚烯烃中加入抗氧化剂或孔型静电剂	驳回	CN101724170A（深圳星源，授权）	袁新豪、古继峰
	2. 河南师范大学；新乡中科科技（2016年申请1件，授权）	CN105633328A	聚丙烯中加入孔型修饰剂和孔径调节剂	授权	CN101462381A（韩伟嘉，权利终止）	杨书廷、曹相杰、董红玉、尹艳红、褚鹏杰
	3. 深圳富易达（2008年申请2件）	CN101295778A	聚烯烃和包括丙烯酰胺和醚单体的嵌段共聚物	视撤	CN1694280A（美国思凯德，驳回）	杨梅
		CN101271967A	聚烯烃和聚砜以及包括丙烯酰胺和醚的嵌段共聚物	视撤	CN1694280A（美国思凯德，驳回） CN1388993A（韩国LG，授权）	聂君兰
	4. 佛山塑料（2件，2008年申请1件，2010年申请1件）	CN101280085A	制备方法	授权	CN136 2892A（韩国LG，权利终止） CN101469078A（韩国SK，授权）	沈勇、吴耀根、蔡朝辉
		CN102064301A	制备方法	驳回 失效	CN1897329A（上海盛超自动化科技，视撤） CN101208198A（日本东燃，授权）	邱均峰、王松钊、吴耀根、蔡朝辉

续表

申请人类型	重要申请人情况	已审公开号	申请技术方向	法律状态	引用对比文件	主要发明人
国外来华重要申请人	1. 日本东燃（10件，1件是方法类型，其余都是产品类型，其中2000年申请1件，2006~2007年申请3件，2008~2009年申请4件，2010年申请2件，均通过PCT途径进人中国，大部分申请要求多国优先权）	—	主要是聚乙烯和聚丙烯的混合，包括二者的比例，各自的分子量，熔化热等。	8件授权，1件视撤，1件待审	—	菊地慎太郎、滝田耕太郎、庞田耕太郎
	2. 旭化成（6件申请，均是产品发明，2002年和2004年各申请1件，2006年申请1件，2007年申请1件，2009年和2010年各申请1件，大部分均通过PCT途径进入）	—	聚乙烯和聚丙烯混合，也涉及聚烯烃和其他树脂的混合。发明点在于混合比例或者分子量的选择	5件授权，1件视撤，1件待审	—	发明人分散
	3. 美国思凯德（4件，都是产品类型，其中2000年申请1件，2001年申请2件，2005年申请1件，均要求优先权）	—	聚乙烯和聚丙烯的混合或者不同聚合度的聚烯烃的混合，聚烯烃与聚醚酯酰胺单体的嵌段共聚物的混合	2件授权，1件视撤，1件驳回	—	发明人分散

301

表7-5-3 中国隔膜材料聚酰亚胺领域国内与国外来华重要申请人对比

申请人类型	重要申请人情况	公开号	申请技术方向	法律状态	引用对比文件	主要发明人
国内申请人	1. 比亚迪（申请了16件，主要集中在2006～2008年，2006～2008年申请15件，11件授权，4件驳回，3件授权专利申请没有引用对比文件；2012年申请1件，待审）	CN101000951A	聚酰亚胺材料 授权方案：具有具体结构式的聚酰亚胺隔膜	授权	CN1670989A（日本巴川制纸所，授权，技术方案：聚酰亚胺中有聚烯烃）	肖峰、宫清、张家鑫、司雷
		CN101212035A	基材含有聚酰亚胺，孔道内含有聚烯烃 授权方案：聚烯烃玻璃化温度、孔隙率、孔径、厚度	授权		李成章、江林等
		CN101393976A	聚酰亚胺无纺布 授权方案：制造方法	授权	JP特开2006-147349A（日本，东洋纺织，技术方案：聚酰亚胺和无纺布） CN101000951A（比亚迪）	江林、谢守德
		CN101355143A	聚酰亚胺和添加剂，添加剂为无机晶须和/或正硅酸酯 授权方案：添加剂仅为无机晶须和正硅酸酯或仅添加正硅酸酯	授权	CN101000951A（比亚迪） CN1179855A（日本三菱制纸，权利终止，技术方案：添加无机纤维）	陈涛、杨琼、江林
		CN101420018A	具有特定厚度和孔径的隔膜	授权	CN101000951A（比亚迪）	李成章、杨琼、江林
		CN101412817A	制备方法	授权	JP特开2005-60606A（日东电工）	饶先花、胡娟、张凌紫、江林、宫清

302

续表

申请人类型	重要申请人情况	公开号	申请技术方向	法律状态	引用对比文件	主要发明人
国内申请人	1. 比亚迪（申请了16件，主要集中在2006～2008年，2006～2008年申请15件，11件授权，4件驳回，3件授权专利申请没有引用对比文件；2012年申请1件，待审）	CN101615697A	聚酰亚胺材料	驳回	CN1725524A（日本三洋电机，视撤）CN101000951A（比亚迪）	张兆华、吴声本、姜占锋
		CN101645497A	孔径分布	授权	US2003/0018094A1	杨卫国、江林、宫清
		CN101638490A	孔径分布	授权	US2003018094A1（宇部兴产）	杨卫国、江林、宫清
		CN101651233A	聚酰亚胺材料	驳回 失效	CN101212035A（比亚迪）	黄艺凤、马鲁飞、吴声本、姜占锋
		CN101752539A	孔径分布	驳回 失效	US2003/0018094A1	杨卫国、江林、宫清
		CN101752540A	孔径分布	驳回 失效	US2003/0018094A1	杨卫国、江林、宫清
		CN103509186A	聚酰亚胺的制备	中通出案待答复	US5145943A（美国乙基公司，视撤）CN101560371A（中国科学院化学研究所，授权）CN102206346A（中国科学院长春应用化学研究所，授权）	宫清、张宜虎、周维

续表

申请人类型	重要申请人情况	公开号	申请技术方向	法律状态	引用对比文件	主要发明人
国内重要申请人	2. 中国科学院（中国科学院广州化学有限公司与佛山市功能高分子材料与精细化学品专业中心 2011 年共同申请 1 件，中国科学院青岛生物能源与过程研究所 2011 年申请 1 件，2014 年申请 1 件，中国科学院兰州化学物理研究所 2010 年申请 1 件，中国原子能科学研究院 2014 年申请 2 件，中国科学院大连化学物理研究所 2014 年申请 1 件）	CN102108113A	聚酰亚胺的结构	授权	—	胡继文、卢汝锋、张千伟、肖定书、胡美龙
		CN102417604A	聚酰亚胺中加入 SiO_2 胶体球及隔膜的制备方法	驳回失效	—	王齐华、王超、王廷梅
		CN102251307A	聚酰亚胺纤维直径及孔径分布	授权	CN1760241A（北京化工大学，授权）CN101812183A（哈尔滨理工大学广东超华科技股份有限公司，授权）	崔光磊、刘志宏、江文、姚建华、韩鹏献、徐红霞
		CN103928648A	孔径分布	视撤	—	吴振东、梁海英、焦学胜、刘永辉、鞠薇、傅元勇、陈东风
国外重要申请人	1. 日本东洋（申请 2 件，2005 年和 2006 年各通过 PCT 申请 1 件）	—	限定某种结构式含量的聚酰亚胺多孔层；或者限定聚酰亚胺纤维直径	2 件授权	JP 平 2－47141A（日本原子力研究所，授权）	—
	2. 美国环球油品（2010 年通过 PCT 申请 2 件）	—	聚酰亚胺制造方法	1 件驳回，1 件撤回	—	刘春青、M－W·唐

304

7.5.1.5 交叉专利风险分析

该案例所采用的交叉专利风险分析方法主要应用于市场竞争格局分析。

1) 专利诉讼分析

在锂离子电池领域涉及行业领头羊之间且影响到企业全球市场布局的专利诉讼案件屡见不鲜，当前我国正处在转型发展阶段，核心专利累积较少，专利资源分散，这不利于我国企业参与国际竞争。与此同时，我国企业技术创新能力在不断提升，专利申请量也逐年递增，这都显示出专利诉讼今后将成为我国企业参与国际市场竞争的常见行为。本节尝试从专利诉讼的角度，尝试对锂离子电池隔膜行业中的热点技术、主要的研发团队以及各大行业巨头的利益关系等问题进行阐述，进而对行业面临的风险进行预警。

2) 主要诉讼案件

在分析我国企业参与国际竞争所面临的风险之前，需要首先了解当前全球锂离子电池隔膜行业主要的诉讼情况，进而摸清诉讼背后的原因。

目前全球锂离子电池隔膜主要来自旭化成、Celgard、LG、SK、日本东燃及宇部兴产等，在锂离子电池领域的诉讼中，涉及隔膜的诉讼案件比较少，其中为数不多的关于隔膜的诉讼案件涉及的当事人主要有 Celgard、LG、SK、多微孔产品有限公司（Microporous Products L P）、韩国科学技术研究院（KOREA Institute of Science and Technology），诉讼对象主要是 SK 和 LG。主要的诉讼案件有以下几起。

（1）美国 Celgard & SK/LG 的诉讼

2013 年 3 月 22 日，美国 Celgard 公司在美国向 SK 提起一件专利侵权诉讼案。该案中 Celgard 所主张受到侵害的专利为 US6432586B1（以下简称"586 专利"）。Celgard 在诉状中指出，SK 所制造、使用、进口、销售的电池产品之中，包括了侵害 586 专利的隔板结构。Celgard 更强调，早在 SK 提出 PCT/KR2011/005978 号 PCT 申请案时，586 专利的内容即已公开并且被列为引证前案；另外，Celgard 还指出，先前 SK 曾通过另外一件诉讼案知悉并了解 586 专利的内容。由此证明 SK 是在知悉 586 专利的情况下而故意侵权的。Celgard 请求法院对 SK 持续侵害专利的行为，要求损害赔偿金及永久禁令以禁止其后续侵权行为。

2014 年 1 月，Celgard 就其同一充电电池隔膜 586 专利，以 LG 侵犯其充电电池隔膜 586 专利为由，在美国对 LG 和 LG 美国法人提起诉讼，要求法院在诉讼过程中，禁止 LG 在美销售有关电池，并于 2014 年 3 月向法院递交了假处分申请。4 个月之后，法院作出判决，同意了该申请。另外，LG 也于隔天向法院递交了终止假处分的申请，法院也于 23 日受理了该申请。同时，LG 还向北卡罗来纳州西部联邦地区法院提出上诉，要求其重审判决结果。由于 LG 提出了上诉，在上诉判决结果出来之前，LG 将不受影响，在美继续保持正常的销售状态。Celgard 自 2005 年起，开始为 LG 供应隔膜薄膜基材，LG 出于提高产业竞争力和稳定性的考虑，想要变更该产品的供应商。与 Celgard 间的合作量也逐年降低，2013 年 7 月双方的合作就已经基本处于停滞状态。为了使自身在与 Celgard 的重新合作中处于优势地位，LG 在此次诉讼中也使用了压迫战术。

这两次诉讼涉及的 Celgard 的专利 US6432586B1，其名称为 "Separator for a high energy rechargeable lithium battery"（用于高能量可充电锂电池之隔板），其主要内容在于提供：一种用于高能量可充电锂电池之隔板，所述隔板包括一个陶瓷复合材料层和聚合物微孔层。该陶瓷层包括无机颗粒和基质材料的混合物，适于阻挡枝晶生长并防止电子短路，并且阻止热失控事件中在阳极和阴极之间的离子流动。该专利在 2000 年 4 月 10 日向美国专利商标局提出申请，并于 2002 年 8 月 13 日获得授权。该专利在美国授权的权利要求 1 为：一种用于高能充电锂电池的隔板，包括：至少一个陶瓷复合材料层，所述陶瓷复合材料层包括无机颗粒和基质材料的混合物；所述陶瓷复合材料层至少阻挡枝晶生长并防止电子短路；和至少一个不含颗粒的聚合物微孔膜层，所述微孔膜层在热失控时阻挡阳极和阴极之间的离子流动。可以看出，该专利主要涉及的技术分支为陶瓷涂层复合隔膜，由于锂离子电池隔膜的缺点主要集中在熔融温度较低、耐热性能较差等方面。随着隔膜涂覆技术的成熟，通过对干法或湿法工艺生产的隔膜涂覆陶瓷等无机材料，上述耐高温涂覆隔膜在充放电过程中发生大面积放热后仍能保持隔膜的完整性，能够良好地解决隔膜耐热性能较差的问题。可以看出，陶瓷涂覆技术是业界关注的重点技术分支。而且值得注意的是，该 586 专利于 2005 年 7 月 13 日在中国也获得了授权，授权专利号为：ZL 011163534，保护期限为 20 年，专利权期满终止日为 2020 年 4 月 10 日，值得国内企业引起重视；而且该专利也分别在韩国、日本获得专利权，授权公告号和公告日分别为（KR100990003B，2010 年 10 月 26 日）、（JP4570271B2，2010 年 10 月 27 日）。

（2）LG & SK 的诉讼

LG 曾声称 SK 的电动汽车锂离子二次电池的核心技术——"无机物隔膜"盗用了 LG 自主研发的专利技术——强化安全性的隔膜技术（SRS），并且于 2011 年 12 月向首尔中央地方法院提起了禁止专利侵害和要求赔偿损失的诉讼。当时的舆论都认为 LG 作为电动汽车电池的领跑者是为了牵制后来者 SK 才提出了诉讼。

面对 LG 的上诉，SK 坚持称"陶瓷隔膜"（CCS）是自主开发的技术，并且向专利厅下属的专利审判院提交了将 LG 的原始专利无效化的专利无效判决申请。2011 年 8 月，专利审判院接受了 SK 的主张，作出了 LG 隔膜专利技术无效的判决。其主要理由在于 LG 所拥有专利的核心技术——隔膜上涂抹的活性层气孔构造所申请专利的范围过广，与已有技术相比缺少创造性。LG 对判决不服，向专利法院提起了取消此判决的诉讼。专利法院再次驳回了 LG 的主张。就此，在专利审判院的一审判决和由专利法院作出的二审判决中，SK 均胜诉。SK 中大型二次电池核心部分的独家技术力也再次得到了证明。

与之相反，LG 则计划即时向大法院进行上告。LG 通过媒体报道表示：LG 的强化安全隔膜（SRS）专利是在美国等海外专利管理机构和国内外的汽车企业都得到价值认证的原始专利。然而大部分舆论分析，LG 应该很难在大法院的判决中翻案。据法律界及专利专家们推测，大法院的裁决方式与区分事实关系的下级审判单位不同，大法院只对是否违反法律或判例作出判决，因此推翻专利审判院和专利法院判决的可能性很小。

由上述诉讼案例可以看出，隔膜材料的诉讼主要发生在掌握高性能隔膜核心技术的美国 Celgard 和韩国 LG、SK 之间，这些公司是存在竞争关系的锂离子电池隔膜的主要供应商，也是锂电池隔膜的主要研发团队；其诉讼焦点是隔膜的涂覆改性（涂覆有机层改性、涂覆无机层改性、有机/无机共涂覆改性），这是由于锂离子电池隔膜的缺点主要集中在熔融温度较低、耐热性能较差等方面，随着隔膜涂覆技术的成熟，通过对干法或湿法工艺生产的隔膜涂覆陶瓷等无机材料，上述耐高温涂覆隔膜在充放电过程中发生大面积放热后仍能保持隔膜的完整性，能够良好地解决隔膜耐热性能较差的问题，可以看出，陶瓷涂覆技术是提升隔膜稳定性和安全性能最为有效的方法，也是业界关注的重点技术分支；产生诉讼的原因表面上是当事人知识产权意识比较强，但其背后却是利益的驱动，而且涂覆改性这种方式也越来越为国内企业所接受并加以推广，这也表明我国在有机和/或无机层涂覆改性的隔膜的生产上存在一定的诉讼风险。

7.5.1.6 专利风险分析结论及风险规避措施

根据锂离子电池隔膜材料各个技术分支的专利风险系统和局部分析，发现总体上锂离子电池隔膜材料的各个分支都有风险，但是不同技术分支的风险程度不同，下面将对隔膜材料的风险情况进行总结。

通过对锂离子电池的系统分析，即通过风险参考值和国内活跃度，可以看出各个技术分支的相对风险程度。各个技术分支的系统风险情况汇总如表 7-5-4 所示。

表 7-5-4　锂离子电池隔膜材料系统风险情况汇总

材料类型	材料名称	风险参考值	国内活跃度	国外活跃度	国外来华重要申请人
隔膜	聚乙烯	1.39	0.359	0.302	日本东燃、SK
	聚丙烯	1.5	0.585	0.410	日本东丽、日本积水化学
	有机涂覆改性	0.83	0.457	0.333	日本东燃、美国思凯德
	混合有机物改性	2.32	0.541	0.329	日本东燃、旭化成、美国思凯德
	含氟聚合物	0.69	0.28	0.344	日本吴羽、旭化成
	无机涂覆改性	0.81	0.587	0.442	LG、德国德古萨、索尼
	混合无机颗粒	1.31	0.393	0.327	日立、旭化成
	有机无机共涂覆	0.34	0.783	0.671	索尼、东丽、日本帝人
	有机无机共混合	0.08	0.813	0.667	—
	聚酰亚胺	0.23	0.474	0.125	—
	纤维素	5	0.615	0.286	—
	聚合物电解质隔膜	0.44	0.313	0.235	三星、LG

注：表中"—"表示专利申请量很少，给出信息没有意义，因此没有给出相应信息。

1) 锂离子电池关键材料专利风险分析结论

对隔膜材料的部分技术分支进行了局部分析，通过前面关于锂离子电池关键材料各个技术分支的系统和局部风险分析，可以得出如下结论：

(1) 重视对成熟材料的改进方面的技术研究和专利布局

国内锂离子电池隔膜材料的各个分支普遍存在专利侵权风险，风险主要来自日本、韩国、美国、德国，但各个技术分支的风险程度不同，新兴材料的研发紧跟全球的脚步，在成熟材料的研发方面，国外研发起步早，专利布局早，产业化成熟度高，国内在成熟材料的改进方面的专利申请的数量和质量与国外有较大差距。

国内锂离子电池隔膜材料的风险主要来自日本、韩国、美国和德国。随着对锂离子电池的充放电性能、安全性等方面要求的提高，隔膜材料领域都在寻求满足市场需求的新材料或者对现有材料改进的方案，国内在新材料研发方面紧跟全球的新材料研发脚步，但是毕竟新材料的产业化需要一定的时间。而国外由于成熟材料的研发起步早，专利布局早，产业化成熟度高，因此国外在成熟材料的改性方面还在大量申请专利，而国内在成熟材料改性方面的专利申请与国外差距较大，虽然国内近两年申请量增长迅速，但总体上还是风险相对较高，例如隔膜材料中聚烯烃及其耐高温改性等领域，而这些成熟材料是目前市场上产业化较好的材料，为了占领市场，这些成熟材料的改性研究不容忽视。

(2) 充分检索了解在先技术，针对性确定研发方向

隔膜材料中起步较早的聚烯烃仍然是市场的主流，对聚烯烃的改性是隔膜材料的技术发展方向，例如涂覆无机颗粒、混合无机颗粒、聚烯烃材料的混合使用等，但是这些技术分支均处于风险较高的状态。而对于聚烯烃领域的有机无机共涂覆、含氟聚合物、聚合物电解质隔膜和聚酰亚胺，大量企业的专利申请在审批过程中受到自身和/或其他申请人在先技术的阻碍，这反映出上述企业没有充分检索相关在先技术，从而导致重复研发，该问题应当应引起申请人的注意。

结合对隔膜材料领域的系统风险分析和部分技术分支的局部风险分析，得出如下结论。

在聚烯烃领域，混合有机物改性、无机颗粒涂覆改性、混合无机颗粒改性的风险较高，从系统分析数据来看，其风险参考值分别达到 2.32、0.81 和 1.31，从专利数量看就相差较大，而这些技术分支是目前技术发展的方向，混合有机物改性分支的风险来自日本东燃、旭化成、美国思凯德等，无机颗粒涂覆改性的风险主要来自 LG、德国德古萨、索尼等，混合无机颗粒改性的风险主要来自旭化成、日立。从上述三个技术分支的局部分析看，这三个技术分支的每个申请人的申请量很少，而且授权的量也很少，每个分支授权量仅为 2～3 件，从专利申请的审查过程来看，75% 以上的申请都引用了对比文件，从引用对比文件的类型看，大部分为国外来华专利文献，说明这个技术分支受到国外来华专利的阻碍，同时说明国内申请人在研发和申请专利时缺乏必要的检索，导致大量的重复劳动。聚乙烯和聚丙烯是比较成熟的隔膜材料，2008 年以前国内的申请量都比国外来华的申请量小，但也存在一定的风险，聚乙烯的风险主要来

自日本东燃、SK，而聚丙烯的风险主要来自东丽等。在无机涂覆改性分支，国内申请的活跃度略大于国外来华申请的活跃度，这与业内越来越多的研究人员意识到隔膜无机涂覆改性的重要性并不断投入研究有关，但是国内申请的有效量远远低于国外来华申请，而且国外来华申请中，无机涂覆改性分支是活跃度较大的分支，且仍呈现不断增强专利布局之势，LG、德国德古萨、索尼在该分支的布局较强，因此该分支风险也较高。有机无机共涂覆、有机无机共混合改性分支起步较晚，国内和国外来华申请的差距不大，风险较低。但是，对于有机无机共涂覆改性分支，从系统分析数据看，其风险参考值为 0.34，但是从该分支的局部分析数据看，该分支下申请人的申请量和授权量较少，从专利申请的审查过程来看，80%以上的申请都引用了对比文件，从引用对比文件的类型看，大部分为国外来华专利文献，一部分是国内申请人自己的专利文献，而国外来华的申请人已形成基本的专利布局，说明这个技术分支受到国外来华专利的阻碍，同时说明国内申请人在研发和专利申请时缺乏必要的检索，导致大量的重复劳动，该分支仍然存在较大风险。

聚酰亚胺是新开发的材料，国内虽然起步稍晚，但专利数量差距不大，由于聚酰亚胺还没有大规模产业化，因此国外来华申请布局不多，体现出低风险等级。聚合物电解质隔膜与聚酰亚胺类似。

隔膜材料中起步较早的聚烯烃仍然是市场的主流，为了满足锂离子电池安全性要求，尤其是动力电池的安全性要求，对聚烯烃的改性是隔膜材料的发展主流，例如涂覆无机颗粒、混合无机颗粒、有机无机共涂覆等，但是在这些技术分支都风险较高，虽然风险较高，但是由于这些技术分支是技术发展的主流方向，要想占据市场优势，国内企业必须重视加强这些技术分支的研发。而对于聚烯烃领域的含氟聚合物、聚合物电解质隔膜，目前国外企业的专利申请不多，国内申请人还有机会占据主动，需要企业与科研院所紧密合作。聚酰亚胺是近几年新发展的材料，全球申请量不多，处于研发阶段，其风险参考值不高，进一步的局部分析发现，比亚迪在 2006~2008 对其进行了积极的研发，11 项专利申请获得了授权，引用的对比文件中少量是国外来华专利文献，大部分为比亚迪自身的专利文献或者国外未来华专利文献，但比亚迪到 2008 年之后仅在 2012 年申请了 1 件专利，国外来华中申请量最大的仅 2 件，该材料的产业化发展前景并不明朗，需要科研院所和企业密切关注。

（3）国内锂离子电池龙头企业的专利申请质量有待提高

该龙头企业业务范围涉及材料生产、电池组装和电动车生产，企业自身形成了一条完整的产业链，从隔膜材料的申请来看，其在隔膜各个分支均衡申请，并且申请量较大，在锂离子电池隔膜材料领域属于龙头企业，在进行风险局部分析时，对隔膜聚烯烃领域的无机颗粒涂覆改性、有机无机共涂覆、无机颗粒混合改性、聚酰亚胺分支的已审专利申请进行了深入分析，其在四个分支的分析中都属于被分析对象，从其已审专利的引证文献，可以看出其专利申请质量有待提高。

2) 锂离子电池隔膜材料风险规避措施

(1) 国内锂离子电池隔膜材料研发活跃，政府和行业协会的管理及引导非常重要

国内锂离子电池隔膜材料近几年的研发活跃度高于国外申请人，活跃度排名前两位的申请人均致力于有机物共涂覆改性隔膜和有机无机共混合改性隔膜方向的研究，这说明国内申请主要关注方向基本与国外来华申请人一致。由于材料的研发属于基础研究领域，其研发投入大，回报不确定性较大，因此需要国家投入专项资金，尤其是对于技术壁垒较高的隔膜领域。而且，对于占据市场份额来说至关重要的材料分支，政府和行业协会应组织专家论证，找准市场定位和材料的研发方向，并给予积极引导。

(2) 加强企业对产业化程度高、成熟材料的改性研发和专利申请，从而带动新材料的研发

企业站在市场的最前沿，最了解市场的情况，因此企业的研发最能够紧跟市场的动向，而目前国内企业研发不足，尤其是产业化程度高、成熟材料的改性研发，例如隔膜材料的聚烯烃及其改性等，只有这些材料达到高端水平，企业才能够获利并且带动新材料的研发。

(3) 加强国内申请人的专利检索和撰写能力

从隔膜的局部分析可以看出，国内申请人在专利申请时没有充分检索现有技术，没有能够规避许多国外来华的专利申请，这不仅意味着专利申请工作可能付诸东流，还因为背后技术研发的简单重复，浪费了大量人力物力。此外，国内申请人还应当加强专利撰写水平，更加充分全面地表达出期待专利保护的诉求。

(4) 采用战略思维加紧专利布局

对于风险较高的技术分支，应找准技术突破口，在国内重要申请人强强联合进行技术研发和专利布局的同时，应同步强化其在国外的专利布局。对于风险较低的技术分支，应关注后续潜在风险，当前风险低并不意味着今后风险仍持续低位，例如，国外申请人在没有市场化之前，由于没有利益驱动，在国内布局较少，一旦进行了市场化，国外申请人会迅速在国内进行专利布局，因此国内申请人应加紧对风险较低技术分支的研发，并有目的地进行专利提前布局。

(5) 采用"拿来主义"快速提升国内申请人的实力

从国外来华布局的趋势来看，1998年以前，国外申请人在中国尚未进行强有力的专利布局，因而大量的国外专利申请未能进入中国，其中不乏一些利用价值较高的专利技术，国内申请人可以充分利用国外先前技术，在此基础上进行研发，避免重复劳动。其次，表7-5-5给出了各个技术分支中全球申请量排名位居前15位且没有来华申请或者来华申请量很小的国外申请人。部分国外行业领军企业在某个技术分支自始至终都没有在中国布局，如果国内企业在该技术分支技术力量薄弱，可以利用国外未来华专利技术，实现对自身实力的快速有效补充。

表 7-5-5 锂离子电池隔膜材料各个技术分支可利用其技术的国外申请人

材料类型	材料名称	可利用其技术的国外申请人
隔膜	聚烯烃	三菱、东丽、三洋
	聚酰亚胺	宇部兴产、日东电工、美国杜邦
	聚合物电解质隔膜	日东电工、三菱、松下、美国威伦斯

7.5.2 专利侵权风险分析典型案例

7.5.2.1 整体分析流程

首先，明确侵权判定的法律依据和基本原则；其次，明确风险等级标准；再次，确定侵权分析针对的技术方案；最后，检索高度相关专利权，并进行侵权判定分析，给出应对措施。

7.5.2.2 明确侵权判定的法律依据和基本原则

该案例依据下述条款确定相关专利权的保护范围：

《专利法》第 64 条第 1 款；

《最高人民法院关于审理专利纠纷案件适用法律问题的若干规定》（2015）第 17 条第 1 款；

《最高人民法院关于审理侵犯专利权纠纷案件应用法律若干问题的解释（二）》（2016）第 5 条。

该案例中，依据下述条款对相关专利权的文字记载进行解读：

《最高人民法院关于审理侵犯专利权纠纷案件应用法律若干问题的解释》（2009）第 3 条和第 6 条；

《最高人民法院关于审理侵犯专利权纠纷案件应用法律若干问题的解释（二）》（2016）第 4 条。

该案例中，依据下述条款确定的全面覆盖原则对比委托方产品和相关专利权的技术方案：

《最高人民法院关于审理侵犯专利权纠纷案件应用法律若干问题的解释》（2009）第 7 条第 2 款；

《最高人民法院关于审理侵犯专利权纠纷案件应用法律若干问题的解释（二）》（2016）第 7 条第 1 款和第 9 条。

该案例中，依据下述条款确定的等同原则判断委托方产品和相关专利技术特征的实质性差异：

《最高人民法院关于审理专利纠纷案件适用法律问题的若干规定》（2015）第 17 条第 2 款。

7.5.2.3 明确风险等级标准

1) 高风险级别

委托方技术方案的技术特征与专利的技术特征相比，专利权权利要求书中的全部技术特征均被委托方的技术方案的对应技术特征所覆盖；或作为区别的技术特征属等同特征且该判断是简易而确凿的。

2) 中风险级别

委托方技术的技术特征与专利权的必要技术特征相比，区别仅在于部分必要技术特征的差异，但所述差异可以规避。

3) 低风险等级

委托方技术的技术特征与专利权的技术特征相比少一个或一个以上的技术特征。

4) 无风险等级

委托方技术的必要技术特征与专利权的全部必要技术特征完全不同，或虽然存在部分相同的技术特征但二者的区别技术特征具有实质性的差别。

7.5.2.4 确定侵权分析针对的技术方案

基于委托方提供的专利申请文本，分析该申请的技术领域、技术问题、技术方案和技术效果，并确定侵权分析针对的技术方案。图7-5-3为技术方案所对应的结构示意图。

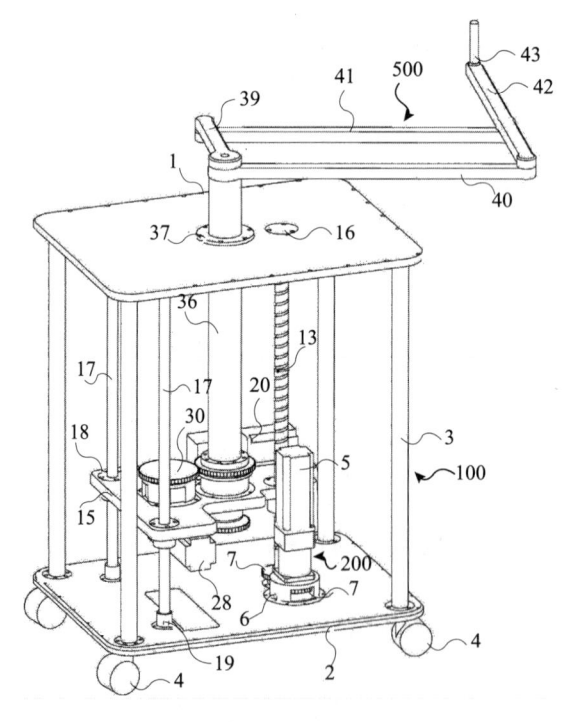

图7-5-3 针对上肢功能康复的训练设备的结构示意

一种针对上肢功能康复的训练设备，其特征在于，包括支撑装置、升降装置、第一转动装置、第二转动装置、传动装置和训练接触件；所述升降装置包括升降驱动组件和基座；所述升降驱动组件与所述支撑装置连接，且所述升降驱动组件能够驱使所述基座沿所述支撑装置的高度方向上下移动；所述第一转动装置和所述第二转动装置分别与所述传动装置连接，且所述第一转动装置和所述第二转动装置能够分别绕自身的轴线转动；所述第一转动装置和/或所述第二转动装置绕自身的轴线转动时，设置在所述传动装置上的所述训练接触件的位置能够改变；所述第一转动装置和所述第二转动装置均设置在所述基座上，且所述第一转动装置和所述第二转动装置同时随所述基座沿所述支撑装置的高度方向上下移动，进而令所述训练接触件随所述传动装置沿所述支撑装置的高度方向上下移动。

所述第一转动装置包括第一输出轴；所述第二转动装置包括第二输出轴；所述第二输出轴外套在所述第一输出轴上，且所述第一输出轴的轴线与所述第二输出轴的轴线重合；所述第一输出轴和所述第二输出轴分别与所述基座可转动连接；所述第一输出轴和所述第二输出轴分别与所述传动装置连接，且所述第一输出轴和所述第二输出轴能够分别绕所述第一输出轴的轴线转动；所述第一输出轴和/或所述第二输出轴绕所述第一输出轴的轴线转动时，能够改变所述训练接触件的位置。

传动装置包括第一传动杆、第二传动杆、第三传动杆和第四传动杆；所述第二传动杆可转动连接所述第一传动杆和所述第四传动杆，所述第三传动杆可转动连接所述第一传动杆和所述第四传动杆；所述训练接触件与所述第四传动杆固定连接；所述第一输出轴与所述第一传动杆固定连接，以使所述第一传动杆随所述第一输出轴转动；所述第二输出轴与所述第二传动杆固定连接，以使所述第二传动杆随所述第二输出轴转动。

所述第一转动装置包括第一转动驱动组件；所述第一转动驱动组件固定在所述基座上，且所述第一转动驱动组件通过第一传动齿轮组传动连接所述第一输出轴；和/或所述第二转动装置包括第二转动驱动组件；所述第二转动驱动组件固定在所述基座上，且所述第二转动驱动组件通过第二传动齿轮组传动连接所述第二输出轴。

所述第一转动装置还包括第一转动透盖、第一转动底部轴承和第一转动挡圈；所述第一转动透盖、所述第一转动底部轴承和所述第一转动挡圈均外套在所述第一输出轴上；所述第一输出轴通过所述第一转动底部轴承与所述基座可转动连接；两个所述第一转动底部轴承之间设置有所述第一转动挡圈；所述第一转动透盖与所述基座固定连接，以固定所述第一转动底部轴承；和/或所述第二转动装置包括第二转动轴承座、第二转动底部轴承和第二转动透盖；所述第二转动轴承座、所述第二转动底部轴承和所述第二转动透盖均外套在所述第二输出轴上；所述第二转动轴承座与所述基座固定连接；所述第二转动轴承座内设置有两个所述第二转动底部轴承，所述第二输出轴通过所述第二转动底部轴承与所述基座可转动连接；所述第二转动透盖与所述第二转动轴承座固定连接，以固定所述第二转动底部轴承。

所述第二转动装置还包括外套在所述第二输出轴上的第二转动套筒；所述第二转动套筒设置在所述第二转动底部轴承与所述第二输出轴的台阶之间；和/或所述第二转动装置还包括均外套在所述第二输出轴上的第二转动衬套座和第二转动衬套；所述第二转动衬套座与所述支撑装置固定连接；所述第二转动衬套设置在所述第二转动衬套座内部，所述第二输出轴与所述支撑装置之间通过所述第二转动衬套可转动连接。

所述第一转动装置还包括第一转动顶部轴承；所述第一输出轴和所述第二输出轴通过所述第一转动顶部轴承连接，且所述第一转动顶部轴承设置在所述第一输出轴的轴肩上；和/或所述第二输出轴包括第二输出轴本体部和第二输出轴转接部；所述第二输出轴本体部与所述第二输出轴转接部固定连接；所述第二输出轴本体部与所述支撑装置可转动连接，且第二输出轴本体部伸出所述支撑装置与所述传动装置连接；所述第二输出轴转接部与所述基座可转动连接。

所述升降装置还包括丝杠轴承座、丝杠轴承、升降透盖、升降套筒和丝杠；所述丝杠轴承座、所述丝杠轴承、所述升降透盖和所述升降套筒均外套在所述丝杠上；所述基座与所述丝杠可转动连接；所述升降驱动组件通过升降齿轮组传动连接所述丝杠，以使所述丝杠转动，以及使所述基座沿所述支撑装置的高度方向上下移动；其中，所述丝杠的轴线、所述第一输出轴的轴线和所述支撑装置的高度方向相互平行；所述丝杠轴承座与所述支撑装置固定连接；所述丝杠轴承座内设置有所述丝杠轴承，所述丝杠通过所述丝杠轴承与所述支撑装置可转动连接；所述升降透盖与所述丝杠轴承座固定连接，以固定所述丝杠轴承；所述升降齿轮组与所述丝杠轴承之间设置有所述升降套筒；沿所述丝杠的轴向，所述升降套筒的高度大于所述升降透盖的厚度，以使所述升降透盖与所述升降齿轮组间隔设置。

所述支撑装置设置有与所述基座滑动连接的光轨，所述光轨的轴线平行于所述丝杠的轴线；所述光轨与所述基座之间设置有光轨轴承。

所述支撑装置包括顶盖、底盘和支撑柱；所述顶盖与所述底盘之间通过所述支撑柱连接；所述底盘的底部连接有万向轮和/或定向轮；所述第一输出轴和所述第二输出轴的顶部穿过所述顶盖与所述传动装置连接，所述第一输出轴和所述第二输出轴的底部均与所述基座连接。

根据该上肢功能康复的训练设备的具体结构，可以按照表7-5-6将该技术方案拆分成6组技术特征。

表7-5-6 技术特征拆解表

序号	主题：上肢功能康复的训练设备	
1	支撑装置	顶盖、底盘、轮、支撑柱
		光轨

续表

序号	主题：上肢功能康复的训练设备	
2	升降装置	升降驱动组件，包括电机、齿轮组
		丝杆，丝杆与基座转动连接，由升降驱动组件驱动；丝杠连接的细节
		基座，与丝杠转动连接，丝杠转动时带动基座沿支撑装置的高度方向上下移动
3	第一转动装置	第一转动驱动组件，固定在基座上，包括电机、第一传动齿轮组，驱动第一输出轴转动
		第一输出轴，与第一传动杆连接，由第一转动驱动组件驱动，绕自身轴线转动
		透盖、底部轴承、挡圈、顶部轴承的细节
4	第二转动装置	第二转动驱动组件，固定在基座上，包括电机、第二传动齿轮组
		第二输出轴，与第二传动杆连接，外套在第一输出轴上，由第二转动驱动组件驱动，绕自身的轴线转动
		轴承座、底部轴承、透盖、转动套筒、衬套座、衬套的细节
5	传动装置	第二、三传动杆均转动连接第一、四传动杆
6	训练接触件	与第四传动杆固定连接，随传动装置的上下移动而移动，第一、二输出轴绕轴线转动时，改变训练接触件的位置

7.5.2.5 高度相关专利权的侵权判定分析

针对委托方的产品，在中文专利库中进行检索，检索截止日为 2021 年 7 月 7 日，检索过程示意参见图 7-5-4。

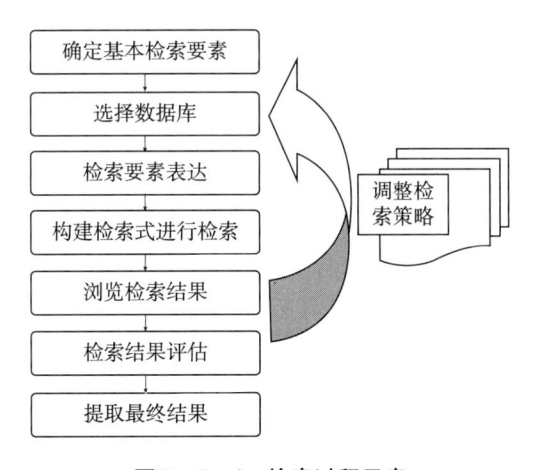

图 7-5-4 检索过程示意

除了在专利库针对委托方产品进行检索，项目组还对检索过程中发现的密切相关的专利文献，进行了申请人的追踪，包括大连海事大学、北京理工大学、广州市章和智能科技有限责任公司、上海卓道医疗科技有限公司等申请人。

该报告选择最为相关的专利CN208910867U（高风险级）进行详细分析。

1）专利基本信息

该实用新型专利名称为"一种上肢摆动装置"，申请日为2017年9月11日，授权公告日为2019年5月11日，专利权人为广州市章和智能科技有限责任公司，目前法律状态为专利权维持。

专利权失效日期为2027年9月11日；专利权有效国家为中国。

该专利无优先权。

2）专利文件分析

该专利共有6项权利要求，其中独立权利要求1具体限定了一种上肢摆动装置，从属权利要求2~6对摆动平台、上肢支架、摆动臂、支撑架等作出进一步限定。独立权利要求1范围最大，且与委托方产品直接有关，故相关专利权的最大保护范围由权利要求1确定。

授权公告的权利要求书的独立权利要求1如下：

1. 一种上肢摆动装置，其特征在于，设有上肢摆动平台与支撑架，所述上肢摆动平台与所述支撑架连接；所述上肢摆动平台可沿所述支撑架升降移动。

经核查该专利的专利审查档案相关文件，未发现申请人对权利要求1所保护的技术方案采取限制性陈述。

3）特征对比分析

该专利权利要求1要求保护一种上肢摆动装置。该专利的独立权利要求1和委托方产品的特征对比参见表7-5-7。

表7-5-7 技术特征对比

特征	委托方产品：上肢功能康复的训练设备		CN 208910867 U：一种上肢摆动装置（权利要求1）
1	支撑装置	顶盖、底盘、轮、支撑柱	支撑架
		光轨	
2	升降装置	升降驱动组件，包括电机、齿轮组	
		丝杆，丝杆与基座转动连接，由升降驱动组件驱动；丝杠连接的细节	
		基座，与丝杠转动连接，丝杠转动时带动基座沿支撑装置的高度方向上下移动	

续表

特征		委托方产品：上肢功能康复的训练设备	CN 208910867 U：一种上肢摆动装置（权利要求1）
3	第一转动装置	第一转动驱动组件，固定在基座上，包括电机、第一传动齿轮组，驱动第一输出轴转动	
		第一输出轴，与第一传动杆连接，由第一转动驱动组件驱动，绕自身轴线转动	
		透盖、底部轴承、挡圈、顶部轴承的细节	
4	第二转动装置	第二转动驱动组件，固定在基座上，包括电机、第二传动齿轮组	
		第二输出轴，与第二传动杆连接，外套在第一输出轴上，由第二转动驱动组件驱动，绕自身的轴线转动	
		轴承座、底部轴承、透盖、转动套筒、衬套座、衬套的细节	
5	传动装置	（1）包括第一、第二、第三、第四传动杆 （2）传动杆一端通过转动装置与支撑装置连接 （3）传动杆随升降装置的运动进行升降运动	（1）上肢摆动平台 （2）上肢摆动平台与所述支撑架连接 （3）可沿所述支撑架升降移动
6	训练接触件	与第四传动杆固定连接，随传动装置的上下移动而移动，第一、二输出轴绕轴线转动时，改变训练接触件的位置	

由该表可见，委托方的产品与该专利的权利要求1的技术方案均为上肢功能康复训练设备。该专利权利要求1中共包括四个技术特征，分别为"支撑架""上肢摆动平台""上肢摆动平台与所述支撑架连接""上肢摆动平台可沿所述支撑架升降移动"，即可以认为该专利文件权利要求1中记载了四个技术特征：①委托方产品包含的"支撑装置"与该专利权利要求1中的技术特征"支撑台"的作用相同，实现对整个设备支撑的相同效果，二者属于相同的技术特征；②委托方产品包含的"传动装置"与专利权利要求1中的"上肢摆动平台"的作用相同，实现上肢训练接触件的位置改变，达到康复的相同效果，属于相同的技术特征；③委托方产品包含的传动装置通过转动装置与支撑装置连接，属于"上肢摆动平台与所述支撑架连接"的一种情况，即属于相同的技术特征；④委托方产品中的传动装置能够在升降装置的作用下沿支撑装置升

降移动，与该专利权利要求 1 中的"上肢摆动平台可沿所述支撑架升降移动"效果相同，属于相同的技术特征。

经上述分析可知，委托方产品中的部分技术特征完全包含在该专利文件权利要求 1 中，除此之外，委托方产品中还包括新增加的其他技术特征，如升降装置及其具体结构、第一转动装置、第二转动装置、训练接触件等。

4）侵权风险评估

根据专利风险等级判定，如果研究对象所采用的技术方案中必要技术特征与相关专利权利要求保护的全部必要技术特征相对应，即适用全面覆盖原则，则构成高风险等级。具体表现形式分为如下四种：一是研究对象所采用的技术方案的技术特征包含了相关专利权利要求中记载的全部必要技术特征，则研究对象的产品和方法落入专利权的保护范围；二是相关专利权利要求中记载的必要技术特征采用的是上位概念，而研究对象采用的是下位概念，则研究对象的产品和方法落入专利权的保护范围；三是研究对象在利用相关专利权利要求中的全部必要技术特征的基础上，又增加了新的技术特征，则研究对象的产品和方法落入专利权的保护范围；四是研究对象对在先技术而言是改进的技术方案，并获得了专利，属于从属专利，未经在先专利权人的许可，实施该从属专利也覆盖了在先专利权的保护范围。

从上述规定可知，目前委托方的产品在包含该专利的全部必要技术特征的基础上，又增加了新的技术特征。根据上述规定可知，目前委托方的产品落入到该专利的专利权范围内，构成了相同侵权，属于高风险等级。

另外，该专利的权利要求 2 中包括特征"所述上肢支架的一端分别设置于所述转动臂的两侧端部"，该特征与委托方产品的相应技术特征之间具有实质性差别。因此，委托方的产品对该专利的权利要求 2 不构成侵权。同理，该专利的权利要求 5 中包括技术特征"升降滑道，所述升降架的另一侧活动连接于所述升降滑道内"，该特征与委托方权利要求中的技术特征间具有实质性差别。因此，委托方的技术方案对该专利的权利要求 5 不构成侵权。

5）风险应对方法

常见的应对方法为风险规避、风险降低和风险接受。风险规避中有规避设计、发起无效宣告请求、主动寻求专利许可等应对方法。在规避设计方面，委托方后期可通过以下几种方式进行风险规避：

删除委托方产品中与该专利相同的技术特征，达到无法全面覆盖的效果，不适用于等同原则。但删除技术特征的弊端是支撑装置、升降装置、传动装置等均属于必要技术特征，删除后，结构不完整，委托方产品将可能无法实现对上肢功能进行康复训练的功能。如果再将相应结构增加到产品中，则造成产品侵权。

可采用发起无效宣告请求的方式，使该专利的权利要求 1 被宣告无效，达到不构成侵权的目的。由于该专利权利要求 1 的保护范围过大，发起无效宣告请求的方式将更容易，且只需宣告权利要求 1 即可无效，该方式成本最低。其他从属权利要求与该案的技术方案有实质性差别，在权利要求 1 被宣告无效后将不构成侵权。

7.6　本章小结

专利风险是专利制度的内生风险，且贯穿着专利的全生命周期，是我们需要始终面对的未知可能。本章从专利风险的内涵和特征出发，介绍了什么是专利风险，并通过专利导航与专利风险之间的关联，进一步研究了通过专利导航开展专利风险规避的内在机理，并给出了通过系统专利风险分析方法、局部专利风险分析方法与交叉专利风险分析方法的使用，及产业专利风险和专利侵权分析相关案例的适用，进一步助力掌握如何通过专利导航总结规律认识，寻求风险规避和有效应对之策。

第 8 章　专利导航与企业"走出去"

8.1　引　言

8.1.1　本章的内容是什么

本章以系列国家标准《专利导航指南》（GB/T 39551—2020）为依据，首先阐述当前海外知识产权形势、企业"走出去"的方式和"走出去"所面临的风险，继而引出专利导航在企业"走出去"过程中发挥的作用、所能达到的效果，把专利导航嵌入到企业"走出去"的过程中，推动专利信息分析与企业"走出去"决策的深度融合，增强企业"走出去"应对风险的能力，保障企业产品竞争力和专利价值的实现。本章着重向读者讲清楚如何看懂和如何做一个针对企业"走出去"的专利导航，详细阐述了专利导航在企业"走出去"的不同方式中的导航流程以及所要分析的内容，同时结合三件实际案例，展示企业在"走出去"面临不同场景时，专利导航的实际操作过程以及所能达到的效果，详细还原一个标准的企业"走出去"类专利导航应该如何实施。读者可以通过图 8-1-1 快速了解本章的主要内容。

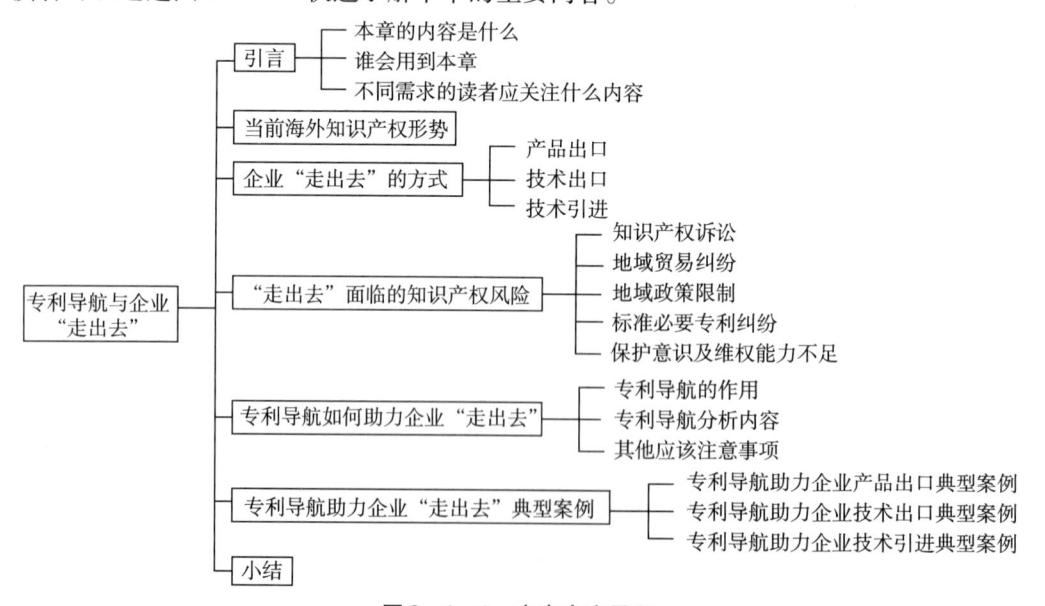

图 8-1-1　本章内容导图

8.1.2 谁会用到本章

本章的读者主要包括三类人群：一是政府部门管理人员；二是企业管理和科研人员；三是知识产权服务机构内从事专利分析和研究的人员。

如果您是政府部门管理人员，可以通过本章了解当前海外知识产权形势以及企业"走出去"过程中所面临的知识产权风险，明确专利导航在企业"走出去"过程中所能发挥的作用并给出政策指引，引导企业顺利"走出去"，保障企业在海外"安全"着陆。

如果您是企业管理和科研人员，可以通过本章了解企业"走出去"的方式选择和面临的知识产权风险，专利导航如何助力企业"走出去"，以及企业"走出去"专利导航的具体分析内容和分析流程，理解各项指标的意义，便于根据专利导航分析报告的内容，有目的地分析在"走出去"过程中自身技术和产品存在的优势和不足，及时作出应对策略，避免造成无可挽回的损失。

如果您是知识产权服务机构内从事专利分析和研究的人员，可以通过本章快速掌握企业"走出去"专利导航的基本模型和项目实施方法，以便制作出一份契合企业"走出去"需求的专利导航分析报告，为企业"走出去"提供参考建议。

8.1.3 不同需求的读者应该关注什么内容

上述三类不同的读者阅读本章内容时，可以根据自身需要，重点关注不同章节的内容；表8-1-1给出的阅读建议可供参考。

表8-1-1 本章读者关注点建议

读者类型	重点关注章节	相关章节主要内容
政府部门管理人员	8.2节、8.4节、8.5.1节、8.5.3节	当前海外知识产权形势、企业"走出去"面临的知识产权风险、专利导航在企业"走出去"中发挥的作用
企业管理和科研人员	8.3~8.4节、8.5.1节、8.5.3节、8.6.1.9节、8.6.2.9节	企业"走出去"的方式选择、面临的知识产权风险、专利导航作用、指标体系和成果运用
知识产权服务机构内从事专利分析和研究的人员	8.4~8.6节	企业"走出去"面临的知识产权风险、专利导航作用、指标体系和项目实施方法

8.2 当前海外知识产权形势

近年来，随着改革开放不断深入，综合国力不断增强，经济全球化不断深化，我国企业在更大范围、更广领域、更高层次上参与国际经济技术合作与竞争，"走出去"的越来越多，影响力也越来越大，海外知识产权保护工作也面临着越来越多的问题，呈现出纠纷日益增多、被动应诉多、应诉率有所提高但胜诉率较低、维权难的特点，"走出去"企业面临的压力和挑战与日俱增。

如图8-2-1所示，我国PCT国际专利申请量呈逐年上涨趋势，说明我国企业参与国际竞争的积极性逐年提高，对海外专利布局越来越重视。2021年在美新立案知识产权诉讼案件共涉及中国企业5693家次，其中中国企业作为原告（权利人）的138家次，作为被告的5555家次（参见表8-2-1）。[1]

图8-2-1 我国PCT国际专利申请量（2014~2021年）

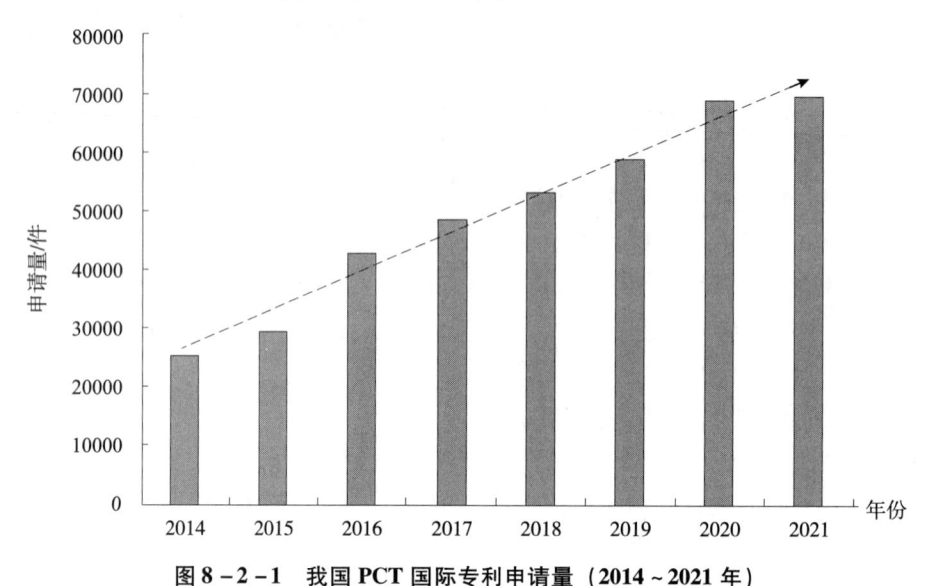

表8-2-1 2021年中国企业在美新立案知识产权诉讼案件

类型	原告中国企业数量/家次	被告中国企业数量/家次	被告占比
专利	91	767	89.4%
商标	39	4769	99.2%
商业秘密	8	19	70.4%
合计	138	5555	97.6%

其中，2021年中国企业在美新立案专利诉讼共359起，较2020年相比增长37.02%；其中，中国企业作为原告的案件50起，作为被告的案件298起，有11起案件的原、被告同时包含中国企业。这359起案件共涉及中国企业858家次；专利诉讼案件结案周期平均为398天，商标诉讼案件结案周期平均为204天，商业秘密案件结案周期平均为662天；专利诉讼案件平均判赔额1102.17万美元，商标诉讼案件为65.20万

---

[1] 中国知识产权研究会，国家海外知识产权纠纷应对指导中心. 2021年中国企业在美知识产权纠纷调查报告［R/OL］.［2022-06-30］. https：//acad-upload. scimall. org. cn/cnips/text/2022/08/16/08/LMXKJYU. pdf.

美元，商业秘密案件为 1024.75 万美元（参见图 8-2-2 和图 8-2-3）。❶

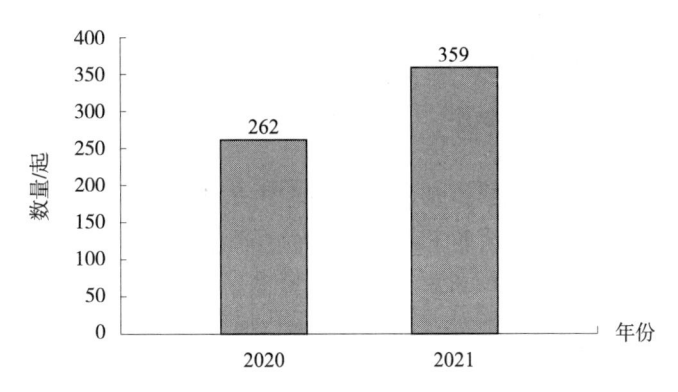

图 8-2-2 中国企业在美新立案专利诉讼案件数量增幅

（a）2021年中国企业在美知识产权诉讼原被告比例

（b）2021年中国企业在美专利产诉讼原被告比例

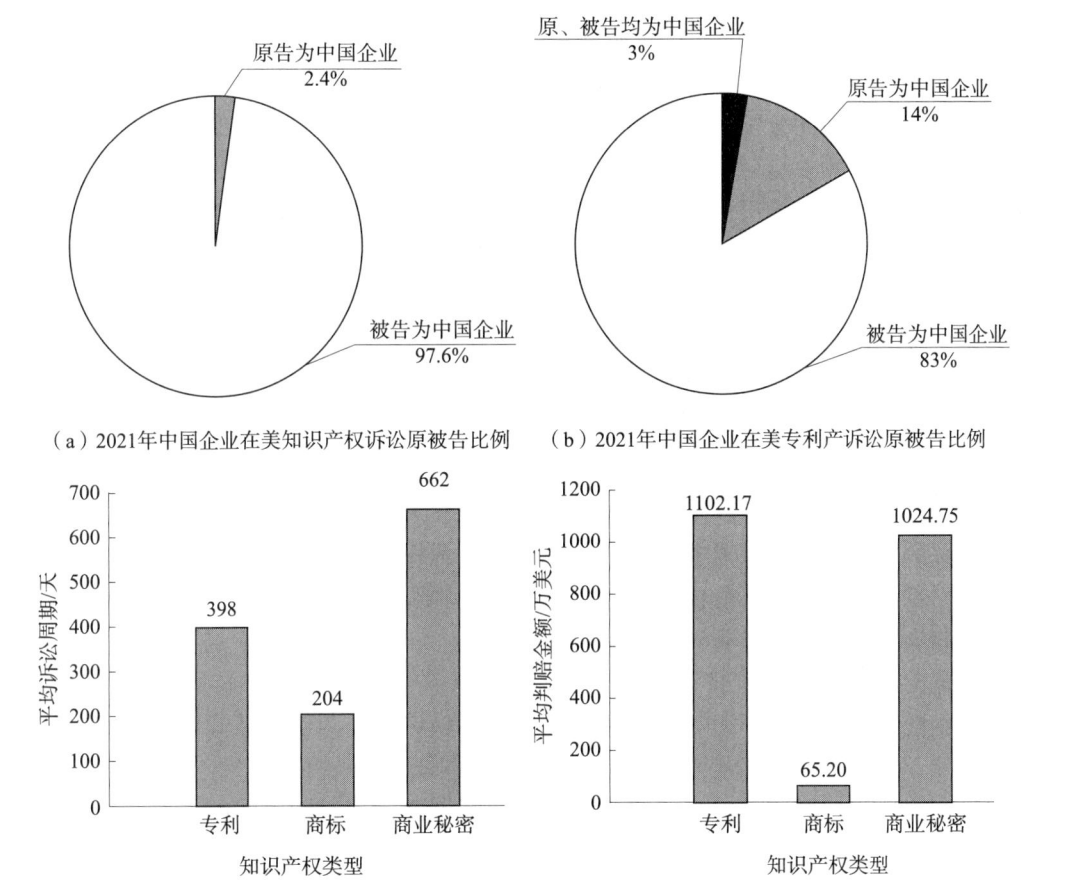

（c）2021年中国企业在美知识产权诉讼平均诉讼周期

（d）2021年中国企业在美知识产权诉讼平均判赔金额

图 8-2-3 2021 年中国企业在美专利诉讼情况

---

❶ 中国知识产权研究会，国家海外知识产权纠纷应对指导中心. 2021 年中国企业在美知识产权纠纷调查报告［R/OL］.［2022-06-30］. https：//acad-upload. scimall. org. cn/cnips/text/2022/08/16/08/LMXKJYU. pdf.

323

专利壁垒是企业"走出去"的重要障碍。一旦在海外遇到知识产权纠纷,由于海外知识产权纠纷赔偿金额高、诉讼费用居高不下,加之语言障碍,企业将面临极高的维权成本。目前我国企业的专利布局远远不能满足企业"走出去"的需求,产品"走出去"无法得到有效保护,产品无法体现知识产权的附加值,被仿冒和侵权的风险大,企业主动维权少,造成严重经济损失。此外,知识产权具有地域性。我国企业对海外知识产权政策、制度和程序了解不够,遇到问题缺乏有效的应对手段,一旦遇到知识产权纠纷,往往不知所措,处于非常不利的地位。

8.3 企业"走出去"的方式

本节主要介绍与知识产权相关的企业"走出去"方式,总体上可分为产品出口、技术出口和技术引进三类。

8.3.1 产品出口

产品出口是企业"走出去"最普遍的方式,包括产品在他国的直接销售、通过中间商销售以及展示营销等其他以营利为目的商业行为。另外,参加展会、博览会等许诺销售的方式是在海外宣传企业、结识新客户和搜集行业信息的重要方式。

2018年,中国自主品牌商用车出口28.3万辆,比2017年同期增长12.5%。宇通客车成为全球首个大中型客车年销量超过7万辆的客车品牌。截至2018年末,宇通大客车在非洲的累计销量达15000辆,成为非洲第一大中国客车品牌。宇通客车在整个欧洲市场的保有量也大幅提高。宇通客车在欧洲地区销量已超7000辆,产品遍布法国、英国、西班牙、俄罗斯及挪威等众多国家。[1] 产品出口在给公司业绩带来积极贡献的同时,也在不断加强其技术创新实力。宇通公司独创中国制造出口的"宇通模式",成为中国汽车工业由产品输出走向"技术输出"的业务模式创新典范,引领了客车行业技术发展的先进方向。

8.3.2 技术出口

技术出口是指境内企业、科研机构以及其他组织或者个人,通过贸易或者经济合作途径,向境外企业、科研机构以及其他组织或个人提供技术的商业行为。技术出口是发展对外贸易、增强企业国际竞争力的重要手段。通过技术出口能够为企业带来可观的外汇收入。

1979年5月,我国原农业部种子公司送给美国圆环种子公司3个品种共1.5公斤

---

[1] 曾军. 中国汽车激荡70年[M]. 北京:机械工业出版社,2020:245.

杂交稻种，在加利福尼亚试验田试种，其产量比美国的良种水稻增产33%～93%。1980年3月，美国圆环种子公司总经理威尔其访问中国，在此期间，杂交水稻技术作为我国第一项农业专利技术（参见图8-3-1）出口至美国，三系杂交水稻技术的出口实现了我国农业科学技术走向世界的零的突破。❶之后中国的杂交水稻技术不断出口，不仅为国家创收外汇，也为解决全世界粮食问题作出了重要贡献。

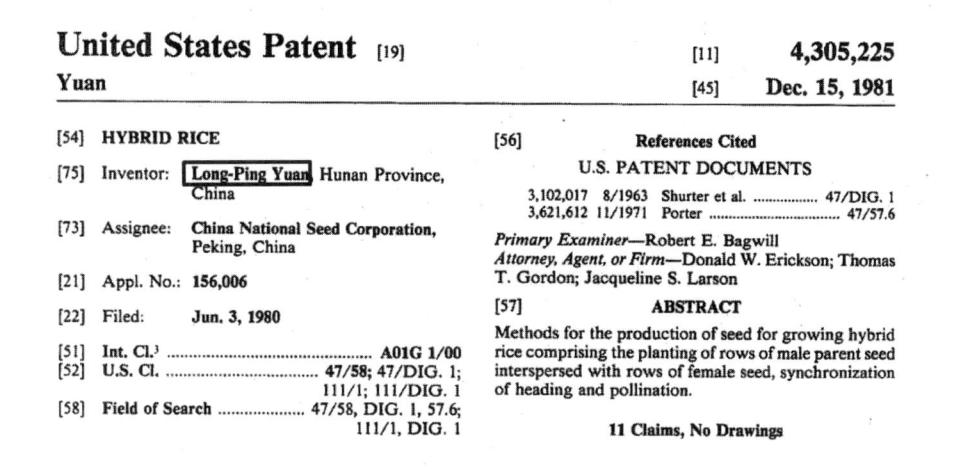

图8-3-1　袁隆平院士在美国申请的发明专利US4305225A

8.3.3　技术引进

技术引进是指国际技术交流和转移，有选择地引进先进技术。在实践操作中，技术引进主要包括购买、并购、专利许可、合资经营和引进技术人员等模式。其中购买是通过付费直接获得技术的一种方式，并购是获得对方所有资产的一种行为——包括获得专利、商标等所有的知识产权。专利许可是技术引进中最为典型的方式，是专利技术所有人或其授权人许可他人在一定期限、一定区域内以一定方式实施其所拥有的专利并向他人收取使用费用，只授权被许可方实施专利技术，并不发生专利所有权的转让。合资经营是双方共同成立合资公司，实现技术、资源和利益共享。引进技术人员是通过与高校或科研院所等合作，引进先进技术。

2008年金融危机后，众多国际汽车品牌面临资金问题。中国自主汽车品牌如北汽、比亚迪、吉利等汽车企业开始考虑对国际汽车品牌进行并购。其中，吉利集团成功收购沃尔沃可谓国内汽车并购境外品牌的里程碑（参见图8-3-2）。2010年8月2日，吉利集团宣布以13亿美元完成对福特汽车公司旗下全资子公司沃尔沃轿车公司的收购。❷

---

❶ 王维玲. 袁隆平 [M]. 北京：中国社会出版社，2008：146.
❷ 杨青. 兼并、收购与公司控制 [M]. 上海：复旦大学出版社，2018：342.

图 8-3-2　吉利集团收购沃尔沃轿车公司

通过技术引进，能获得相应的知识产权、研发成果、研发设备、研发工艺和有经验的研发人员，可以缩小企业与先进技术企业间的差距。

8.4　"走出去"面临的知识产权风险

在企业"走出去"时，国外企业为我国"走出去"的企业设置了各种知识产权障碍。国内企业面临着知识产权诉讼、地域贸易纠纷、地域政策限制、标准必要专利纠纷、保护意识及维权能力不足等知识产权风险（参见图 8-4-1）。国内企业应对知识产权风险时，普遍面临不熟悉海外知识产权法律、知识产权标准等情况，在遭遇海外知识产权诉讼时，缺乏专业化运营团队给予支持，可能会面临知识产权判赔金额高、诉讼成本居高不下、语言不便的问题。企业往往处于两难境地：不打，要支付高额赔偿；打，要支付高额诉讼费。

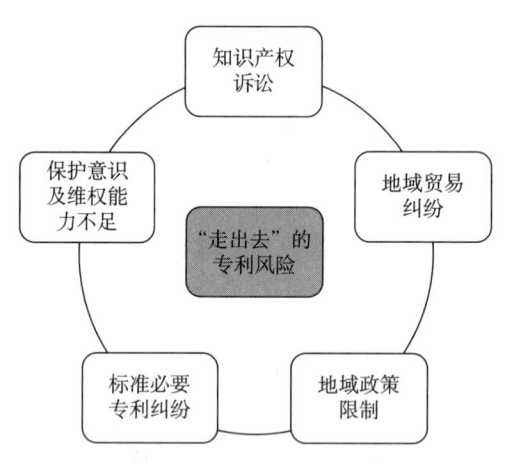

图 8-4-1　"走出去"的专利风险

同时，知识产权风险的发生会对市场声誉造成显著的不良影响，打破正常的交易流程，导致合同违约等情况，有时让企业猝不及防，应对失措，其直接经济损失尚可计算，间接损失难以估量。

8.4.1 知识产权诉讼

知识产权诉讼是知识产权权利人认为他人侵犯了自己的知识产权,向法院起诉,请求判定对方侵权,并要求停止侵权、赔偿损失等。企业败诉后,可能会面临着销售禁令、巨额赔偿等。销售禁令会对产品的市场份额造成巨大冲击;存在惩罚性赔偿时,企业可能会由于无法承担高额的赔偿金而面临资金链断裂甚至是破产的风险。

2021年,全球第五大钢铁企业、日本最大钢铁制造商日本制铁公司公开声明,称该公司持有的电磁钢板相关专利遭到侵权,已向东京地方法院提起诉讼,向丰田汽车和中国钢铁巨头宝山钢铁分别索赔约200亿日元(约合人民币11亿元)。对于使用宝山钢铁电磁钢板的丰田电动车,日本制铁还申请叫停在日本国内制造和销售的临时禁令。之后宝山钢铁回应称,宝山钢铁在开展国内外各项业务过程中,遵循合法、诚信的基本原则,严格遵守包括知识产权法在内的各类法律法规,对于日本制铁单方面的主张,宝山钢铁不予认同;针对日本制铁所提出的专利诉讼,宝山钢铁将积极应诉,坚决捍卫公司权益。日本制铁称,宝山钢铁侵权日本制铁电磁钢板相关专利,生产电磁钢板向丰田供应,而丰田将包含这种钢板的马达用于电动汽车。此前只有日本制铁等日本国内大型钢铁企业才有能力向丰田供应这种高等级产品,这也是日本制铁首次因侵犯专利权起诉汽车厂商。日本制铁曾就此与两家公司进行过磋商,但各方并未对该问题达成一致,因此日本制铁决定通过诉讼方式解决问题。宝山钢铁多次向日本制铁提议开展进一步交流和求证,但对方一再拒绝。实际上,无论宝山钢铁是否真的存在侵权行为,起诉行为都可以让其他企业在选择与宝山钢铁等公司合作时有所顾虑。❶

8.4.2 地域贸易纠纷

地域贸易纠纷是指不同国家/地区之间在商品和服务的交易过程中因合同履行、货物运输与保险、知识产权保护等产生的纠纷。海外国家一般都会对本国进出口贸易采取一系列单边保护措施,这是产生地域贸易纠纷的一个关键原因。比较典型的如"337调查",是指依据美国1930年关税法第337节及相关修正案对于向美国出口产品中的任何不公平贸易尤其是侵犯专利、商标等知识产权的行为开展的调查。企业若是在"337调查"中败诉,便可能会面临"普通排除令",将会被禁止在美国再销售其产品,这便意味着企业会丧失产品在美国的市场。

2011~2021年,美国国际贸易委员会(ITC)共发起"337调查"535起。其中,涉及中国企业的案件为196起。2021年,美国国际贸易委员会共发起"337调查"51起,其中中国企业涉案26起,占当年全部调查案件量的50.98%(参见图8-4-2)。❷

---

❶ 钱颜. 尖端领域竞争知产纠纷在所难免[N]. 中国贸易报, 2021-10-21(6).
❷ 中国知识产权研究会, 国家海外知识产权纠纷应对指导中心. 2021年中国企业在美知识产权纠纷调查报告[R/OL]. [2022-06-30]. https://acad-upload.scimall.org.cn/cnips/text/2022/08/16/08/LMXKJYU.pdf.

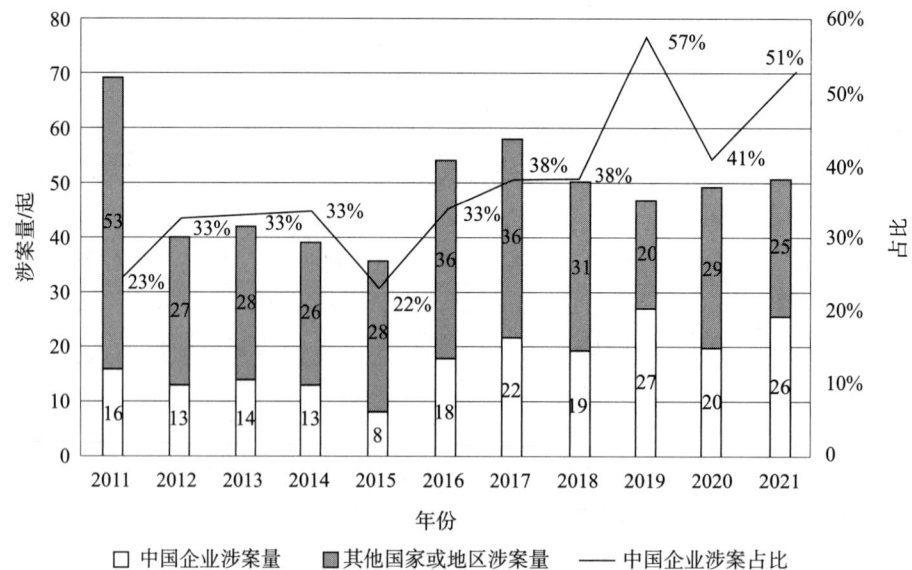

图 8-4-2 美国"337 调查"案件统计（2011~2021 年）

国内许多行业屡遭美国"337 调查"，如中国的稀土永磁材料行业。截至 2020 年上半年，中国以大地熊、中科三环、安泰科技、银河磁体为代表的前十大磁企均被实施过调查。正因"337 调查"，中国企业除非取得日美企业销售许可，否则任意涉及专利的产品均禁止向美、日出售。这使得以大地熊为代表的一干磁企，其钕铁硼磁体每年海外销售额的三成需用于支付专利费用，极不利于出口业务扩展。❶

8.4.3 地域政策限制

知识产权作为一种专有权，在空间上的效力并不是无限的，而是受到地域的限制，即具有严格的领土性。由于海外国家法律制度的复杂性以及受制于语言等，国内企业对目标区域知识产权制度并不熟悉，因此企业在目标区域进行商业活动时可能侵犯了他人知识产权而不自知。国内企业在出口或参展时往往不能有效依据目标区域有关知识产权的法律制度来保护自己，可能会造成出口或参展产品有侵权嫌疑，造成在海关处被扣押或在参展时被查抄。

2006 年 10 月初，在法国巴黎举办的世界制药原料展览会上，我国 3 家企业被指控专利侵权，随后法国内政部有关部门对这 3 家企业的 6 名参展代表进行了扣押，并展开了司法调查，当天参展的中国医药企业全部"弃柜"回国，造成了中国企业都有侵权嫌疑的恶劣影响。2007 年 3 月德国汉诺威电子展上，我国不少于 20 家 MP3 生产企业的展品因涉嫌专利侵权被德国海关查扣，原因是这些公司使用的 MP3 技术在欧洲受专

---

❶ 薛芳，苑浩畅，李冬雪. 中国稀土永磁材料出口遭遇日本专利壁垒的原因及对策 [J]. 对外经贸实务，2021（3）：43-46.

利保护，而这些企业没有向提出查抄要求的意大利 Sisvel 公司交纳专利费。在 2008 年 3 月举办的汉诺威国际信息技术博览会上，德国警方、海关和检察院采取联合行动，对涉嫌侵权的展品进行大规模搜查，涉及中国数十家参展企业；仅在 3 月 6 日一天，就有 24 家大陆企业、12 家台资企业以及 3 家港商展台被查抄，占当日被查抄企业的八成。❶

8.4.4 标准必要专利纠纷

标准必要专利是一个产品或行业中绕不开的专利。标准必要专利除了一般专利权的技术垄断之外，其与标准结合会增强这种技术垄断。通过将专利标准化，寡头企业在市场准入方面就形成了技术垄断，可以排斥不符合技术标准的产品，从而形成技术壁垒，企业"走出去"便会受制于该壁垒。使用标准必要专利要获得专利许可，否则可能会面临专利侵权问题，而标准必要专利许可条件及费率上往往不易达成一致。

2020 年 3 月 25 日，因 OPPO 公司、OPPO 深圳公司无法就夏普拥有的 3G、4G、WiFi 标准必要专利许可条件及费率达成一致，OPPO 公司、OPPO 深圳公司向深圳市中级人民法院提起诉讼，请求确认夏普违反公平、合理、无歧视（FRAND）原则义务，并请求裁决许可条件及许可费率。夏普在双方谈判过程中及案件审理过程中不断在日本、德国以及我国台湾地区提起专利侵权诉讼及禁令请求，其中禁令请求获得了德国法院的准许。2020 年 10 月 16 日，深圳市中级人民法院作出裁定，要求夏普及其关联公司在该案终审判决作出之前不得向其他国家/地区的司法机关以该案所涉全部、部分或者某一专利为权利依据，针对 OPPO 公司及其关联公司提出新的专利侵权诉讼和/或要求新的司法禁令（包括永久禁令和临时禁令）或类似的救济措施，如违反该裁定，自违反之日起，处每日罚款人民币 100 万元，按日累计。❷

8.4.5 保护意识及维权能力不足

我国企业受制于意识、资金等各种原因，许多未建立知识产权专职管理机构，不善于将已有的技术、品牌在海外进行专利、商标等知识产权的保护和布局，这导致在进军海外市场时缺乏有力武器保护自身，容易被仿冒和侵权，从而发生知识产权纠纷，造成损失。并且我国企业主动维权意识不足，不善维权，不寻求主动解决，消极面对，造成知识产权核心竞争力不足。

表 8-4-1 为 2021 年我国不同规模企业知识产权管理机构的设置情况，可以看出，2021 年我国企业建立知识产权专职管理机构的比例为 38.0%，建立兼职管理机构的比例为 28.3%，尚未建立管理机构的比例为 22.0%，外聘服务机构的比例为 11.7%。可

---

❶ 徐元. 知识产权贸易壁垒对我国出口的影响与对策 [J]. 石家庄经济学院学报，2012，35（2）：16-22.
❷ 宋建立. 我国标准必要专利诉讼中禁诉令制度的构建 [J]. 中国法律评论，2023，49（1）：216-226.

见，我国仍有超过20%的企业没有相关知识产权管理机构，特别是近45%的微型企业尚未建立知识产权管理机构。[1]

表8-4-1 2021年我国不同规模企业知识产权管理机构设置情况　　　单位:%

机构种类	大型企业	中型企业	小型企业	微型企业	总体
专职管理机构	66.6	46.3	27.0	17.1	38.0
兼职管理机构	22.7	32.8	31.7	20.7	28.3
外聘服务机构	3.7	8.4	15.3	17.7	11.7
尚未建立	7.0	12.5	26.0	44.5	22.0

从2021年中国企业在美知识产权纠纷诉讼结果来看，74.4%的专利诉讼以撤案结案，鲜有中国企业胜诉；71.57%的商标诉讼案件被告因缺席而被判败诉，18.95%的商标诉讼案件达成和解、原告撤案，仅2家中国企业在诉讼中获胜；在"337调查"中，中国企业获积极终裁结果的情况较上一年度有所上升，但仍有不少中国企业缺席应诉，致使产生不利结果。[2]可见，我国企业在"走出去"时，提高知识产权保护意识及维权能力方面还有很长的路要走。

8.5 专利导航如何助力企业"走出去"

8.5.1 专利导航的作用

专利导航可以通过收集、整理和分析判断与企业产品和技术相关的专利技术信息，监测和发现可能触发知识产权危机的专利信息，对这些专利信息进行整理分析，了解竞争对手的研发状况、目标地域的专利保护布局情况，系统地对关键性的专利指标进行评价，对可能发生的重大专利侵权争端及其危害程度等情况进行预警，判断企业可能或将要面临的由专利诱发的危机，帮助企业规避可能存在的国外技术威胁，确认技术发展趋势，协助企业占领国外公司的技术盲区，并为企业提供海外专利布局方面的支持。

通过专利导航，所达到的目标和作用如下（参见图8-5-1）。

---

[1] 国家知识产权局战略规划司，国家知识产权局知识产权发展研究中心.2021年中国专利调查报告［R/OL］.［2022-06-30］.https：//www.cnipa.gov.cn/module/download/downfile.jsp?classid=0&showname=2021%E5%B9%B4%E4%B8%AD%E5%9B%BD%E4%B8%93%E5%88%A9%E8%B0%83%E6%9F%A5%E6%8A%A5%E5%91%8A.pdf&filename=e48c21fe444a4651a72901c95a763bcc.pdf.

[2] 中国知识产权研究会，国家海外知识产权纠纷应对指导中心.2021年中国企业在美知识产权纠纷调查报告［R/OL］.［2022-06-30］.https：//acad-upload.scimall.org.cn/cnips/text/2022/08/16/08/LMXKJYU.pdf.

图 8-5-1　专利导航的目标和作用

第一，识别陷阱，规避风险。通过对专利信息的检索和分析，能够判断产品和技术出口目的地的知识产权保护情况，评价在产品和技术出口目的地是否围绕自主创新产品形成了有效的知识产权布局，评估产品和技术在目的地是否存在侵犯他人知识产权的风险，并根据可能存在的侵权风险，有针对性地对产品和技术进行规避设计，保障自身产品和技术优势，避免在目标出口国产生知识产权纠纷。

企业在产品出口前通过专利导航可以详尽了解目标市场的知识产权保护现状，包括知识产权基本法律制度、知识产权侵权判定标准、司法诉讼和行政执法水平以及当地的知识产权保护水平；界定出口产品的技术要素后，围绕目标市场的竞争对手知识产权布局，仔细对比是否会遭遇竞争对手的侵权诉讼；在充分了解到产品出口面临的知识产权状况后，制定产品的出口策略，避免产品出口后陷入被动境地。

第二，警示风险，快速应对危机。通过分析判断相关专利和政策信息，警示可能存在的风险，形成产品和技术出口及上市的知识产权风险控制预案，避免错过时机、造成损失。

企业在海外参加展会、博览会等经营活动中，可能会面临潜在的知识产权侵权风险。产品参展的周期较短，并且海外参展对知识产权侵权非常严苛，一旦被告产品参展侵权，需要参展企业在很短时间内解决这一问题，这就要求企业在前期一定要将工作做扎实，提前做好专利预警分析工作，准备好完备的专利分析报告和证据，避免在面临知识产权侵权投诉时，产品遭遇被扣下架的风险。

第三，完善制度，规范市场。通过专利导航，增强企业专利制度的有效运行，提高企业面对海外专利纠纷的应对能力和沟通协调能力，保护企业"走出去"时利益不受损害。

第四，促进自主创新，增强竞争力。通过专利导航，分析主要竞争对手，发现存在的技术空白点，引导进行专利布局，不断进行技术创新，开发出拥有自主知识产权的产品和技术，[1] 或帮助指导企业在"走出去"过程中及时调整企业战略规划，通过技术引进获取知识产权，提高企业市场竞争力。

---

[1] 刘锋，刘长威，王峻玲. 生物农业专利预警分析 [M]. 哈尔滨：哈尔滨工程大学出版社，2018：7.

8.5.2 专利导航分析内容

专利导航的一般流程如图8-5-2所示。根据《专利导航指南》（GB/T 39551—2020）系列国家标准的规范要求，在满足专利导航实施的基础条件下，以专利数据为核心深度融合各类数据资源，按照专利导航项目实施的业务流程，产出专利导航成果，并通过建立成果运用机制、开展绩效评价等手段，确保专利导航成果的有效运用。

基础条件 → 专利导航项目启动 → 专利导航项目实施 → 成果产出 → 成果运用

图8-5-2 专利导航的一般流程

在企业"走出去"的过程中，进行专利导航需按照上述的一般流程实施，并且在企业"走出去"时选择的方式不同，专利导航所分析的内容和采用的分析方法存在差异。以下将详细介绍在企业"走出去"时面对产品出口、技术出口和技术引进时的专利导航具体分析内容。

8.5.2.1 产品和技术出口

在出口过程中，技术与产品都具有商品属性，但技术作为一种特殊的商品，表现出与产品不同的特点。首先是产品一般是有形的，而技术是一种无形资产，出口的技术多涉及专利、商标等知识产权，涉及知识产权的转让和许可；其次是技术出口通常包括资料交付、培训、验收等环节，合同时间较长，且往往采用不同阶段多次支付的形式。技术出口也可以与产品出口相结合，在输出产品的同时交付资料、安排培训和技术服务。

由于专利导航分析的数据主要来源是专利，而专利是一种无形的智慧资产，利用专利反映出的某一领域的产品和技术状况非常相似，这就决定了在对产品出口和技术出口进行专利导航时，采用的专利导航分析内容也是相似的，因此，一并对产品出口和技术出口的专利导航内容进行介绍。

图8-5-3列出了产品或技术出口中需要分析的详细内容，主要包括专利总体发展趋势、目标市场的专利技术发展趋势、自身技术构成、目标市场的申请人以及专利风险。[1]

1) 专利总体发展趋势

开展出口产品和技术的专利总体发展趋势分析，包括出口产品和技术的全球专利申请趋势分析、技术生命周期分析和技术路线分析等，便于了解目前应用该技术的产品和技术在全球的整体状况以及所处的技术发展阶段。

---

[1] 马天旗，黄文静，李杰，等. 专利分析：方法、图表解读与情报挖掘[M]. 北京：知识产权出版社，2015：336-338.

```
                          ┌─ 专利申请趋势分析
         ┌─ 专利技术总体发展趋势 ─┼─ 技术生命周期分析
         │                  └─ 技术路线分析
         │
         ├─ 目标市场的专利技术发展趋势 ─┬─ 目标市场专利申请趋势分析
         │                       └─ 目标市场技术构成分析
         │
产品和技术 ─┼─ 自身技术构成 ─── 技术侧重点和技术实力分析
出口的专利     │
分析内容     ├─ 目标市场的申请人 ─┬─ 目标市场主要申请人分析
         │                └─ 目标市场主要竞争对手和潜在合作伙伴分析
         │                                        ┌─ 主要技术特征分析
         │                                        ├─ 技术相关性分析
         └─ 专利风险分析 ─┬─ 目标市场侵权风险分析 ─┼─ 权利要求对比分析
                      │                        └─ 专利风险分析
                      └─ 应对策略分析
```

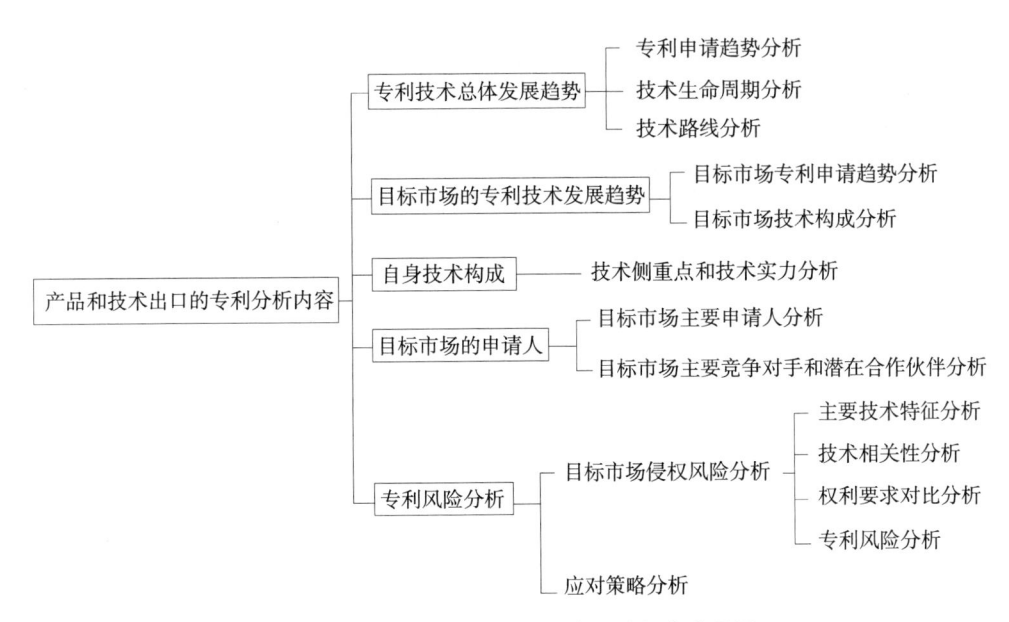

图 8-5-3 产品或技术出口专利分析内容导图

（1）专利申请趋势分析

专利申请趋势分析是对技术领域的申请量进行分析，通过分析专利数据随时间的变化规律，揭示出其发展轨迹。其分析对象可以是某技术领域的全球专利数据，也可以是某技术领域、某申请人（专利权人）、特定地域等的专利数据。专利申请趋势分析图的坐标横轴为时间，纵轴通常为申请量、授权量、公开量、申请人数、发明人数或者相应的增长率。

通过对不同对象的专利申请趋势进行分析，可得到以下信息：

全球专利申请趋势，一定程度上反映出技术的发展历程、技术生命周期的具体阶段，以及预测未来一段时间的发展趋势；

地域的专利申请趋势，一定程度上反映出某技术在不同地域的申请趋势，对于技术研发较为密集或者市场开发潜力更大的地域，申请人会更重视该地域的专利布局；

首次申请国（优先权中的国别）的专利申请趋势，由于专利首次申请国一定程度上代表技术产出国或技术来源国，能够侧面反映出某国家或地区的技术创新能力和活跃程度；

不同技术分支的全球专利申请趋势，通过展示出各个技术分支的专利申请态势，一定程度上反映出目前或者未来技术研发的热点方向；

申请人的专利申请趋势，一定程度上反映出申请人对技术的研发状况和专利布局状态，能够预测特定申请人的技术发展方向，帮助企业发现潜在的竞争对手或者合作伙伴。

分析内容主要包含拐点分析和趋势比较分析，以及信息补充分析，其中：

拐点分析：通过时间的推移，将变化趋势划分成多个阶段，如缓慢发展期、快速发展期、成熟期、衰退期等，辨别哪些数据拐点是由技术发展的原因造成，哪些是由经济因素、政治因素、市场波动、内部架构改变造成的，以获得技术领域的整体发展态势。

趋势比较分析：通过对比不同申请人、不同技术分支、不同地域或者不同类型的专利的趋势信息，找出出现差异的原因。

对申请人进行趋势分析，一定程度上能够反映出申请人不同时期的专利布局策略和技术发展动向，预测未来一段时间可能的专利布局发展趋势。对多个不同申请人进行趋势分析，能够反映出不同申请人的技术实力强弱和专利布局策略差异，帮助企业发现潜在的竞争对手或者合作伙伴。

对不同技术分支进行趋势分析，一定程度上能够反映出申请人的技术研发热点和空白点，预测未来的技术发展动向。

对不同类型的专利申请趋势分析，一定程度上能够反映出申请人的技术创新变化情况，可以侧面评价创新的技术含量高低。

信息补充分析：由于数据图表中的数据量有限，为了剖析出数据拐点和数据差异出现的根本原因，通常还需要补充与分析对象相关的商业、技术、政策、其他专利统计信息等。必要时还可以引入一些推测的内容，但推测的内容要符合实际情况，推测过程也要符合逻辑。

（2）技术生命周期分析

技术生命周期描述一项技术的使用情况。通过对技术生命周期的分析，可以在不同技术研发阶段制定与之相适应的技术发展策略。一般可以将技术生命周期划分为如下四个阶段：

第一，萌芽期。在这个阶段，技术刚刚出现不久，技术不成熟，研发方向多。研发能力较强的企业可加大研发投入，尽快取得技术突破并加快专利布局。中等及弱小企业可集中资源，选择适合自身发展的细分技术进行重点研发。

第二，成长期。此阶段已经出现一些核心技术，技术研发速度较快，仍有一定量的技术空白。优势企业可以进行技术攻关开拓新的市场。对于中等及弱小企业，由于此时研发难度加大，建议采用模仿创新的策略。

第三，成熟期。此阶段技术已经成熟，可能会存在少量需要研发的技术，以改进技术为主。

第四，衰退期。此阶段技术研发已经达到极限，很难再有进一步的发展，应考虑集中资源发展核心技术或进行技术转型。

（3）技术路线分析

技术路线分析是基于专利信息描绘某技术的技术发展路径和关键技术阶段，理清技术发展脉络，把握技术演进态势，帮助企业把握技术未来发展方向。在进行技术路线绘制时，可利用专利的引证和被引证关系、同族数量、申请人的技术实力、发明人的研发能力等方式，筛选出代表关键技术节点的重要专利，针对不同的技术领域，选用不同的核心技术主题如产品结构、制备方法、关键零部件等，展现技术演进过程。

2) 目标市场的专利技术发展趋势

基于专利的地域性特点，初步分析出口至目标市场的同类产品的市场概况，梳理出产品和技术在目标市场的申请状况，了解目标市场中该产品和技术的技术实力和技术保护状况。

目标市场专利申请趋势分析与专利技术总体发展趋势中的专利申请趋势分析相似，主要是分析出口产品或技术在目标市场的专利申请趋势。

目标市场技术构成分析是在专利数量统计的基础上研究数量、比例及其他分析指标的构成情况。技术构成分析对象可以是与技术分支、申请人、发明人、地域、专利类型、法律状态等相关的专利数据，也可以是它们之间的组合；从不同维度对专利数量进行分析。

不同对象的专利技术构成分析主要是为了了解专利技术的布局情况、专利申请的密集点和空白点，判断不同申请人、发明人或地域之间的技术实力。通过对不同对象的专利类型或法律状态构成分析，可衡量竞争对手技术研发实力和专利技术含量高低，评估其专利威胁度。

3) 自身技术构成

对出口的产品和技术进行技术分解，构建专利分析需要的技术分解表，技术分解层级根据实际情况进行调整，并确定出口产品和技术所含有的技术类别，把握自身产品和技术中所包含的技术侧重点和技术实力。

4) 目标市场的申请人

对特定国家/地区相关技术的主要专利申请人的专利申请情况进行比对分析，从而获得各主要专利申请人在特定国家/地区的专利布局情况、各主要专利申请人的技术特点等信息。一般来讲，专利申请量较多的申请人研发实力较强，其对知识产权也较为重视。通过对目标市场中相关专利的申请人进行分析，有助于明确目标市场产品和技术布局，明确产品和技术的主要竞争对手以及潜在的合作伙伴。

在对竞争对手进行分析时，首先应综合多个角度确定竞争对手。例如从专利的角度来看，可通过分析相关技术领域专利申请量排名、重点专利权人、专利质量、专利许可和诉讼等情况等共同确定竞争对手；从行业和市场角度来看，可根据现有的厂商、市场竞争格局、市场中相似技术和产品确定竞争对手。具体地，可对每一技术竞争对手拥有的专利总数量进行对比分析，可获得竞争对手的技术竞争力。在竞争对手的分析中，发明人信息也是竞争对手技术实力的一个依据。也可对竞争对手的专利同族数量进行分析，从同族专利的情况可了解该专利技术所要控制的市场范围以及大小、竞争对手的市场意识及预测能力，以及竞争对手的专利布局现状。

5) 专利风险

在进行专利风险分析时，首先通过对自身产品和技术进行分析，找到自身产品和技术的主要特征，然后通过检索找到与出口产品相关的所有专利，并进行专利地域性检索、专利有效性检索等。专利地域性检索是要找出相关专利的已经公布的同族专利以及潜在的同族专利。专利有效性检索是要找到与出口产品相关的所有专利的法律状态，即确定所有专利是否为授权且有效、视为撤回、视为放弃、届满等状态,主要目的是根据各国专利法中有关专利期限计算的规定和有关缴费的规定以及专利公报的相关公告或专利数据库中的有关数据作出专利有效性推断,判断专利权的有效和终止状态。

然后对检索结果进行分析,基于目标国家对于专利侵权的规章制度要求和实施方式,对比自身的技术和产品与检索到的相关专利技术的权利要求,确定自身产品和技术是否构成侵权、是否存在专利风险。

专利风险的应对策略和应急预案对于防止诉讼发生、降低诉讼赔偿数额,甚至实现反守为攻至关重要。专利风险应对策略应明确对于不同风险等级专利的消除风险或降低风险的措施,一般是提前假设发生侵权诉讼等突发事件时启动的工作机制。

常见的消除专利风险的方法有很多种。请求宣告潜在侵权专利无效或部分无效是消除专利风险的重要手段之一;对于高风险的专利,可以给出无效或部分无效的可能性评价。而采取规避设计也是常用的化解风险的技术手段,它通过改变或省略技术方案的部分技术特征,绕开相关侵权专利。规避设计要考虑两个方面的问题:一方面要评估寻找替代方案的难易程度;另一方面要评估规避设计可能带来的配套设备更换或产品质量等方面的新风险。除了上述两种方式,还需要围绕侵权专利提前布局外围专利,在诉讼发生前提升自身专利实力,争取更多话语权,降低侵权赔偿额度。

因为潜在的专利风险是否转变为专利诉讼具有不确定性,所以制定专利风险应急预案至关重要。应急预案可以通过对竞争对手的专利及相关竞争情报的分析,评估竞争对手发起侵权的可能性。重点应针对发生侵权诉讼时的一系列应对措施和流程,包括具体操作层面如何根据实际的场景选择应对措施,比如:提出无效宣告请求、提出不侵权抗辩、促成和解、降低赔偿数额等应对策略。

面对突如其来的专利纠纷,企业通常需要在短时间内对各种问题作出恰当的应对。如果发现存在侵权可能,企业一定要权衡是否应诉——应诉与否主要关乎成本利益分析和企业的发展战略,并且除了要对专利侵权风险作出分析报告外,还应当在诉讼之外考虑其他规避风险的方式。其中,应诉策略包括提起重审、不可实施抗辩、不侵权抗辩和提起无效请求等。可以针对诉讼提出异议,包括主题、管辖权和失效。也可以采用专利不可实施进行抗辩——专利不可实施是美国专利法中的特殊制度,被判定为不可实施的专利继续有效但不能实施,权利人无法据此专利行使权利。可以从授权过程中存在不正当行为或专利权的滥用角度证明相应的专利不具备可实施性。还可进行不构成侵权抗辩,包括保护范围和现有技术抗辩。也可以提出专利权无效请求;或者进一步提起反制性诉讼,谋求交叉许可或和解。

总之,通过专利导航的分析内容,引导企业正确利用专利信息,向企业提出供其参考的建议,避免产品或技术出口的知识产权风险。

8.5.2.2 技术引进

在技术引进时,通过专利导航能够帮助企业梳理专利技术的主要发展脉络,明确需要引进的专利技术中的技术重点,以便确定所要引进的技术方向,进而确定所要引进的技术主题。通过专利导航还可以帮助企业分析哪些是相关技术主题的必要或核心专利，分析判断哪些专利对企业是有用的，哪些是没有价值的，从而使技术引进更具有针对性，避免盲目引进造成资源浪费，使技术引进更贴合企业实际需要。同时，专利导航可以帮助规避技术引进中的知识产权风险——通过专利导航可以分析出目前所要引进的专利的法律状态、保护侵权诉讼状态、许可受让状态等，使企业明晰风险，为企业制定技术引进的策略提供支持。

例如，在企业海外并购前，专利导航可以帮助企业选择恰当的并购策略，使企业并购策略与企业发展战略相适应，便于企业对并购获得的知识产权进行有效整合和运用；可以让企业有效识别目标企业的知识产权，了解目标企业拥有哪些知识产权以及这些知识产权的有效性，判断目标企业知识产权的重要性和相关性，合理评估目标企业知识产权的价值，避免高价购买的知识产权或购买到的技术价值不高，导致收购的企业成为包袱。

图8-5-4列出了专利技术引进中需要分析的详细内容，主要内容包括技术主题的专利发展趋势、专利技术总体构成、自身技术构成、确定技术引进的目标申请人和引进专利的范围、消化吸收再创新。[1]

图8-5-4 技术引进专利分析内容导图

---

[1] 马天旗，黄文静，李杰，等. 专利分析：方法、图表解读与情报挖掘 [M]. 北京：知识产权出版社，2015：310-312.

1）技术主题的专利发展趋势

专利技术引进通常需要花费大量的金钱，因此在进行专利技术引进时需要找准技术主题和技术方向，保证引进的专利技术是企业必需的，能够弥补企业自身的不足，且该技术是技术发展的前沿技术和必要技术。因此，技术主题的发展趋势分析能够帮助企业分析所选技术在专利方面的整体趋势，明确哪些技术主题是当前专利申请的热点，哪些技术较为成熟，哪些技术目前研究不足，具体可通过专利申请趋势分析、技术生命周期分析和技术路线分析中的一种或多种的组合，确定出适合企业引进的技术主题以及方向。

2）专利技术总体构成

通过对所选技术主题的专利技术总体构成进行分析，分析当前主题下哪些是技术集聚点，哪些是技术空白点，方便从技术主题中选择适合的技术分支。

3）自身技术构成

通过对自身技术和专利进行分析，可以明确企业自身在该领域的现有技术构成，从而找到自身的技术侧重点以及技术短板，明确哪些技术分支存在不足，哪些方面需要引进技术加强实力。

4）确定技术引进的目标申请人（目标企业或科研单位）

在明确需要引进的专利技术主题和技术方向后，需要对该技术主题下的主要申请人及其技术构成与技术实力进行分析，确定哪些专利技术是该申请人的技术研发重点，判断其技术实力强弱，基于技术匹配度分析是否与自身企业的技术契合，以便决定引进谁的技术。同时也要对于这些拟作为专利技术引进对象的专利权人的专利法律状态，如技术转让许可情况进行必要分析，判断它们的专利现有状态以及对外技术转让许可的可能性。

5）确定引进专利的范围

在确定专利技术引进的目标企业和/或科研单位之后，紧接着就需要从其所拥有的专利中筛选出与所需技术主题最为相关的重点专利，进行重要专利分析。通过对该重点专利的专利价值、重点专利技术与自身产品的技术特征对照、侵权风险可规避性、重点专利的法律状态和地域布局情况、重点专利的自由实施可能性等进行调查和分析，以确定哪些专利是有效的、必要的、适合使用和产业化的，避免引进后使用中存在障碍。

6）消化吸收再创新

专利技术引进后企业通过技术消化吸收再创新，发现自身技术相对于先进技术的差距，把握技术发展方向，并将引进的专利转变为自身整体技术中的一环，制定合理研发策略，进行技术研发、专利挖掘和专利布局，弥补短板的同时增强整体技术实力。

8.5.3 其他应该注意的事项

在贸易摩擦应对过程中，我国已经建立了商务部（包括驻外经商机构）、地方商务主管部门、中介组织、有关企业"四体联动"的公平贸易工作机制，形成了群策群力、共同参与的应对格局，明确企业是应诉主体，商协会负责组织协调，政府重在指导和对外交涉。当中国企业在美国遭受"337调查"或专利侵权诉讼时，可以通过下述途径寻求援助。

第一，向我国商务部寻求帮助。

我国商务部下设贸易救济调查局，作为反倾销等贸易救济措施的调查机关，其职能之一即为承担反倾销、反补贴、保障措施等涉及进出口公平贸易的相关工作及对外事务，指导、协调对境外对我国出口商品的反倾销、反补贴和保障措施的应诉及相关工作，建立并完善我国出口应诉机制。无论是"337调查"还是在美国的专利侵权纠纷，对中国企业而言，首先寻求国家层面的帮助是非常必要的。❶

第二，向国家知识产权局寻求帮助。

国家知识产权局是推进我国知识产权战略的重要单位之一，负责研究国外知识产权的发展动向，统筹协调涉外知识产权的事宜（含必要的知识产权纠纷）。国家知识产权局拥有一大批知识产权专家，在专利海外预警、企业海外专利布局以及应对海外专利诉讼等方面积累了丰富的实战经验。在日趋频繁的海外知识产权争端中，其能够为中国企业走出国门提供知识产权实务方面的支持，帮助国内企业提高应对争端的能力。

第三，向行业协会寻求帮助。

纵观中国企业在海外应诉"337调查"的成功案例，建立企业联盟、结盟应诉为一有效的应对策略，而行业协会恰为建立企业联盟的桥梁和纽带。中国目前已有多种行业协会，这些行业协会都具有协调会员进出口经营活动的职能。企业在"走出去"遇到纠纷时，可向行业协会寻求帮助。

企业在准备"走出去"的过程中，应提高对知识产权的认识，加强知识产权知识储备，了解其他国家的知识产权制度和政策，一旦发现风险或遭遇危机，应调整好心态并积极应对，基于法律手段和技术信息制定全面的应对策略，以消除可能出现的重大危机；也应提前进行专利布局，提早进行PCT申请和通过《保护工业产权巴黎公约》途径的申请，提高专利撰写质量，更好地保护自身技术，增加谈判筹码，并且积极寻求组织支持，如向国家海外知识产权纠纷应对指导中心、产业联盟、专利联盟寻求帮助，聘请涉外专利律师，进行有效沟通，克服海外知识产权制度、程序和语言上的障碍。

8.6 专利导航助力企业"走出去"典型案例

8.6.1 专利导航助力企业产品出口典型案例

8.6.1.1 面临的问题是什么

一公司计划开展立方氮化硼（CBN）成型砂轮的出口外销，主要涉及美国、德国

---

❶ 诸敏刚，王娇丽，于立彪. 海外专利事务手册：美国卷[M]. 北京：知识产权出版社，2013：152.

和日本等国家。该公司希望确定其产品出口是否会在美国、德国和日本造成侵权。该公司提供了 CBN 成型砂轮相关产品以及相关的国内专利申请文件，详细介绍了产品的形状、构造、生产工艺以及各技术特征所能够达到的技术效果。

8.6.1.2 需求是什么

该公司希望了解 CBN 成型砂轮在美国、德国和日本的专利布局状况以及所要面临的主要竞争对手，确定其销售的产品在美国、德国和日本是否有相关专利产品存在，判断其产品在进入美国、德国和日本时是否会发生专利侵权纠纷。

8.6.1.3 团队组建

根据该公司委托需求，项目实施方组织多位相关技术领域的专家和资深专利导航专家组建项目组，具体负责项目管理、信息采集、产业分析、数据处理、专利导航分析、质量控制等工作。项目组前期多次去企业调研并与企业技术人员多次开会讨论，确定该公司 CBN 成型砂轮的整体技术状况以及其出口外销产品的技术方案，进一步明确相关技术特征以及技术领域、技术问题和技术效果，然后制定项目详细计划并对相关组员工作进行分工。

8.6.1.4 制定实施方案

根据需求初步确定所要研究对象的范围和程度，重点考虑项目进度、人员分工、质量控制等因素，确定实施过程中的关键时间节点，确保项目按期推进，在关键时间节点与项目企业进行沟通，保证项目企业准确掌握项目进展情况。

8.6.1.5 信息采集

接下来需要开展针对性的信息检索并采集相关信息。相关信息主要包括目的地知识产权政策和专利信息。知识产权政策信息包括目的地知识产权法律、法规、执法程序等信息。对专利信息进行采集，需要根据项目需求的特点选择适当的数据库，制定合理的检索策略并构建对应的检索式，通过对检索结果进行检索质量评估决定是否终止检索。

1）非专利信息采集

由于专利的地域性，各国侵权认定的程序和标准并不相同。首先，项目组查询了美国、德国和日本在专利侵权判定方面的相关政策规定。美国作为全球最大的经济体，经常成为我国企业海外知识产权纠纷的主战场。以美国专利法[1]为例，在美国专利侵权不仅包括直接专利侵权（字面侵权、等同侵权），还包括教唆侵权和间接侵权等方式，具体包含如下内容：

---

[1] United States Patent and Trademark Office. Manual of Patent Examining Procedure：Appendix L Consolidated Patent Laws [EB/OL]．[2023-01-15]．https：//www.uspto.gov/web/offices/pac/mpep/consolidated_laws.pdf.

(1) 美国专利法第271条规定的对专利权的侵害

美国专利法第271条规定：

（a）除本编另有规定外，任何人在美国境内，在专利期限内，未经许可而制造、使用、许诺销售或销售取得专利权的发明时，即为侵害专利权。

（b）任何人积极诱使对专利权的侵害时，应负侵害的责任。

（c）任何人许诺销售或销售已取得专利权的机器的组件、产品、组合物或合成物，或者用于实施专利方法（该项发明的重要组成部分）的材料或设备，而且明知上述物品是为用于侵害专利权而特别制造或特别改造的，而非通用产品或非用于实质性侵权用途的商品的，应承担辅助侵权人责任。

（d）专利权所有人有权因专利权侵权或辅助侵权获得救济的，不能因其有下列一项或一项以上的行为而被剥夺获得救济的权利，或者被认为滥用或不法扩大其专利权：（1）专利权所有人不得其同意而施行即构成对专利的辅助侵权行为中获得收入；（2）专利权所有人许可或授权他人不得其同意施行即构成对专利权的辅助侵权行为；（3）专利权所有人针对企图侵害其专利权的行为或辅助侵权行为强制实施其专利权。

该条（a）款规定了直接侵权行为，该规定与我国专利法规定的侵权概念相同，适用全面覆盖原则，对于方法权利要求而言，只有侵权人实施了全部的专利步骤才能被认定为侵权，也即美国专利法意义上的直接侵权。

该条（b）、（c）款规定的侵权行为被称为间接侵权行为。这两个条款是美国立法者于1952年为了弥补直接侵权条款对专利权人保护的不足而增加的。例如，对于方法权利要求而言，如果行为人仅实施了部分步骤，就不构成直接侵权；但是产品部件的制造者和产品最终组装者常常不是一个主体，美国为了强化专利权人保护，就意图对供应部件的行为人追究侵权责任，故作出了（c）款的具体规定。但是，我国专利法并未规定间接侵权行为。

(2) 美国专利法第271条（c）款的具体适用

（c）款是对间接侵权中"辅助侵权"的具体规定，通常要求如下要件：

行为要件，即原告要主张被告实施了"进口""销售""许诺销售"等行为；物品要件，即对于产品发明而言，行为人的行为客体是产品发明的部分零件或材料，对于方法发明而言则是指行为人提供了用于该方法的材料或装置，另外，该物品是发明的本质部分而并非商业上的日用品或通用产品；主观要件，即行为人实际知道其提供的产品是为侵害专利权而专门制造的或者改造的。

(3) 美国专利法第271条（a）款的扩大适用

在美国的司法判例中，出现了很多对（a）款规定的直接侵权扩大适用的案例，也被业内称为"多主体侵权"。例如，在方法专利中，权利要求的多个步骤被多个主体分开实施，这多个实施主体如果存在关联关系，则有可能被认定为直接侵权，需要承担相应的侵权责任。美国和我国都对方法权利要求的延及保护作了具体规定，区别在于我国将延及保护的产品限制为直接得到的，而美国则采用了更大范围的延及保护：不仅包括直接得到的产品，利用直接得到的产品进一步简单加工的产品也在延及保护的范围内。

2）专利信息采集

项目组同时着手对 CBN 成型砂轮进行专利信息采集，根据所确定的分析目标，将技术方案进行分解，其目的在于细化技术的分类，以更好地适应"专利"，便于后续的专利检索和侵权判定分析。

技术分解应尽可能依据行业内技术分类的习惯进行，同时要兼顾专利检索的特定需求和项目所确定分析目标的需求。分解后的技术重点要反映产业的发展方向，便于检索操作，并确保数据的完整、准确。一般情况下，可按照技术特征、工艺流程、产品或使用用途等进行分解。

经查阅相关资料并与 CBN 成型砂轮行业内技术人员沟通，依据砂轮磨料的附着方法将 CBN 成型砂轮分成电镀法、钎焊法和烧结法三种技术分支。

并且在该案中，基于企业提供的目标产品以及相关专利申请文件，将目标产品按照技术领域、技术问题、技术方案和技术效果进行分析，具体如下。

（1）技术领域

一种 CBN 成型砂轮技术领域，具体涉及一种电镀 CBN 成型砂轮。

（2）技术问题

成型 CBN 砂轮以 CBN 为磨料，此磨料硬度仅次于金刚石，而且有高的热稳定性和化学惰性，可有效降低被加工工件在磨削过程中的疲劳度，增加工件使用寿命。现有的成型 CBN 砂轮加工时容易出现烧蚀和堵塞情况，影响其使用。

（3）技术方案

一种 CBN 成型砂轮，其特征在于：包括圆盘形的基体轮，在所述基体轮的轴线处设有中心孔，基体轮的外侧设有环形的磨体，基体轮的正反两面上相对均布倾斜设置的排屑槽，排屑槽为直槽，与基体直径方向夹角为 8°~20°，CBN 磨料通过电镀固定在基体轮上。

（4）技术效果

该 CBN 砂轮在磨削过程中的损耗很小，砂轮开槽使磨削液进入磨削区域，利于冷却和清洗，可有效避免砂轮大面积接触磨削时出现烧蚀和堵塞的情况。

根据需求，针对前述确定的技术方案，制定相应的检索策略，并进行了全面的检索，所采用的数据库有中文数据库 CNTXT 和外文数据库 DWPI。

CNTXT 是检索中文专利数据的主数据库，数据中包含中国专利的著录项目信息、分类信息、全文信息、引文信息等，同时包含了自主加工的中国专利英文文摘信息和深加工信息，即 CNTXT 涵盖了可获得的数据库资源中与中国专利有关的全部信息。

DWPI 是汤森路透公司（原德温特公司）开发的世界专利文摘数据库，其按照标准格式对摘要和发明名称进行了重新改写并对发明人进行了整理，对各国专利申请是否为同一族进行了人工加工，数据按族为单位进行了整合，是进行外文专利资源检索的一个常用专利数据库。

基于目标产品技术领域和技术方案，确定基本检索要素，具体如表8-6-1所示。

表8-6-1 CBN成型砂轮基本检索要素

基本检索要素	砂轮	立方氮化硼	排屑槽	电镀
中文关键词	砂轮，轮，盘，辊	CBN，立方氮化硼，正方氮化硼	排屑S槽 断屑S槽	电镀
英文关键词	wheel, disc, disk, roller, grinder	cubic boron nitride	chip room, chip space, flute	electroplate, electrofacing
IPC分类号	B23F, B24B, B24D	C04B 35/5831, C01B 21/06		C25D

基于精确定位与适当扩展相结合的方式，检索过程中，综合运用涉及CBN成型砂轮的精确关键词、相关关键词、精确IPC分类号和相关IPC分类号，经历初步检索式的编制、检索结果的抽样检测、检索式的修正与调整等几轮反复循环，最终确定出可获得较佳样本空间的检索式。检索截止日为2016年9月30日，经过检索得到3741件涉及CBN成型砂轮的专利申请，经验证，查全率和查准率均在90%以上，然后通过对检索结果人工去噪，得到最终用于分析的1754件专利。接下来，对所检索到的专利进行分析。

8.6.1.6 数据分析

1）专利总体发展趋势分析

首先，对CBN成型砂轮的技术进行整体分析，了解CBN成型砂轮领域内专利的整体状况，如图8-6-1所示。专利申请趋势分析图的横轴表示时间，纵轴通常表示申请量、授权量、公开量、申请人数、发明人数或者相应的增长率，通过对技术领域的申请量进行分析，揭示专利数据随时间的变化规律及发展轨迹。专利申请趋势的分析对象可以是某技术领域的全球专利数据，也可以是某技术领域、某申请人（专利权人）、特定地域等的专利数据。

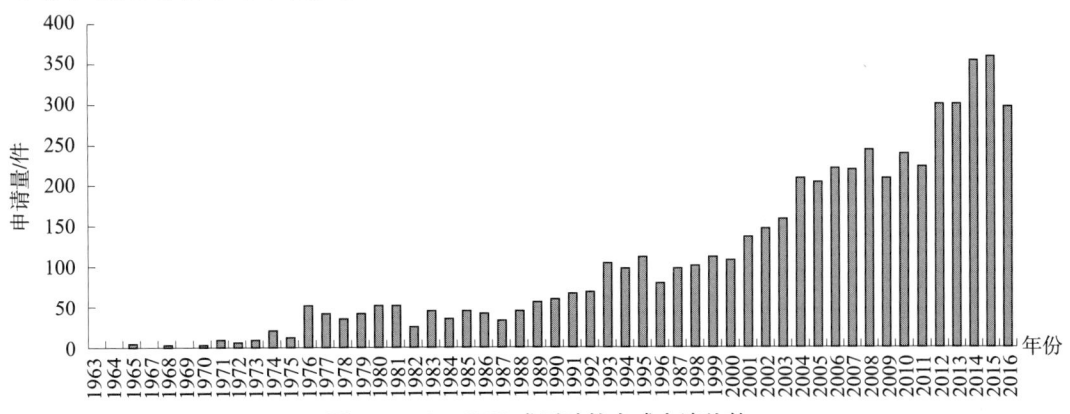

图8-6-1 CBN成型砂轮全球申请趋势

图8-6-1所示的分析对象是全球CBN成型砂轮,对其中的重要拐点和时间段进行分析,可以得出如下结论。CBN砂轮技术在1990年之前为缓慢施展期,处于技术萌芽阶段,并于1990~2003年期间进入了第一快速发展期。增长率反映波动剧烈,有高有低。2003~2009年申请量增长缓慢,增长率平衡,进入技术调整期。2010年至今申请量有较大的增长,但增长率不高,说明申请主要为应用层面的技术,理论方面的突破不多。由于发明专利可以在申请日起18个月公开,以及公开后数据整理入库也需要一定时间,该案例的检索截止日为2016年9月30日,因此2015年后申请的部分专利尚未公开,在2015~2016年专利申请量出现下降。

接着,对CBN成型砂轮的技术生命周期进行分析,技术生命周期图的横轴可以表示申请量,纵轴表示申请人数量,一般分为四个阶段:萌芽期、成长期、成熟期和衰退期。萌芽期是指在这个阶段技术刚刚出现不久,专利技术的申请人和申请量很少,技术不成熟,研发方向多。当申请人和申请量都同时快速增加时,表示技术进入成长期,此时已经出现一些核心技术,技术研发速度较快,但仍具有一定量的技术空白。而技术达到成熟期时,申请量会相较之前下降,申请人也不会再快速增长,表示技术已经成熟,很难再有突破性技术出现。而衰退期表示技术研发已经达到极限,不会再有进一步的发展。

具体到CBN成型砂轮,从图8-6-2所示的CBN成型砂轮的技术生命周期图可以看出,随着申请人的增加申请量已不再增加,出现了下降趋势,表示现阶段CBN成型砂轮处于成熟期,在此期间仍然会存在少量需要研发的技术,且以改进技术为主。

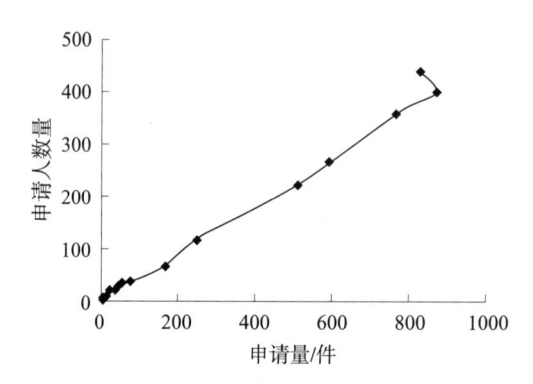

图8-6-2 CBN成型砂轮技术生命周期

然后以CBN成型砂轮三大工艺路线作为分析对象,绘制专利申请趋势图(参见图8-6-3)。从图中可以看出钎焊和电镀的申请量一直处于缓慢增加之中,显示这两项技术已经趋向成熟、稳定或未出现重大技术革新,而烧结路线在2006~2010年的短暂调整之后出现了较快的增长,这种增长反映出烧结的工艺方法存在重大技术革新、技术突破的概率较大。

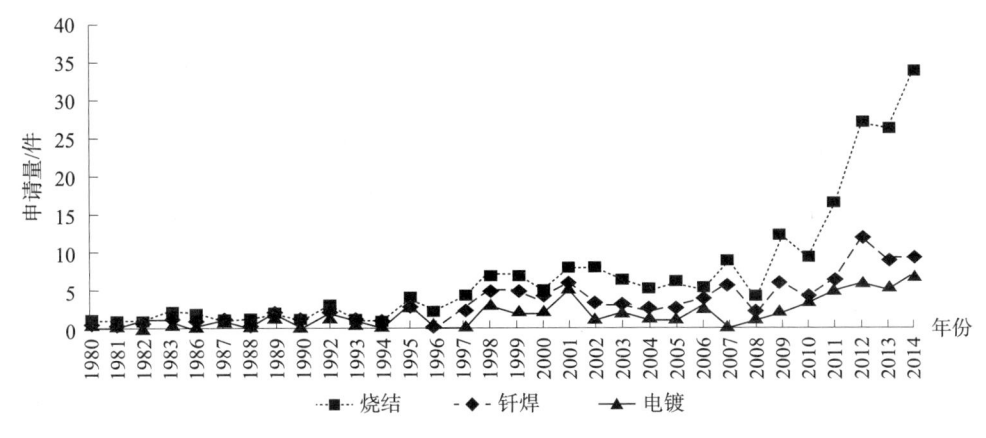

图 8-6-3 CBN 成型砂轮技术分支申请趋势

接下来在电镀 CBN 砂轮这一技术分支中，为找出专利所代表的该技术分支的发展趋势，项目组成员对引证率较高的专利进行了手工标引，逐一提取其技术核心，绘制技术路线图，理清技术发展脉络，把握技术演进态势。电镀 CBN 成型砂轮专利技术内容主要集中在对电镀过程、镀液、镀层；对砂轮结构如排屑槽结构、超声或激光辅助的砂轮制造、新的仿形方法；超硬磨料的预处理、微观形态的改进与镀前分选等的改进方面。由这些技术主题可以整理出电镀 CBN 成型砂轮技术发展的三条主要技术路线，即对砂轮制造工艺的改进（只涉及电镀过程）、对砂轮结构的改进和对磨料（独立砂轮结构）的改进。有些专利涉及不止一方面的内容。图 8-6-4 所示的技术路线图显示，截至 2015 年，对电镀 CBN 成型砂轮的技术革新主要集中在砂轮结构和电镀工艺上，磨料方面创新不多，这应该得益于新的加工手段的应用。而磨料属于较基础的材料科学领域，受限于学科进步，截至 2015 年仍没有特别大的发展。

2）目标市场专利发展趋势

由于企业要将电镀 CBN 成型砂轮出口至美国、德国和日本等地，因此，必须要对美国、德国和日本的 CBN 成型砂轮技术有深入了解。以目标市场为分析对象，图 8-6-5 展示了在目标市场 CBN 成型砂轮的专利申请趋势。从图中可以看出，中国在 CBN 成型砂轮领域起步较晚，但在 2007 年后保持高速增长，大部分的中国申请是 2009 年以后提交的，并且截至 2015 年申请量遥遥领先，说明中国在该领域的技术研发能力非常强劲。而对于美国、日本和德国，申请量的高峰出现在 2007~2010 年，随后逐渐下降并趋于稳定，可见，在美国、日本和德国该领域中技术已经非常成熟。由于发明专利可以在申请日起 18 个月公开，以及公开后数据整理入库也需要一定时间，该案例的检索截止日为 2016 年 9 月 30 日，因此 2015 年后申请的部分专利尚未公开，在 2015~2016 年专利申请量出现下降。

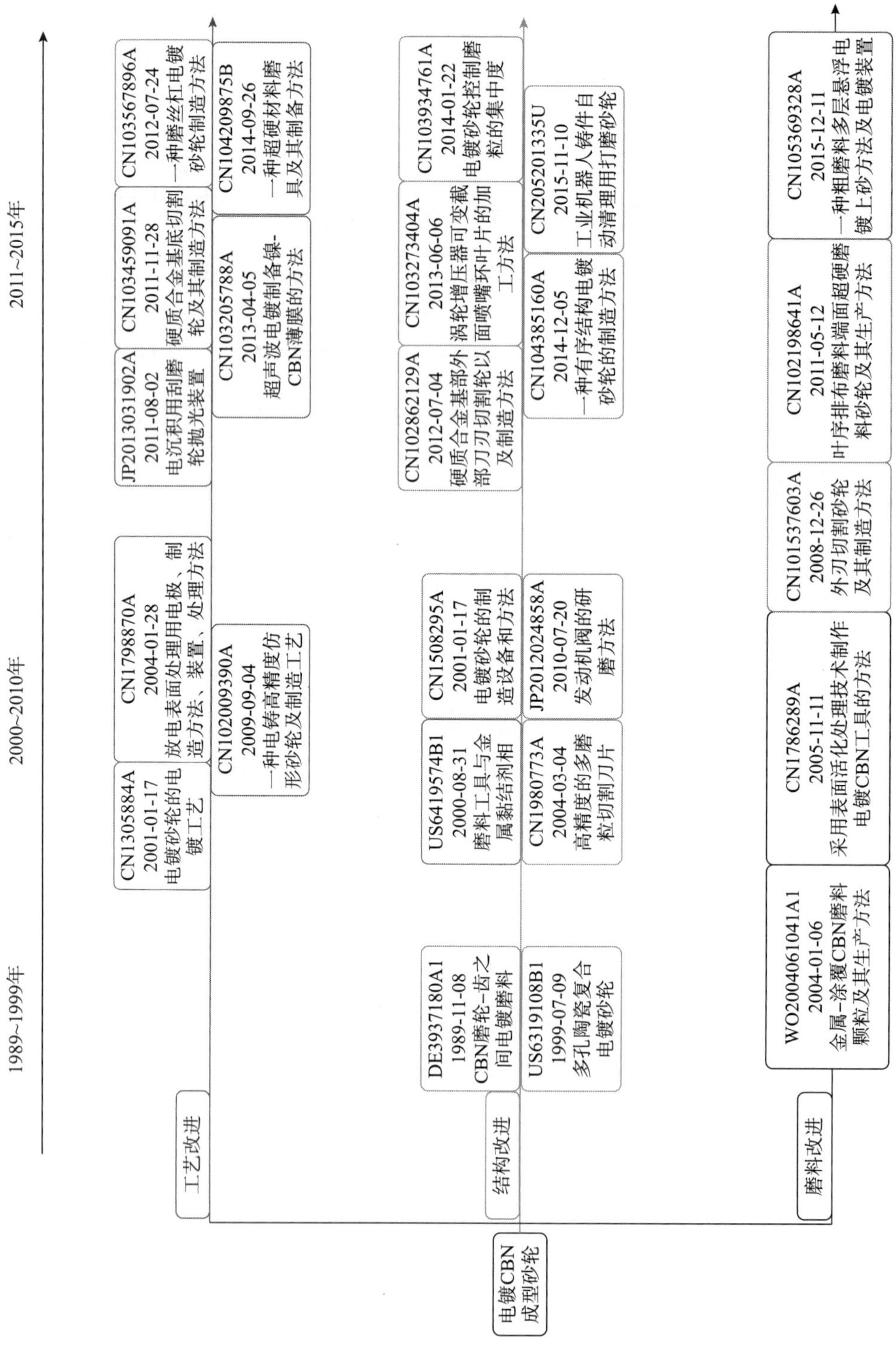

图 8-6-4 电镀 CBN 成型砂轮技术路线

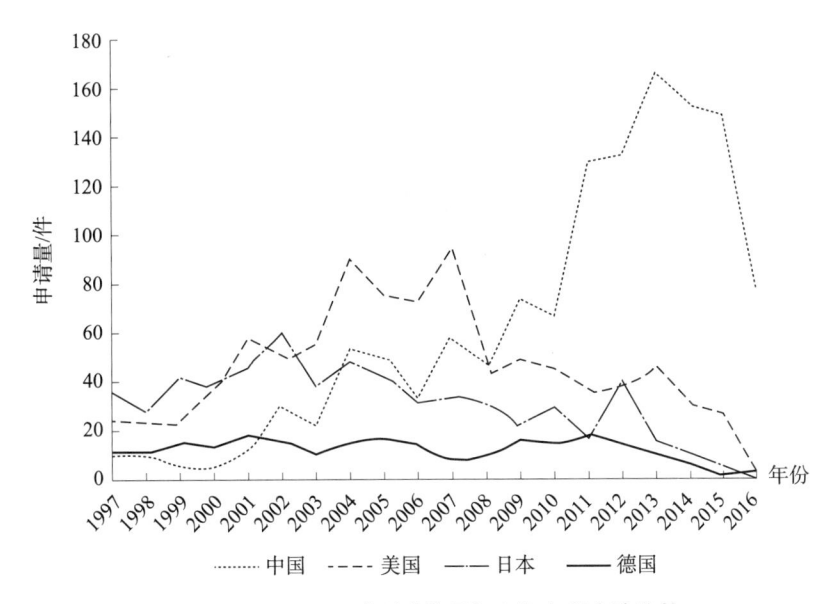

图 8-6-5　CBN 成型砂轮目标市场专利申请趋势

然后对目标市场的技术构成进行分析，如图 8-6-6 所示，在中国、美国、日本和德国 CBN 成型砂轮的技术中，中国在烧结、钎焊技术分支中的申请量高于美国、日本和德国，但是在电镀技术分支中，却少于美国和日本，可见，中国在电镀 CBN 成型砂轮技术中仍有进一步提升空间。由于美国和日本在电镀 CBN 成型砂轮分支中的专利申请量高于中国，因此，美国和日本在电镀 CBN 成型砂轮分支的研发能力较强，国内产品在国外销售时，一定要重点关注美国和日本的专利情况。

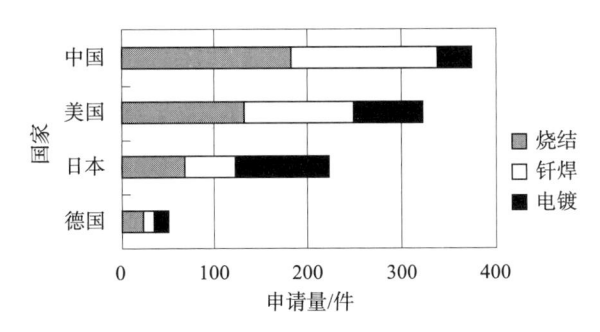

图 8-6-6　CBN 成型砂轮目标市场专利技术分布

3）自身技术构成

该公司主要致力于电镀 CBN 成型砂轮中的研究，在检索截止日前，该公司一共提交了 82 件专利申请，其中有 35 件是发明专利，在这 35 件专利中，涉及电镀 CBN 成型砂轮的共有 23 件，改进方向主要涉及砂轮结构和电镀工艺控制方面，在该项目中公司提供的出口产品即是一种电镀 CBN 成型砂轮，主要涉及砂轮结构中排屑槽结构的改进。

4）目标市场申请人

对电镀 CBN 成型砂轮的申请人所申请的专利数量进行排序，可以发现该领域的重要申请人。如图8-6-7所示，可以看出日本的信越和三菱申请量位居第二和第三位，这两个公司是全球材料的超级供应商。然后是美国的金刚石创（金刚石创新公司，Diamond Innovation）、圣戈班公司和联合技术公司，金刚石创是世界领先的超硬材料产品制造商，其前身为美国GE超硬磨料事业部，圣戈班公司总部设于法国，是磨料模具行业的龙头企业，是全球最大的磨料模具产品制造商之一。美国联合技术公司是一家涉足众多高科技产品领域的跨国公司。紧接着六号元素（Element Six）公司是世界领先的超硬材料生产商和供应商，生产基地主要位于英国、德国和美国。由此可见，电镀CBN成型砂轮领域内，美国、日本和德国都有技术实力强劲的龙头企业，在国内企业的电镀CBN成型砂轮产品进入这些国家时，一定要慎重，避免出现知识产权纠纷。

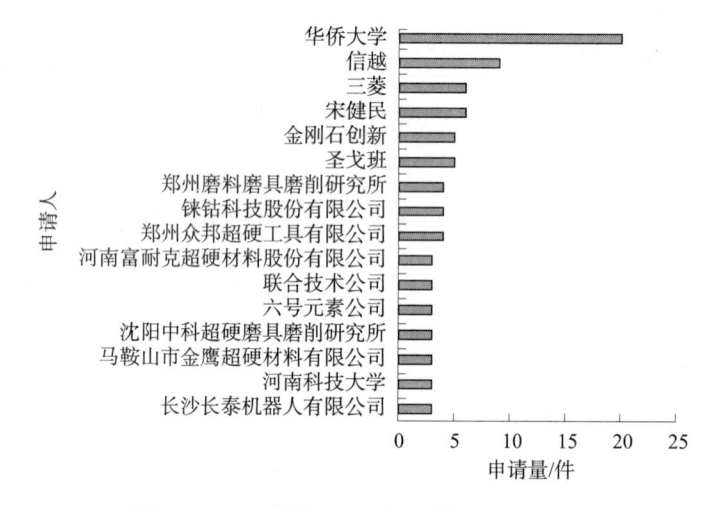

图8-6-7 电镀CBN成型砂轮申请人排名

在确定竞争对手后，就可对竞争对手进行全面分析，确定竞争对手目前的技术实力、保护力度和技术研发方向等信息，然后可以制定竞争对手的对抗策略，主要包括以下三种策略：不对抗策略、防御性策略和进攻性策略。其中不对抗策略是基于竞争对手的专利技术与自身技术侧重点不同，不会在市场和专利布局方面构成威胁，我方需要做好专利布局，持续关注对方动态。防御性策略是基于竞争对手的专利会对我方产生一定的影响，但短时间内未构成风险，我方可通过专利挖掘、技术合作、专利风险预警和专利技术规避等方式进行应对。进攻性策略是基于竞争对手的市场和专利布局已经对我方形成威胁和风险，我方可通过专利诉讼、交叉许可、专利无效等方式进行应对。

5）专利风险分析

在了解到CBN成型砂轮的总体专利状况和目标市场的技术发展状况后，基于委托公司给出的待出口产品的技术方案，进行技术特征的拆解，然后进行检索，获得有12篇高度相关的专利技术文献，其中3篇处在专利保护期内，另外9篇虽然相关但处于专利失效状态。

检索到的这3篇文献中2篇是美国专利，分别记为USptA和USptB，另外一篇是日本专利，记为JPptA。接下来项目组分别依据美国专利侵权判定原则和日本侵权判定原则，依据这些国家专利法对专利权侵害的相关规定，模拟可能出现的政策风险（"337调查""特别301调查"）和法律风险（知识产权诉讼），分析该企业的电镀CBN成型砂轮产品是否会侵犯这3篇专利的专利权。

以目标产品出口到美国的侵权风险判定分析为例，主要包括如下分析内容：

首先，我国企业向美国出口企业产品的行为可能会受到美国国际贸易委员会负责的"337调查"。除了"337调查"，专利权人也可以在美国联邦地区法院主张专利侵权诉讼。比较而言，"337调查"的立案相对容易，是美国实施单边制裁的主要贸易保护手段。在上述两种调查或审理中，都要依据美国专利法第271条及相关判例进行专利侵权判定。

在具体的专利侵权风险判定中，首先要确定待评估的产品或技术方案、侵权判断的具体国家或地区，针对该产品或技术方案进行技术特征拆分，制定专利检索策略，检索出与目标产品或技术方案相关的专利。其次，通过人工阅读潜在侵权专利，汇总全部潜在侵权专利，形成如表8-6-2的侵权分析判定表进行技术特征严格对比，依据侵权判定原则评估是否存在侵权或潜在侵权的可能性，并给出具体侵权结论。侵权结论分为高风险等级、中等风险等级、低风险等级和无风险等级，详细内容见7.5.2.3节中关于风险等级标准的说明。

表8-6-2 专利侵权分析判定表

研究对象的产品或方法技术分解	相关专利权项分解	比较过程	是否全面覆盖	是否等同	侵权判定	风险等级
A+B+C	A+B+C	技术特征完全相同	是	×*	侵权	高
A+B+C+D	A+B+C	产品或方法比相关专利增加一项或一项以上的技术特征	是	×	侵权	高
A+B+D	A+B+C	C和D可能具有非实质性区别	否	可能	可能侵权	中
A+B	A+B+C	产品或方法比相关专利减少一项或一项以上的技术特征	否	否	不侵权	低
A+B+E	A+B+C	C和E确定具有实质性区别	否	否	不侵权	无
D+E+F	A+B+C	技术特征完全不同	否	否	不侵权	无

*如全面覆盖则不用再判断是否等同。

接下来详细分析该企业出口产品是否侵犯了的两件美国专利USptA和USptB的专利权。

关于USptA专利的侵权分析，经核实，USptA专利在2011年8月2日授权公告之后，专利权人虽然于2012年1月12日提交了修改，但修改仅涉及说明书，而不涉及权利要求书。另外，该专利不存在后续无效宣告程序，目前仍维持有效。故以授权公告文本的权利要求1作为比较对象。

企业出口产品与USptA权利要求1进行特征对比，如表8-6-3所示。

表8-6-3 技术特征对比表

特征	USptA权利要求1	企业外销产品
1	砂轮	砂轮
2	圆盘砂轮	圆盘形基体轮
3	中心孔	轴线处有中心孔
4	外侧有环形磨体	外侧有环形磨体
5	正反面上相对均布排屑槽	正反面上相对均布倾斜设置的排屑槽
6	排屑槽为直槽	排屑槽为直槽
7	×	排屑槽与基体直径方向夹角为8°~20°
8	电镀CBN	电镀CBN

根据USptA和企业产品出口方式的选择，假定几种情况分析企业产品出口的法律风险。

样态1：假定USptA的权利要求1中没有限定排屑槽与基体直径方向的夹角，也没有限定其他的技术特征，企业外销产品相比USptA的权利要求1的技术方案增加了一项技术特征，即适用全面覆盖原则，此时可以认定企业出口的产品侵犯了USptA的专利权，属于直接侵权行为，受到美国专利法第271条（a）款的规制，因此属于高风险等级。

样态2：假定USptA的权利要求1中没有限定排屑槽与基体直径方向的夹角，但是限定了从排屑槽首端中心点向基体中心点与排屑槽末端连线引垂线，该垂线与排屑槽之间的夹角，此时虽然两者对于排屑槽的倾斜角度的表述不同，但实质上都是为了限定出排屑槽的倾斜角度，这就需要根据企业产品中排屑槽倾斜方式具体判断是否会造成侵权，此时两者的区别并非实质性区别，可能存在侵权风险，受到美国专利法第271条（a）款的规制，因此属于中风险等级。

样态3：假定USptA的权利要求1中没有限定排屑槽与基体直径方向的夹角，但是限定了排屑槽的宽度和深度，两者的技术特征相比具有实质性区别，不完全相同，此时，判断企业出口的产品不侵权，因此属于无风险等级。

样态4：假定企业在出口产品时先将基体轮和CBN出口到美国后，再由美国的公司进行加工获得电镀CBN成型砂轮，而美国公司制备的电镀CBN成型砂轮与USptA权利要求中限定的产品制造方法相同，则美国公司会被认定具有直接侵权行为，而由于该企业向美国这家公司提供了实施制造方法的物品材料，则有可能被认定为间接侵权，而受到美国专利法第271条（c）款的规制。

综上所述，在上述4种企业产品出口样态下，除非出口产品和USptA权利要求中保护的产品有明显和实质性不同，在其他情况下均需要谨慎，容易遭到"337调查"

和/或专利侵权诉讼，而抗辩需要付出较大的金钱和时间成本。

关于USptB专利的侵权分析，经核实，USptB专利不存在后续无效宣告程序，目前仍维持有效。故以授权公告文本的权利要求1作为比较对象。采用与上述USptA相同的技术特征对比方法，将企业出口产品与USptB权利要求1进行特征对比，发现虽然USptB字面表述与企业给出的产品技术方案有区别，但两者实质是相同的，因此，企业出口产品受到美国专利法第271条（a）款的规制，属于高风险等级。

采用同样的模拟分析判定流程，项目组根据日本专利法的相关规定和日本专利侵权判定原则，针对日本JPptA专利进行模拟侵权判定，确定企业将电镀CBN成型砂轮出口至日本时可能会面临JPptA专利的侵权诉讼。因此，确定企业产品出口到美国和日本的侵权风险属于高风险级别。而未发现德国存在处于保护期内的有关专利，企业产品进入德国市场后，整体侵权风险属于低侵权或无风险等级。

8.6.1.7 成果产出

项目组以可视化形式展现分析成果及关联信息，出具《专利导航及侵权判定咨询意见书》，告知企业出口产品的全球和目标市场的专利状况以及可能存在的政策风险和法律风险，接下来，项目组根据同时检索到的多篇现有技术专利文献，确定最为接近的技术文献，然后给企业提出如下抗辩建议：

1）主动出击，提出针对USptA、USPtB和JPptA专利的多方复审（IPR）程序

在美国和日本专利授权后有类似我国无效程序的救济途径，企业在将产品出口至美国和日本时，可以依据现有技术文件结合公知常识去挑战上述USptA、USPtB和JPptA专利的创造性。

2）被动还击，提出现有技术抗辩

企业根据现有技术文献主张不侵权抗辩，但能否成功还需要基于具体情况进行分析。

另外，无论是提起无效程序还是提出现有技术抗辩，金钱和时间成本都要远超国内相应程序。

8.6.1.8 成果运用

企业通过上述专利导航，可以认清自身产品在目标市场的专利技术状况，确认主要的竞争对手，以及是否存在侵权可能，同时引导自身技术研发，突破封锁线，在不断的技术更新中找寻自身的发展道路。

8.6.2 专利导航助力企业技术出口典型案例

8.6.2.1 面临的问题是什么

一公司拟在墨西哥建厂，生产长、短翅片两种蒸发器，销往美国。对公司所在地

知识产权局深入调研后，认为美国市场是跨国公司的专利布局密集区，投资前必须谨慎，避免专利纠纷，以保证投资安全。该公司听取建议，紧急联系当地知识产权部门，请求技术和法律支持。

8.6.2.2 需求是什么

该公司希望了解其生产技术和相应产品在美国和墨西哥的全部相关专利情况，判断其技术和产品是否落入相关专利权的保护范围，该公司提供了两种蒸发器产品实物及照片、蒸发器的设计图纸以及技术特征的说明。

8.6.2.3 团队组建

同8.6.1.3节团队组建部分。

8.6.2.4 制定实施方案

同8.6.1.4节制定实施方案部分。

8.6.2.5 信息采集

1）非专利信息采集

项目组查询了美国和墨西哥在专利侵权判定方面的政策规定，如8.6.1.5节第1）部分所示。

2）专利信息采集

以该公司提供的蒸发器为分析对象，综合运用蒸发器涉及的关键词和分类号，在CNTXT、DWPI等数据库中进行检索，检索截止日为2016年6月8日，并且对该公司涉及的产品进行进一步技术分解，得到与该产品相关的专利文献，然后通过对比分析确定是否存在侵权风险，具体细节与8.6.1.5节第2）部分类似，不再赘述。

8.6.2.6 数据分析

通过对检索到的蒸发器专利进行总体发展趋势分析、目标市场发展趋势分析和目标市场申请人分析，主要了解在蒸发器领域国内外技术发展状况和技术差异，了解目标市场蒸发器技术实力以及主要竞争对手，具体分析方法可参见本章8.6.1.6节。

然后基于企业出口技术和相应产品涉及的技术内容、保护范围等要素进行分析，进一步判断是否存在侵权的事实，或者是否存在即将侵权的风险，并对其作出评价和判断。

经过初步筛查，将检索到的专利文件的范围缩小，得到6篇相关专利，作为后续专利风险分析的基础，具体如表8-6-4所示。

表 8-6-4 蓄发器领域相关专利著录信息和法律状态

序号	标 题	标题（翻译）	公开/公告号	申请日	公开/公告日	专利权人	专利有效性
1	Refrigeration evaporator	制冷蒸发器	US6253839B1	1999-03-10	2001-07-03	BRAZEWAY INC.	有效
2	Flexible tube arrangement – heat exchanger design	柔性管装置-蒸发器设计	US20050092473A1 授权公告号：US7004241B2	2003-10-30	2005-05-05 授权公告日：2006-02-28	BRAZEWAY INC.	有效
3	Method of making a refrigeration evaporator	制作的一种制冷方法蒸发器	US6370775B1	2000-05-03	2002-04-16	BRAZEWAY INC.、BUNDY REFRIGERATION INTERNATIONAL HOLDING B. V.	有效
4	Method and apparatus for forming fins for a heat exchanger	用于形成方法和装置用于一热翅片蒸发器	US7073574B2	2004-02-23	2006-07-11	BRAZEWAY INC.	有效
5	Finned tube heat exchanger and method of manufacture	翅片管蒸发器及其制造方法	US5540276A	1995-01-12	1996-07-30	BRAZEWAY INC.	过期失效
6	Plate – fin and tube heat exchanger with a dog – bone and serpentine tube insertion method	蛇形弯管插入具有狗骨形状开口翅片的热交换器加工方法	US6598295B1	2002-03-07	2003-07-29	BRAZEWAY INC.	有效

上述 6 篇专利是该企业竞争对手申请的专利，表中专利有效性的判断基于项目实施日期计算，该项目在 2016 年 6 月开始实施，因此，在当时情景下，表中的第 1~4 篇和第 6 篇专利仍处于专利权有效状态，第 5 篇已经过期失效，不用考虑其侵权问题。第 6 篇与企业提供的两款产品有明显差异，经判断不会构成侵权，因此需要对第 1~4 篇专利进行重点分析。

（1）基于 US6253839B1 进行专利侵权风险分析

US6253839B1 该发明专利名称为"制冷蒸发器"，申请日为 1999 年 3 月 10 日，授权公告日为 2001 年 7 月 3 日，专利权人为 BRAZEWAY INC.、当时法律状态为专利权维持。该专利优先权日为 1999 年 3 月 10 日，该专利在墨西哥的同族专利申请公布号为 MXPA01009058A，公开日为 2000 年 9 月 14 日，该专利授权公告日为 2006 年 9 月 21 日，授权专利公告号为 MXPA01009058A，专利权人为邦迪公司，当时法律状态为专利权维持；该专利在中国的同族专利申请公布号为 CN1347491A，公开日为 2002 年 5 月 1 日，该专利申请在中国的授权专利公告号为 CN1192199C，授权公告日为 2005 年 3 月 9 日，专利权人为邦迪公司，当时法律状态为专利权终止，终止日期为 2011 年 3 月 6 日。

首先，针对相关专利的权利保护范围进行分析，以 US6253839B1 为例，该专利共有 12 项权利要求，其中权利要求 1 为独立权利要求，与企业技术和产品直接有关的权利要求是权利要求 1~12，因为独立权利要求的保护范围最大，所以相关专利权的最大保护范围由权利要求 1 确定。

该专利授权公告的权利要求书的独立权利要求 1 如下：

"1. An evaporator for disposition along an air flow for cooling the air comprising：

a continuous serpentine tube having an inlet and an outlet, said serpentine tube includes at least one column of parallel tube runs, each tube run being defined by at least one reverse bend；anda plurality of inner fins attached to at least one of said tube runs, each inner fin extends between at least two tube runs defined by opposite ends of a reverse bend, each inner fin has a slot defined therein and a raised ridge surrounding said slot, said reverse bend insertable into said slot. "

【1. 一种沿流布置以冷却空气的蒸发器，包括：具有一进口和一出口的连续蛇形管，至少一列平行的多个管道，各管道由至少一个反向弯头确定；还包括安装在管道上的多个内翅片，各所述内翅片在由反向弯头相对端确定的至少两个弯道之间延伸，每个翅片上均设置有至少一个狭槽，所述狭槽的周围设置有凸起的凸台，所述反向弯头可以插入到所述狭槽中。】

分解该独立权利要求记载的技术方案，全部技术特征包括：

L11：一种沿流布置以冷却空气的蒸发器；

L12：具有一进口和一出口的连续蛇形管，至少一列平行的多个管道，各管道由至少一个反向弯头确定；

L13：安装在管道上的多个内翅片；

L14：各所述内翅片在由反向弯头相对端确定的至少两个弯道之间延伸；

L15：每个翅片上均设置有至少一个狭槽，所述狭槽的周围设置有凸起的凸台；

L16：所述反向弯头可以插入到所述狭槽中。

（注：L 即 limitation，指元特征，用于限定权利要求。）

结合说明书和附图，该专利的技术方案要解决的技术问题是提供一种可以提高冷却效率的蒸发器，例如通过采用交错排列的管束，另外通过高效的翅片排布方式可以进一步提高冷却效率。

依据该企业提供的产品实物及照片、设计图纸、技术特征说明以及现场调研对企业产品的技术观察，对该企业提供的蒸发器和产品及其制造方法进行技术特征分解。

与 US6253839B1 的独立权利要求 1 相比较，企业产品可以分解为以下技术特征：

e11：企业产品是一种沿流布置以冷却空气的蒸发器；

e12：企业产品具有一进口和一出口的连续蛇形管，至少一列平行的多个管道，各管道由至少一个反向弯头确定；

e13：企业产品具有安装在管道上的多个内翅片；

e14：企业产品的各所述内翅片在由反向弯头相对端确定的至少两个弯道之间延伸；

e15：目前的产品中每个翅片上均设置有至少一个狭槽，在孔周围同样设置加强凸台；

e16：企业产品的所述反向弯头可以插入到所述狭槽中。

（注：e 即 element，指对比特征，用于限定对比产品。）

详细技术特征对比表如表 8-6-5 所示。

表 8-6-5　技术特征对比分析

对比内容		US6253839B1	是否相同/等同	该企业产品对应特征说明
主题		有翅片型的蒸发器和蒸发器	是	
权利要求1		一种沿流布置以冷却空气的蒸发器	是	一种沿流布置以冷却空气的蒸发器
		具有一进口和一出口的连续蛇形管，至少一列平行的多个管道，各管道由至少一个反向弯头确定	是	具有一进口和一出口的连续蛇形管，至少一列平行的多个管道，各管道由至少一个反向弯头确定
		安装在管道上的多个内翅片	是	具有安装在管道上的多个内翅片
		各所述内翅片在由反向弯头相对端确定的至少两个弯道之间延伸	是	内翅片在由反向弯头相对端确定的至少两个弯道之间延伸

续表

对比内容	US6253839B1	是否相同/等同	该企业产品对应特征说明
权利要求1	每个翅片上均设置有至少一个狭槽,所述狭槽的周围设置有凸起的凸台,所述反向弯头可以插入到所述狭槽中	是	权利要求中描述的只有一个狭槽,但说明书中具有一排狭槽,而且中文同族翻译成"至少一个"。而且企业产品也是每个翅片上均设置有至少一个狭槽,在孔周围同样设置加强凸台,所述反向弯头可以插入到所述狭槽中,所以该特征相同

对比企业产品和该专利的技术特征,技术特征 e11、e12、e13、e14、e15、e16 分别与技术特征 L11、L12、L13、L14、L15、L16 一一对应,明显相同。综上,企业产品技术方案的技术特征与该专利权利要求 1 记载的全部技术特征相比,长翅片蒸发器与该专利所有技术特征相同或者等同,长翅片蒸发器落入了权利要求 1 的保护范围内;而短翅片蒸发器缺少反向弯头插入的过程,没有落入该专利的独立权利要求 1 的保护范围之内。

对于从属权利要求 4 "所述平行管列的总长度由最外侧管道之间的距离确定,内翅片的总长度小于所述管道列的总长度",企业产品中的短翅片蒸发器与该权利要求的技术特征相同,但企业产品中的长翅片蒸发器的内翅片长度大于管道列的总长度,这样可以简化工艺提高生产效率,因此与该权利要求的技术方案整体不相同。

对于从属权利要求 6 "所述蒸发器包括第一行内翅片和第二行内翅片,所述第一行内翅片相对于第二行内翅片偏移,从而构成交错排列的翅片结构",企业产品中的短翅片蒸发器与该权利要求的技术特征相同,但企业产品中的长翅片蒸发器中的长翅片的每行之间都是对齐的,也不能达到错排翅片强化蒸发的效果,因此与该权利要求的技术方案整体不相同。

另外,其他的从属权利要求的技术特征与企业产品均相同或者等同。

(2) 基于 US7004241B2 进行专利侵权风险分析

该专利共有 30 项权利要求,其中权利要求 1、6、13、24 为独立权利要求,与企业产品均相关,因为独立权利要求的保护范围最大,所以相关专利权的最大保护范围由权利要求 1、6、13、24 确定,由于权利要求 1 和 6 为产品权利要求,限定内容相似,权利要求 13 和 24 为方法权利要求,限定内容相似,因此,下文以权利要求 1 和权利要求 13 为代表进行分析。

该专利授权公告的权利要求书中的独立权利要求 1 如下:

"1. A universal fin for use in a fin on tube heat exchanger, the universal fin comprising: a sheet of heat conducting material configured to be separated to form one or more continuous fins for use on the fin on tube heat exchanger regardless of a number of vertical and horizontal pairs of tubing segments in said heat exchanger, said sheet having a width and a height; and a plurality of openings in said sheet, each of said openings configured to allow a pair of generally parallel tubing segments of the heat exchanger to pass therethrough, each of said openings being canted relative to said width and height of said sheet, each of said openings being arranged on said sheet into a plurality of rows and into a plurality of columns with adjacent rows being generally equally spaced apart and with adjacent columns being generally equally spaced apart, and said spacing between adjacent rows and between adjacent columns being dimensioned to allow said sheet to be separated between at least one of said adjacent rows and said adjacent columns to form one or more continuous fins each containing a plurality of openings at least equal to a total number of pairs of tubing segments in the heat exchanger."

【1. 一种用于管翅片式热交换器的通用型散热片，包括：

导热材料板，具有宽度和高度，其可被分割以形成一个或多个连续散热片，而不考虑热交换器中多个垂直和水平管段对；

导热材料板中具有多个开口，每个开口的结构允许热交换器的一段管段从中穿过，开口相对于导热材料板的宽度和高度倾斜，开口以多行和多列的形式布置在导热材料板上，相邻行的间距相等，相邻列的距离相等，且其之间的间距尺寸允许在相邻行和相邻列中的至少一个之间分割导热材料板，以形成一个或多个连续散热片，每个连续散热片包含多个开口，开口的数量至少等于热交换器中的管段对的数量。】

分解该独立权利要求 1 记载的技术方案，全部技术特征包括：

L51：用于管翅片式热交换器的通用型散热片；

L52：导热材料板，具有宽度和高度，其可被分割以形成一个或多个连续散热片，而不考虑热交换器中多个垂直和水平管段对；

L53：导热材料板中具有多个开口，每个开口的结构允许热交换器的一段管段从中穿过；

L54：开口相对于导热材料板的宽度和高度倾斜；

L55：开口以多行和多列的形式布置在导热材料板上；

L56：相邻行的间距相等，相邻列的距离相等，且其之间的间距尺寸允许在相邻行和相邻列中的至少一个之间分割导热材料板，以形成一个或多个连续散热片；

L57：每个连续散热片包含多个开口，开口的数量至少等于热交换器中的管段对的数量。

（注：L 即 limitation，指元特征，用于限定权利要求。）

结合说明书和附图，该专利的技术方案要解决的技术问题是提供一种通用型散热片、具有该散热片的热交换器及其制造方法，使得热交换器可以采用共同或通用的散热片形式，而不考虑其中垂直以及水平方向上管路的数量。

该专利授权公告的权利要求书的独立权利要求 13 如下：

"13. A method of making a fin on tube heat exchanger, the method comprising the steps of:

(a) separating at least one continuous fin having a predetermined quantity of openings from a preformed universal fin sheet that is configured to be separated to provide one or more continuous fins for use on a heat exchanger regardless of a number of vertical and horizontal pairs of tube passes in a tube portion of the heat exchanger on which said at least one continuous fin is to be used, said universal fin sheet having a plurality of columns and a plurality of rows of openings configured to allow a pair of tube passes to pass therethrough; and

(b) positioning said continuous fin on said tube portion of said heat exchanger with pairs of tube passes passing through said openings."

【13. 一种制备管翅片式热交换器的方法，包括以下步骤：

(a) 从预制的通用型散热片板分割出至少一个带有预订数量开口的散热片，其中通用型散热片板能够分割以提供在热交换器上使用的一个或多个散热片，而不考虑使用了至少一个散热片的热交换器的管部分中的多个垂直和水平管路对，通用型散热片板上设置有许多行和许多列的开口，以用来允许管对穿过其中；

(b) 以使管路对穿过所述开口的方式将散热片定位在热交换器的管部分上。】

分解该独立权利要求记载的技术方案，全部技术特征包括：

L71：制备管翅片式热交换器的方法，包括以下步骤；

L72：从预制的通用型散热片板分割出至少一个带有预订数量开口的散热片，其中通用型散热片板能够分割以提供在热交换器上使用的一个或多个散热片，而不考虑使用了至少一个散热片的热交换器的管部分中的多个垂直和水平管路对，通用型散热片板上设置有许多行和许多列的开口，以用来允许管对穿过其中；

L73：以使管路对穿过所述开口的方式将散热片定位在热交换器的管部分上。

（注：L 即 limitation，指元特征，用于限定权利要求。）

与 US7004241B2 的独立权利要求 1 相比较，企业产品中使用的散热片可以分解为以下技术特征：

e31：企业产品中使用的散热片是用于管翅片式热交换器的通用型散热片；

e32：企业产品中使用的散热片是通过一大块散热母片切割而成，母片具有宽度和高度，可以根据实际多个垂直和水平管段对的个数被切割形成散热片；

e33：散热母片上具有多个用来穿插热交换器管段的插槽；

e34：目前企业提供的两种产品插槽相对于散热母片的宽度和高度倾斜设置，也有不倾斜的孔，另外还包括采用横向开孔结构的产品；

e35：插槽以多行和多列的形式布置在导热材料板上；

e36：目前企业提供的两种产品相邻行的间距相等，相邻列的距离相等，且其之间的间距尺寸允许在相邻行和相邻列中的至少一个之间分割导热材料板，以形成一个或多个散热片，另外还包括采用横向开孔结构的产品；

e37：每个散热片上具有多个插槽，插槽的数量等于热交换器中的管段对的数量。

（注：e 即 element，指对比特征，用于限定对比产品。）

对于该专利的权利要求 1 来说，企业提供的两种产品的技术特征 e31、e32、e33、

e34、e35、e36、e37 与权利要求 1 记载的技术特征 L51、L52、L53、L54、L55、L56、L57 一一对应，明显相同。其中，由于短翅片蒸发器没有倾斜的开口，因此企业提供的短翅片蒸发器未落入其保护范围之内，而长翅片蒸发器落入其保护范围之内。

与 US7004241B2 的独立权利要求 13 相比较，企业产品的制造方法可以分解为以下技术特征：

e51：企业产品也涉及制备管翅片式热交换器的方法；

e52：首先，将散热母片分割成多个带有预订数量插槽的散热片，该散热母片能够分割成多个用于热交换器上的散热片，而不需要考虑使用了该散热片的热交换器上管部分的多个垂直和水平管路对的个数，散热片上具有多行和多列的插槽，以用来插入管路对；

e53：其次，将管路通过穿过插槽的方式插入散热片，以形成热交换器。

（注：e 即 element，指对比特征，用于限定对比产品。）

对于该专利的权利要求 13 来说，企业提供的两种产品的制造方法中的技术特征 e51、e52、e53 与权利要求 13 记载的技术特征 L71、L72、L73 一一对应，明显相同。因此，企业两种产品的制造方法均落入权利要求 13 的保护范围之内。

另外，采用相同的判定方法对 US7004241B2 中涉及的独立权利要求 6 和 24，及其相对应的从属权利要求进行技术特征对比和侵权判定，得出：企业提供的短翅片蒸发器未落入权利要求 6 保护范围之内，长翅片蒸发器落入权利要求 6 保护范围之内，企业两种产品的制造方法不落入权利要求 24 的保护范围之内。

综上，项目组对剩余的 2 篇专利采用相同的方法进行特征对比和侵权判定，最终确定其中有 2 项专利的权利要求保护范围覆盖了该公司生产技术和产品，认定该公司在墨西哥建厂，并在美国销售产品会受到严重制约，并基于这 2 项专利，给出相应的应对措施建议，基于此完成《专利导航及侵权判定咨询意见书》。

8.6.2.7 成果产出

项目组以可视化形式展现分析成果及关联信息，项目组出具《专利导航及侵权判定咨询意见书》，指出企业在墨西哥建厂并在美国销售产品属于高风险等级。

8.6.2.8 成果运用

该公司经慎重考虑，紧急叫停墨西哥投资项目，转移到欧洲的罗马尼亚建厂，同时根据项目组给出的专利进行规避设计，在消化现有技术的技术上进行再创新，提交相关国外专利申请 8 件。

8.6.2.9 绩效评价

该公司在罗马尼亚一期投资已经顺利进行，避免了在墨西哥投资建厂的损失。

8.6.3 专利导航助力企业技术引进典型案例[1][2]

8.6.3.1 面临的问题是什么

我国是煤炭大国，煤炭是主要能源来源，由于我国煤种特点和污染排放的控制要求，急需大型循环流化床燃烧技术，以实现宽煤种、低污染的目标。国家大力鼓励发展大型循环流化床锅炉，但当时我国的制造能力水平和技术发展水准不能支撑300MW循环流化床锅炉的制造，无法满足国内强劲的电力需求。

8.6.3.2 需求是什么

希望通过技术引进的方式促进国内循环流化床基础的大型化发展。

8.6.3.3 团队组建

如8.6.1.3节团队组建部分。

8.6.3.4 制定实施方案

如8.6.1.4节制定实施方案部分。

8.6.3.5 信息采集

1）非专利信息采集
收集非专利文献资料，了解行业背景、行业发展状况和技术发展现状。
2）非专利信息采集
通过征求行业、高校、企业专家的意见并经内部讨论，以"符合行业标准、便于专利数据检索"为原则，按照炉型和结构对锅炉双设备进行技术分解，中文专利数据来源于CNTXT等中文专利数据库，外文专利数据来源于DWPI数据库等。先用分类号集合限定出每个一级分支的范围，再用关键词进行限定得到相对准确的范围，然后将获得的各个技术分支进行集合。

8.6.3.6 数据处理

数据去噪去重，对申请人名称规范化处理，验证查全查准率，并按技术分解表对数据进行标引。

---

[1] 马天旗，黄文静，李杰，等. 专利分析：方法、图表解读与情报挖掘［M］. 北京：知识产权出版社，2015：338-342.

[2] 杨铁军. 产业专利分析报告（第3册）［M］. 北京：知识产权出版社，2012：405-526.

8.6.3.7 数据分析

1) 专利发展趋势

经过专利信息采集和数据处理，首先对流化床锅炉的技术作个整体了解。以年申请人数量和申请量为主辅坐标，通过专利申请的数量和申请人数量的时间变化趋势对流化床锅炉的技术生命周期进行分析，以了解其技术发展所处的阶段。如图8-6-8所示，1962~1975年，全球流化床锅炉年申请量和申请人的数量均较少，流化床锅炉技术处于起步期。1976~1980年，随着流化床锅炉技术不断发展，市场逐渐扩大，介入该领域的企业不断增多，申请量和申请人数量快速增长。1981~1990年，由于市场有限，进入该区域的企业开始趋缓，专利增长速度放慢。1991~1999年，申请人数量较前一阶段略有下降，但整体保持稳定，表明流化床锅炉领域日趋成熟，市场逐渐饱和，规模较小的申请人或者跟随型申请人开始退出该领域，申请人趋于集中。专利申请量在1993~1995年激增，主要是日本申请人加入导致的，这段时间，一些有实力的日本申请人提出大量申请。2000~2004年，全球流化床锅炉领域申请量和申请人的数量均呈小幅下降趋势，市场集中程度更高。2005~2009年，专利申请量和申请人的数量又快速增长，法国阿尔斯通公司和美国福斯特惠勒公司是申请量最多的申请人，但是其申请量占总申请量的比例却比较低，可见这一时期的申请量集中度较低，传统的主要申请人申请量下降，说明申请量的上扬是由于大量的新申请人进入该市场所致。

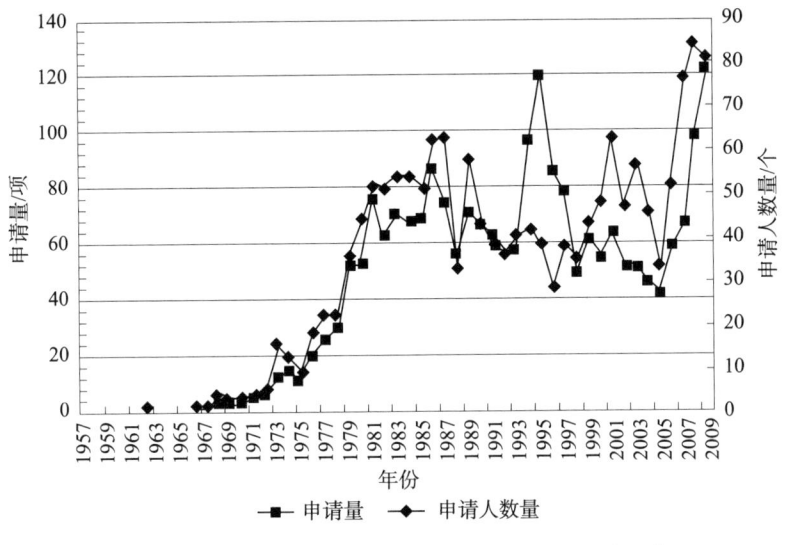

图8-6-8 流化床锅炉专利申请态势和技术生命周期

2) 专利技术总体构成分析

首先分析流化床锅炉的技术分支，如图8-6-9所示，1962~2009年，流化床锅炉的各技术分支中，回料系统占据了大约1/4的比重，炉膛占据了超过1/5的比重，布风系统、给料系统、排渣系统、控制所占比重相当，各占大约1/10。

然后通过汇总流化床锅炉领域的全部有效中国专利文献，通过技术专家按照技贡献筛选出一定数量的代表专利，同时对选出的代表性专利给出技术评分，根据推荐数量和评分综合，最终确认合适的 40 件代表性专利。这 40 件流化床锅炉中国代表性专利的申请人中，有 4 家外国公司，分别是阿尔斯通公司、福斯特惠勒公司、美国巴威公司和 ABB 公司，其中阿尔斯通公司和福斯特惠勒公司代表了国际上两大循环流化床锅炉流派。

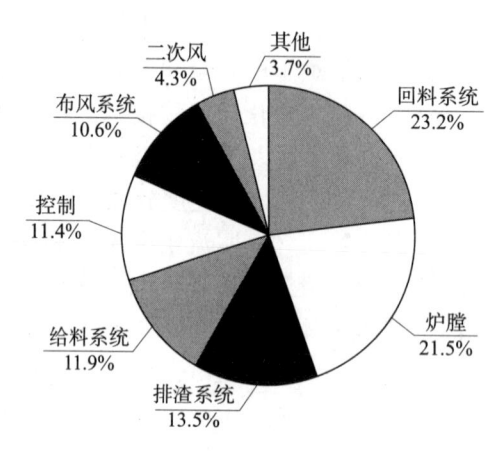

图 8-6-9 流化床锅炉技术构成

3）自身技术分析和确定技术引进的目标申请人

阿尔斯通公司在锅炉燃烧设备领域的技术布局均衡，对煤粉炉、流化床炉领域均有涉猎。具体到流化床炉这个分支，阿尔斯通公司的申请量仅次于福斯特惠勒公司排在第二位。其对循环流化床锅炉的研发遍及布风系统、给料系统、回料系统、排渣、控制等各个方面，其中，在回料系统和炉膛方面的专利申请数量在各分支的前两位，且明显高于其他分支（参见表 8-6-6）。

表 8-6-6 阿尔斯通公司在流化床锅炉领域的各个技术分支的全球申请量 单位：项

技术分支	布风系统	给料系统	回料系统	炉膛	排渣系统	控制	送风	其他
申请量	14	19	52	38	11	11	18	2

这与阿尔斯通公司的产品特点有关。阿尔斯通公司的鲁奇（Lurgi）型循环流化床锅炉，其主要特点有：①炉膛呈单炉膛，下部为裤衩型双布风板结构；②炉膛两侧墙各分布 2 只绝热型分离器；③采用外置式蒸发器，分离器分离下来的高温物料一部分直接返回炉膛，另一部分通过机械分灰阀引入外置式蒸发器，通过调节进入外置式蒸发器内的高温物料量，达到控制床温与汽温的目的。因此，阿尔斯通公司的循环流化床锅炉改进重点在于回料系统和炉膛方面。

综合市场和专利分析，阿尔斯通公司的循环流化床锅炉技术无论是在产业上还是在专利方面，都处于重要地位，是国际上量大循环流化床技术流派之一。同时基于我国当时的技术水平和政策环境等多方面因素考量，选择阿尔斯通公司作为技术引进的对象,在当时是比较恰当的。

4) 确定引进专利的范围

这次技术引进涉及46项许可专利,其中2项无法在专利数据库中检索得到,其余44项专利的技术分布情况参见表8-6-7。

表8-6-7 阿尔斯通公司的流化床锅炉各个专利技术分布 单位:项

技术分支	布风系统	给料系统	回料系统	炉膛	排渣系统	控制	送风	其他
申请量	2	3	22	14	1	1	1	2

技术引进主要包括专利许可和专有技术许可两种类型,这两种形式亦可混合使用。专利许可仅是一种授权行为,技术出口方将其在某国家申请并获得批准的专利编号与专利说明书告知引进方,并给予通过专利技术制造和销售产品的权利,但不提供详细技术资料。而且专有技术许可中,出口方除了授权外,还必须向进口方提供全套的技术资料,并有义务进行技术指导和人员培训,协助引进方掌握该技术。一般情况下,技术进口方不单独引进专利使用权,而是采用混合许可的方式。此次引进采取了混合许可的模式,既包括专利许可,也包括专有技术许可。

(1) 专利价值评估

经分析,这44项专利其中28项属于原鲁奇公司,其余分别属于ABB-CE(美国燃烧工程公司)或阿尔斯通公司,且这些专利技术及其在先专利申请均源自鲁奇公司或是其他被阿尔斯通公司并购的公司的在先专利文献,因此具有良好的技术原创性。

从提供的44项专利来看,大多数专利(37项)的申请日在1990~1999年,7项早于1990年,13项迟于1996年。此外,引进前的其他调查表明有超过半数的专利应用于法国普罗旺斯Gardanne电站的250MW循环流化床锅炉,因此具有较好的技术成熟度。

但是过半数的专利(23项)在引进时剩余期限不足10年,这说明专利的剩余寿命期存在较大问题,从某种角度上来说对技术引进方不利。

(2) 法律状态及地域布局分析

技术出口方阿尔斯通公司提供了46项专利。其中2项专利在专利数据库中无法检索获得;此外,技术出口方所提供的有些专利的同族信息也与检索得到的信息不相符。从中国区域范围的有效性以及引进后若干年的专利有效性情况看,这44项专利中有21项存在中国同族,另外23项未在中国申请专利。对于未在中国提出申请的23项专利,技术进口方应仔细研究这些专利的内容,清楚自身需求,慎重评估所述专利的价值及其技术的披露程度,若属于确实需要引进的情况,可采用专有技术许可的方式进行引进,并且在谈判时注意最大限度地维护自身权益。在21项中国专利中,目前仍然有效的有16项,其中4项在随后的2~3年因为未缴纳费用或其他原因专利权已经终止,也就是说,技术出口方在技术转让行为发生后就放弃了这些专利。

从技术分支分布情况进行分析,有效的44项专利基本集中布局在循环流化床锅炉上面，且基本涵盖所有分支，因此具有良好的专利内聚度。

（3）技术实施自由度分析

由于当时我国装备制造水平、市场范围和容量等诸多因素的缘故，并未考虑到引进技术对于制造水平的影响，在技术引进时也未完整考虑到知识产权的地域性、未来市场发展潜力等诸多因素，接受了仅在中国大陆的范围内对三大锅炉厂进行专利技术使用的约定。因此，其技术实施自由度受到相当程度的地域限制。此外，由于未能完全考虑到中国的煤种与欧洲等地的优质煤种存在较大差异，因此对技术改进的知识产权归属和专利转让后的知识产权保护没有进行最有利于引进方的约定，合同中也未能最大限度体现引进方的利益。

8.6.3.8 成果产出

通过出具专利引进分析报告，对流化床锅炉的专利态势、拟引进技术及其持有人进行分析，并给出相关引进建议。

8.6.3.9 成果运用

针对法国阿尔斯通公司 300MW 亚临界循环流化床锅炉技术的这次引进，直接促进了我国大容量、高参数循环流化床锅炉的研发和制造。此前国内只能生产 135MW 等级的循环流化床锅炉，而 2006~2007 年在国内相继投产 11 台 300MW 的循环流化床锅炉。

我国循环流化床锅炉行业的蓬勃发展状况在专利申请上也得到了相应的体现。循环流化床锅炉的国内发明申请量从 20 世纪初的每年 10 来件增长到 2009 年的 88 件，年增长率约为 40%，引进技术在相当程度上促进了国内技术的提高。

所引进的阿尔斯通公司的鲁奇型循环流化床锅炉存在鲜明的特点，但是在投产和实际运行中，发现其也存在一定问题，主要是：①运行过程中两床失稳；②冷渣器问题；③锅炉水冷壁磨损问题；④风帽磨损与风室漏渣问题；⑤鲁奇型循环流化床锅炉的物料循环控制装置为机械式锥形阀，其结构复杂、容易卡塞、容易磨损、材料等级高、价格高昂；⑥炉膛部布风板制造中外形尺寸控制困难，收缩余量难以控制。

国内几家大型锅炉制造厂经过消化吸收，并在国内科研院所和技术专家的支持下对技术进行了改进和发展，有效解决了这些问题。

从上面的实例可以看出，我国通过对阿尔斯通公司循环流化床锅炉的技术引进，结合自主研究，较好地实现了对引进技术的消化吸收和改进，完善了国内大型循环流化床锅炉的设计和运行技术，目前我国的循环流化床锅炉设计制造能力已达到国际先进水平。

8.7 本章小结

本章以"专利导航与企业'走出去'"为主题，以《专利导航指南》（GB/T 39551—

2020）为依据，详细介绍了企业"走出去"所面临的选择、所遇到的风险以及专利导航所起的作用，具体阐述了专利导航的流程与分析内容，进一步用典型案例阐述了企业"走出去"面临知识产权问题时，如何通过实施专利导航加以解决。本章内容主要从以下几个方面进行了介绍：

首先，以近几年的知识产权纠纷数据为引，概述了当前海外知识产权形势；

其次，介绍了企业"走出去"的一般方式，包括产品出口、技术出口和技术引进，以及在"走出去"的过程中应该考虑的知识产权问题；并从知识产权诉讼、地域贸易纠纷、地域政策限制、标准必要专利和保护力度等方面介绍了企业"走出去"过程中所面临的知识产权风险；

再次，本章重点在于对专利导航的作用、专利导航分析流程进行介绍，并且基于企业"走出去"的方式，分别从技术/产品出口以及技术引进方面，介绍了专利导航一般的实施方式以及所要分析的内容，从专利总体趋势分析、专利技术构成分析、申请人/竞争对手分析、专利筛选分析、技术路线分析、专利侵权风险分析等方面入手进行了详细说明，介绍了各种分析内容的要素构成以及分析的目的。

最后，本章基于3个实际案例详细介绍了在企业"走出去"面临专利问题时，如何基于需求实施专利导航，如何对专利数据进行筛选和分析，如何通过专利导航的成果帮助企业克服困难，以加深读者对专利导航与企业"走出去"的关系、专利导航的实施过程及其所起作用的理解。

总之，本章通过理论与实际相结合的方式，便于读者根据需要了解专利导航在企业"走出去"时的应用价值，有针对性地开展专利导航，有目的地使用专利导航这一分析方法，根据分析结果进行决策。